高等数学（下）

李小玲　朱　建　夏大峰　吴　斌　李栋梁　编著

高等学校博士学科点专项科研基金(20113228110003)
南京信息工程大学教材建设基金
共同资助

科学出版社
北　京

内 容 简 介

本教材适用于各理工学科中非数学专业的高等数学课程. 由于高等数学基本理论、基本方法和基本技能，特别是微积分的基本理论和方法在各理工类等学科中具有广泛的应用，所以本教材进一步完善了微积分方面的基本理论和方法. 同时，因傅里叶级数在理工类学科中具有广泛的应用背景，所以本教材把傅里叶级数单独作为一章，其目的是强调傅里叶级数的重要性. 本教材的特点是每一章节都列举了大量的例题，题型多样化，除了有利于学生掌握知识外，还有利于学生思维能力的培养；每一节附有习题，每一章附有总复习题.

本教材共十二章，分上、下两册. 上册内容：函数的极限与连续，导数与微分，微分中值定理与导数的应用，不定积分，定积分及其应用，向量代数与空间解析几何；下册内容：多元函数微分法及其应用，重积分及其应用，曲线积分与曲面积分，无穷级数，傅里叶级数，微分方程.

带“*”部分的教学内容可以略讲或不讲，不影响高等数学教学内容的整体性，也不影响考研数学一、数学二的内容.

本教材不仅可作为理工类各学科非数学专业的教材，也可作为其他学科有关专业的高等数学课程教材，还可以作为全国考研数学一、数学二高等数学的教材和参考书.

图书在版编目(CIP)数据

高等数学. 下/李小玲等编著. —北京：科学出版社, 2016
ISBN 978-7-03-049053-7

Ⅰ. ①高… Ⅱ. ①李… Ⅲ. ①高等数学-高等学校-教材 Ⅳ. ①O13

中国版本图书馆 CIP 数据核字 (2016) 第 141852 号

责任编辑：胡 凯 许 蕾／责任校对：张怡君
责任印制：徐晓晨／封面设计：许 瑞

科 学 出 版 社出版
北京东黄城根北街 16 号
邮政编码：100717
http://www.sciencep.com

北京中石油彩色印刷有限责任公司 印刷
科学出版社发行 各地新华书店经销
*
2016 年 8 月第 一 版 开本：787 × 1092 1/16
2018 年 9 月第七次印刷 印张：20
字数：474 000

定价：59.00 元
(如有印装质量问题，我社负责调换)

前　　言

高等数学是理工类各学科非数学专业和相关学科专业的基础课程，除了要求学生掌握高等数学的有关知识外，还强调培养学生的抽象思维能力、逻辑思维能力和定量思维能力，以及应用数学的理论和方法解决实际问题的能力.

本教材由高等学校博士学科点专项科研基金 (20113228110003) 和南京信息工程大学教材建设基金共同资助，按照理工类各学科非数学专业的高等数学教学内容要求，参照全国考研数学一、数学二的考研大纲，以及我校气象类学科和其他理工类各学科非数学专业人才培养的要求，借鉴国内外其他高校高等数学教学改革的成功经验编写而成. 本教材既继承传统教材的优点又力求突出以下几个方面:

(1) 注意将数学素质的培养有机地融合于基础知识的讲解之中，突出微积分的基本思想和基本方法. 以高等数学的基本概念、基本理论和基本方法的理解和掌握为宗旨，注重基本概念、基本理论的理解，强调数学思维能力的渗透，强化理论知识的应用，力求使学生会用所学知识解决相应的实际问题，最大限度地为理工类各学科非数学专业后续课程夯实数学基础.

(2) 在确保高等数学科学性的前提下，充分考虑到高等教育大众化的新形势和全国考研数学一、数学二的内容，构建学生易于接受的高等数学体系，力求使学生在学习过程中能较好地了解各部分内容的内在联系，从整体上掌握高等数学的思想方法，力求揭示数学概念和方法的本质. 例如，对极限等概念，先介绍其描述性概念，再介绍它们的精确定义，便于学生接受并理解其概念；对微分与积分概念，都由实际问题引入，不仅介绍几何意义还介绍物理等方面的意义，使学生对所学知识有实际理解.

(3) 本教材对例题做了精心选择，例题丰富，紧扣教学内容，题型多样化，且许多例题是经济管理等方面的实际问题，既具有代表性又有一定的难度，适应理工类等各专业读者的需求.

(4) 为了便于实现因材施教以及分层教学的要求，对有关内容和习题进行了精心设计和安排. 每节后面的习题以本节教学内容为主进行配置，同时还选择一些考研的数学题. 每章后面还配有总复习题，总复习题融复习、巩固和考研为一体，为学生提供必要的训练.

(5) 带有 “*” 的内容可以不作要求，不影响内容的整体结构. 对于带有 “*” 的基本理论建议在教学过程中简要介绍其应用. 例如归结原理在有些高等数学教材中很少介绍，实际上归结原理在讨论函数的极限不存在性、判别无界性等方面都有广泛的应用.

总体来说，本教材的编写思路是处理好传统高等数学教材优点与教学改革的关系，使之相互融为一体. 本教材保留了高等数学传统教材说理浅显、叙述详细、深浅适度、结构严谨、例题较多、习题适度、便于自学等优点；还将数学专业的数学分析有关基本理论和方法渗入其中，有的理论和方法虽然没有给出证明，但适当强调了其应用，例如归结原理在判别极限不存在、无界以及无界但不是无穷大量等方面的作用等.

高等数学是大气科学中最重要的数学基础，在大气科学各领域中具有广泛的应用. 为此，李栋梁教授针对大气科学中用到的数学知识提出总体构想与框架. 在此基础之上，本教材的编写人员集体讨论了全书的框架和教学内容的安排，并参与各章节内容的编写. 全书主要由夏大峰统稿与定稿. 第一章、第二章、第三章、第十二章由夏大峰编写；第四章、第五章由吴斌编写；第六章、第七章由朱建编写；第八章、第九章、第十章由李小玲编写；第十一章由夏大峰、李小玲共同编写. 在教材编写的前期讨论中，南京信息工程大学大学数学部的老师也参与了教材结构框架的讨论，并提出了许多有益的建议.

本书的编写得到了南京信息工程大学教务处、数学与统计学院有关领导的大力支持和帮助，也得到了许多老师的鼓励，在此表示衷心的感谢.

由于编者水平有限，书中难免存在一些缺点和错误，敬请各位专家、同行和广大读者批评指正.

编　者

2016 年 1 月

目　　录

第七章　多元函数微分法及其应用

上册研究了一元函数微积分, 从一元函数到多元函数不仅仅是一种形式上的推广, 从数学角度来看, 更是对客观世界认识的一个飞跃. 事物的存在、变化不只依赖某一个因素, 而往往受多个因素的影响, 这些因素反映到数学上就是多元函数的问题.

本章主要讨论多元函数微分学的基本概念、基本理论和基本方法. 与一元函数相比, 二元函数的微分法有它独特的规律, 二元以上的多元函数, 其微分法则可以类推. 所以在讨论多元函数微分法的过程中, 我们以二元函数为主.

第一节　多元函数的基本概念

本节介绍有关平面点集的一些基本概念, 然后给出多元函数及其极限、多元函数的连续性的定义.

一、平面点集

1. 平面点集

由平面解析几何知道, 在平面上建立了一个直角坐标系后, 有序实数组 (x,y) 与平面上的点之间就建立了一一对应关系. 因此, 今后我们将把有序实数组 (x,y) 与平面上的点看作是完全等同的. 这种建立了坐标系的平面称为**坐标平面**. 二元有序实数组 (x,y) 的全体就表示坐标平面, 记作 $\mathbf{R}^2$, 即

$$\mathbf{R}^2=\mathbf{R}\times\mathbf{R}=\{(x,y)|x,y\in\mathbf{R}\}.$$

坐标平面上满足某种条件 P 的点构成的集合, 称为**平面点集**, 记作

$$E=\{(x,y)|(x,y)\text{满足条件}P\}.$$

例如, 平面上以原点为中心、r 为半径的圆周以及圆内所有点构成的集合为

$$C=\{(x,y)|x^2+y^2\leqslant r^2\}.$$

2. 邻域

$\mathbf{R}^2$ 中任意两点 $P_1(x_1,y_1)$ 与 $P_2(x_2,y_2)$ 之间的距离 $|P_1P_2|$ 定义为

$$|P_1P_2|=\sqrt{(x_2-x_1)^2+(y_2-y_1)^2}.$$

设 $P_0(x_0,y_0)$ 是 xOy 平面上一定点, 所有与点 $P_0(x_0,y_0)$ 的距离小于 $\delta(\delta>0)$ 的点构成的平面点集, 称为**点 $\boldsymbol{P_0}$ 的 $\boldsymbol{\delta}$ 邻域**, 记作 $U(P_0,\delta)$ (或简称为**邻域**, 记作 $U(P_0)$), 即

$$U(P_0,\delta)=\{P\,||PP_0|<\delta\},$$

或

$$U(P_0,\delta)=\left\{(x,y)\left|\sqrt{(x-x_0)^2+(y-y_0)^2}<\delta\right.\right\}.$$

在点 P_0 的 δ 邻域 $U(P_0,\delta)$ 中去掉中心点 P_0 得到的点集

$$\{P\,|0<|PP_0|<\delta\}\quad 或\quad \left\{(x,y)\left|0<\sqrt{(x-x_0)^2+(y-y_0)^2}<\delta\right.\right\}$$

称为**点 P_0 的去心 δ 邻域**, 记作 $\mathring{U}(P_0,\delta)$ (或简记作 $\mathring{U}(P_0)$, 简称为**去心邻域**).

在几何上, $U(P_0,\delta)$ 就是 xOy 平面上以点 P_0 为中心、δ 为半径的圆内部的点的全体, 而 $\mathring{U}(P_0,\delta)$ 则是 xOy 平面上以点 P_0 为中心、δ 为半径且去掉圆心 P_0 的圆内部的其他点的全体.

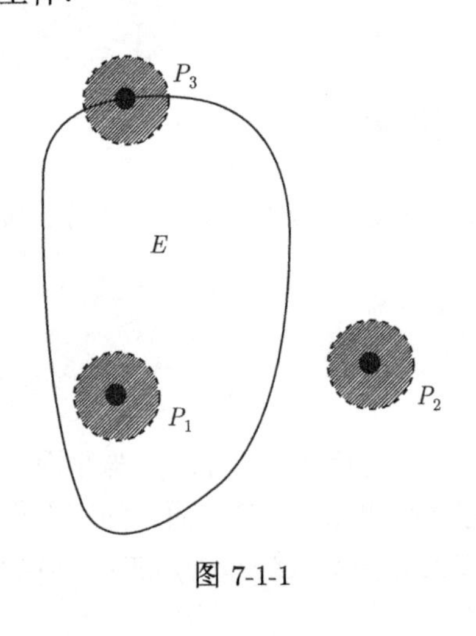

图 7-1-1

3. 点与点集的关系

下面利用邻域来描述点与点集之间的关系.

设 E 是平面上的一个点集, P 是平面上的一个点:

(1) 如果存在点 P 的某一邻域 $U(P)$, 使得 $U(P)\subset E$, 则称 P 为 E 的内点 (图 7-1-1 中的 P_1).

(2) 如果存在点 P 的某一邻域 $U(P)$, 使得 $U(P)\cap E=\varnothing$, 则称 P 为 E 的外点 (图 7-1-1 中的 P_2).

(3) 如果点 P 的任一邻域内既有属于 E 的点, 也有不属于 E 的点 (点 P 本身可以属于 E, 也可以不属于 E), 则称 P 为 E 的边界点 (图 7-1-1 中的 P_3). E 的边界点的全体称为 E 的边界, 记作 ∂E.

(4) 如果对 $\forall\delta>0$, $\mathring{U}(P,\delta)\cap E\neq\varnothing$, 则称 P 是 E 的聚点.

显然, 点集 E 的内点必属于 E, 而 E 的边界点与聚点可能属于 E, 也可能不属于 E, E 的外点必不属于 E.

例如, 平面点集 $E_1=\{(x,y)\,|a^2<x^2+y^2\leqslant b^2\}(b>a>0)$(图7-1-2) 中满足 $a^2<x^2+y^2<b^2$ 的每个点都是 E_1 的内点, 满足 $x^2+y^2=a^2$ 的每个点都是 E_1 的边界点, 它们都不属于 E_1, 满足 $x^2+y^2=b^2$ 的每个点也是 E_1 的边界点, 它们都属于 E_1.

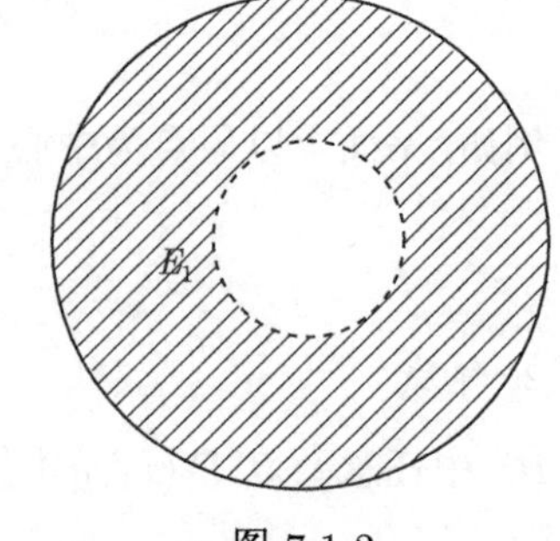

图 7-1-2

如果点集 E 的每个点都是 E 的内点, 则称 E 为**开集**. 如果点集 E 的余集 $E^{\rm c}$ 为开集, 则称 E 为**闭集**.

如果点集 E 内任何两点都可用一条包含于 E 内的折线连结起来, 则称 E 为**连通集**. 连通的开集称为**开区域**. 开区域连同其边界一起构成的点集称为**闭区域**. 开区域、闭区域, 或者开区域连同其部分边界构成的点集统称为**区域**.

对于点集 E, 如果存在 $\delta>0$, 使得 $E\subset U(O,\delta)$, 则称 E 为**有界集**, 其中 O 为坐标原点. 一个集合如果不是有界集, 则称它为**无界集**.

例如, 点集 $\{(x,y)\,|a^2<x^2+y^2<b^2\}$ 为有界开区域; 点集 $\{(x,y)\,|a^2\leqslant x^2+y^2\leqslant b^2\}$ 为有界闭区域; 点集 $\{(x,y)\,|x+y>0\}$ 为无界开区域; 点集 $\{(x,y)\,|a^2\leqslant x^2+y^2<b^2\}$ 既非开区域也非闭区域, 但它是区域.

二、 n 维空间

一般地, 设 n 为一个取定的自然数, 用 $\mathbf{R}^n$ 表示 n 元有序数组 $(x_1,x_2,\cdots,x_n)$ 的全体所构成的集合, 即

$$\mathbf{R}^n=\mathbf{R}\times\mathbf{R}\times\cdots\times\mathbf{R}=\{(x_1,x_2,\cdots,x_n)|x_i\in\mathbf{R},i=1,2,\cdots,n\}.$$

$\mathbf{R}^n$ 中的元素 $(x_1,x_2,\cdots,x_n)$ 也可用单个字母 $\boldsymbol{x}$ 表示, 即 $\boldsymbol{x}=(x_1,x_2,\cdots,x_n)$.

规定: 当 $x_i=0(i=1,2,\cdots,n)$ 时, 称 $(x_1,x_2,\cdots,x_n)=(0,0,\cdots,0)$ 为 $\mathbf{R}^n$ 的零元素, 记作 $\mathbf{0}$.

为了便于集合 $\mathbf{R}^n$ 中的元素之间建立联系, 在 $\mathbf{R}^n$ 中定义如下线性运算.

设 $\forall\boldsymbol{x}=(x_1,x_2,\cdots,x_n)\in\mathbf{R}^n,\forall\boldsymbol{y}=(y_1,y_2,\cdots,y_n)\in\mathbf{R}^n$, $\lambda\in\mathbf{R}$, 规定:

$$\boldsymbol{x}+\boldsymbol{y}=(x_1+y_1,x_2+y_2,\cdots,x_n+y_n),$$

$$\lambda\boldsymbol{x}=(\lambda x_1,\lambda x_2,\cdots,\lambda x_n).$$

这种定义了线性运算的集合 $\mathbf{R}^n$ 称为 n **维线性空间**, 简称为 n **维空间**.

$\mathbf{R}^n$ 中的每个 n 元有序数组 $(x_1,x_2,\cdots,x_n)$ 称为 n 维空间中的一个点, 数 $x_i(i=1,2,\cdots,n)$ 称为该点的第 i 个坐标. 当 $x_i=0(i=1,2,\cdots,n)$ 时, 这个点称为 $\mathbf{R}^n$**的坐标原点**, 记为 O.

设 $P(x_1,x_2,\cdots,x_n)$ 与 $Q(y_1,y_2,\cdots,y_n)$ 是 n 维空间 $\mathbf{R}^n$ 中任意两点, 实数

$$\sqrt{(x_1-y_1)^2+(x_2-y_2)^2+\cdots+(x_n-y_n)^2}$$

称为 n 维空间 $\mathbf{R}^n$ 中点 P 与 Q 之间的**距离**, 记作 $|PQ|$, 即

$$|PQ|=\sqrt{(x_1-y_1)^2+(x_2-y_2)^2+\cdots+(x_n-y_n)^2}.$$

容易验证, 当 $n=1,2,3$ 时, 上述规定与解析几何中数轴上、平面直角坐标系中、空间直角坐标系中两点间距离的定义是一致的.

前面就平面点集所叙述的一系列概念, 可推广到 n 维空间中去.

例如, 设点 $P_0\in\mathbf{R}^n$, δ 是某一正数, 则称 n 维空间内的点集

$$U(P_0,\delta)=\{P\,||PP_0|<\delta,P\in\mathbf{R}^n\}$$

为 R^n 中点 P_0 的 δ 邻域. 以邻域概念为基础, 可进一步定义 n 维空间点集的内点、外点、边界点和聚点以及开集、闭集、区域等一系列概念.

三、多元函数的概念

在很多实际问题中, 有多个变量之间相互依赖的情形.

例 1　三角形的面积 A 由它的底边长 a 与高 h 所决定, 即

$$A=\frac{1}{2}ah.$$

例 2　万有引力定律告诉我们, 自然界中任何两个物体都是相互吸引的, 引力的大小与两物体的质量的乘积成正比, 与两物体间距离的平方成反比. 即

$$F=G\frac{m_1m_2}{r^2}.$$

其中, G 表示万有引力常数; m_1,m_2 分别表示两个物体的质量; r 表示两个物体之间的距离; F 表示两个物体之间引力的大小, 它随着 m_1,m_2,r 的变化而变化.

上面的例子说明事物的存在、变化依赖于多个因素, 抽象出它们在数量关系上的共性可概括出多元函数的概念.

定义 1　D 是 $\mathbf{R}^2$ 上的一个非空子集, 映射 $f:D\to\mathbf{R}$ 称为定义在D上的二元函数, 记作

$$z=f(x,y),\quad (x,y)\in D,$$

或

$$z=f(P),\quad P\in D.$$

其中, 点集 D 称为该函数的**定义域**, x,y 称为**自变量**, z 称为**因变量**.

由定义 1 可知, 与自变量 x,y 相对应的因变量 z 的值, 称为函数 f 在点 $P(x,y)$ 处的**函数值**, 记作 $f(x,y)$. 函数值 $f(x,y)$ 的全体所构成的集合称为函数 f 的**值域**, 记作 $f(D)$, 即

$$f(D)=\{z\,|z=f(x,y),(x,y)\in D\}.$$

一般地, 二元函数 $z=f(x,y)$ 的定义域是指函数有意义的点构成的点集, 称为函数 $z=f(x,y)$ 的**自然定义域**. 在解决实际问题时还要考虑实际背景对变量的限制.

例 3　求二元函数

$$f(x,y)=\frac{\arcsin(3-x^2-y^2)}{\sqrt{x-y^2}}$$

的定义域.

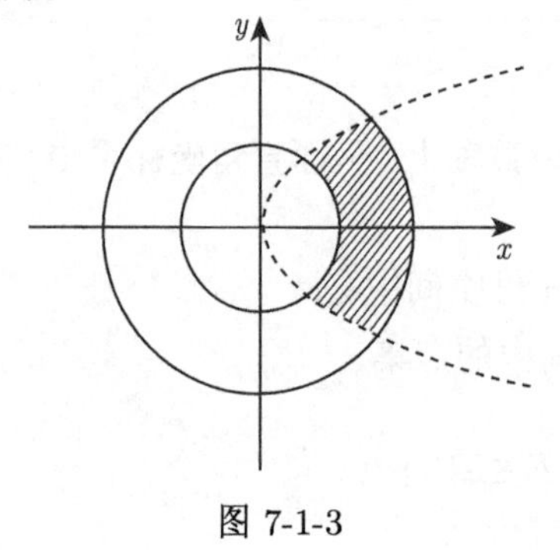

图 7-1-3

解　要使表达式有意义, 必须有

$$\begin{cases}\left|3-x^2-y^2\right|\leqslant 1,\\ x-y^2>0,\end{cases}$$

即

$$\begin{cases}2\leqslant x^2+y^2\leqslant 4,\\ x>y^2,\end{cases}$$

故所求定义域 (图 7-1-3) 为

$$D=\left\{(x,y)|2\leqslant x^2+y^2\leqslant 4,x>y^2\right\}.$$

例 4 已知 $f(x,y)=x^2+y^2-xy$, 求 $f(x-y,x+y)$.

解 将 $f(x,y)$ 中 x,y 分别用 $x-y,x+y$ 代替即可.

$$f(x-y,x+y)=(x-y)^2+(x+y)^2-(x-y)(x+y)=x^2+3y^2.$$

例 5 已知 $f(x-y,x+y)=x^2+3y^2$, 求 $f(x,y)$.

解 令 $u=x-y,v=x+y$, 则 $x=\dfrac{u+v}{2},y=\dfrac{v-u}{2}$, 于是

$$f(u,v)=\left(\frac{u+v}{2}\right)^2+3\left(\frac{v-u}{2}\right)^2=u^2-uv+v^2,$$

从而 $f(x,y)=x^2-xy+y^2$.

设函数 $z=f(x,y)$ 的定义域为 D, 对 $\forall P(x,y)\in D$, 对应的函数值为 $z=f(x,y)$. 如果以 x 为横坐标、y 为纵坐标、z 为竖坐标, 这样就确定了空间一点 $M(x,y,z)$. 当 (x,y) 取遍 D 的所有点时, 便得到一个空间点集

$$S=\{(x,y,z)\,|z=f(x,y),(x,y)\in D\},$$

称点集 S 为**二元函数z=$f(x,y)$的图形**(图 7-1-4). 显然, 属于 S 的点 $M(x,y,z)$ 满足三元方程

$$z-f(x,y)=0,$$

所以二元函数 $z=f(x,y)$ 的图形就是空间中的一张曲面.

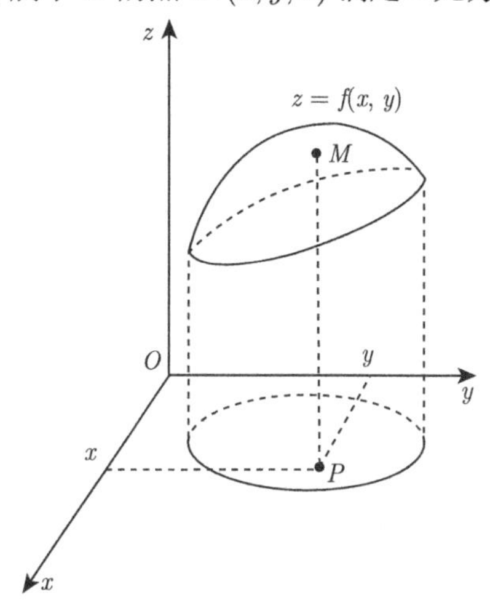

图 7-1-4

例如, 二元函数 $z=\sqrt{1-x^2-y^2}$ 表示以原点为中心、半径为 1 的上半球面, 它的定义域 D 是 xOy 面上以原点为中心的单位圆盘; 二元函数 $z=\sqrt{x^2+y^2}$ 表示顶点在原点的圆锥面, 它的定义域 D 是整个 xOy 面.

一般地, 把定义 1 中的平面点集 D 换成 n 维空间内的点集 D, 则可类似地定义 n 元函数

$$u=f(x_1,x_2,\cdots,x_n),\quad (x_1,x_2,\cdots,x_n)\in D,$$

或记为

$$u=f(P),\quad P\in D.$$

当 $n=1$ 时, n 元函数就是一元函数. 当 $n\geqslant 2$ 时, n 元函数就统称为**多元函数**.

多元函数的定义域、值域等概念与二元函数类似, 这里不再赘述.

四、 多元函数的极限

与一元函数极限概念类似, 我们考虑当 $P(x,y)\to P_0(x_0,y_0)$ 时, 对应的函数值 $z=f(x,y)$ 是否无限接近某确定的常数 A(即二元函数的极限概念). 下面用 “$\varepsilon-\delta$” 来描述极限概念.

定义 2　设二元函数 $z=f(x,y)$ 的定义域为 $D\subset\mathbf{R}^2$, $P_0(x_0,y_0)$ 是 D 的聚点. 如果存在常数 A, 对于 $\forall\varepsilon>0$, 总存在 $\delta>0$, 使得当 $P(x,y)\in\mathring{U}(P_0,\delta)\cap D$ 时, 恒有

$$|f(x,y)-A|<\varepsilon,$$

则称常数 A 为函数 $z=f(x,y)$ 当 $P(x,y)\to P_0(x_0,y_0)$ 时的**极限**, 记作

$$\lim_{(x,y)\to(x_0,y_0)} f(x,y)=A \quad \text{或} \quad \lim_{\substack{x\to x_0\\ y\to y_0}} f(x,y)=A \quad \text{或} \quad \lim_{P\to P_0} f(P)=A,$$

也可记作

$$f(x,y)\to A(\rho\to 0) \quad \text{或} \quad f(P)\to A(P\to P_0),$$

这里, $\rho=|PP_0|$.

为了区别于一元函数的极限, 我们称二元函数的极限为**二重极限**.

必须指出: 在定义 2 中, $P\to P_0$ 表示动点 P 以任意方式趋于点 P_0, 也就是表示动点 P 与点 P_0 之间的距离趋于 0, 即

$$|PP_0|=\sqrt{(x-x_0)^2+(y-y_0)^2}\to 0.$$

因此, 当点 $P(x,y)$ 以某些特殊方式趋于点 $P_0(x_0,y_0)$ 时, 即使函数 $f(x,y)$ 趋于 A, 也不能断言 $\lim\limits_{(x,y)\to(x_0,y_0)} f(x,y)=A$. 如果 $P(x,y)$ 以不同方式趋于 $P_0(x_0,y_0)$ 时, 函数 $f(x,y)$ 趋于不同的常数; 或者当 $P(x,y)$ 以某种方式趋于 $P_0(x_0,y_0)$ 时, 函数 $f(x,y)$ 不趋于任何常数, 则极限 $\lim\limits_{(x,y)\to(x_0,y_0)} f(x,y)$ 不存在.

例 6　设函数

$$f(x,y)=\begin{cases}\dfrac{x^2y}{x^4+y^2}, & x^2+y^2\neq 0,\\ 0, & x^2+y^2=0,\end{cases}$$

证明 $\lim\limits_{(x,y)\to(0,0)} f(x,y)$ 不存在.

证　当点 $P(x,y)$ 沿着 x 轴趋于点 $O(0,0)$ 时,

$$\lim_{\substack{(x,y)\to(0,0)\\ y=0}} f(x,y)=\lim_{x\to 0} f(x,0)=\lim_{x\to 0} 0=0,$$

当点 $P(x,y)$ 沿着抛物线 $y=x^2$ 趋于点 $O(0,0)$ 时, 有

$$\lim_{\substack{x\to 0\\ y=x^2}} f(x,y)=\lim_{x\to 0}\frac{x^2x^2}{x^4+x^4}=\frac{1}{2}.$$

这一结果表明动点沿不同的曲线趋于点 $O(0,0)$ 时, 对应的函数值趋于不同的常数, 因此, $\lim\limits_{(x,y)\to(0,0)} f(x,y)$ 不存在.

关于多元函数的极限运算, 有与一元函数类似的运算法则, 在此就不再叙述了.

例 7　求极限 $\lim\limits_{(x,y)\to(0,1)}\dfrac{\sin(xy)+xy^2\cos x-2x^2y}{x}$.

解　因为

$$\lim_{(x,y)\to(0,1)}\frac{\sin(xy)}{x}=\lim_{(x,y)\to(0,1)}\left[\frac{\sin(xy)}{xy}\cdot y\right]=\lim_{xy\to0}\frac{\sin(xy)}{xy}\cdot\lim_{y\to1}y=1,$$

所以

$$\begin{aligned}&\lim_{(x,y)\to(0,1)}\frac{\sin(xy)+xy^2\cos x-2x^2y}{x}\\&=\lim_{(x,y)\to(0,1)}\frac{\sin(xy)}{x}+\lim_{(x,y)\to(0,1)}(y^2\cos x)-\lim_{(x,y)\to(0,1)}(2xy)=1+1-0=2.\end{aligned}$$

例 8　求极限 $\lim\limits_{(x,y)\to(0,0)}\dfrac{\sqrt{1+x^2+y^2}-1}{x^2+y^2}$.

解　由于 $(x,y)\to(0,0)$ 时, $\sqrt{1+x^2+y^2}-1\sim\dfrac{1}{2}(x^2+y^2)$, 因此

$$\lim_{(x,y)\to(0,0)}\frac{\sqrt{1+x^2+y^2}-1}{x^2+y^2}=\lim_{(x,y)\to(0,0)}\frac{\frac{1}{2}(x^2+y^2)}{x^2+y^2}=\frac{1}{2}.$$

例 9　求极限 $\lim\limits_{(x,y)\to(0,0)}\dfrac{xy^2\sin(2xy)}{x^2+y^4}$.

解　由于当 $(x,y)\to(0,0)$ 时,

$$0\leqslant\left|\frac{xy^2\sin(2xy)}{x^2+y^4}\right|\leqslant\frac{1}{2}\left|\sin(2xy)\right|\to0,$$

由夹逼原理知,

$$\lim_{(x,y)\to(0,0)}\frac{xy^2\sin(2xy)}{x^2+y^4}=0.$$

关于二元函数极限的定义及运算性质均可相应地推广到 n 元函数 $u=f(x_1,x_2,\cdots,x_n)$ 上去, 这里不再赘述.

五、多元函数的连续性

下面利用二元函数的极限概念给出二元函数 $z=f(x,y)$ 在点 P_0 处连续的定义.

定义 3　设二元函数 $z=f(x,y)$ 的定义域为 $D\subset\mathbf{R}^2$, $P_0(x_0,y_0)\in D$. 如果

$$\lim_{(x,y)\to(x_0,y_0)}f(x,y)=f(x_0,y_0),$$

则称函数 $z=f(x,y)$ 在点 $P_0(x_0,y_0)$ **处连续**.

如果函数 $z=f(x,y)$ 在 D 的每一点都连续, 则称函数 $z=f(x,y)$ 在 D 上连续, 也称 $z=f(x,y)$ 是 D 上的连续函数. 在区域 D 上连续的二元函数的图形是 D 上一张无“孔”无“缝”的连续曲面.

例 10　设 $f(x,y)=\mathrm{e}^x$, 证明 $f(x,y)$ 是 $\mathbf{R}^2$ 上的连续函数.

证　对于任意的 $P_0(x_0,y_0)\in\mathbf{R}^2$, 因为

$$\lim_{(x,y)\to(x_0,y_0)} f(x,y)=\lim_{(x,y)\to(x_0,y_0)} \mathrm{e}^x=\mathrm{e}^{x_0}=f(x_0,y_0),$$

所以函数 $f(x,y)=\mathrm{e}^x$ 在点 $P_0(x_0,y_0)$ 处连续.

由 $P_0(x_0,y_0)$ 的任意性知, $f(x,y)=\mathrm{e}^x$ 作为 x,y 的二元函数在 $\mathbf{R}^2$ 上连续.

与一元初等函数相类似, 可以用一个式子表示的函数称为**多元初等函数**. 多元初等函数在定义域内是连续的.

如果函数 $z=f(x,y)$ 在点 $P_0(x_0,y_0)$ 处不连续, 则称 P_0 为**函数$z=f(x,y)$的间断点**.

例如函数

$$f(x,y)=\begin{cases}\dfrac{x^2y}{x^4+y^2}, & x^2+y^2\neq 0,\\ 0, & x^2+y^2=0\end{cases}$$

的定义域为 $D=\mathbf{R}^2$. 由于当 $(x,y)\to(0,0)$ 时其极限不存在, 所以点 $O(0,0)$ 是该函数的一个间断点.

二元函数的间断点也可以形成一条曲线, 称为**间断线**.

例如, 函数 $z=\dfrac{1}{x^2+y^2-1}$ 在圆周 $C=\{\,(x,y)|\ x^2+y^2=1\,\}$ 上没有定义, 所以该圆周上每一点都是其间断点.

由二元函数极限的运算法则可知: 二元连续函数的和、差、积、商 (分母不为零) 仍为连续函数, 二元连续函数的复合函数仍为连续函数.

例 11　求极限 $\lim\limits_{(x,y)\to(0,2)}\ln(x^2+y^2)$.

解　由于函数 $\ln(x^2+y^2)$ 是二元初等函数, $(0,2)$ 是其定义区域内的点, 故

$$\lim_{(x,y)\to(0,2)}\ln(x^2+y^2)=\ln(0^2+2^2)=\ln 4.$$

二元函数连续性的定义、运算法则及其相关性质可以推广到 $n(n>2)$ 元函数, 这里不再赘述.

六、闭区域上多元连续函数的性质

与闭区间上一元连续函数的性质相似, 在有界闭区域上多元连续函数也有如下重要性质.

性质 1(有界性定理)　*在有界闭区域 D 上的多元连续函数必定在 D 上有界.*

性质 2(最大值和最小值定理)　*在有界闭区域 D 上的多元连续函数在 D 上一定有最大值和最小值.*

性质 3(介值定理)　*在有界闭区域 D 上的多元连续函数, 必定能在 D 上取得介于它的最大值与最小值之间的任何值.*

习　题　7-1

1. 求下列函数的定义域:

(1) $z=\sqrt{x-\sqrt{y}}$;　　(2) $z=\ln(x+y)$;

(3) $u=\arcsin\dfrac{\sqrt{x^2+y^2}}{z}$;　　(4) $z=\sqrt{x\sin y}$.

2. 设 $f\left(\dfrac{y}{x}\right)=\dfrac{\sqrt{x^2+y^2}}{x}$, $x>0$, 求 $f(x)$.

3. 设 $f(x,y)=\dfrac{x^2+y^2}{xy}$, 求 $f\left(\dfrac{1}{x},\dfrac{1}{y}\right)$.

4. 设 $f(x+y,\dfrac{y}{x})=x^2-y^2$, 求 $f(x,y)$.

5. 设函数 $z=f(x,y)$ 满足关系式 $f(tx,ty)=t^kf(x,y)$, 试将 $f(x,y)$ 化成 $z=x^kF\left(\dfrac{y}{x}\right)$ 的形式.

6. 求下列各极限.

(1) $\lim\limits_{(x,y)\to(0,0)}\dfrac{y\sin(2x)}{\sqrt{xy+1}-1}$;　　(2) $\lim\limits_{(x,y)\to(0,0)}\dfrac{1-\sqrt{x^2y+1}}{x^3y^2}\sin(xy)$;

(3) $\lim\limits_{(x,y)\to(0,0)}(x^2+y)\sin\dfrac{1}{x}$;　　(4) $\lim\limits_{(x,y)\to(0,0)}\dfrac{3y^3+2yx^2}{x^2-xy+y^2}$.

7. 证明下列极限不存在.

(1) $\lim\limits_{(x,y)\to(0,0)}\dfrac{2x-y}{x+y}$;　　(2) $\lim\limits_{(x,y)\to(0,0)}\dfrac{x^2}{x^2+y^2}$.

8. 讨论函数 $f(x,y,z)=\ln\dfrac{1}{\sqrt{|x^2+y^2+z^2-1|}}$ 在何处间断.

9. 讨论下列函数的连续性.

(1) $f(x,y)=\begin{cases}\dfrac{x^2y^2}{x^2+y^2}, & x^2+y^2\neq 0,\\ 0, & x^2+y^2=0;\end{cases}$

(2) $f(x,y)=\begin{cases}x\sin\dfrac{1}{y}, & y\neq 0,\\ 0, & y=0.\end{cases}$

10. 设函数 $f(x,y)=\begin{cases}\dfrac{xy}{x^2+y^2}, & x^2+y^2\neq 0,\\ 0, & x^2+y^2=0,\end{cases}$ 证明:

(1) 一元函数函数 $\phi(x)=f(x,0)$ 在点 $x=0$ 处连续;

(2) 一元函数函数 $\varphi(y)=f(0,y)$ 在点 $y=0$ 处连续;

(3) 二元函数 $f(x,y)$ 在点 $(0,0)$ 处不连续.

11. 函数 $z=\left(\dfrac{x^2+xy+y^2}{x^2-xy+y^2}\right)^{xy}$ 是经过怎样的两个关系式复合而成的?

第二节　偏　导　数

一、偏导数的概念及其计算

在一元函数中我们讨论了它的变化率即导数问题, 对于多元函数, 同样需要讨论函数对每一个变量的变化率问题.

定义 1　设函数 $z=f(x,y)$ 在点 $P_0(x_0,y_0)$ 的某一邻域 $U(P_0)$ 内有定义, 当 $y=y_0$ 时,

$$\Delta z_x=f(x_0+\Delta x,y_0)-f(x_0,y_0)$$

称为函数 $z=f(x,y)$ 在点 $P_0(x_0,y_0)$ 处对 x 的**偏增量**. 如果极限

$$\lim_{\Delta x\to 0}\frac{f(x_0+\Delta x,y_0)-f(x_0,y_0)}{\Delta x}$$

存在, 则称此极限为函数 $z=f(x,y)$ 在点 $P_0(x_0,y_0)$ **处对x的偏导数**, 记作

$$\left.\frac{\partial z}{\partial x}\right|_{\substack{x=x_0\\y=y_0}},\quad \left.\frac{\partial f}{\partial x}\right|_{\substack{x=x_0\\y=y_0}},\quad z_x\big|_{\substack{x=x_0\\y=y_0}}\quad 或\quad f_x(x_0,y_0),$$

即

$$f_x(x_0,y_0)=\lim_{\Delta x\to 0}\frac{f(x_0+\Delta x,y_0)-f(x_0,y_0)}{\Delta x}. \tag{7-2-1}$$

类似地, 函数 $z=f(x,y)$ 在点 $P_0(x_0,y_0)$ 处对 y 的偏导数定义为

$$\lim_{\Delta y\to 0}\frac{f(x_0,y_0+\Delta y)-f(x_0,y_0)}{\Delta y},$$

记作

$$\left.\frac{\partial z}{\partial y}\right|_{\substack{x=x_0\\y=y_0}},\quad \left.\frac{\partial f}{\partial y}\right|_{\substack{x=x_0\\y=y_0}},\quad z_y\big|_{\substack{x=x_0\\y=y_0}}\quad 或\quad f_y(x_0,y_0),$$

即

$$f_y(x_0,y_0)=\lim_{\Delta y\to 0}\frac{f(x_0,y_0+\Delta y)-f(x_0,y_0)}{\Delta y}. \tag{7-2-2}$$

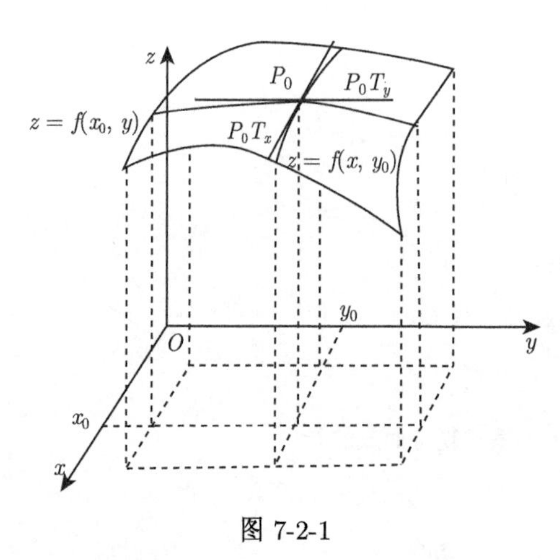

图 7-2-1

二元函数 $z=f(x,y)$ 在点 (x_0,y_0) 处的偏导数有下述几何意义.

设 $P_0(x_0,y_0,f(x_0,y_0))$ 为曲面 $z=f(x,y)$ 上的一点, 过 P_0 作平面 $y=y_0$, 截此曲面得一曲线

$$\begin{cases} z=f(x,y),\\ y=y_0,\end{cases}$$

此曲线在平面 $y=y_0$ 上的方程为 $z=f(x,y_0)$, 那么偏导数 $f_x(x_0,y_0)$ 就是函数 $f(x,y_0)$ 在 $x=x_0$ 的导数 $\frac{\mathrm{d}}{\mathrm{d}x}f(x,y_0)\big|_{x=x_0}$, 也就是此曲线在点 P_0 处的切线 P_0T_x 对 x 轴的斜率 (图 7-2-1). 同样, 偏导数 $f_y(x_0,y_0)$ 的几何意义是曲面被平面 $x=x_0$ 所截得的曲线 $\begin{cases} z=f(x,y),\\ x=x_0\end{cases}$ 在点 P_0 处的切线 P_0T_y 对 y 轴的斜率.

如果函数 $z=f(x,y)$ 在区域 D 内每一点 (x,y) 处对 x 的偏导数都存在, 那么这个偏导数仍是 x,y 的函数, 并称它为**函数$z=f(x,y)$对自变量x的偏导函数**, 记作

$$\frac{\partial z}{\partial x},\quad \frac{\partial f}{\partial x},\quad z_x\quad 或\quad f_x(x,y),$$

类似地, 可以定义**函数**$z=f(x,y)$**对自变量**y**的偏导函数**, 记作

$$\frac{\partial z}{\partial y},\quad \frac{\partial f}{\partial y},\quad z_y \quad 或 \quad f_y(x,y).$$

由偏导数的概念可知, $f(x,y)$ 在点 $P_0(x_0,y_0)$ 处对 x 的偏导数 $f_x(x_0,y_0)$ 就是偏导函数 $f_x(x,y)$ 在点 $P_0(x_0,y_0)$ 处的函数值; $f_y(x_0,y_0)$ 就是偏导函数 $f_y(x,y)$ 在点 $P_0(x_0,y_0)$ 处的函数值.

在不至于引起混淆的情况下把偏导函数简称为**偏导数**.

例 1 求函数 $f(x,y)=x^3+3x^2y+y^3$ 在点 $(1,3)$ 处的偏导数.

解 把 y 看作常量, 对 x 求导, 得

$$f_x(x,y)=3x^2+6xy;$$

把 x 看作常量, 对 y 求导, 得

$$f_y(x,y)=3x^2+3y^2.$$

将 $(1,3)$ 代入上面的偏导数, 得

$$f_x(1,3)=f_x(x,y)\Big|_{\substack{x=1\\y=3}}=(3x^2+6xy)\Big|_{\substack{x=1\\y=3}}=21,$$

$$f_y(1,3)=f_y(x,y)\Big|_{\substack{x=1\\y=3}}=(3x^2+3y^2)\Big|_{\substack{x=1\\y=3}}=30.$$

例 2 设 $z=\sqrt{x^4+y^4}$, 求 $\dfrac{\partial z}{\partial x}$.

解 当 $(x,y)\neq(0,0)$ 时,

$$\frac{\partial z}{\partial x}=\frac{2x^3}{\sqrt{x^4+y^4}}.$$

显然, 偏导函数 $\dfrac{\partial z}{\partial x}$ 在点 $(0,0)$ 处没有定义, 不能直接将 $x=0$, $y=0$ 代入 $\dfrac{\partial z}{\partial x}$ 求函数在 $(0,0)$ 点处的偏导数, 要按偏导数的定义来求. 由于

$$\lim_{\Delta x\to 0}\frac{f(0+\Delta x,0)-f(0,0)}{\Delta x}=\lim_{\Delta x\to 0}\frac{\sqrt{(\Delta x)^4+0}-0}{\Delta x}=\lim_{\Delta x\to 0}\frac{(\Delta x)^2}{\Delta x}=0,$$

可知

$$\frac{\partial z}{\partial x}\Big|_{\substack{x=0\\y=0}}=0.$$

综上可得

$$\frac{\partial z}{\partial x}=\begin{cases}\dfrac{2x^3}{\sqrt{x^4+y^4}}, & (x,y)\neq(0,0),\\ 0, & (x,y)=(0,0).\end{cases}$$

由例 1、例 2 可知, 求函数在 (x_0,y_0) 处的偏导数时, 若偏导函数在 (x_0,y_0) 处有定义, 只需将 (x_0,y_0) 代入偏导函数即得所求偏导数. 若偏导函数在点 (x_0,y_0) 处没有定义, 此时也不能认为偏导数不存在, 如例 2, 其偏导函数是分段函数.

例 3　设函数

$$f(x,y)=\begin{cases}\dfrac{x^2y}{x^4+y^2}, & x^2+y^2\neq 0,\\ 0, & x^2+y^2=0,\end{cases}$$

求 $f_x(x,y)$.

解　当 $x^2+y^2\neq 0$ 时,

$$f_x(x,y)=\frac{2xy(x^4+y^2)-x^2y\cdot 4x^3}{(x^4+y^2)^2}=\frac{2xy(y^2-x^4)}{(x^4+y^2)^2},$$

当 $x^2+y^2=0$ 时, 按偏导数的定义来求.

$$f_x(0,0)=\lim_{\Delta x\to 0}\frac{f(0+\Delta x,0)-f(0,0)}{\Delta x}=\lim_{\Delta x\to 0}\frac{0-0}{\Delta x}=0,$$

所以

$$f_x(x,y)=\begin{cases}\dfrac{2xy(y^2-x^4)}{(x^4+y^2)^2}, & x^2+y^2\neq 0,\\ 0, & x^2+y^2=0.\end{cases}$$

偏导数的概念还可以推广到多元函数. 例如三元函数 $u=f(x,y,z)$ 在点 (x,y,z) 处对 x 的偏导数定义为

$$f_x(x,y,z)=\lim_{\Delta x\to 0}\frac{f(x+\Delta x,y,z)-f(x,y,z)}{\Delta x},$$

其中 (x,y,z) 是函数 $u=f(x,y,z)$ 的定义域的内点. 它们的求法仍可化为一元函数的求导法.

例 4　已知理想气体的状态方程 $PV=RT$(R 为常量), 求证:

$$\frac{\partial P}{\partial V}\cdot\frac{\partial V}{\partial T}\cdot\frac{\partial T}{\partial P}=-1.$$

证　因为

$$P=\frac{RT}{V},\quad \frac{\partial P}{\partial V}=-\frac{RT}{V^2},$$

$$V=\frac{RT}{P},\quad \frac{\partial V}{\partial T}=\frac{R}{P},$$

$$T=\frac{PV}{R},\quad \frac{\partial T}{\partial P}=\frac{V}{R},$$

所以

$$\frac{\partial P}{\partial V}\cdot\frac{\partial V}{\partial T}\cdot\frac{\partial T}{\partial P}=-\frac{RT}{V^2}\cdot\frac{R}{P}\cdot\frac{V}{R}=-\frac{RT}{PV}=-1.$$

二、 高阶偏导数

设函数 $z=f(x,y)$ 在区域 D 内具有偏导数

$$\frac{\partial z}{\partial x}=f_x(x,y),\quad \frac{\partial z}{\partial y}=f_y(x,y),$$

则在 D 内偏导数 $f(x,y)$, $f_y(x,y)$ 仍是 x,y 的函数. 如果偏导函数 $f(x,y)$ 或 $f_y(x,y)$ 在 D 内的偏导数也存在, 则称它们是**函数**$z=f(x,y)$**的二阶偏导数**. 按照对变量求导次序的不同, 共有下列四个二阶偏导数:

$$\frac{\partial}{\partial x}\left(\frac{\partial z}{\partial x}\right)=\frac{\partial^2 z}{\partial x^2}=f_{xx}(x,y),\quad \frac{\partial}{\partial y}\left(\frac{\partial z}{\partial y}\right)=\frac{\partial^2 z}{\partial y^2}=f_{yy}(x,y),$$

$$\frac{\partial}{\partial x}\left(\frac{\partial z}{\partial y}\right)=\frac{\partial^2 z}{\partial y\partial x}=f_{yx}(x,y),\quad \frac{\partial}{\partial y}\left(\frac{\partial z}{\partial x}\right)=\frac{\partial^2 z}{\partial x\partial y}=f_{xy}(x,y),$$

其中,$f_{xy}(x,y),f_{yx}(x,y)$ 称为**混合偏导数**.

类似地, 可以定义三阶、四阶 …… 以及 n 阶偏导数. 二阶及二阶以上的偏导数统称为**高阶偏导数**.

例 5 设 $z=4x^3+3x^2y-3xy^2-x+y$, 求 $\frac{\partial^2 z}{\partial x^2}$、$\frac{\partial^2 z}{\partial y\partial x}$、$\frac{\partial^2 z}{\partial x\partial y}$、$\frac{\partial^2 z}{\partial y^2}$.

解 $\frac{\partial z}{\partial x}=12x^2+6xy-3y^2-1$, $\frac{\partial z}{\partial y}=3x^2-6xy+1$;

$\frac{\partial^2 z}{\partial x^2}=24x+6y$, $\frac{\partial^2 z}{\partial y^2}=-6x$;

$\frac{\partial^2 z}{\partial x\partial y}=6x-6y$, $\frac{\partial^2 z}{\partial y\partial x}=6x-6y$.

注 例 5 中两个二阶混合偏导数 $f_{xy}(x,y),f_{yx}(x,y)$ 相等. 一般情况下两个二阶混合偏导数 $f_{xy}(x,y),f_{yx}(x,y)$ 不一定相等, 那么在什么情况下相等呢? 我们有下述定理.

定理 *如果函数 $z=f(x,y)$ 的两个二阶混合偏导数 $\frac{\partial^2 z}{\partial y\partial x}$ 及 $\frac{\partial^2 z}{\partial x\partial y}$ 在区域 D 内连续, 那么在该区域内这两个二阶混合偏导数必相等.*

该定理表明: 在混合偏导数连续的条件下, 混合偏导数与求偏导数的先后次序无关. 该结论同样适合所有多元函数的高阶偏导数.

例 6 设函数 $u=\frac{1}{r}$, 证明 $\frac{\partial^2 u}{\partial x^2}+\frac{\partial^2 u}{\partial y^2}+\frac{\partial^2 u}{\partial z^2}=0$, 其中 $r=\sqrt{x^2+y^2+z^2}$.

证

$$\frac{\partial u}{\partial x}=-\frac{1}{r^2}\cdot\frac{\partial r}{\partial x}=-\frac{1}{r^2}\frac{x}{r}=-\frac{x}{r^3},$$

$$\frac{\partial^2 u}{\partial x^2}=-\frac{1}{r^3}+\frac{3x}{r^4}\cdot\frac{\partial r}{\partial x}=-\frac{1}{r^3}+\frac{3x^2}{r^5}.$$

由函数关于自变量的对称性, 可知

$$\frac{\partial^2 u}{\partial y^2}=-\frac{1}{r^3}+\frac{3y^2}{r^5},\quad \frac{\partial^2 u}{\partial z^2}=-\frac{1}{r^3}+\frac{3z^2}{r^5},$$

因此

$$\frac{\partial^2 u}{\partial x^2}+\frac{\partial^2 u}{\partial y^2}+\frac{\partial^2 u}{\partial z^2}=-\frac{3}{r^3}+\frac{3(x^2+y^2+z^2)}{r^5}=-\frac{3}{r^3}+\frac{3r^2}{r^5}=0.$$

例 6 中的方程称为**拉普拉斯 (Laplace) 方程**, 它是数学物理方程中一种很重要的方程.

例 7　设 $u=x^{y^z}$, 验证: $\dfrac{\partial^2 u}{\partial x\partial y}=\dfrac{\partial^2 u}{\partial y\partial x}$.

证　$\dfrac{\partial u}{\partial x}=y^z x^{y^z-1}$, $\dfrac{\partial u}{\partial y}=x^{y^z}\ln x\cdot zy^{z-1}$,

$$\begin{aligned}\frac{\partial^2 u}{\partial x\partial y}&=\frac{\partial}{\partial y}\left(\frac{\partial u}{\partial x}\right)=\frac{\partial}{\partial y}\left(y^z x^{y^z-1}\right)\\&=zy^{z-1}x^{y^z-1}+y^z x^{y^z-1}\ln x\cdot zy^{z-1}\\&=zy^{z-1}\cdot x^{y^z-1}(1+y^z\ln x),\\\frac{\partial^2 u}{\partial y\partial x}&=\frac{\partial}{\partial x}\left(\frac{\partial u}{\partial y}\right)=\frac{\partial}{\partial x}\left(x^{y^z}\ln x\cdot zy^{z-1}\right)\\&=zy^{z-1}\cdot y^z x^{y^z-1}\cdot\ln x+zy^{z-1}\cdot x^{y^z}\cdot\frac{1}{x}\\&=zy^{z-1}\cdot x^{y^z-1}(1+y^z\ln x),\end{aligned}$$

所以

$$\frac{\partial^2 u}{\partial x\partial y}=\frac{\partial^2 u}{\partial y\partial x}.$$

习　题　7-2

1. 求下列函数的偏导数:

(1) $z=\ln\tan\dfrac{x}{y}$;　　(2) $z=\arcsin(y\sqrt{x})$;

(3) $z=\sin\dfrac{x}{y}\cos\dfrac{y}{x}$;　　(4) $z=\left(\dfrac{1}{3}\right)^{-\frac{y}{x}}$;

(5) $z=xy\sin \mathrm{e}^{\pi xy}$;　　(6) $z=\ln(x+\ln y)$;

(7) $z=\sqrt{x}\sin\dfrac{y}{x}$;　　(8) $u=\rho \mathrm{e}^{t\varphi}+\mathrm{e}^{-\varphi}+t$.

2. 设 $z=\mathrm{e}^{-\left(\frac{1}{x}+\frac{1}{y}\right)}$, 求证 $x^2\dfrac{\partial z}{\partial x}+y^2\dfrac{\partial z}{\partial y}=2z$.

3. 设 $z=x^y(x>0,\neq 1)$, 求证: $\dfrac{x}{y}\cdot\dfrac{\partial z}{\partial x}+\dfrac{1}{\ln x}\cdot\dfrac{\partial z}{\partial y}=2z$.

4. 设 $f(x,y)=x+(y-1)\arcsin\sqrt{\dfrac{x}{y}}$, 求 $f_x(x,1)$.

5. 求曲面 $z=\sqrt{1+x^2+y^2}$ 与平面 $x=1$ 的交线在点 $(1,1,\sqrt{3})$ 处的切线对于 y 轴正向的倾角.

6. 设 $z=\sqrt{x^2+y^2}$, 讨论 $\left.\dfrac{\partial z}{\partial x}\right|_{\substack{x=0\\y=0}}$ 与 $\left.\dfrac{\partial z}{\partial y}\right|_{\substack{x=0\\y=0}}$ 的存在性.

7. 求下列函数的 $\dfrac{\partial^2 z}{\partial x^2}$, $\dfrac{\partial^2 z}{\partial y^2}$和$\dfrac{\partial^2 z}{\partial x\partial y}$:

(1) $z=x^3y^2-3xy^3-xy+1$;　　(2) $z=\sin(ax+by)$;

(3) $z=\arcsin(xy)$;　　(4) $z=x^{2y}$.

8. 设 $f(x,y,z)=xy^2+yz^2+zx^2$, 求 $f_{xx}(0,0,1)$, $f_{xz}(1,0,2)$.

9. 设 $r=\sqrt{x^2+y^2+z^2}$, 证明:

(1) $\left(\dfrac{\partial r}{\partial x}\right)^2+\left(\dfrac{\partial r}{\partial y}\right)^2+\left(\dfrac{\partial r}{\partial z}\right)^2=1$;

(2) $\dfrac{\partial^2 r}{\partial x^2}+\dfrac{\partial^2 r}{\partial y^2}+\dfrac{\partial^2 r}{\partial z^2}=\dfrac{2}{r}$.

10. 求函数 $z=\displaystyle\int_0^{xy}\mathrm{e}^{-t^2}\mathrm{d}t$ 的偏导数.

11. 设 $f(x,y)=|x-y|\varphi(x,y)$, 其中 $\varphi(x,y)$ 在点 $(0,0)$ 的邻域内连续, 欲使 $f_x(0,0)$ 存在, 问 $\varphi(x,y)$ 应满足什么条件?

12. 证明: 不存在函数 $f(x,y)$ 满足 $\dfrac{\partial f}{\partial x}=y, \dfrac{\partial f}{\partial y}=x^2$.

13. 证明: 函数

$$f(x,y)=\begin{cases} xy\dfrac{x^2-y^2}{x^2+y^2}, & (x,y)\neq(0,0), \\ 0, & (x,y)=(0,0) \end{cases}$$

不满足 $f_{xy}(0,0)=f_{yx}(0,0)$.

第三节　全　微　分

一、全微分的概念

在实际应用中, 还需要研究多元函数中各个自变量同时变化时因变量所获得的增量, 即所谓的全增量的问题. 下面仍以二元函数为例进行研究.

设函数 $z=f(x,y)$ 在点 $P_0(x_0,y_0)$ 的某一邻域 $U(P_0)$ 内有定义, 对 $\forall P(x_0+\Delta x,y_0+\Delta y)\in U(P_0)$, 称这两点的函数值之差为 z 在点 $P_0(x_0,y_0)$ 对应于自变量增量 Δx, Δy 的**全增量**, 记作 Δz, 即

$$\Delta z=f(x_0+\Delta x,y_0+\Delta y)-f(x_0,y_0). \tag{7-3-1}$$

计算全增量 Δz 往往比较复杂. 与一元函数类似, 我们将讨论是否可以用自变量的增量 Δx,Δy 的线性部分来近似地表示函数的全增量 Δz 问题.

定义 1　设函数 $z=f(x,y)$ 在点 $P_0(x_0,y_0)$ 的某一邻域 $U(P_0)$ 内有定义, 如果 $z=f(x,y)$ 在点 $P_0(x_0,y_0)$ 的全增量

$$\Delta z=f(x_0+\Delta x,y_0+\Delta y)-f(x_0,y_0)$$

可表示为

$$\Delta z=A\Delta x+B\Delta y+o(\rho), \tag{7-3-2}$$

则称函数 $z=f(x,y)$ 在点 $P_0(x_0,y_0)$ 处可微, 其中 A, B 不依赖于 Δx, Δy 而仅与 x_0,y_0 有关, $\rho=\sqrt{(\Delta x)^2+(\Delta y)^2}$, 则 $A\Delta x+B\Delta y$ 称为函数 $z=f(x,y)$ 在点 $P_0(x_0,y_0)$ 处的**全微分**, 记作 $\mathrm{d}z|_{P_0}$ 或 $\mathrm{d}f(x_0,y_0)$, 即

$$\mathrm{d}z|_{P_0}=\mathrm{d}f(x_0,y_0)=A\Delta x+B\Delta y. \tag{7-3-3}$$

如果函数在区域 D 内每一点处都可微, 则称该**函数在区域D内可微**, 或该函数是 D 内的**可微函数**.

如果函数 $z=f(x,y)$ 在点 (x,y) 处可微, 则

$$\lim_{(\Delta x,\Delta y)\to(0,0)}\Delta z=\lim_{(\Delta x,\Delta y)\to(0,0)}[A\Delta x+B\Delta y+o(\rho)]=0,$$

即

$$\lim_{(\Delta x,\Delta y)\to(0,0)}f(x+\Delta x,y+\Delta y)=f(x,y).$$

所以, 如果函数 $z=f(x,y)$ 在某点处可微, 那么函数在该点连续. 反过来, 如果函数 $z=f(x,y)$ 在某点处连续, 那么函数在该点未必可微. 如后面的例 1.

下面讨论函数 $z=f(x,y)$ 在点 $P_0(x_0,y_0)$ 可微的另一个必要条件.

定理 1 (可微的必要条件) *若函数 $z=f(x,y)$ 在点(x_0,y_0) 可微, 则该函数在点(x_0,y_0) 处的偏导数$f_x(x_0,y_0)$、$f_y(x_0,y_0)$都存在, 且函数$z=f(x,y)$在点(x_0,y_0)处的全微分为*

$$\mathrm{d}f(x_0,y_0)=f_x(x_0,y_0)\Delta x+f_y(x_0,y_0)\Delta y. \tag{7-3-4}$$

证 因函数 $z=f(x,y)$ 在点 $P_0(x_0,y_0)$ 可微, 则对 $\forall P(x_0+\Delta x,y_0+\Delta y)\in U(P_0)$, 恒有

$$\Delta z=A\Delta x+B\Delta y+o(\rho),$$

当 $\Delta y=0$ 时 (此时 $\rho=|\Delta x|$), 有

$$f(x_0+\Delta x,y_0)-f(x_0,y_0)=A\cdot\Delta x+o(|\Delta x|),$$

上式两边同除以 Δx, 再令 $\Delta x\to 0$ 而取极限, 即得

$$\lim_{\Delta x\to 0}\frac{f(x_0+\Delta x,y_0)-f(x_0,y_0)}{\Delta x}=A, \text{即} A=f_x(x_0,y_0).$$

同理可证 $B=f_y(x_0,y_0)$. 所以式 (7-3-4) 成立.

由上册知道, 一元函数在某点的可导性与可微性是等价的, 但对于二元函数则不然. 即使二元函数的各偏导数都存在函数也不一定可微.

例 1 证明函数 $f(x,y)=\sqrt{|xy|}$ 在点 $(0,0)$ 处连续、偏导数存在但不可微.

证 因为 $\lim\limits_{(x,y)\to(0,0)}f(x,y)=\lim\limits_{(x,y)\to(0,0)}\sqrt{|xy|}=0=f(0,0)$,

所以$f(x,y)$ 在点 $(0,0)$ 处连续.

又

$$\lim_{\Delta x\to 0}\frac{f(0+\Delta x,0)-f(0,0)}{\Delta x}=\lim_{\Delta x\to 0}\frac{0-0}{\Delta x}=0,$$

所以 $f_x(0,0)=0$. 同理, $f_y(0,0)=0$. 说明函数 $f(x,y)$ 在点 $(0,0)$ 处的偏导数均存在.

又

$$\lim_{\rho\to 0}\frac{\Delta f(0,0)-[f_x(0,0)\Delta x+f_y(0,0)\Delta y]}{\rho}=\lim_{\substack{\Delta x\to 0\\ \Delta y\to 0}}\frac{\sqrt{|\Delta x\Delta y|}}{\sqrt{(\Delta x)^2+(\Delta y)^2}}, \tag{7-3-5}$$

而 $\lim\limits_{\substack{\Delta x\to 0\\ \Delta y=k\Delta x}}\dfrac{\sqrt{|\Delta x\Delta y|}}{\sqrt{(\Delta x)^2+(\Delta y)^2}}=\dfrac{\sqrt{|k|}}{\sqrt{1+k^2}}$, 说明 (7-3-5) 式的极限不存在.

所以, 函数 $f(x,y)=\sqrt{|xy|}$ 在点 $(0,0)$ 处不可微.

定理 2(可微的充分条件) 如果函数 $z=f(x,y)$在点$P_0(x_0,y_0)$的某邻域$U(P_0)$内具有连续偏导数, 则函数在点P_0处可微.

证 设 $\forall P(x_0+\Delta x,y_0+\Delta y)\in U(P_0)$, 函数的全增量

$$\begin{aligned}\Delta z\,|_{P_0}&=f(x_0+\Delta x,y_0+\Delta y)-f(x_0,y_0)\\&=[f(x_0+\Delta x,y_0+\Delta y)-f(x_0+\Delta x,y_0)]+[f(x_0+\Delta x,y_0)-f(x_0,y_0)].\end{aligned}$$

上式两个方括号内的表达式都是函数的偏增量, 对其分别应用拉格朗日中值定理, 有

$$\Delta z\,|_{P_0}=f_y(x_0+\Delta x,y_0+\theta_1\Delta y)\Delta y+f_x(x_0+\theta_2\Delta x,y_0)\Delta x,$$

其中,$0<\theta_1,\theta_2<1$. 因为 $f_y(x,y)$ 在点 $P_0(x_0,y_0)$ 处连续, 故有

$$\lim_{\substack{\Delta x\to 0\\ \Delta y\to 0}}f_y(x_0+\Delta x,y_0+\theta_1\Delta y)=f_y(x_0,y_0),$$

于是, 有

$$f_y(x_0+\Delta x,y_0+\theta_1\Delta y)=f_y(x_0,y_0)+\alpha,$$

从而有

$$f_y(x_0+\Delta x,y_0+\theta_1\Delta y)\Delta y=f_y(x_0,y_0)\Delta y+\alpha\Delta y,$$

同理, 有

$$f_x(x_0+\theta_2\Delta x,y_0)\Delta x=f_x(x_0,y_0)\Delta x+\beta\Delta x,$$

其中,α, β 为 $\Delta x,\Delta y$ 的函数, 且当 $\Delta x\to 0$, $\Delta y\to 0$ 时, $\alpha\to 0$, $\beta\to 0$.

于是, 全增量 $\Delta z\,|_{P_0}$ 可以表示为

$$\Delta z\,|_{P_0}=f_x(x_0,y_0)\Delta x+f_y(x_0,y_0)\Delta y+\alpha\Delta y+\beta\Delta x. \tag{7-3-6}$$

而

$$\begin{aligned}&\lim_{\substack{\Delta x\to 0\\ \Delta y\to 0}}\frac{\Delta z\,|_{P_0}-[f_x(x_0,y_0)\Delta x+f_y(x_0,y_0)\Delta y]}{\rho}\\&=\lim_{\substack{\Delta x\to 0\\ \Delta y\to 0}}\frac{\alpha\Delta y+\beta\Delta x}{\rho}=\lim_{\substack{\Delta x\to 0\\ \Delta y\to 0}}\left(\alpha\frac{\Delta y}{\rho}+\beta\frac{\Delta x}{\rho}\right)=0,\end{aligned}$$

其中, $\rho=\sqrt{(\Delta x)^2+(\Delta y)^2}$.

由全微分的定义可知, 函数 $z=f(x,y)$ 在点 $P_0(x_0,y_0)$ 是可微的.

令 $z=x$, 得 $\mathrm{d}x=\Delta x$; 令 $z=y$, 得 $\mathrm{d}y=\Delta y$, 即自变量的增量等于自变量的微分. 所以函数的全微分可以表示为

$$\mathrm{d}z=\frac{\partial z}{\partial x}\mathrm{d}x+\frac{\partial z}{\partial y}\mathrm{d}y. \tag{7-3-7}$$

以上关于二元函数全微分的概念与结论, 可以完全类似地推广到三元和三元以上的多元函数.

例 2　求函数 $u = x^{y^z}$ 的全微分.

解　因为

$$\frac{\partial u}{\partial x} = y^z x^{y^z - 1} = \frac{y^z}{x} x^{y^z},$$

$$\frac{\partial u}{\partial y} = x^{y^z} \ln x \cdot z y^{z-1} = \frac{z y^z \ln x}{y} x^{y^z},$$

$$\frac{\partial u}{\partial z} = x^{y^z} \ln x \cdot y^z \ln y = x^{y^z} \cdot y^z \cdot \ln x \cdot \ln y,$$

所以

$$\mathrm{d}u = \frac{\partial u}{\partial x}\mathrm{d}x + \frac{\partial u}{\partial y}\mathrm{d}y + \frac{\partial u}{\partial z}\mathrm{d}z = x^{y^z}\left(\frac{y^z}{x}\mathrm{d}x + \frac{z y^z \ln x}{y}\mathrm{d}y + y^z \ln x \ln y \mathrm{d}z\right).$$

例 3　求函数 $z = x\mathrm{e}^{xy}$ 在 $(1,1)$ 处的全微分.

解　因为 $\dfrac{\partial z}{\partial x} = \mathrm{e}^{xy} + xy\mathrm{e}^{xy}$, $\dfrac{\partial z}{\partial y} = x^2\mathrm{e}^{xy}$, 有

$$\left.\frac{\partial z}{\partial x}\right|_{(1,1)} = \mathrm{e} + \mathrm{e} = 2\mathrm{e}, \quad \left.\frac{\partial z}{\partial y}\right|_{(1,1)} = \mathrm{e},$$

所以

$$\mathrm{d}z\big|_{(1,1)} = 2\mathrm{e}\mathrm{d}x + \mathrm{e}\mathrm{d}y$$

* 二、全微分在近似计算中的应用

若二元函数 $z = f(x,y)$ 在点 $P_0(x_0,y_0)$ 处可微, 并且 $|\Delta x|$, $|\Delta y|$ 都较小, 有近似等式

$$\Delta z \approx \mathrm{d}z = f_x(x_0,y_0)\Delta x + f_y(x_0,y_0)\Delta y,$$

即

$$f(x_0+\Delta x, y_0+\Delta y) \approx f(x_0,y_0) + f_x(x_0,y_0)\Delta x + f_y(x_0,y_0)\Delta y.$$

利用上述近似等式可对二元函数作近似计算.

例 4　求 $1.08^{3.96}$ 的近似值.

解　设函数 $f(x,y) = x^y$, 显然, 要计算 $f(1.08, 3.96)$ 的值.

取 $x_0 = 1$, $y_0 = 4$, $\Delta x = 0.08$, $\Delta y = -0.04$, 由上述近似计算公式有

$$\begin{aligned}1.08^{3.96} = f(x_0+\Delta x, y_0+\Delta y) &\approx f(x_0,y_0) + f_x(x_0,y_0)\Delta x + f_y(x_0,y_0)\Delta y\\ &= f(1,4) + f_x(1,4)\Delta x + f_y(1,4)\Delta y\\ &= 1 + 4\times 1^3 \times 0.08 + 1^4 \times \ln 1 \times (-0.04)\\ &= 1 + 0.32 = 1.32.\end{aligned}$$

对于二元函数 $z = f(x,y)$, 如果自变量 x, y 的绝对误差分别为 δ_x, δ_y, 即

$$|\Delta x| < \delta_x, \quad |\Delta y| < \delta_y,$$

则因变量 z 的误差

$$|\Delta z| \approx |\mathrm{d}z| = \left|\frac{\partial z}{\partial x}\Delta x + \frac{\partial z}{\partial y}\Delta y\right| \leqslant \left|\frac{\partial z}{\partial x}\right| \cdot |\Delta x| + \left|\frac{\partial z}{\partial y}\right| \cdot |\Delta y| \leqslant \left|\frac{\partial z}{\partial x}\right| \cdot \delta_x + \left|\frac{\partial z}{\partial y}\right| \cdot \delta_y,$$

从而因变量 z 的绝对误差约为

$$\delta_z = \left|\frac{\partial z}{\partial x}\right| \cdot \delta_x + \left|\frac{\partial z}{\partial y}\right| \cdot \delta_y, \tag{7-3-8}$$

因变量 z 的相对误差约为

$$\frac{\delta_z}{|z|}. \tag{7-3-9}$$

例 5 测得一长方体箱子的长、宽、高分别为 70cm, 60cm, 50cm, 最大测量误差为 0.1cm, 试估计该箱子的体积的绝对误差和相对误差.

解 以 x, y, z 来分别表示该箱子的长、宽、高, 则箱子的体积为

$$V = xyz,$$

$$\mathrm{d}V = \frac{\partial V}{\partial x}\mathrm{d}x + \frac{\partial V}{\partial y}\mathrm{d}y + \frac{\partial V}{\partial z}\mathrm{d}z = yz\mathrm{d}x + xz\mathrm{d}y + xy\mathrm{d}z.$$

由于已知 $\delta_x = \delta_y = \delta_z = 0.1$, $x = 70, y = 60, z = 50$, 由式 (7-3-8) 得该箱子的体积的绝对误差为

$$\delta_V = 60 \times 50 \times 0.1 + 70 \times 50 \times 0.1 + 70 \times 60 \times 0.1 = 1070(\mathrm{cm}^3),$$

由式 (7-3-9) 得该箱子体积的相对误差为

$$\frac{\delta_V}{|V|} = \frac{1070}{70 \times 60 \times 50} = 0.5\%.$$

习 题 7-3

1. 求下列函数的全微分.

(1) $z = \mathrm{e}^{xy} + \ln(x+y)$; (2) $z = \dfrac{x^2+y^2}{x^2-y^2}$;

(3) $z = 2x\mathrm{e}^{-y} - \sqrt{3x} + \ln 3$; (4) $u = x^{yz}$.

2. 求下列函数在给定点处的全微分.

(1) $z = x^4 + y^4 - 4x^2y^2, (1,1)$; (2) $z = x\sin(x+y) + \mathrm{e}^{x-y}, \left(\dfrac{\pi}{4}, \dfrac{\pi}{4}\right)$.

3. 当 $x = 2$, $y = -1$, $\Delta x = 0.02$, $\Delta y = -0.01$ 时, 求函数 $z = x^2y^3$ 的全微分及全增量的值.

4. 试证: $f(x,y) = \begin{cases} \dfrac{xy}{\sqrt{x^2+y^2}}, & (x,y) \neq (0,0), \\ 0, & (x,y) = (0,0) \end{cases}$ 在点 $(0,0)$ 处偏导数存在, 但是不可微.

*5. 计算 $\sqrt{1.02^3 + 1.97^3}$ 的近似值.

*6. 计算 $1.97^{1.05}$ 的近似值 ($\ln 2 \approx 0.693$).

7. 证明: $f(x,y) = \begin{cases} \dfrac{xy}{x^2+y^2}, & (x,y) \neq (0,0), \\ 0, & (x,y) = (0,0) \end{cases}$ 在点 $(0,0)$ 处不连续, 但偏导数存在.

8. 已知 $\dfrac{(x+ay)\mathrm{d}x + 4y\mathrm{d}y}{(x+2y)^2}$ 是某函数 $u(x,y)$ 的全微分, 求 a.

第四节 多元复合函数的微分法

在一元复合函数的求导过程中, 有所谓的 "链式法则", 这一法则可以推广到多元函数的情形. 下面以二元函数为例来讨论多元复合函数的求导法则.

设 $u=u(x,y)$, $v=v(x,y)$ 在 xOy 面内区域 D 上有定义, $z=f(u,v)$ 在 uOv 面的区域 D_1 上有定义, 且 $\{(u,v)\,|u=u(x,y), v=v(x,y), (x,y)\in D\}\subset D_1$, 则 $z=f[u(x,y),v(x,y)]$ 是定义在 D 上的复合函数. 其中, f 为外函数, $u(x,y)$,$v(x,y)$ 为内函数; u,v 为中间变量, x,y 为自变量.

一、多元复合函数的求导法则

定理 1 如果函数 $u=u(x,y)$ 及 $v=v(x,y)$ 在点 (x,y) 处的偏导数存在, 函数 $z=f(u,v)$ 在对应点 (u,v) 处可微, 则复合函数 $z=f[u(x,y),v(x,y)]$ 在点 (x,y) 处的两个偏导数均存在, 且

$$\frac{\partial z}{\partial x}=\frac{\partial z}{\partial u}\cdot\frac{\partial u}{\partial x}+\frac{\partial z}{\partial v}\cdot\frac{\partial v}{\partial x}, \tag{7-4-1}$$

$$\frac{\partial z}{\partial y}=\frac{\partial z}{\partial u}\cdot\frac{\partial u}{\partial y}+\frac{\partial z}{\partial v}\cdot\frac{\partial v}{\partial y}. \tag{7-4-2}$$

证 设分别给自变量 x,y 以增量 Δx, Δy, 则中间变量 $u=u(x,y)$, $v=v(x,y)$ 分别获得相应的增量 Δu, Δv, 于是, 函数 $z=f(u,v)$ 也获得相应的增量 Δz. 由于 $z=f(u,v)$ 在点 (u,v) 可微, 于是

$$\Delta z=\frac{\partial z}{\partial u}\Delta u+\frac{\partial z}{\partial v}\Delta v+o(\rho), \tag{7-4-3}$$

其中 $\rho=\sqrt{(\Delta u)^2+(\Delta v)^2}$.

令 $\Delta y=0$, 式 (7-4-3) 仍成立, 将其两端同除以 Δx, 得

$$\frac{\Delta z_x}{\Delta x}=\frac{\partial z}{\partial u}\cdot\frac{\Delta u_x}{\Delta x}+\frac{\partial z}{\partial v}\cdot\frac{\Delta v_x}{\Delta x}+\frac{o(\rho)}{\rho}\cdot\frac{\sqrt{(\Delta u_x)^2+(\Delta v_x)^2}}{\Delta x}. \tag{7-4-4}$$

由于函数 $u=u(x,y)$, $v=v(x,y)$ 对 x 的偏导数都存在, 则当 $\Delta x\to 0$ 时, 有

$$\frac{\Delta u_x}{\Delta x}\to\frac{\partial u}{\partial x},\quad \frac{\Delta v_x}{\Delta x}\to\frac{\partial v}{\partial x}.$$

当 $\Delta x\to 0$ 时, 对式 (7-4-4) 两端取极限, 得

$$\frac{\partial z}{\partial x}=\frac{\partial z}{\partial u}\cdot\frac{\partial u}{\partial x}+\frac{\partial z}{\partial v}\cdot\frac{\partial v}{\partial x},$$

同理可得

$$\frac{\partial z}{\partial y}=\frac{\partial z}{\partial u}\cdot\frac{\partial u}{\partial y}+\frac{\partial z}{\partial v}\cdot\frac{\partial v}{\partial y}.$$

这里的式 (7-4-1) 和 (7-4-2) 称为**多元复合函数的链式法则**.

上述公式也可应用到下面几种特殊情形:

(1) 中间变量均为一元函数的情形.

设函数 $u=u(t)$, $v=v(t)$ 在点 t 处可导, $z=f(u,v)$ 在相应的点 (u,v) 处可微, 则它们复合而成的函数 $z=f[u(t),v(t)]$ 在点 t 处可导, 且

$$\frac{\mathrm{d}z}{\mathrm{d}t}=\frac{\partial z}{\partial u}\cdot\frac{\mathrm{d}u}{\mathrm{d}t}+\frac{\partial z}{\partial v}\cdot\frac{\mathrm{d}v}{\mathrm{d}t}. \tag{7-4-5}$$

此时式 (7-4-5) 中的导数 $\frac{\mathrm{d}z}{\mathrm{d}t}$ 称为**全导数**.

(2) 中间变量多于两个的情形.

设函数 $u=u(x,y)$, $v=v(x,y)$, $w=w(x,y)$ 在点 (x,y) 处偏导数都存在, $z=f(u,v,w)$ 在相应的点 (u,v,w) 处可微, 则由它们复合而成的函数 $z=f[u(x,y),v(x,y),w(x,y)]$ 在点 (x,y) 处的两个偏导数都存在, 且

$$\frac{\partial z}{\partial x}=\frac{\partial z}{\partial u}\cdot\frac{\partial u}{\partial x}+\frac{\partial z}{\partial v}\cdot\frac{\partial v}{\partial x}+\frac{\partial z}{\partial w}\cdot\frac{\partial w}{\partial x}, \tag{7-4-6}$$

$$\frac{\partial z}{\partial y}=\frac{\partial z}{\partial u}\cdot\frac{\partial u}{\partial y}+\frac{\partial z}{\partial v}\cdot\frac{\partial v}{\partial y}+\frac{\partial z}{\partial w}\cdot\frac{\partial w}{\partial y}. \tag{7-4-7}$$

(3) 中间变量既有一元函数也有多元函数的情形.

设函数 $u=u(x,y)$ 在点 (x,y) 处偏导数都存在, $v=v(x)$ 在点 x 处可导, $z=f(u,v)$ 在相应的点 (u,v) 处可微, 则由它们复合而成的函数 $z=f[u(x,y),v(x)]$ 在点 (x,y) 处的两个偏导数都存在, 且

$$\frac{\partial z}{\partial x}=\frac{\partial z}{\partial u}\cdot\frac{\partial u}{\partial x}+\frac{\partial z}{\partial v}\cdot\frac{\mathrm{d}v}{\mathrm{d}x}, \tag{7-4-8}$$

$$\frac{\partial z}{\partial y}=\frac{\partial z}{\partial u}\cdot\frac{\partial u}{\partial y}. \tag{7-4-9}$$

(4) 某些中间变量本身又是复合函数的自变量的情形.

设函数 $u=u(x,y)$ 在点 (x,y) 处偏导数都存在, $z=f(u,x,y)$ 在相应的点 (u,x,y) 处可微, 则由它们复合而成的函数 $z=f\left[u(x,y),x,y\right]$ 在点 (x,y) 处的两个偏导数都存在, 且

$$\frac{\partial z}{\partial x}=\frac{\partial f}{\partial u}\cdot\frac{\partial u}{\partial x}+\frac{\partial f}{\partial x}, \tag{7-4-10}$$

$$\frac{\partial z}{\partial y}=\frac{\partial f}{\partial u}\cdot\frac{\partial u}{\partial y}+\frac{\partial f}{\partial y}, \tag{7-4-11}$$

必须指出这里 $\frac{\partial z}{\partial x}$ 与 $\frac{\partial f}{\partial x}$ 具有不同的含义, $\frac{\partial z}{\partial x}$ 是把复合函数 $z=f\left[u(x,y),x,y\right]$ 中的 y 看作常量而对 x 的偏导数, $\frac{\partial f}{\partial x}$ 是把 $z=f(u,x,y)$ 中的 u 及 y 看作常量而对 x 的偏导数. $\frac{\partial z}{\partial y}$ 与 $\frac{\partial f}{\partial y}$ 也有类似的区别.

例 1　设 $y=u^v$, 而 $u=\cos x$, $v=\sin^2 x$, $0<x<\frac{\pi}{2}$, 求全导数 $\frac{\mathrm{d}y}{\mathrm{d}x}$.

解　因为 $\frac{\partial y}{\partial u}=v\cdot u^{v-1}$, $\frac{\partial y}{\partial v}=u^v\cdot\ln u$,

$$\frac{\mathrm{d}u}{\mathrm{d}x}=-\sin x,\quad \frac{\mathrm{d}v}{\mathrm{d}x}=2\sin x\cos x=\sin(2x),$$

所以

$$\frac{\mathrm{d}y}{\mathrm{d}x}=\frac{\partial y}{\partial u}\cdot\frac{\mathrm{d}u}{\mathrm{d}x}+\frac{\partial y}{\partial v}\cdot\frac{\mathrm{d}v}{\mathrm{d}x}=v\cdot u^{v-1}\cdot(-\sin x)+u^{v}\cdot\ln u\cdot\sin(2x)$$
$$=-\sin^3 x(\cos x)^{-\cos^2 x}+\sin(2x)(\cos x)^{\sin^2 x}\ln\cos x.$$

例 2 设 $z=\ln(u^2+v)$, 而 $u=\mathrm{e}^{x+y^2}, v=x^2+y$, 求 $\dfrac{\partial z}{\partial x},\dfrac{\partial z}{\partial y}$.

解 $$\frac{\partial z}{\partial x}=\frac{\partial z}{\partial u}\cdot\frac{\partial u}{\partial x}+\frac{\partial z}{\partial v}\cdot\frac{\partial v}{\partial x}=\frac{2u}{u^2+v}\mathrm{e}^{x+y^2}+\frac{1}{u^2+v}2x=\frac{2}{u^2+v}(u\mathrm{e}^{x+y^2}+x),$$

$$\frac{\partial z}{\partial y}=\frac{\partial z}{\partial u}\cdot\frac{\partial u}{\partial y}+\frac{\partial z}{\partial v}\cdot\frac{\partial v}{\partial y}=\frac{2u}{u^2+v}2y\mathrm{e}^{x+y^2}+\frac{1}{u^2+v}=\frac{1}{u^2+v}(4uy\mathrm{e}^{x+y^2}+1).$$

例 3 设 $w=F(x+y+z)$, $z=f(x,y)$, $y=\varphi(x)$, 其中 F,f,φ 有连续的导数或者偏导数, 求全导数 $\dfrac{\mathrm{d}w}{\mathrm{d}x}$.

解 令 $u=x+y+z$, 则

$$\frac{\mathrm{d}u}{\mathrm{d}x}=1+\frac{\mathrm{d}y}{\mathrm{d}x}+\frac{\mathrm{d}z}{\mathrm{d}x},$$

又因为

$$\frac{\mathrm{d}y}{\mathrm{d}x}=\varphi'(x),\quad \frac{\mathrm{d}z}{\mathrm{d}x}=\frac{\partial f}{\partial x}+\frac{\partial f}{\partial y}\cdot\frac{\mathrm{d}y}{\mathrm{d}x}=\frac{\partial f}{\partial x}+\frac{\partial f}{\partial y}\varphi'(x),$$

从而

$$\frac{\mathrm{d}w}{\mathrm{d}x}=F'(u)\cdot\frac{\mathrm{d}u}{\mathrm{d}x}=F'(x+y+z)\cdot\left[1+\varphi'(x)+\frac{\partial f}{\partial x}+\frac{\partial f}{\partial y}\varphi'(x)\right].$$

例 4 设 $w=f(x,y,z), z=x\mathrm{e}^y$, f 具有二阶连续偏导数, 求 $\dfrac{\partial w}{\partial x}$ 及 $\dfrac{\partial^2 w}{\partial x\partial y}$.

解 为表达简便, 引入以下记号:

$f_1'=\dfrac{\partial f(x,y,z)}{\partial x}$, 这里下标 1 表示函数 f 对第一个变量 x 求偏导数, 依此记号还有 f_2', f_3';

$f_{13}''=\dfrac{\partial^2 f(x,y,z)}{\partial x\partial z}$, 这里下标 13 表示函数 f 先对第一个变量 x 求偏导数, 得到的一阶偏导数 f_1' 再对第三个变量 z 求偏导数, 依此记号还有 f_{11}'', f_{12}'', f_{21}'', f_{22}'', f_{23}'', f_{31}'', f_{32}'', f_{33}''.

根据复合函数求导法则, 有

$$\frac{\partial w}{\partial x}=\frac{\partial f}{\partial x}+\frac{\partial f}{\partial z}\cdot\frac{\partial z}{\partial x}=f_1'+\mathrm{e}^y f_3',$$

$$\frac{\partial^2 w}{\partial x\partial y}=\frac{\partial}{\partial y}\cdot\frac{\partial w}{\partial x}=\frac{\partial}{\partial y}(f_1'+\mathrm{e}^y f_3')=\frac{\partial f_1'}{\partial y}+\mathrm{e}^y f_3'+\mathrm{e}^y\frac{\partial f_3'}{\partial y}$$
$$=(f_{12}''+x\mathrm{e}^y f_{13}'')+\mathrm{e}^y f_3'+\mathrm{e}^y(f_{32}''+x\mathrm{e}^y f_{33}'')$$
$$=f_{12}''+x\mathrm{e}^y f_{13}''+\mathrm{e}^y f_3'+\mathrm{e}^y f_{32}''+x\mathrm{e}^{2y} f_{33}''.$$

例 5 设 $u=u(x,y)$ 可微, 在极坐标变换 $x=r\cos\theta$, $y=r\sin\theta$ 下, 证明

$$\left(\frac{\partial u}{\partial r}\right)^2+\frac{1}{r^2}\left(\frac{\partial u}{\partial \theta}\right)^2=\left(\frac{\partial u}{\partial x}\right)^2+\left(\frac{\partial u}{\partial y}\right)^2.$$

证　由于 $u=u(x,y)=u(r\cos\theta\,,\,r\sin\theta)$, 因此

$$\frac{\partial u}{\partial r}=\frac{\partial u}{\partial x}\cos\theta+\frac{\partial u}{\partial y}\sin\theta,\quad \frac{\partial u}{\partial \theta}=\frac{\partial u}{\partial x}(-r\sin\theta)+\frac{\partial u}{\partial y}r\cos\theta.$$

于是

$$\begin{aligned}\left(\frac{\partial u}{\partial r}\right)^2+\frac{1}{r^2}\left(\frac{\partial u}{\partial \theta}\right)^2&=\left(\frac{\partial u}{\partial x}\cos\theta+\frac{\partial u}{\partial y}\sin\theta\right)^2+\frac{1}{r^2}\left(-\frac{\partial u}{\partial x}r\sin\theta+\frac{\partial u}{\partial y}r\cos\theta\right)^2\\&=\left(\frac{\partial u}{\partial x}\right)^2+\left(\frac{\partial u}{\partial y}\right)^2.\end{aligned}$$

二、 全微分形式不变性

设函数 $z=f(u,v)$ 可微, 若 u, v 为自变量, 则有全微分

$$\mathrm{d}z=\frac{\partial z}{\partial u}\mathrm{d}u+\frac{\partial z}{\partial v}\mathrm{d}v.$$

如果函数 $z=f(u,v)$, $u=u(x,y)$, $v=v(x,y)$ 均可微, 则由函数 $z=f(u,v)$ 和 $u=u(x,y)$, $v=v(x,y)$ 复合而成的复合函数

$$z=f[u(x,y),v(x,y)]$$

也可微, 其全微分为

$$\begin{aligned}\mathrm{d}z=&\frac{\partial z}{\partial x}\mathrm{d}x+\frac{\partial z}{\partial y}\mathrm{d}y=\left(\frac{\partial z}{\partial u}\cdot\frac{\partial u}{\partial x}+\frac{\partial z}{\partial v}\cdot\frac{\partial v}{\partial x}\right)\mathrm{d}x+\left(\frac{\partial z}{\partial u}\cdot\frac{\partial u}{\partial y}+\frac{\partial z}{\partial v}\cdot\frac{\partial v}{\partial y}\right)\mathrm{d}y\\=&\frac{\partial z}{\partial u}\left(\frac{\partial u}{\partial x}\mathrm{d}x+\frac{\partial u}{\partial y}\mathrm{d}y\right)+\frac{\partial z}{\partial v}\left(\frac{\partial v}{\partial x}\mathrm{d}x+\frac{\partial v}{\partial y}\mathrm{d}y\right)=\frac{\partial z}{\partial u}\mathrm{d}u+\frac{\partial z}{\partial v}\mathrm{d}v.\end{aligned}$$

由此可见, 无论 z 是自变量 u , v 的函数还是中间变量 u, v 的函数, 它的全微分形式是一样的. 这个性质称为**多元函数的全微分形式不变性**.

例 6　求 $z=f(x+y,x-y)$ 的全微分.

解　**解法一**　用偏导数求全微分.

因为

$$\frac{\partial z}{\partial x}=f_1'+f_2',\quad \frac{\partial z}{\partial y}=f_1'-f_2',$$

所以

$$\mathrm{d}z=\frac{\partial z}{\partial x}\mathrm{d}x+\frac{\partial z}{\partial y}\mathrm{d}y=(f_1'+f_2')\mathrm{d}x+(f_1'-f_2')\mathrm{d}y.$$

解法二　用全微分形式不变性求全微分.

$$\begin{aligned}\mathrm{d}z&=f_1'\mathrm{d}(x+y)+f_2'\mathrm{d}(x-y)\\&=f_1'(\mathrm{d}x+\mathrm{d}y)+f_2'(\mathrm{d}x-\mathrm{d}y)\\&=(f_1'+f_2')\mathrm{d}x+(f_1'-f_2')\mathrm{d}y.\end{aligned}$$

习　题　7-4

1. 设 $z = \mathrm{e}^{3x+2y}$, 而 $x = \cos t, y = t^2$, 求 $\dfrac{\mathrm{d}z}{\mathrm{d}t}$.

2. 设 $z = uv + \sin t$, 而 $u = \mathrm{e}^t$, $v = \cos t$, 求 $\dfrac{\mathrm{d}z}{\mathrm{d}t}$.

3. 设 $z = \arctan(xy)$, 而 $y = \mathrm{e}^x$, 求 $\dfrac{\mathrm{d}z}{\mathrm{d}x}$.

4. 设 $u = \dfrac{\mathrm{e}^{ax}(y-z)}{a^2+1}$, 而 $y = a\sin x$, $z = \cos x$, 求 $\dfrac{\mathrm{d}u}{\mathrm{d}x}$.

5. 设 $z = \mathrm{e}^u \sin v$, 而 $u = xy$, $v = x + y$, 求 $\dfrac{\partial z}{\partial x}, \dfrac{\partial z}{\partial y}$.

6. 设 $z = x^2 \ln y$, 而 $x = \dfrac{u}{v}$, $y = 3u - v$, 求 $\dfrac{\partial z}{\partial u}, \dfrac{\partial z}{\partial v}$.

7. 设 $z = \arctan \dfrac{x}{y}$, 而 $x = u + v$, $y = u - v$, 证明 $\dfrac{\partial z}{\partial u} + \dfrac{\partial z}{\partial v} = \dfrac{u-v}{u^2+v^2}$.

8. 设 $u = f(x,y,z) = \mathrm{e}^{x^2+y+z^2}$, 而 $z = x^2 \sin y$, 求 $\dfrac{\partial u}{\partial x}, \dfrac{\partial u}{\partial y}$.

9. 设 $z = f(x,y)\mathrm{e}^{2x+y}$, 函数 $f(x,y)$ 有一阶连续偏导数, 求 $\mathrm{d}z$.

10. 求 $z = f(x, 2x+y, xy)$ 的二阶偏导数 $\dfrac{\partial^2 z}{\partial x^2}, \dfrac{\partial^2 z}{\partial x \partial y}, \dfrac{\partial^2 z}{\partial y^2}$(其中 f 具有二阶连续偏导数).

11. 设 $z = f(u)$ 是可微函数, 其中 $u = xy + \dfrac{y}{x}$, 求 $\dfrac{\partial z}{\partial x}, \dfrac{\partial z}{\partial y}$.

12. 设 $u = x^2 + y^2 + z^2$, 而 $z = x^2 \cos y$, 求 $\dfrac{\partial u}{\partial x}, \dfrac{\partial u}{\partial y}$.

13. 设 $u = f(x,y)$ 可微, 且满足方程 $\dfrac{1}{x} \cdot \dfrac{\partial u}{\partial x} = \dfrac{1}{y} \cdot \dfrac{\partial u}{\partial y}$, 证明 $f(x,y)$ 在极坐标下的表达式 $f(r\cos\theta, r\sin\theta)$ 不显含 θ.

14. 设 $u^2 = yz, v^2 = xz, w^2 = xy$, 且 $f(u,v,w) = F(x,y,z)$ 具有连续偏导数, 证明: $uf_u + vf_v + wf_w = xF_x + yF_y + zF_z$.

15. 设 $z = f(u,v)$ 具有二阶连续偏导数, 其中 $u = \mathrm{e}^x \cos y, v = \mathrm{e}^x \sin y$, 证明: 若 $\dfrac{\partial^2 f}{\partial u^2} + \dfrac{\partial^2 f}{\partial v^2} = 0$, 则 $\dfrac{\partial^2 z}{\partial x^2} + \dfrac{\partial^2 z}{\partial y^2} = 0$.

第五节　隐函数的求导公式

一、一个方程的情形

在一元函数微分学中, 我们已经引入了隐函数的概念, 并且介绍了不经过显化直接由方程

$$F(x,y) = 0 \tag{7-5-1}$$

求它所确定的隐函数的导数的方法. 这里将进一步从理论上阐明隐函数存在定理, 并根据多元复合函数求导的链式法则导出隐函数的导数公式.

1. 二元方程的情形

隐函数存在定理 1　若函数 $F(x,y)$ 在点 $P_0(x_0,y_0)$ 的某邻域 $U(P_0,\delta)$ 内具有连续的偏导数, 且 $F(x_0,y_0=0,F_y(x_0,y_0)\neq 0$, 则方程 $F(x,y)=0$ 在点 P_0 的某邻域 $U(P_0,\delta')\subset U(P_0,\delta)$ 内可以唯一确定一个具有连续导数的函数 $y=f(x)$, 使得 $y_0=f(x_0)$, 且

$$\frac{\mathrm{d}y}{\mathrm{d}x}=-\frac{F_x}{F_y}. \tag{7-5-2}$$

公式 (7-5-2) 称为**隐函数求导公式**.

我们对隐函数的存在性不作证明, 仅推导公式 (7-5-2):

将方程 (7-5-1) 所确定的函数 $y=f(x)$ 代入该方程, 得 $F(x,f(x))\equiv 0$.

由复合函数求导法则, 对上式两端关于 x 求导, 得

$$\frac{\partial F}{\partial x}+\frac{\partial F}{\partial y}\cdot\frac{\mathrm{d}y}{\mathrm{d}x}=0,$$

由于在邻域 $U(P_0,\delta)$ 内 $F_y(x,y)$ 连续, 且 $F_y(x_0,y_0)\neq 0$, 故存在邻域 $U(P_0,\delta')\subset U(P_0,\delta)$, 在该邻域内 $F_y(x,y)\neq 0$, 所以

$$\frac{\mathrm{d}y}{\mathrm{d}x}=-\frac{F_x}{F_y}.$$

如果 $F(x,y)$ 的二阶偏导数也都连续, 将上式两端看作 x 的复合函数而再一次关于 x 求导, 即可求得隐函数的二阶导数:

$$\begin{aligned}\frac{\mathrm{d}^2y}{\mathrm{d}x^2}&=\frac{\partial}{\partial x}\left(-\frac{F_x}{F_y}\right)+\frac{\partial}{\partial y}\left(-\frac{F_x}{F_y}\right)\frac{\mathrm{d}y}{\mathrm{d}x}\\&=-\frac{F_{xx}F_y-F_{yx}F_x}{F_y^2}-\frac{F_{xy}F_y-F_{yy}F_x}{F_y^2}\left(-\frac{F_x}{F_y}\right)\\&=-\frac{F_{xx}F_y^2-2F_{xy}F_xF_y+F_{yy}F_x^2}{F_y^3}.\end{aligned}$$

例 1　验证方程 $x-y^2=0$ 在点 (1,1) 的某一邻域内能唯一确定一个具有连续导数, 且当 $x=1$ 时 $y=1$ 的隐函数 $y=f(x)$, 并求该函数的一阶和二阶导数在 $x=1$ 的值.

解　设 $F(x,y)=x-y^2$, 则

$$F_x=1,\quad F_y=-2y,\quad F(1,1)=0,\quad F_y(1,1)=-2\neq 0.$$

由定理 1 可知, 方程 $x-y^2=0$ 在点 $(1,1)$ 的某邻域内能唯一确定具有连续导数, 且当 $x=1$ 时 $y=1$ 的隐函数 $y=\sqrt{x}$.

下面再求这个函数的一阶和二阶导数.

$$\frac{\mathrm{d}y}{\mathrm{d}x}=-\frac{F_x}{F_y}=\frac{1}{2y},\quad \left.\frac{\mathrm{d}y}{\mathrm{d}x}\right|_{x=1}=\frac{1}{2};$$

$$\frac{\mathrm{d}^2y}{\mathrm{d}x^2}=-\frac{y'}{2y^2}=-\frac{1}{4y^3},\quad \left.\frac{\mathrm{d}^2y}{\mathrm{d}x^2}\right|_{x=1}=-\frac{1}{4}.$$

例 2　设 $xy+\mathrm{e}^{xy}=1$ 确定函数 $y=y(x)$, 求 $\dfrac{\mathrm{d}y}{\mathrm{d}x}$.

解　设 $F(x,y)=xy+\mathrm{e}^{xy}-1$,

$$\frac{\partial F}{\partial x}=y+y\mathrm{e}^{xy},\quad \frac{\partial F}{\partial y}=x+x\mathrm{e}^{xy},$$

所以

$$\frac{\mathrm{d}y}{\mathrm{d}x}=-\frac{F_x}{F_y}=-\frac{y+y\mathrm{e}^{xy}}{x+x\mathrm{e}^{xy}}=-\frac{y}{x}.$$

2. 三元方程的情形

可以将上述隐函数存在定理 1 推广到多元函数的情形上去, 下面以三元方程为例.

隐函数存在定理 2　设函数 $F(x,y,z)$ 在点 (x_0,y_0,z_0) 的某一邻域内具有连续的偏导数, 且 $F(x_0,y_0,z_0)=0$, $F_z(x_0,y_0,z_0)\neq 0$, 则方程 $F(x,y,z)=0$ 在点 (x_0,y_0,z_0) 的某一邻域内可以唯一确定一个具有连续偏导数的函数 $z=f(x,y)$, 它满足条件 $z_0=f(x_0,y_0)$, 且

$$\frac{\partial z}{\partial x}=-\frac{F_x}{F_z},\quad \frac{\partial z}{\partial y}=-\frac{F_y}{F_z}. \tag{7-5-3}$$

本定理隐函数的存在性不作证明, 我们仅推导公式 (7-5-3):

将方程 $F(x,y,z)=0$ 所确定的函数 $z=f(x,y)$ 代入该方程, 得

$$F(x,y,f(x,y))\equiv 0,$$

将上式两端分别对 x 和 y 求偏导数, 应用复合函数求导法则得

$$F_x+F_z\frac{\partial z}{\partial x}=0,\quad F_y+F_z\frac{\partial z}{\partial y}=0.$$

因为 $F_z(x,y,z)$ 连续, 且 $F_z(x_0,y_0,z_0)\neq 0$, 所以存在点 (x_0,y_0,z_0) 的某一邻域, 在该邻域内 $F_z(x,y,z)\neq 0$, 于是得

$$\frac{\partial z}{\partial x}=-\frac{F_x}{F_z},\quad \frac{\partial z}{\partial y}=-\frac{F_y}{F_z}.$$

对三元以上的函数也有类似结论.

例 3　设 $\mathrm{e}^z-xyz=0$ 确定函数 $z=z(x,y)$, 求 $\dfrac{\partial^2 z}{\partial x^2}$.

解　将确定的函数 $z=z(x,y)$ 代入方程 $\mathrm{e}^z-xyz=0$, 得

$$\mathrm{e}^{z(x,y)}-xy\cdot z(x,y)\equiv 0,$$

将该恒等式两边对 x 求偏导数, 得

$$\mathrm{e}^z\cdot\frac{\partial z}{\partial x}-\left(yz+xy\frac{\partial z}{\partial x}\right)=0, \tag{7-5-4}$$

解得

$$\frac{\partial z}{\partial x}=\frac{yz}{\mathrm{e}^z-xy}. \tag{7-5-5}$$

式 (7-5-4) 两边再一次对 x 求偏导数, 得

$$\mathrm{e}^z\frac{\partial z}{\partial x}\cdot\frac{\partial z}{\partial x}+\mathrm{e}^z\cdot\frac{\partial^2 z}{\partial x^2}-\left(y\frac{\partial z}{\partial x}+y\frac{\partial z}{\partial x}+xy\frac{\partial^2 z}{\partial x^2}\right)=0,$$

解得

$$\frac{\partial^2 z}{\partial x^2}=\frac{2y\dfrac{\partial z}{\partial x}-\mathrm{e}^z\left(\dfrac{\partial z}{\partial x}\right)^2}{\mathrm{e}^z-xy}=\frac{2y\dfrac{yz}{\mathrm{e}^z-xy}-\mathrm{e}^z\left(\dfrac{yz}{\mathrm{e}^z-xy}\right)^2}{\mathrm{e}^z-xy}=-\frac{z(z^2-2z+2)}{x^2(z-1)^3}.$$

必须指出: 在求 $\dfrac{\partial^2 z}{\partial x^2}$ 时, 也可直接将式 (7-5-5) 对 x 求偏导数. 当然本题也可直接套用公式 (7-5-3) 得到一阶偏导数, 但在实际应用中, 一般不用套公式的方法, 利用对方程两边求偏导数的方法进行求解更为简便.

例 4　设 $z=f(x+y+z,xyz)$, 求 $\dfrac{\partial z}{\partial x},\dfrac{\partial x}{\partial y},\dfrac{\partial y}{\partial z}$.

解　把 z 看成 x,y 的函数, 将方程两边对 x 求偏导数, 得

$$\frac{\partial z}{\partial x}=f_1'\cdot\left(1+\frac{\partial z}{\partial x}\right)+f_2'\cdot\left(yz+xy\frac{\partial z}{\partial x}\right),$$

于是

$$\frac{\partial z}{\partial x}=\frac{f_1'+yzf_2'}{1-f_1'-xyf_2'}.$$

把 x 看成 y,z 的函数, 将方程两边对 y 求偏导数, 得

$$0=f_1'\cdot\left(\frac{\partial x}{\partial y}+1\right)+f_2'\cdot\left(xz+yz\frac{\partial x}{\partial y}\right),$$

于是

$$\frac{\partial x}{\partial y}=-\frac{f_1'+xzf_2'}{f_1'+yzf_2'}.$$

把 y 看成 x,z 的函数, 将方程两边对 z 求偏导数, 得

$$1=f_1'\cdot\left(\frac{\partial y}{\partial z}+1\right)+f_2'\cdot\left(xy+xz\frac{\partial y}{\partial z}\right),$$

于是

$$\frac{\partial y}{\partial z}=\frac{1-f_1'-xyf_2'}{f_1'+xzf_2'}.$$

例 5　设 $F(x-y,y-z,z-x)=0$, 其中 F 具有连续偏导数, 且 $F_2'-F_3'\neq 0$, 求证 $\dfrac{\partial z}{\partial x}+\dfrac{\partial z}{\partial y}=1$.

证　将方程 $F(x-y,y-z,z-x)=0$ 两边对 x 求偏导数, 得

$$F_1'-F_2'\cdot\frac{\partial z}{\partial x}+F_3'\cdot\left(\frac{\partial z}{\partial x}-1\right)=0,$$

解得

$$\frac{\partial z}{\partial x}=\frac{F_3'-F_1'}{F_3'-F_2'};$$

同理, 将方程 $F(x-y,y-z,z-x)=0$ 两边对 y 求偏导数, 得

$$F_1'\cdot(-1)+F_2'\cdot\left(1-\frac{\partial z}{\partial y}\right)+F_3'\cdot\frac{\partial z}{\partial y}=0,$$

解得

$$\frac{\partial z}{\partial y}=\frac{F_1'-F_2'}{F_3'-F_2'},$$

从而

$$\frac{\partial z}{\partial x}+\frac{\partial z}{\partial y}=\frac{F_3'-F_2'}{F_3'-F_2'}=1.$$

二、 方程组的情形

1. 三元方程组的情形

下面我们将隐函数存在定理进一步推广到方程组的情形. 设方程组

$$\begin{cases}F(x,y,z)=0,\\G(x,y,z)=0,\end{cases}\tag{7-5-6}$$

在上述三个变量中, 确定其中两个变量为另一个变量的一元函数. 我们有下面的定理.

隐函数存在定理 3　设函数 $F(x,y,z),G(x,y,z)$ 在点 (x_0,y_0,z_0) 的某一邻域内具有对各个变量的连续偏导数, 又 $F(x_0,y_0,z_0)=0$, $G(x_0,y_0,z_0)=0$, 且由偏导数所组成的函数行列式 (或称雅可比 (Jacobi) 行列式):

$$J=\frac{\partial(F,G)}{\partial(y,z)}=\begin{vmatrix}F_y & F_z\\G_y & G_z\end{vmatrix}$$

在点 (x_0,y_0,z_0) 不等于零, 则方程组 $\begin{cases}F(x,y,z)=0,\\G(x,y,z)=0\end{cases}$ 在点 (x_0,y_0,z_0) 的某一邻域内唯一确定一组具有连续导数的函数 $\begin{cases}y=y(x),\\z=z(x),\end{cases}$ 它们满足条件 $y_0=y(x_0),z_0=z(x_0)$, 且

$$\frac{\mathrm{d}y}{\mathrm{d}x}=-\frac{1}{J}\cdot\frac{\partial(F,G)}{\partial(x,z)}=-\frac{\begin{vmatrix}F_x & F_z\\G_x & G_z\end{vmatrix}}{\begin{vmatrix}F_y & F_z\\G_y & G_z\end{vmatrix}},\tag{7-5-7}$$

$$\frac{\mathrm{d}z}{\mathrm{d}x}=-\frac{1}{J}\cdot\frac{\partial(F,G)}{\partial(y,x)}=-\frac{\begin{vmatrix}F_y & F_x\\ G_y & G_x\end{vmatrix}}{\begin{vmatrix}F_y & F_z\\ G_y & G_z\end{vmatrix}}. \tag{7-5-8}$$

这个定理我们不作证明. 下面仅推导公式 (7-5-7) 和公式 (7-5-8).

将方程组 (7-5-6) 所确定的函数 $y=y(x)$, $z=z(x)$ 代入该方程组, 得

$$\begin{cases}F(x,y(x),z(x))\equiv 0,\\ G(x,y(x),z(x))\equiv 0,\end{cases}$$

将上述两个恒等式两边分别对 x 求偏导数, 应用复合函数求导法则得

$$\begin{cases}F_x+F_y\dfrac{\mathrm{d}y}{\mathrm{d}x}+F_z\dfrac{\mathrm{d}z}{\mathrm{d}x}=0,\\ G_x+G_y\dfrac{\mathrm{d}y}{\mathrm{d}x}+G_z\dfrac{\mathrm{d}z}{\mathrm{d}x}=0.\end{cases} \tag{7-5-9}$$

这是关于 $\dfrac{\mathrm{d}y}{\mathrm{d}x}$, $\dfrac{\mathrm{d}z}{\mathrm{d}x}$ 的线性方程组. 由假设可知在点 (x_0,y_0,z_0) 的一个邻域内, 系数行列式

$$J=\begin{vmatrix}F_y & F_z\\ G_y & G_z\end{vmatrix}\neq 0,$$

解方程组 (7-5-9), 得

$$\frac{\mathrm{d}y}{\mathrm{d}x}=-\frac{1}{J}\cdot\frac{\partial(F,G)}{\partial(x,z)},$$

$$\frac{\mathrm{d}z}{\mathrm{d}x}=-\frac{1}{J}\cdot\frac{\partial(F,G)}{\partial(y,x)}.$$

例 6　设方程组 $\begin{cases}z=x^2+y^2,\\ x^2+2y^2+3z^2=1\end{cases}$ 确定函数 $y=y(x)$, $z=z(x)$, 求 $\dfrac{\mathrm{d}y}{\mathrm{d}x}$, $\dfrac{\mathrm{d}z}{\mathrm{d}x}$.

解　将方程组各方程两边同时对 x 求偏导数, 得

$$\begin{cases}\dfrac{\mathrm{d}z}{\mathrm{d}x}=2x+2y\dfrac{\mathrm{d}y}{\mathrm{d}x},\\ 2x+4y\dfrac{\mathrm{d}y}{\mathrm{d}x}+6z\dfrac{\mathrm{d}z}{\mathrm{d}x}=0,\end{cases}$$

解得

$$\frac{\mathrm{d}y}{\mathrm{d}x}=-\frac{x(6z+1)}{2y(3z+1)},\quad \frac{\mathrm{d}z}{\mathrm{d}x}=\frac{x}{3z+1}.$$

2. 四元方程组的情形

设方程组

$$\begin{cases}F(x,y,u,v)=0,\\ G(x,y,u,v)=0,\end{cases} \tag{7-5-10}$$

按照类似于定理 3 的条件能唯一确定一组二元函数 $\begin{cases} u = u(x,y), \\ v = v(x,y), \end{cases}$ 对方程组 (7-5-10) 的各方程两边同时对 x 求偏导数便得到一个关于 $\dfrac{\partial u}{\partial x}, \dfrac{\partial v}{\partial x}$ 的二元线性方程组, 由克拉默法则即可求得 $\dfrac{\partial u}{\partial x}, \dfrac{\partial v}{\partial x}$. 同理, 方程组 (7-5-10) 的各方程两边同时对 y 求偏导数便可求得 $\dfrac{\partial u}{\partial y}, \dfrac{\partial v}{\partial y}$.

例 7　设 $\begin{cases} u^2 + v^2 - x^2 - y = 0, \\ -u + v - xy + 1 = 0, \end{cases}$ 求 $\dfrac{\partial x}{\partial u}, \dfrac{\partial y}{\partial u}$.

解　由题意知, 方程组确定隐函数组 $x = x(u,v)$, $y = y(u,v)$. 方程组各方程的两边对 u 求偏导数, 得

$$\begin{cases} 2u - 2x \cdot \dfrac{\partial x}{\partial u} - \dfrac{\partial y}{\partial u} = 0, \\ -1 - \dfrac{\partial x}{\partial u} \cdot y - x\dfrac{\partial y}{\partial u} = 0, \end{cases}$$

解得

$$\frac{\partial x}{\partial u} = \frac{2xu + 1}{2x^2 - y}, \quad \frac{\partial y}{\partial u} = -\frac{2x + 2yu}{2x^2 - y}.$$

习　题　7-5

1. 设函数 $z = z(x,y)$ 由方程 $x + y^2 + z^3 - xy = 2z$ 确定, 求 $\dfrac{\partial z}{\partial x}, \dfrac{\partial z}{\partial y}$.

2. 设函数 $y = y(x,z)$ 由方程 $\mathrm{e}^x + \mathrm{e}^y + \mathrm{e}^z = 3xyz$ 确定, 求 $\dfrac{\partial y}{\partial x}, \dfrac{\partial y}{\partial z}$.

3. 设函数 $z = z(x,y)$ 由方程 $yz + zx + xy = 3$ 确定, 求 $\dfrac{\partial z}{\partial x}, \dfrac{\partial z}{\partial y}$(其中 $x + y \neq 0$).

4. 设函数 $z = z(x,y)$ 由方程 $x = \mathrm{e}^{yz} + z^2$ 确定, 求 $\mathrm{d}z$.

5. 设函数 $z = z(x,y)$ 由方程 $z = 1 + \ln(x+y) - \mathrm{e}^z$ 确定, 求 $z_x(1,0), z_y(1,0)$.

6. 设 $\varPhi(u,v)$ 具有连续偏导数, 证明由方程 $\varPhi(cx - az, cy - bz) = 0$ 所确定的函数 $z = f(x,y)$ 满足 $a\dfrac{\partial z}{\partial x} + b\dfrac{\partial z}{\partial y} = c$.

7. 函数 $z = z(x,y)$ 由方程 $\mathrm{e}^z - xyz = 0$ 确定, 求 $\dfrac{\partial^2 z}{\partial x^2}, \dfrac{\partial^2 z}{\partial x \partial y}$.

8. 求由下列方程组所确定的函数的导数或偏导数:

(1) 设 $\begin{cases} z = x^2 + y^2, \\ x + y + z = 1, \end{cases}$ 求 $\dfrac{\mathrm{d}y}{\mathrm{d}x}, \dfrac{\mathrm{d}z}{\mathrm{d}x}$;

(2) 设 $\begin{cases} xu - yv = 0, \\ yu + xv = 1, \end{cases}$ 求 $\dfrac{\partial u}{\partial x}, \dfrac{\partial u}{\partial y}, \dfrac{\partial v}{\partial x}$ 和 $\dfrac{\partial v}{\partial y}$;

(3) $\begin{cases} x = u + v, \\ y = uv + \mathrm{e}^v, \end{cases}$ 求 $\dfrac{\partial u}{\partial y}, \dfrac{\partial v}{\partial y}$.

9. 设函数 $z = z(x,y)$ 由方程 $z + x = \displaystyle\int_0^{xy} \mathrm{e}^{-t^2}\,\mathrm{d}t$ 确定, 求 $\dfrac{\partial z}{\partial x}, \dfrac{\partial z}{\partial y}$.

10. 设 $u = \sin(x+y)$, 其中 $y = y(x)$ 由方程 $\mathrm{e}^y + y = x + \sin x$ 确定, 求 $\dfrac{\mathrm{d}u}{\mathrm{d}x}$.

第六节　方向导数、梯度

一、方向导数

我们知道, 多元函数的偏导数刻画了函数沿坐标轴方向的变化率, 在实际应用中不仅要考虑函数沿坐标轴方向的变化率, 还要讨论函数沿任意指定方向的变化率. 为此, 我们引入函数的方向导数的概念.

定义 1　设函数 $z=f(x,y)$ 在点 $P_0(x_0,y_0)$ 的某一邻域内有定义, l 是在 xOy 平面上以点 P_0 为始点的一条射线, $P(x_0+\Delta x,y_0+\Delta y)$ 为射线 l 上的任一点. 如果极限

$$\lim_{P\to P_0}\frac{\Delta z_l}{\rho}=\lim_{\rho\to 0}\frac{\Delta z_l}{\rho}=\lim_{\rho\to 0}\frac{f(x_0+\Delta x,y_0+\Delta y)-f(x_0,y_0)}{\rho}$$

存在, 则称此极限为函数 $z=f(x,y)$ 在点 P_0 处沿方向 l 的**方向导数**, 记作

$$\left.\frac{\partial f}{\partial l}\right|_{(x_0,y_0)}\quad \text{或}\quad \left.\frac{\partial z}{\partial l}\right|_{(x_0,y_0)},$$

即

$$\left.\frac{\partial f}{\partial l}\right|_{(x_0,y_0)}=\lim_{\rho\to 0}\frac{f(x_0+\Delta x,y_0+\Delta y)-f(x_0,y_0)}{\rho}. \tag{7-6-1}$$

这里 $\rho=\sqrt{(\Delta x)^2+(\Delta y)^2}$ 表示 P 与 P_0 两点间的距离.

方向导数表示函数 $z=f(x,y)$ 在点 $P_0(x_0,y_0)$ 沿方向 l 的变化率.

按定义 1 求方向导数显然不方便, 下面给出方向导数存在的条件及计算公式.

定理　*如果函数 $z=f(x,y)$ 在点 $P_0(x_0,y_0)$ 处可微, 则函数在点 $P_0(x_0,y_0)$ 沿任一方向 l 的方向导数都存在, 且有*

$$\left.\frac{\partial f}{\partial l}\right|_{(x_0,y_0)}=\left.\frac{\partial f}{\partial x}\right|_{(x_0,y_0)}\cos\alpha+\left.\frac{\partial f}{\partial y}\right|_{(x_0,y_0)}\cos\beta, \tag{7-6-2}$$

其中,α,β为方向l的方向角.

证　设点 $P(x_0+\Delta x,y_0+\Delta y)$ 在以 P_0 为始点的射线 l 上, 则 $\Delta x=\rho\cos\alpha,\Delta y=\rho\cos\beta$.

因为函数 $z=f(x,y)$ 在点 $P_0(x_0,y_0)$ 处可微, 所以函数沿方向 l 的增量可以表示为

$$f(x_0+\Delta x,y_0+\Delta y)-f(x_0,y_0)=\left.\frac{\partial f}{\partial x}\right|_{(x_0,y_0)}\Delta x+\left.\frac{\partial f}{\partial y}\right|_{(x_0,y_0)}\Delta y+o(\rho),$$

这里 $\rho=\sqrt{(\Delta x)^2+(\Delta y)^2}$. 两边分别除以 ρ, 得

$$\begin{aligned}\frac{f(x_0+\Delta x,y_0+\Delta y)-f(x_0,y_0)}{\rho}&=\left.\frac{\partial f}{\partial x}\right|_{(x_0,y_0)}\frac{\Delta x}{\rho}+\left.\frac{\partial f}{\partial y}\right|_{(x_0,y_0)}\frac{\Delta y}{\rho}+\frac{o(\rho)}{\rho}\\&=\left.\frac{\partial f}{\partial x}\right|_{(x_0,y_0)}\cos\alpha+\left.\frac{\partial f}{\partial y}\right|_{(x_0,y_0)}\cos\beta+\frac{o(\rho)}{\rho},\end{aligned}$$

所以

$$\lim_{\rho\to 0}\frac{f(x_0+\Delta x,y_0+\Delta y)-f(x_0,y_0)}{\rho}=\left.\frac{\partial f}{\partial x}\right|_{(x_0,y_0)}\cos\alpha+\left.\frac{\partial f}{\partial y}\right|_{(x_0,y_0)}\cos\beta,$$

这就证明了方向导数存在且其值为

$$\left.\frac{\partial f}{\partial l}\right|_{(x_0,y_0)}=\left.\frac{\partial f}{\partial x}\right|_{(x_0,y_0)}\cos\alpha+\left.\frac{\partial f}{\partial y}\right|_{(x_0,y_0)}\cos\beta.$$

例 1 求函数 $z=xy$ 在点 $(1,2)$ 沿向量 $\boldsymbol{a}=(1,-4)$ 方向的方向导数.

解 设方向 l 就是向量 $\boldsymbol{a}=(1,-4)$ 的方向, 因此方向 l 的方向余弦为

$$\cos\alpha=\frac{1}{\sqrt{17}},\quad \cos\beta=-\frac{4}{\sqrt{17}},$$

因为

$$\frac{\partial z}{\partial x}=y,\quad \frac{\partial z}{\partial y}=x,$$

在点 $(1,2)$,

$$\left.\frac{\partial z}{\partial x}\right|_{(1,2)}=2,\quad \left.\frac{\partial z}{\partial y}\right|_{(1,2)}=1.$$

故所求方向导数为

$$\left.\frac{\partial z}{\partial l}\right|_{(1,2)}=2\times\frac{1}{\sqrt{17}}+1\times\left(-\frac{4}{\sqrt{17}}\right)=-\frac{2}{\sqrt{17}}.$$

例 2 设由原点到点 (x,y) 的向径为 $\boldsymbol{r}$, x 轴到 $\boldsymbol{r}$ 的转角为 θ, x 轴到射线 l(以原点为始点) 的转角为 φ, 求 $\dfrac{\partial r}{\partial l}$, 其中 $r=|\boldsymbol{r}|=\sqrt{x^2+y^2}(r\neq 0)$.

解 因为

$$\frac{\partial r}{\partial x}=\frac{x}{\sqrt{x^2+y^2}}=\frac{x}{r}=\cos\theta,$$

$$\frac{\partial r}{\partial y}=\frac{y}{\sqrt{x^2+y^2}}=\frac{y}{r}=\sin\theta,$$

所以

$$\frac{\partial r}{\partial l}=\cos\theta\cos\varphi+\sin\theta\sin\varphi=\cos(\theta-\varphi).$$

由该例可知, 当 $\varphi=\theta$ 时, $\dfrac{\partial r}{\partial l}=1$, 即 r 沿着向径 $\boldsymbol{r}$ 本身方向的方向导数为 1; 而当 $\varphi=\theta\pm\dfrac{\pi}{2}$ 时, $\dfrac{\partial r}{\partial l}=0$, 即 r 沿着与向径 $\boldsymbol{r}$ 垂直方向的方向导数为零.

上述方向导数的概念及计算公式可以类推到三元及三元以上函数的情形.

如果函数 $u=f(x,y,z)$ 在点 $P_0(x_0,y_0,z_0)$ 处可微, 则函数在该点沿着方向 l 的方向导数为

$$\left.\frac{\partial f}{\partial l}\right|_{(x_0,y_0,z_0)}=f_x(x_0,y_0,z_0)\cos\alpha+f_y(x_0,y_0,z_0)\cos\beta+f_z(x_0,y_0,z_0)\cos\gamma,$$

其中,α,β,γ 为方向 l 的方向角.

二、梯度

由上面的讨论知道, 在某一点的方向导数的值因方向的变化而不同, 那么在一点处沿什么方向的方向导数值最大? 或者说在一点处沿什么方向函数增长最快? 为此, 引入函数梯度的概念.

若函数 $z=f(x,y)$ 在点 $P_0(x_0,y_0)$ 处可微, 则函数在点 $P_0(x_0,y_0)$ 沿任一方向 l(与 l 同方向的单位向量为 $\boldsymbol{e}_l=(\cos\alpha,\cos\beta)$) 的方向导数为

$$\begin{aligned}\left.\frac{\partial f}{\partial l}\right|_{(x_0,y_0)}&=f_x(x_0,y_0)\cos\alpha+f_y(x_0,y_0)\cos\beta\\&=(f_x(x_0,y_0),f_y(x_0,y_0))\cdot(\cos\alpha,\cos\beta),\end{aligned}$$

若令 $\boldsymbol{g}=(f_x(x_0,y_0),f_y(x_0,y_0))$, 则

$$\left.\frac{\partial f}{\partial l}\right|_{(x_0,y_0)}=\boldsymbol{g}\cdot\boldsymbol{e}_l=|\boldsymbol{g}|\cos\theta,$$

这里 θ 是向量 $\boldsymbol{g}$ 与向量 $\boldsymbol{e}_l$ 的夹角. 当 $\cos\theta=1$ 时, 即向量 $\boldsymbol{e}_l$ 与向量 $\boldsymbol{g}$ 方向一致时, $\left.\frac{\partial f}{\partial l}\right|_{(x_0,y_0)}$ 达到最大值, 其最大值为 $|\boldsymbol{g}|$.

称向量 $\boldsymbol{g}=(f_x(x_0,y_0),f_y(x_0,y_0))$ 为函数 $z=f(x,y)$ 在点 $P_0(x_0,y_0)$ 处的**梯度**, 记作 $\mathbf{grad}f(x_0,y_0)$ 或 $\mathbf{grad}z\left|_{(x_0,y_0)}\right.$, 即

$$\mathbf{grad}f(x_0,y_0)=(f_x(x_0,y_0),f_y(x_0,y_0)).$$

由以上分析可知, 函数在某点的梯度是一个向量, 它的方向与取得最大方向导数的方向一致, 而它的模为函数在该点处的方向导数的最大值.

可以将梯度概念推广到三元及三元以上函数的情形.

设函数 $u=f(x,y,z)$ 在点 $P_0(x_0,y_0,z_0)$ 处可微, 则向量

$$(f_x(x_0,y_0,z_0),f_y(x_0,y_0,z_0),f_z(x_0,y_0,z_0))$$

称为函数 $u=f(x,y,z)$ 在点 $P_0(x_0,y_0,z_0)$**的梯度**, 记作 $\mathbf{grad}f(x_0,y_0,z_0)$, 即

$$\mathbf{grad}f(x_0,y_0,z_0)=(f_x(x_0,y_0,z_0),f_y(x_0,y_0,z_0),f_z(x_0,y_0,z_0)).$$

例 3 求函数 $u=xyz$ 在点 $P(1,2,-2)$ 处增加最快的方向及变化率.

解 因为

$$\left.\frac{\partial u}{\partial x}\right|_{(1,2,-2)}=yz\left|_{(1,2,-2)}\right.=2\times(-2)=-4,$$

$$\left.\frac{\partial u}{\partial y}\right|_{(1,2,-2)}=xz\left|_{(1,2,-2)}\right.=1\times(-2)=-2,$$

$$\left.\frac{\partial u}{\partial z}\right|_{(1,2,-2)}=xy\left|_{(1,2,-2)}\right.=1\times2=2,$$

于是

$$\mathbf{grad}u\left|_{(1,2,-2)}\right. = (-4,-2,2),$$

$$|\mathbf{grad}u|\left|_{(1,2,-2)}\right. = \sqrt{16+4+4} = 2\sqrt{6}.$$

因为函数增加最快的方向是梯度方向, 其变化率是梯度的模, 故在 $P(1,2,-2)$ 处函数增加最快的方向是 $(-4,-2,2)$, 其变化率为 $2\sqrt{6}$.

设 u, v, $f(u)$ 均是可微函数, α, β 为常量, 则梯度满足下列运算性质:

(1) $\mathbf{grad}(\alpha u+\beta v)=\alpha\mathbf{grad}u+\beta\mathbf{grad}v$;

(2) $\mathbf{grad}(u\cdot v)=u\mathbf{grad}v+v\mathbf{grad}u$;

(3) $\mathbf{grad}f(u)=f'(u)\mathbf{grad}u$.

以上性质我们不予证明, 有兴趣的读者可自行证明.

例 4　设 $f(r)$ 为可微函数, $r=|\boldsymbol{r}|$, $\boldsymbol{r}=x\boldsymbol{i}+y\boldsymbol{j}+z\boldsymbol{k}$, 求 $\mathbf{grad}f(r)$.

解　由梯度的运算性质 (3) 知,

$$\mathbf{grad}f(r)=f'(r)\mathbf{grad}r=f'(r)\left(\frac{\partial r}{\partial x}\boldsymbol{i}+\frac{\partial r}{\partial y}\boldsymbol{j}+\frac{\partial r}{\partial z}\boldsymbol{k}\right),$$

而

$$r=\sqrt{x^2+y^2+z^2},$$

于是

$$\frac{\partial r}{\partial x}=\frac{x}{r},\quad \frac{\partial r}{\partial y}=\frac{y}{r},\quad \frac{\partial r}{\partial z}=\frac{z}{r},$$

从而

$$f(r)=f'(r)\left(\frac{x}{r}\boldsymbol{i}+\frac{y}{r}\boldsymbol{j}+\frac{z}{r}\boldsymbol{k}\right)=f'(r)\frac{\boldsymbol{r}}{r}=f'(r)\boldsymbol{e}_r.$$

下面说明梯度在几何上的意义.

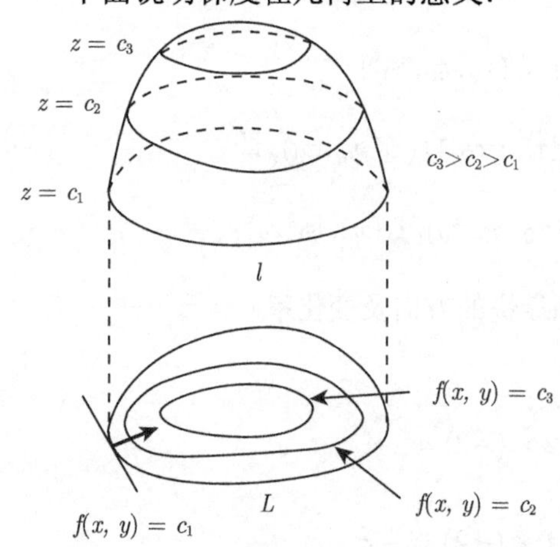

图 7-6-1

一般地, 二元函数 $z=f(x,y)$ 在几何上表示一个曲面, 这个曲面被平面 $z=c$(c 是常数) 所截得的曲线 l 的方程为

$$\begin{cases} z=f(x,y), \\ z=c, \end{cases}$$

这条曲线 l 在 xOy 面上的投影是一条平面曲线 L(图7-6-1), 它在 xOy 平面直角坐标系中的方程为

$$f(x,y)=c.$$

对于曲线 L 上的一切点, 函数 $z=f(x,y)$ 的函数值都是 c, 所以我们称平面曲线 L 为**函数**$z=f(x,y)$ **的等值线**.

对于函数 $z=f(x,y)$, 等值线 L 的方程 $f(x,y)=c$ 若能写为 $\begin{cases} x=x, \\ y=y(x), \end{cases}$ 则曲线上任一点处切向量为 $\boldsymbol{s}=(1,y')$, 或 $\boldsymbol{s}=\left(1,\dfrac{\mathrm{d}y}{\mathrm{d}x}\right)=\dfrac{1}{\mathrm{d}x}(\mathrm{d}x,\mathrm{d}y)$, 或 $\boldsymbol{s}=(\mathrm{d}x,\mathrm{d}y)$.

对 $f(x,y)=c$ 两边微分, 得

$$\frac{\partial f}{\partial x}\mathrm{d}x+\frac{\partial f}{\partial y}\mathrm{d}y=0,$$

即

$$\left(\frac{\partial f}{\partial x},\frac{\partial f}{\partial y}\right)\cdot(\mathrm{d}x,\mathrm{d}y)=0,$$

亦即

$$\mathbf{grad}f\cdot\boldsymbol{s}=0.$$

这表明函数 $z=f(x,y)$ 在点 $P(x,y)$ 处的梯度与等值线 $f(x,y)=c$ 在点 $P(x,y)$ 处的切向量垂直, 即与等值线 $f(x,y)=c$ 在点 $P(x,y)$ 处的一个法向量同向. 又因为梯度的方向是函数增加最快的方向, 所以梯度从数值较低的等值线指向数值较高的等值线 (图 7-6-1 中粗箭头), 而梯度的模等于函数在这个法线方向的方向导数. 这个法线方向就是方向导数取得最大值的方向.

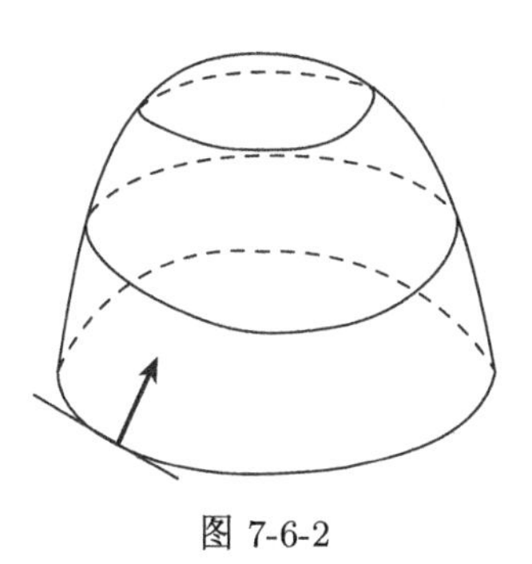

图 7-6-2

推广到三元函数情形. 如果曲面 $f(x,y,z)=c$ 为函数 $u=f(x,y,z)$ 的等值面, 则函数 $u=f(x,y,z)$ 在点 $P(x,y,z)$ 的梯度的方向与过点 P 的等值面 $f(x,y,z)=c$ 在该点的一个法向量同向, 且从数值较低的等值面指向数值较高的等值面 (图7-6-2 中粗箭头), 而梯度的模等于函数在这个法线方向的方向导数.

习　题　7-6

1. 设 $u=x^2+y^2$, 求 $\left.\dfrac{\partial u}{\partial x}\right|_{(1,1)}$ 及 u 在 $(1,1)$ 点处沿 $(-1,0)$ 方向的方向导数.

2. 求函数 $u=x^{y^z}$ 在点 $(1,2,-1)$ 处沿 $l=(1,2,-2)$ 方向的方向导数.

3. 求函数 $r=\sqrt{x^2+y^2+z^2}$ 在点 $M_0(x_0,y_0,z_0)$ 处沿 M_0 到坐标原点 O 方向的方向导数.

4. 求 $z=x+y$ 在点 $\left(\dfrac{\sqrt{2}}{2},\dfrac{\sqrt{2}}{2}\right)$ 处沿单位圆 $x^2+y^2=1$ 外法线方向的方向导数.

5. 求函数 $u=x^2\ln(y+3z)$ 在点 $(1,2,2)$ 处沿平面 $5x-y-z=1$ 法线方向的方向导数.

6. 用方向导数的定义证明: 函数 $u=f(x,y)$ 在点 (x_0,y_0) 的偏导数 $\left.\dfrac{\partial u}{\partial x}\right|_{(x_0,y_0)}$ 存在时, $f(x,y)$ 沿 x 轴正向和负向的方向导数分别为 $\left.\dfrac{\partial u}{\partial x}\right|_{(x_0,y_0)}$ 和 $-\left.\dfrac{\partial u}{\partial x}\right|_{(x_0,y_0)}$.

7. 求函数 $z=x^2+2^y$ 在点 $(1,1)$ 处沿 l 方向的方向导数, 其中 l 为曲线 $x^2+y^2=2x$ 在点 $(1,1)$ 处的内法线方向.

8. 求函数 $z=x\ln(1+y)$ 在点 $(1,1)$ 处沿曲线 $2x^2-y^2=1$ 切向量 (指向 x 增大的方向) 的方向导数.

9. 求函数 $z=\sqrt{y+\sin x}$ 在点 $\left(\dfrac{\pi}{2},1\right)$ 处沿 l 方向的方向导数, 其中 l 为曲线 $x=2\sin t$, $y=\pi\cos(2t)$ 在 $t=\dfrac{\pi}{6}$ 处的切向量方向 (指向 t 增大的方向).

10. 设 $f(x,y,z)=xy^2+z^3-xyz$, 求 $\mathbf{grad}\,f(1,1,1)$.

11. 求函数 $z=\displaystyle\int_0^{xy^2}\frac{\mathrm{d}t}{1+t^4}$ 在点 $(1,-1)$ 处沿 $\boldsymbol{l}=(-1,1)$ 方向的方向导数.

12. 求函数 $u=xy^2z^3$ 在点 $(1,1,1)$ 处方向导数的最大值与最小值.

13. 函数 $u=z^4-3xz+x^2+y^2$ 在点 $(1,1,1)$ 处沿哪个方向的方向导数值最大? 并求此最大方向导数的值.

第七节　多元函数微分法在几何上的应用

一、空间曲线的切线与法平面

设空间曲线 $\varGamma$ 的参数方程为

$$\begin{cases} x=x(t), \\ y=y(t), \\ z=z(t), \end{cases} \quad (\alpha\leqslant t\leqslant\beta), \tag{7-7-1}$$

假定三个函数 $x(t)$, $y(t)$, $z(t)$ 在 $[\alpha,\beta]$ 上都可导, 且导数值不同时为零.

设 $P_0(x_0,y_0,z_0)$ 是曲线 $\varGamma$ 上对应于参数 t_0 的一点, $P(x_0+\Delta x,y_0+\Delta y,z_0+\Delta z)$ 为曲线 $\varGamma$ 上对应于参数 $t_0+\Delta t$ 的一点, 则曲线的割线 P_0P 的方程为

$$\frac{x-x_0}{\Delta x}=\frac{y-y_0}{\Delta y}=\frac{z-z_0}{\Delta z}.$$

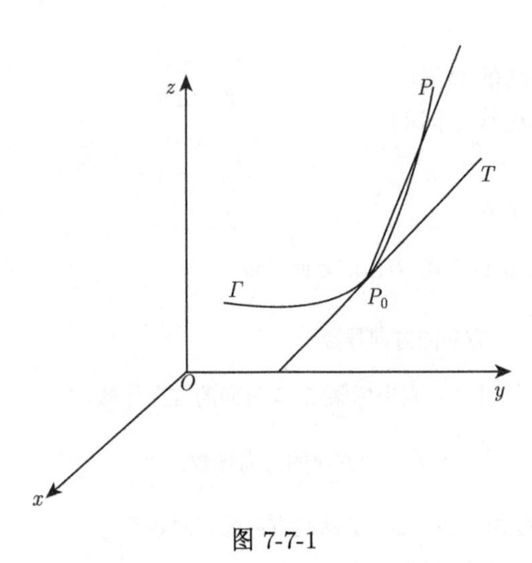

图 7-7-1

当 P 沿着 $\varGamma$ 趋于 P_0 时, 割线 P_0P 的极限位置 P_0T 就是曲线 $\varGamma$ 在点 P_0 处的切线 (图 7-7-1). 用 Δt 除上式的各分母, 得

$$\frac{x-x_0}{\dfrac{\Delta x}{\Delta t}}=\frac{y-y_0}{\dfrac{\Delta y}{\Delta t}}=\frac{z-z_0}{\dfrac{\Delta z}{\Delta t}},$$

令 $P\to P_0$(此时 $\Delta t\to 0$), 通过对上式取极限, 即得曲线 $\varGamma$ 在点 P_0 处的切线方程:

$$\frac{x-x_0}{x'(t_0)}=\frac{y-y_0}{y'(t_0)}=\frac{z-z_0}{z'(t_0)}. \tag{7-7-2}$$

曲线 $\varGamma$ 过点 P_0 的切线的方向向量称为**曲线$\varGamma$在P_0点的切向量**, 过点 P_0 且与切向量垂

直的平面称为**曲线Γ在点P_0处的法平面**. 由于向量

$$\boldsymbol{T}=(x'(t_0),y'(t_0),z'(t_0))$$

是曲线 Γ 在点 $P_0(x_0,y_0,z_0)$ 处的一个切向量, 也是曲线 Γ 在点 P_0 处法平面的法向量, 因此, 该曲线在点 P_0 处的法平面方程为

$$x'(t_0)(x-x_0)+y'(t_0)(y-y_0)+z'(t_0)(z-z_0)=0. \tag{7-7-3}$$

例 1　求曲线 Γ: $\begin{cases} x=\mathrm{e}^{2t}, \\ y=2t, \\ z=-\mathrm{e}^{-3t} \end{cases}$ 在 $t=0$ 时对应点处的切线及法平面方程.

解　当 $t=0$ 时, $x=1$, $y=0$, $z=-1$, 对应点为 $(1,0,-1)$. 又

$$x'_t=2\mathrm{e}^{2t},\quad y'_t=2,\quad z'_t=3\mathrm{e}^{-3t},$$

于是, 曲线 Γ 在 $t=0$ 时对应点 $(1,0,-1)$ 处的切向量为

$$\boldsymbol{T}=(x'_t(0),y'_t(0),z'_t(0))=(2,2,3),$$

从而曲线 Γ 在 $t=0$ 时对应点 $(1,0,-1)$ 处的切线方程为

$$\frac{x-1}{2}=\frac{y}{2}=\frac{z+1}{3}.$$

法平面方程为

$$2(x-1)+2y+3(z+1)=0,$$

即

$$2x+2y+3z+1=0.$$

若空间曲线 Γ 的方程为

$$\begin{cases} F(x,y,z)=0, \\ G(x,y,z)=0, \end{cases} \tag{7-7-4}$$

当方程组 (7-7-4) 在点 (x_0,y_0,z_0) 的某邻域内满足隐函数存在定理的条件时, 它确定了一组函数 $y=y(x)$, $z=z(x)$, 且

$$\frac{\mathrm{d}y}{\mathrm{d}x}=-\frac{\begin{vmatrix} F_x & F_z \\ G_x & G_z \end{vmatrix}}{\begin{vmatrix} F_y & F_z \\ G_y & G_z \end{vmatrix}},\quad \frac{\mathrm{d}z}{\mathrm{d}x}=-\frac{\begin{vmatrix} F_y & F_x \\ G_y & G_x \end{vmatrix}}{\begin{vmatrix} F_y & F_z \\ G_y & G_z \end{vmatrix}},$$

于是得切向量为

$$\left(1,-\left.\frac{\begin{vmatrix} F_x & F_z \\ G_x & G_z \end{vmatrix}}{\begin{vmatrix} F_y & F_z \\ G_y & G_z \end{vmatrix}}\right|_{P_0},-\left.\frac{\begin{vmatrix} F_y & F_x \\ G_y & G_x \end{vmatrix}}{\begin{vmatrix} F_y & F_z \\ G_y & G_z \end{vmatrix}}\right|_{P_0}\right),$$

为方便起见, 可取曲线 Γ 在点 (x_0,y_0,z_0) 处的切向量为

$$\boldsymbol{T}=\left(\left|\begin{array}{cc}F_y & F_z\\ G_y & G_z\end{array}\right|\Bigg|_{P_0},-\left|\begin{array}{cc}F_x & F_z\\ G_x & G_z\end{array}\right|\Bigg|_{P_0},-\left|\begin{array}{cc}F_y & F_x\\ G_y & G_x\end{array}\right|\Bigg|_{P_0}\right),$$

即

$$\boldsymbol{T}=\left(\left|\begin{array}{cc}F_y & F_z\\ G_y & G_z\end{array}\right|\Bigg|_{P_0},\left|\begin{array}{cc}F_z & F_x\\ G_z & G_x\end{array}\right|\Bigg|_{P_0},\left|\begin{array}{cc}F_x & F_y\\ G_x & G_y\end{array}\right|\Bigg|_{P_0}\right),$$

于是, 曲线 Γ 在点 (x_0,y_0,z_0) 处的切线方程为

$$\frac{x-x_0}{\left|\begin{array}{cc}F_y & F_z\\ G_y & G_z\end{array}\right|\Bigg|_{P_0}}=\frac{y-y_0}{\left|\begin{array}{cc}F_z & F_x\\ G_z & G_x\end{array}\right|\Bigg|_{P_0}}=\frac{z-z_0}{\left|\begin{array}{cc}F_x & F_y\\ G_x & G_y\end{array}\right|\Bigg|_{P_0}},\tag{7-7-5}$$

曲线 Γ 在点 (x_0,y_0,z_0) 处的法平面方程为

$$\left|\begin{array}{cc}F_y & F_z\\ G_y & G_z\end{array}\right|\Bigg|_{P_0}(x-x_0)+\left|\begin{array}{cc}F_z & F_x\\ G_z & G_x\end{array}\right|\Bigg|_{P_0}(y-y_0)+\left|\begin{array}{cc}F_x & F_y\\ G_x & G_y\end{array}\right|\Bigg|_{P_0}(z-z_0)=0.\tag{7-7-6}$$

例 2　求曲线 $\begin{cases}x^2+z^2=10,\\ y^2+z^2=10\end{cases}$ 在点 $(1,1,3)$ 处的切线及法平面方程.

解　方程的两边对 x 求导, 得

$$\begin{cases}2x+2z\dfrac{\mathrm{d}z}{\mathrm{d}x}=0,\\ 2y\dfrac{\mathrm{d}y}{\mathrm{d}x}+2z\dfrac{\mathrm{d}z}{\mathrm{d}x}=0,\end{cases}$$

解得

$$\frac{\mathrm{d}y}{\mathrm{d}x}=\frac{x}{y},\quad \frac{\mathrm{d}z}{\mathrm{d}x}=-\frac{x}{z},$$

于是

$$\left.\frac{\mathrm{d}y}{\mathrm{d}x}\right|_{(1,1,3)}=1,\quad \left.\frac{\mathrm{d}z}{\mathrm{d}x}\right|_{(1,1,3)}=-\frac{1}{3}.$$

曲线在点 $(1,1,3)$ 处的切向量为 $\left(1,1,-\dfrac{1}{3}\right)$ 或 $(3,3,-1)$, 曲线在点 $(1,1,3)$ 处的切线方程为

$$\frac{x-1}{3}=\frac{y-1}{3}=\frac{z-3}{-1}.$$

法平面方程为

$$3(x-1)+3(y-1)-(z-3)=0,$$

即

$$3x+3y-z-3=0.$$

例 3　设函数 $f(x,y)$ 在点 $(0,0)$ 附近有定义, 且 $f_x(0,0)=3,\ f_y(0,0)=1$, 求曲线 $\begin{cases}z=f(x,y),\\ y=0\end{cases}$ 在点 $P_0(0,0,f(0,0))$ 处的切向量.

解　将曲线 $\begin{cases} z=f(x,y), \\ y=0 \end{cases}$ 改写为参数方程

$$\begin{cases} x=x, \\ y=0, \\ z=f(x,0), \end{cases}$$

则它在 $P_0(0,0,f(0,0))$ 点处的切向量为

$$\boldsymbol{T}=(x_x,y_x,z_x)|_{P_0}=(1,0,f_x(0,0))=(1,0,3).$$

二、 曲面的切平面与法线

设曲面 Σ 的方程为

$$F(x,y,z)=0, \tag{7-7-7}$$

$P_0(x_0,y_0,z_0)$ 是曲面 Σ 上的一点, 设函数 $F(x,y,z)$ 在 P_0 点可微且各偏导数不同时为零.

过点 P_0 在曲面 Σ 上任意作一条曲线 Γ(图 7-7-2), 设其参数方程为

$$\begin{cases} x=x(t), \\ y=y(t), \quad a\leqslant t\leqslant B, \\ z=z(t), \end{cases} \tag{7-7-8}$$

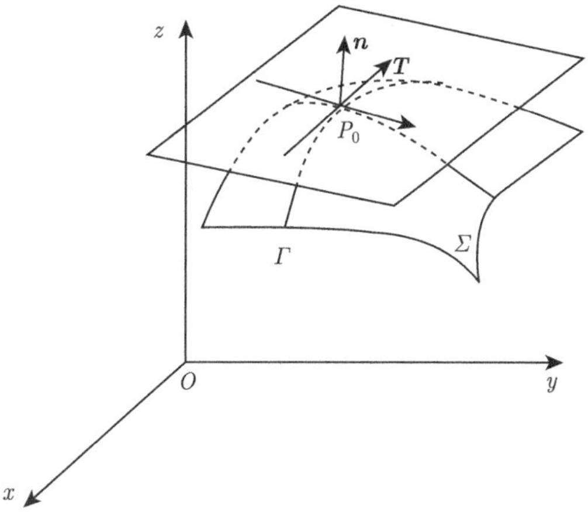

当 $t=t_0$ 时对应于点 $P_0(x_0,y_0,z_0)$, 且 $x'(t_0)$, $y'(t_0)$, $z'(t_0)$ 不全为零, 则曲线 Γ 在点 P_0 处的切向量为

$$\boldsymbol{T}=(x'(t_0),y'(t_0),z'(t_0)).$$

图 7-7-2

因为曲线 Γ 在曲面 Σ 上, 所以满足曲面方程:

$$F(x(t),y(t),z(t))\equiv 0.$$

又因 $F(x,y,z)$ 在点 $P_0(x_0,y_0,z_0)$ 处可微, 且 $x'(t_0)$, $y'(t_0)$, $z'(t_0)$ 存在, 所以有

$$\left.\frac{\mathrm{d}}{\mathrm{dt}}F\left(x(t),y(t),z(t)\right)\right|_{t=t_0}=0,$$

即

$$F_x(x_0,y_0,z_0)x'(t_0)+F_y(x_0,y_0,z_0)y'(t_0)+F_z(x_0,y_0,z_0)z'(t_0)=0 \tag{7-7-9}$$

记 $\boldsymbol{n}=(F_x(x_0,y_0,z_0),F_y(x_0,y_0,z_0),F_z(x_0,y_0,z_0))$, 则式 (7-7-9) 可表示为

$$\boldsymbol{n}\cdot\boldsymbol{T}=0.$$

这说明曲面 Σ 上通过点 P_0 的任意一条曲线在点 P_0 的切线都与同一个向量 $\boldsymbol{n}$ 垂直. 也就是说曲面 Σ 上通过点 P_0 的一切曲线在点 P_0 的切线都在同一个平面上 (图 7-7-2). 这个平面称为**曲面Σ在点P_0的切平面**, 则切平面的方程为

$$F_x(x_0,y_0,z_0)(x-x_0)+F_y(x_0,y_0,z_0)(y-y_0)+F_z(x_0,y_0,z_0)(z-z_0)=0. \tag{7-7-10}$$

通过点 $P_0(x_0,y_0,z_0)$ 且垂直于切平面 (7-7-10) 的直线称为**曲面在点P_0的法线**, 则法线方程为

$$\frac{x-x_0}{F_x(x_0,y_0,z_0)}=\frac{y-y_0}{F_y(x_0,y_0,z_0)}=\frac{z-z_0}{F_z(x_0,y_0,z_0)}. \tag{7-7-11}$$

垂直于曲面的切平面的向量称为**曲面的法向量**, 向量 $\boldsymbol{n}$ 就是曲面 Σ 在点 P_0 处的一个法向量.

例 4 求椭球面 $\dfrac{x^2}{a^2}+\dfrac{y^2}{b^2}+\dfrac{z^2}{c^2}=1$ 在点 $P_0\left(\dfrac{a}{\sqrt{3}},\dfrac{b}{\sqrt{3}},\dfrac{c}{\sqrt{3}}\right)$ 处的切平面与法线方程.

解 设 $F(x,y,z)=\dfrac{x^2}{a^2}+\dfrac{y^2}{b^2}+\dfrac{z^2}{c^2}-1$, 则

$$F_x=\frac{2x}{a^2},\quad F_y=\frac{2y}{b^2},\quad F_z=\frac{2z}{c^2},$$

将点 P_0 的坐标代入上面各式中, 得

$$\boldsymbol{n}=(F_x(x_0,y_0,z_0),F_y(x_0,y_0,z_0),F_z(x_0,y_0,z_0))=\frac{2}{\sqrt{3}}\left(\frac{1}{a},\frac{1}{b},\frac{1}{c}\right),$$

于是所求的切平面方程为

$$\frac{1}{a}\left(x-\frac{a}{\sqrt{3}}\right)+\frac{1}{b}\left(y-\frac{b}{\sqrt{3}}\right)+\frac{1}{c}\left(z-\frac{c}{\sqrt{3}}\right)=0,$$

即

$$\frac{x}{a}+\frac{y}{b}+\frac{z}{c}=\sqrt{3}.$$

所求的法线方程为

$$\frac{x-\dfrac{a}{\sqrt{3}}}{\dfrac{1}{a}}=\frac{y-\dfrac{b}{\sqrt{3}}}{\dfrac{1}{b}}=\frac{z-\dfrac{c}{\sqrt{3}}}{\dfrac{1}{c}},$$

即

$$a(x-\frac{a}{\sqrt{3}})=b(y-\frac{b}{\sqrt{3}})=c(z-\frac{c}{\sqrt{3}}).$$

若曲面 Σ 的方程为 $z=f(x,y)$, 设点 $P_0(x_0,y_0,z_0)$ 是曲面 Σ 上一点, 当 $f_x(x_0,y_0)$, $f_y(x_0,y_0)$ 存在时, 曲面 Σ 在点 $P_0(x_0,y_0,z_0)$ 处的法向量为

$$\boldsymbol{n}=(f_x(x_0,y_0),f_y(x_0,y_0),-1),$$

则曲面 Σ 在点 P_0 处的切平面方程为

$$f_x(x_0,y_0)(x-x_0)+f_y(x_0,y_0)(y-y_0)-(z-z_0)=0,$$

或

$$z - z_0 = f_x(x_0, y_0)(x - x_0) + f_y(x_0, y_0)(y - y_0), \tag{7-7-12}$$

而曲面 Σ 的过点 P_0 的法线方程为

$$\frac{x - x_0}{f_x(x_0, y_0)} = \frac{y - y_0}{f_y(x_0, y_0)} = \frac{z - z_0}{-1}.$$

式 (7-7-12) 右端恰好是函数 $z = f(x, y)$ 在点 (x_0, y_0) 的全微分, 而左端是切平面上点的竖坐标的增量. 因此, 函数 $z = f(x, y)$ 在点 (x_0, y_0) 处的全微分, 在几何上表示曲面 $z = f(x, y)$ 在点 (x_0, y_0, z_0) 处的切平面上点的竖坐标的增量. 用全微分代替函数增量, 在几何上就是用切平面代替曲面, 在计算上就是用线性函数代替原来的可微函数, 简化了计算, 其误差是 $\sqrt{(\Delta x)^2 + (\Delta y)^2}$ 的高阶无穷小.

如果用 α, β, γ 表示曲面的法向量的方向角, 并假定法向量的方向是向上的 (即它与 z 轴正向的夹角是一锐角), 则法向量的方向余弦为

$$\cos\alpha = \frac{-f_x}{\sqrt{1 + f_x^2 + f_y^2}}, \quad \cos\beta = \frac{-f_y}{\sqrt{1 + f_x^2 + f_y^2}}, \quad \cos\gamma = \frac{1}{\sqrt{1 + f_x^2 + f_y^2}}.$$

这里把 $f_x(x_0, y_0)$, $f_y(x_0, y_0)$ 分别简记为 f_x, f_y.

例 5　求椭圆抛物面 $z = x^2 + 4y^2$ 在点 $(2, -1, 8)$ 处的切平面及法线方程.

解　法向量为

$$\boldsymbol{n} = (z_x, z_y, -1) = (2x, 8y, -1),$$

$$\boldsymbol{n}\big|_{(2,-1,8)} = (4, -8, -1).$$

因此, 椭圆抛物面在点 $(2, -1, 8)$ 处的切平面方程为

$$4(x - 2) - 8(y + 1) - (z - 8) = 0, \quad \text{即} \quad 4x - 8y - z - 8 = 0.$$

法线方程为

$$\frac{x - 2}{4} = \frac{y + 1}{-8} = \frac{z - 8}{-1}.$$

习　题　7-7

1. 求曲线 $x = t^2 + t + 1, y = t^2 - t + 1, z = t^2 + 1$ 在点 $(7, 3, 5)$ 处的切线和法平面方程.

2. 求曲线 $x = \ln(t^3 + 1), y = \ln(t^2 + t + 3), z = \ln(t^3 - 5)$ 在对应于 $t = 2$ 点处的切线和法平面方程.

3. 求曲线 $\begin{cases} z = xy + 5, \\ xyz + 6 = 0 \end{cases}$ 在点 $(1, -2, 3)$ 处的切线和法平面方程.

4. 求圆锥曲面 $x^2 + y^2 - 2z^2 = 0$ 在点 $(1, -1, 1)$ 处的切平面和法线方程.

5. 试证明单叶双曲面 $x^2 + y^2 - z^2 - 2ax + 2by + 2cz + d = 0(a^2 + b^2 - c^2 > d)$ 在点 (x_0, y_0, z_0) 处的切平面方程为

$$x_0x + y_0y - z_0z - a(x + x_0) + b(y + y_0) + c(z + z_0) + d = 0.$$

6. 在曲线 $y = x^2, z = x^3$ 上求出使该点的切线平行于平面 $x + 2y + z = 4$ 的点.

7. 求曲面 $x+xy+xyz=9$ 在点 $(1,2,3)$ 处的切平面与平面 $2x-4y-z+9=0$ 的夹角.

8. 求曲面 $x^2-y^2-z^2+6=0$ 垂直于直线 $\dfrac{x-3}{2}=y-1=\dfrac{z-2}{-3}$ 的切平面方程.

9. 求曲面 $4x^2+y^2+4z^2=16$ 在点 $(1,2\sqrt{2},-1)$ 处的法线方程, 并求此法线在 yOz 平面上的投影.

10. 在曲面 $3x^2+5y^2+z^2=30$ 上求一点, 使曲面在该点处的切平面平行于平面 $3x-2y-z=4$, 并写出此切平面方程.

11. 在曲面 $z=ax^2-by^2$ 上求一点, 使曲面在该点处的法线垂直于平面 $ax+by+z=0$, 并写出此法线方程 (其中 $a\neq 0, b\neq 0$).

*第八节　多元函数的泰勒公式

多元函数与一元函数一样, 也有相仿的泰勒公式, 本节只介绍二元函数的泰勒公式.

定理(泰勒定理)　*若函数 $f(x,y)$ 在点 $P_0(x_0,y_0)$ 的某邻域 $U(P_0)$ 内具有直到 $n+1$ 阶的连续偏导数, 则对 $U(P_0)$ 内任一点 (x_0+h,y_0+k), 存在相应的 $\theta\in(0,1)$, 使得*

$$\begin{aligned}f(x_0+h,y_0+k)=&f(x_0,y_0)+\left(h\frac{\partial}{\partial x}+k\frac{\partial}{\partial y}\right)f(x_0,y_0)\\&+\frac{1}{2!}\left(h\frac{\partial}{\partial x}+k\frac{\partial}{\partial y}\right)^2f(x_0,y_0)+\cdots+\frac{1}{n!}\left(h\frac{\partial}{\partial x}+k\frac{\partial}{\partial y}\right)^nf(x_0,y_0)\\&+\frac{1}{(n+1)!}\left(h\frac{\partial}{\partial x}+k\frac{\partial}{\partial y}\right)^{n+1}f(x_0+\theta h,y_0+\theta k).\end{aligned}\tag{7-8-1}$$

式 (7-8-1) 称为**二元函数**$z=f(x,y)$**在点**$P_0(x_0,y_0)$**的**n**阶泰勒公式**, 其中

$$\left(h\frac{\partial}{\partial x}+k\frac{\partial}{\partial y}\right)^mf(x_0,y_0)=\sum_{i=0}^{m}\mathrm{C}_m^ih^ik^{m-i}\left.\frac{\partial^mf}{\partial x^i\partial y^{m-i}}\right|_{(x_0,y_0)}.$$

证　构造辅助函数

$$\varPhi(t)=f(x_0+th,y_0+tk).$$

由定理的假设, 函数 $\varPhi(t)$ 在 $[0,1]$ 上满足一元函数泰勒定理条件, 于是有

$$\varPhi(1)=\varPhi(0)+\frac{\varPhi'(0)}{1!}+\frac{\varPhi''(0)}{2!}+\cdots+\frac{\varPhi^{(n)}(0)}{n!}+\frac{\varPhi^{(n+1)}(\theta)}{(n+1)!}\ (0<\theta<1).\tag{7-8-2}$$

应用复合函数求导法则, 可求得 $\varPhi(t)$ 的各阶导数:

$$\varPhi^{(m)}(t)=\left(h\frac{\partial}{\partial x}+k\frac{\partial}{\partial y}\right)^mf(x_0+th,y_0+tk)\quad(m=1,2,\cdots,n+1),$$

当 $t=0$ 时, 则有

$$\varPhi^{(m)}(0)=\left(h\frac{\partial}{\partial x}+k\frac{\partial}{\partial y}\right)^mf(x_0,y_0)\quad(m=1,2,\cdots,n)\tag{7-8-3}$$

及

$$\varPhi^{(n+1)}(\theta)=\left(h\frac{\partial}{\partial x}+k\frac{\partial}{\partial y}\right)^{n+1}f(x_0+\theta h,y_0+\theta k).\tag{7-8-4}$$

将式 (7-8-3)、式 (7-8-4) 代入式 (7-8-2) 就得到泰勒公式 (7-8-1).

在泰勒公式 (7-8-1) 中, 若只要求余项 $R_n = o(\rho^n)(\rho = \sqrt{h^2+k^2})$, 则仅需 f 在 $U(P_0)$ 内存在直到 n 阶连续偏导数, 便有

$$f(x_0+h, y_0+k) = f(x_0, y_0) + \sum_{p=1}^{n} \frac{1}{p!}\left(h\frac{\partial}{\partial x} + k\frac{\partial}{\partial y}\right)^p f(x_0, y_0) + o(\rho^n). \tag{7-8-5}$$

在泰勒公式 (7-8-1) 中, 若取 $x_0 = 0$, $y_0 = 0$, 则得到

$$\begin{aligned} f(x,y) =& f(0,0) + \left(x\frac{\partial}{\partial x} + y\frac{\partial}{\partial y}\right) f(0,0) \\ &+ \frac{1}{2!}\left(x\frac{\partial}{\partial x} + y\frac{\partial}{\partial y}\right)^2 f(0,0) + \cdots + \frac{1}{n!}\left(x\frac{\partial}{\partial x} + y\frac{\partial}{\partial y}\right)^n f(0,0) \\ &+ \frac{1}{(n+1)!}\left(x\frac{\partial}{\partial x} + y\frac{\partial}{\partial y}\right)^{n+1} f(\theta x, \theta y) \quad (0<\theta<1). \end{aligned} \tag{7-8-6}$$

该公式称为**二元函数$z = f(x,y)$在点$(0,0)$的n阶麦克劳林公式**.

在泰勒公式 (7-8-1) 中, 若取 $n = 0, x_0 = a, y_0 = b$, 则得到

$$f(a+h, b+k) = f(a,b) + f_x(a+\theta h, b+\theta k)h + f_y(a+\theta h, b+\theta k)k \quad (0<\theta<1)$$

或

$$f(a+h, b+k) - f(a,b) = f_x(a+\theta h, b+\theta k)h + f_y(a+\theta h, b+\theta k)k \quad (0<\theta<1). \tag{7-8-7}$$

这便是**二元函数的中值公式**.

例 1　求二元函数 $f(x,y) = \mathrm{e}^{x+y}$ 的麦克劳林展开式.

解　二元函数 $f(x,y) = \mathrm{e}^{x+y}$ 在全平面上存在任意阶连续偏导数, 并且它对 x, y 的任意阶偏导数仍是它本身,e^{x+y} 在原点 $(0,0)$ 的值为 1. 由公式 (7-8-6), 得

$$\mathrm{e}^{x+y} = 1 + (x+y) + \frac{1}{2!}(x+y)^2 + \cdots + \frac{1}{n!}(x+y)^n + \frac{1}{(n+1)!}(x+y)^{n+1}\mathrm{e}^{\theta x+\theta y} \quad (0<\theta<1).$$

例 2　求 $f(x,y) = x^y$ 在点 (1,4) 的二阶泰勒展开式, 并用它计算 $1.08^{3.96}$.

解　由于 $x_0 = 1, y_0 = 4, n = 2$, 因此有

$$\begin{aligned} &f(x,y) = x^y, \quad f(1,4) = 1, \\ &f_x(x,y) = yx^{y-1}, \quad f_x(1,4) = 4, \\ &f_y(x,y) = x^y \ln x, \quad f_y(1,4) = 0, \\ &f_{xx}(x,y) = y(y-1)x^{y-2}, \quad f_{xx}(1,4) = 12, \\ &f_{xy}(x,y) = x^{y-1} + yx^{y-1}\ln x, \quad f_{xy}(1,4) = 1, \\ &f_{yy}(x,y) = x^y(\ln x)^2, \quad f_{yy}(1,4) = 0, \end{aligned}$$

将它们代入泰勒公式 (7-8-5), 即得

$$x^y = 1 + 4(x-1) + 6(x-1)^2 + (x-1)(y-4) + o(\rho^2).$$

略去余项, 并取 $x=1.08, y=3.96$, 则有

$$1.08^{3.96}\approx 1+4\times 0.08+6\times 0.08^2-0.08\times 0.04=1.3552.$$

与本章第三节例 3 的结果相比较, 这是更接近于真值 $(1.356307\cdots)$ 的近似值, 因为微分近似式只相当于一阶泰勒公式.

习 题 7-8

求下列函数在指定点处的泰勒公式:

1. $f(x,y)=\sin(x^2+y^2)$, 点 $(0,0)$(直到二阶为止).

2. $f(x,y)=\dfrac{x}{y}$, 点 $(1,1)$(直到三阶为止).

3. $f(x,y)=\ln(1+x+y)$, 点 $(0,0)$(直到三阶为止).

4. $f(x,y)=2x^2-xy-y^2-6x-3y+5$, 点 $(1,-2)$.

第九节 多元函数的极值及其求法

多元函数的极值问题是多元函数微分学的重要应用, 这里主要以二元函数为例进行讨论.

一、 多元函数的极值

定义 1 设函数 $u=f(P)$ 在点 P_0 的某一邻域 $U(P_0)$ 内有定义, 且对 $\forall P\in \mathring{U}(P_0)$, 都有不等式

$$f(P)<f(P_0)(\text{或}f(P)>f(P_0))$$

成立, 则称函数 $f(P)$ 在点 P_0 处有**极大值**(或**极小值**)$f(P_0)$, 或称 $f(P_0)$ 为函数 $f(P)$ 的极大值 (或极小值).

函数的极大值、极小值统称为**极值**, 使函数取得极值的点称为**极值点**.

例 1 函数 $z=x^2+y^2$ 在点 $(0,0)$ 处取得极小值, 函数 $z=-\sqrt{x^2+y^2}$ 在点 $(0,0)$ 处取得极大值, 而函数 $z=xy$ 在点 $(0,0)$ 处既不取得极大值也不取得极小值.

由定义 1 知, 若函数 $f(x,y)$ 在点 (x_0,y_0) 处取得极值, 则当固定 $y=y_0$ 时, 一元函数 $f(x,y_0)$ 必定在点 $x=x_0$ 处取得相同的极值. 同理, 一元函数 $f(x_0,y)$ 在点 $y=y_0$ 处也取得相同的极值. 于是, 我们有下面的定理.

定理 1 (必要条件) *设函数 $z=f(x,y)$ 在点 (x_0,y_0) 具有偏导数, 且在点 (x_0,y_0) 处有极值, 则它在该点的偏导数必为零, 即*

$$f_x(x_0,y_0)=0,\quad f_y(x_0,y_0)=0.$$

在几何上, 若曲面 $z=f(x,y)$ 在点 (x_0,y_0,z_0) 处有切平面, 且在点 (x_0,y_0) 处取得极值, 则切平面

$$z-z_0=f_x(x_0,y_0)(x-x_0)+f_y(x_0,y_0)(y-y_0)$$

成为平面 $z-z_0=0$, 它是平行于 xOy 坐标面的.

如果三元函数 $u=f(x,y,z)$ 在点 (x_0,y_0,z_0) 处具有偏导数, 则它在点 (x_0,y_0,z_0) 处具有极值的必要条件为

$$f_x(x_0,y_0,z_0)=0,\quad f_y(x_0,y_0,z_0)=0,\quad f_z(x_0,y_0,z_0)=0.$$

与一元函数的情形类似, 凡是能使一阶偏导数同时为零的点 P_0 称为多元函数 $u=f(P)$ 的**驻点**.

由定理 1 可知, 若函数在极值点处偏导数存在, 那么该极值点必定是函数的驻点. 反过来函数的驻点不一定是极值点.

例 2 函数 $f(x,y)=x^2-y^2$(双曲抛物面), 有

$$f_x(x,y)=2x,\quad f_y(x,y)=-2y,$$

显然, 点 $(0,0)$ 是函数 $f(x,y)$ 的驻点, 但点 $(0,0)$ 并不是 $f(x,y)$ 的极值点. 事实上, 在点 $(0,0)$ 的任意邻域, 总有 $(0,y)(y\neq 0)$, 使 $f(0,y)=-y^2<f(0,0)=0$; 也总有点 $(x,0)(x\neq 0)$, 使 $f(x,0)=x^2>f(0,0)=0$.

下面的定理给出了驻点是极值点的充分条件.

定理 2 (充分条件) 设函数 $z=f(x,y)$ 在点 $P_0(x_0,y_0)$ 的某邻域 $U(P_0)$ 内有直到二阶的连续偏导数, 又 $f_x(x_0,y_0)=0, f_y(x_0,y_0)=0$, 记

$$f_{xx}(x_0,y_0)=A,\quad f_{xy}(x_0,y_0)=B,\quad f_{yy}(x_0,y_0)=C,$$

则 $f(x_0,y_0)$ 是否是极值的条件如下:

(1) 当 $AC-B^2>0$ 时,$f(x_0,y_0)$ 是极值, 且当 $A<0$ 时 $f(x_0,y_0)$ 是极大值, 当 $A>0$ 时 $f(x_0,y_0)$ 是极小值;

(2) 当 $AC-B^2<0$ 时, $f(x_0,y_0)$ 不是极值;

(3) 当 $AC-B^2=0$ 时,$f(x_0,y_0)$ 可能是极值, 也可能不是极值, 还需另作讨论.

证 利用二元函数泰勒公式即可证得, 详细过程略.

根据定理 1 与定理 2, 如果函数 $z=f(x,y)$ 具有二阶连续偏导数, 则求函数 $z=f(x,y)$ 的极值的一般步骤如下:

(1) 解方程组

$$\begin{cases} f_x(x,y)=0, \\ f_y(x,y)=0, \end{cases}$$

求出函数 $z=f(x,y)$ 的所有驻点;

(2) 求 f_{xx}, f_{xy}, f_{yy};

(3) 对每一个驻点, 确定 $AC-B^2$ 的符号, 按定理 2 判定该驻点是否为极值点.

例 3 设 $f(x,y)=(6x-x^2)(4y-y^2)$, 求其极值.

解 解方程组

$$\begin{cases} f_x=(6-2x)(4y-y^2)=0, \\ f_y=(6x-x^2)(4-2y)=0, \end{cases}$$

求得驻点为

$$(3,2),\quad (0,0),\quad (6,0),\quad (0,4),\quad (6,4).$$

又二阶偏导数

$$f_{xx}=-2(4y-y^2),\quad f_{xy}=(6-2x)(4-2y),\quad f_{yy}=-2(6x-x^2).$$

在点 $(3,2)$ 处,

$$A=f_{xx}(3,2)=-8,\quad B=f_{xy}(3,2)=0,\quad C=f_{yy}(3,2)=-18,$$

且 $AC-B^2=144>0$, 那么 $f(3,2)=36$ 是极大值.

在点 $(0,0)$ 处,

$$A=f_{xx}(0,0)=0,\quad B=f_{xy}(0,0)=24,\quad C=f_{yy}(0,0)=0,$$

且 $AC-B^2=-576<0$, 那么 $f(0,0)=0$ 不是极值.

同理可验证 $f(6,0)$, $f(0,4)$, $f(6,4)$ 都不是极值.

与一元函数相类似, 多元函数的极值点可能是驻点, 也可能是偏导数不存在的点. 例如, 函数 $z=-\sqrt{x^2+y^2}$ 在点 $(0,0)$ 处的偏导数不存在, 但该函数在点 $(0,0)$ 处却具有极大值. 因此, 函数的极值点可能是驻点, 也可能是偏导数不存在的点.

二、 多元函数的最大值与最小值

与一元函数相类似, 我们可以利用函数的极值来求函数的最大值和最小值. 在本章第一节中已经指出, 如果函数 $f(x,y)$ 在有界闭区域 D 上连续, 则 $f(x,y)$ 在 D 上必定取得最大值和最小值. 最大值点或最小值点既可能在 D 的内部, 也可能在 D 的边界上. 如果函数在 D 的内部取得最大值 (最小值), 那么这个最大值 (最小值) 必是函数的极大值 (极小值). 因此, 求函数的最大值和最小值时, 只需求出函数 $f(x,y)$ 所有驻点和偏导数不存在的点的函数值以及函数在边界上的最大值和最小值, 然后加以比较即可.

假设函数 $f(x,y)$ 在 D 上连续、在 D 内可微, 求函数 $f(x,y)$ 的最大值和最小值的一般步骤如下:

(1) 求出函数 $f(x,y)$ 在 D 内的所有驻点与偏导数不存在点的函数值;

(2) 求出函数 $f(x,y)$ 在 D 的边界上的最大值和最小值;

(3) 将 (1)、(2) 两步所求得的函数值进行比较, 其中最大者即为最大值, 最小者即为最小值.

例 4　求函数 $f(x,y)=x^2-2xy+2y$ 在区域

$$D=\{(x,y)|0\leqslant x\leqslant 3, 0\leqslant y\leqslant 2\}$$

上的最大值和最小值.

解　由

$$\begin{cases} f_x(x,y)=2x-2y=0,\\ f_y(x,y)=-2x+2=0 \end{cases}$$

求得 $f(x,y)$ 在 D 的内部有唯一驻点 $(1,1)$, 且 $f(1,1)=1$.

如图 7-9-1 所示, 区域 D 的边界由四条直线段 L_1, L_2, L_3, L_4 首尾相接构成.

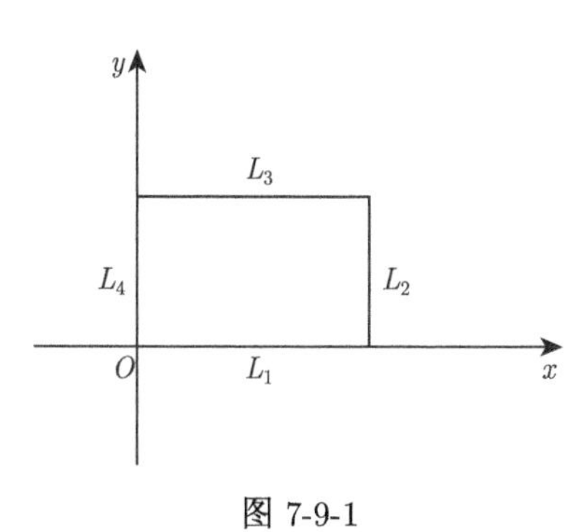

图 7-9-1

在 L_1 上, $y=0$, 此时 $f(x,y)=f(x,0)=x^2, 0\leqslant x\leqslant 3$, 显然在 L_1 上, $f(x,y)$ 的最大值为 $f(3,0)=9$, 最小值为 $f(0,0)=0$.

在 L_2 和 L_4 上, $f(x,y)$ 是单调的一元函数, 易求得最大值、最小值分别为

$$f(3,0)=9,\quad f(3,2)=1(\text{在}L_2\text{上}),$$

$$f(0,2)=4,\quad f(0,0)=0(\text{在}L_4\text{上}).$$

而在 L_3 上, $y=2$, $f(x,y)=f(x,2)=x^2-4x+4(0\leqslant x\leqslant 3)$, 易求得 $f(x,y)$ 在 L_3 上的最大值 $f(0,2)=4$, 最小值 $f(2,2)=0$.

将 $f(x,y)$ 在驻点上的值 $f(1,1)$ 与在线段 L_1, L_2, L_3, L_4 上的最大值、最小值进行比较, 最后得到 $f(x,y)$ 在 D 上的最大值为 $f(3,0)=9$, 最小值为 $f(0,0)=f(2,2)=0$.

函数的极值具有广泛的实际应用背景. 在实际问题中, 如果根据问题的性质, 可以判断函数 $f(x,y)$ 的最大值 (最小值) 一定在 D 的内部取得, 而函数在 D 内只有一个驻点时, 该驻点的函数值就是函数 $f(x,y)$ 在 D 上的最大值 (最小值).

例 5　要设计一个容量为 V_0 的有盖长方体水箱, 问当水箱的长、宽、高各取多少时, 所用材料最少?

解　设水箱的长为 x, 宽为 y, 则其高应为 $\dfrac{V_0}{xy}$, 此水箱所用材料的面积为

$$S=2\left(xy+y\cdot\frac{V_0}{xy}+x\cdot\frac{V_0}{xy}\right),$$

即

$$S=2\left(xy+\frac{V_0}{x}+\frac{V_0}{y}\right)\quad(x>0,y>0),$$

解方程组

$$\begin{cases} S_x=2\left(y-\dfrac{V_0}{x^2}\right)=0,\\ S_y=2\left(x-\dfrac{V_0}{y^2}\right)=0 \end{cases}$$

得

$$x=\sqrt[3]{V_0},\quad y=\sqrt[3]{V_0}.$$

根据题意可知, 一定存在水箱所用材料最少的情形, 并在开区域 $D: x>0, y>0$ 内取得. 又函数在 D 内只有唯一的驻点 $\left(\sqrt[3]{V_0},\sqrt[3]{V_0}\right)$, 因此可断定当 $x=y=\sqrt[3]{V_0}$ 时, S 取得最小值. 也就是说, 当水箱的长、宽、高均为 $\sqrt[3]{V_0}$ 时, 制作水箱所用的材料最少.

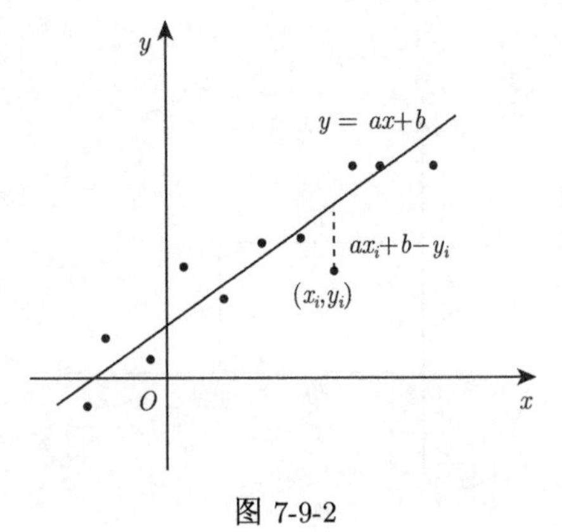

图 7-9-2

例 6(最小二乘法问题)　设通过观测或实验得到一列点 $(x_i, y_i)(i = 1, 2, \cdots, n)$. 它们大致在一条直线上, 即大致可用直线方程来反映变量 x 与 y 之间的对应关系 (图 7-9-2). 确定一直线使得其与这 n 个点的偏差平方和最小 (最小二乘法).

解　设所求直线方程为 $y = ax + b$, 所测得的 n 个点为 $(x_i, y_i)(i = 1, 2, \cdots, n)$. 现要确定 a, b, 使得

$$f(a,b) = \sum_{i=1}^{n} (ax_i + b - y_i)^2$$

为最小. 为此, 令

$$\begin{cases} f_a = 2\sum\limits_{i=1}^{n} x_i(ax_i + b - y_i) = 0, \\ f_b = 2\sum\limits_{i=1}^{n} (ax_i + b - y_i) = 0. \end{cases}$$

把这个关于 a, b 的线性方程组加以整理, 得

$$\begin{cases} a\sum\limits_{i=1}^{n} x_i^2 + b\sum\limits_{i=1}^{n} x_i = \sum\limits_{i=1}^{n} x_i y_i, \\ a\sum\limits_{i=1}^{n} x_i + bn = \sum\limits_{i=1}^{n} y_i. \end{cases}$$

解此方程组得 $f(a, b)$ 的唯一驻点 $(\bar{a}, \bar{b})$, 其中

$$\bar{a} = \frac{n\sum\limits_{i=1}^{n} x_i y_i - \left(\sum\limits_{i=1}^{n} x_i\right)\left(\sum\limits_{i=1}^{n} y_i\right)}{n\sum\limits_{i=1}^{n} x_i^2 - \left(\sum\limits_{i=1}^{n} x_i\right)^2},$$

$$\bar{b} = \frac{\left(\sum\limits_{i=1}^{n} x_i^2\right)\left(\sum\limits_{i=1}^{n} y_i\right) - \left(\sum\limits_{i=1}^{n} x_i y_i\right)\left(\sum\limits_{i=1}^{n} x_i\right)}{n\sum\limits_{i=1}^{n} x_i^2 - \left(\sum\limits_{i=1}^{n} x_i\right)^2}.$$

又因为

$$A = f_{aa} = 2\sum_{i=1}^{n} x_i^2 > 0, \quad B = f_{ab} = 2\sum_{i=1}^{n} x_i, \quad C = f_{bb} = 2n,$$

$$AC - B^2 = 4n\sum_{i=1}^{n} x_i^2 - 4\left(\sum_{i=1}^{n} x_i\right)^2 > 0,$$

所以, 由定理 2 知 $f(\bar{a}, \bar{b})$ 是极小值, 即 $f(\bar{a}, \bar{b})$ 是最小值.

三、 条件极值与拉格朗日乘数法

前面所讨论的函数极值问题, 自变量除了限制在定义域内外, 没有其他限制条件, 这样的极值称为**无条件极值**. 但在实际问题中, 函数的自变量有时需要一些附加的约束条件, 称这样的函数极值为**条件极值**.

例如, 前面的例 5 就属于条件极值问题. 若设长方体水箱的长、宽、高分别为 x,y,z, 则例 5 就是求函数 $S=2(xy+yz+zx)$ 在 $xyz=V_0$ 条件下的极值.

对于条件极值问题, 少数情况下, 可以像例 5 那样直接将条件极值化为无条件极值. 但在多数情况下, 很难甚至不能直接将条件极值问题化为无条件极值问题, 因此, 需要寻找直接求条件极值的一般方法, 即拉格朗日乘数法.

先讨论二元函数 $z=f(x,y)$ 在条件 $\phi(x,y)=0$ 下的极值问题.

设 (x_0,y_0) 是满足条件 $\phi(x_0,y_0)=0$ 的点, 且是函数 $z=f(x,y)$ 的极值点; 并假定在 (x_0,y_0) 的某邻域内 $f(x,y)$ 与 $\phi(x,y)$ 均具有连续的一阶偏导数, $\phi_y(x_0,y_0)\neq 0$. 由隐函数存在定理可知, 方程 $\phi(x,y)=0$ 确定具有连续导数的函数 $y=\varphi(x)$, 将其代入函数 $z=f(x,y)$, 则 $z=f[x,\varphi(x)]$.

由于函数 $z=f(x,y)$ 在点 (x_0,y_0) 处取得极值, 那么函数 $z=f[x,\varphi(x)]$ 在点 $x=x_0$ 处必然取得极值. 由一元可导函数取得极值的必要条件, 可得

$$\left.\frac{\mathrm{d}z}{\mathrm{d}x}\right|_{x=x_0}=f_x(x_0,y_0)+f_y(x_0,y_0)\left.\frac{\mathrm{d}y}{\mathrm{d}x}\right|_{x=x_0}=0. \tag{7-9-1}$$

再由 $\phi(x,y)=0$, 用隐函数求导公式, 有

$$\left.\frac{\mathrm{d}y}{\mathrm{d}x}\right|_{x=x_0}=-\frac{\phi_x(x_0,y_0)}{\phi_y(x_0,y_0)}.$$

把上式代入式 (7-9-1), 得

$$f_x(x_0,y_0)-f_y(x_0,y_0)\frac{\phi_x(x_0,y_0)}{\phi_y(x_0,y_0)}=0,$$

令 $\dfrac{f_y(x_0,y_0)}{\phi_y(x_0,y_0)}=-\lambda_0$, 则有

$$\frac{f_x(x_0,y_0)}{\phi_x(x_0,y_0)}=\frac{f_y(x_0,y_0)}{\phi_y(x_0,y_0)}=-\lambda_0.$$

于是, 我们得到函数 $z=f(x,y)$ 在 $\phi(x,y)=0$ 条件下, $P_0(x_0,y_0)$ 是极值点的必要条件:

$$\begin{cases} f_x(x_0,y_0)+\lambda_0\phi_x(x_0,y_0)=0, \\ f_y(x_0,y_0)+\lambda_0\phi_y(x_0,y_0)=0, \\ \phi(x_0,y_0)=0. \end{cases} \tag{7-9-2}$$

根据以上讨论, 我们引入辅助函数

$$L(x,y,\lambda)=f(x,y)+\lambda\phi(x,y), \tag{7-9-3}$$

那么方程组 (7-9-2) 的解就是方程组

$$\begin{cases} L_x(x,y,\lambda) = f_x(x,y) + \lambda\phi_x(x,y) = 0, \\ L_y(x,y,\lambda) = f_y(x,y) + \lambda\phi_y(x,y) = 0, \\ L_\lambda(x,y,\lambda) = \phi(x,y) = 0 \end{cases}$$

的解. 解出的点 (x,y) 就是函数 $f(x,y)$ 在附加条件 $\phi(x,y)=0$ 下的可能极值点.

这样就把求函数 $z=f(x,y)$ 在条件 $\phi(x,y)=0$ 下的极值问题转化为求辅助函数 (7-9-3) 的无条件极值问题. 这种求条件极值的方法称为**拉格朗日乘数法**, 其中 λ 称为**拉格朗日乘数(乘子)**, $L(x,y,\lambda)$ 称为**拉格朗日辅助函数**.

必须指出: 用拉格朗日乘数法, 只能求出条件极值问题的驻点 (也称为**条件驻点**), 并不能确定这些驻点就是极值点 (也称为**条件极值点**). 在实际问题中, 还需结合问题的实际意义来判断驻点是否为极值点或最值点.

例 7 求函数 $z=x^3+y^3-3xy$ 在 $x^2+y^2\leqslant 4$ 上的最大、最小值.

解 先求函数 $z=x^3+y^3-3xy$ 在 $x^2+y^2<4$ 内的驻点. 由

$$\begin{cases} z_x = 3x^2-3y=0, \\ z_y = 3y^2-3x=0 \end{cases}$$

得函数 $z=x^3+y^3-3xy$ 在 $x^2+y^2<4$ 内的驻点 $(0,0)$, $(1,1)$.

接着应用拉格朗日乘数法求函数 $z=x^3+y^3-3xy$ 在 $x^2+y^2=4$ 上的驻点.

构造拉格朗日辅助函数

$$L(x,y,\lambda) = x^3+y^3-3xy+\lambda(x^2+y^2-4),$$

解方程组

$$\begin{cases} L_x = 3x^2-3y+2\lambda x = 0, & (1) \\ L_y = 3y^2-3x+2\lambda y = 0, & (2) \\ L_\lambda = x^2+y^2-4=0, & (3) \end{cases}$$

由 (1)、(2) 得 $y=x$, 代入 (3) 中, 解得

$$x=y=\pm\sqrt{2},$$

故条件驻点为 $(\sqrt{2},\sqrt{2})$, $(-\sqrt{2},-\sqrt{2})$.

最后计算所得的驻点及条件驻点的函数值:

$$f(0,0)=0,\quad f(1,1)=-1,\quad f(\sqrt{2},\sqrt{2})=4\sqrt{2}-6,\quad f(-\sqrt{2},-\sqrt{2})=-4\sqrt{2}-6.$$

比较可得最大值为 $f(0,0)=0$, 最小值为 $f(-\sqrt{2},-\sqrt{2})=-4\sqrt{2}-6$.

对于多元函数 $u=f(x_1,x_2,\cdots,x_n)$ 在 $m(m<n)$ 个限制条件

$$\varphi_i(x_1,x_2,\cdots,x_n)=0\quad (i=1,2,\cdots,m)$$

下的条件极值问题, 有相应的拉格朗日乘数法:

(1) 作拉格朗日辅助函数为

$$L(x_1,\cdots,x_n,\lambda_1,\cdots,\lambda_m)=f(x_1,\cdots,x_n)+\sum_{i=1}^{m}\lambda_i\varphi_i(x_1,\cdots,x_n).$$

(2) 解方程组

$$\begin{cases} L_{x_j}=0,(j=1,2,\cdots,n), \\ \varphi_i=0,(i=1,2,\cdots,m), \end{cases}$$

解出点 $(x_1^0,\cdots,x_n^0,\lambda_1^0,\cdots,\lambda_m^0)$. 那么点 $(x_1^0,\cdots,x_n^0)$ 为所求函数 $u=f(x_1,x_2,\cdots,x_n)$ 在条件 $\varphi_i(x_1,x_2,\cdots,x_n)=0(i=1,2,\cdots,m)$ 下的驻点.

(3) 用适当的方法判断 $f(x_1^0,x_2^0,\cdots,x_n^0)$ 是否为所求的极值.

例 8 用拉格朗日乘数法解例 5.

解 设有盖长方体水箱的长、宽、高分别为 x,y,z, 则本题是条件极值问题, 就是在 $xyz=V_0$ 的条件下求 $S=2(xy+yz+zx)$ 的最小值. 构造拉格朗日辅助函数

$$L(x,y,z,\lambda)=2(xy+yz+zx)+\lambda(xyz-V_0),$$

解方程组

$$\begin{cases} L_x=2(y+z)+\lambda yz=0, \\ L_y=2(x+z)+\lambda xz=0, \\ L_z=2(x+y)+\lambda xy=0, \\ L_\lambda=xyz-V_0=0, \end{cases}$$

得唯一驻点 $(\sqrt[3]{V_0},\sqrt[3]{V_0},\sqrt[3]{V_0})$.

根据题意可知, 一定存在水箱所用材料最少的情形. 又函数在定义域内只有唯一的驻点 $(\sqrt[3]{V_0},\sqrt[3]{V_0},\sqrt[3]{V_0})$, 因此可断定当水箱的长、宽、高均为 $\sqrt[3]{V_0}$ 时, 制作水箱所用的材料最少.

例 9 旋转抛物面 $z=x^2+y^2$ 被平面 $x+y+z=1$ 所截得的交线为空间一椭圆. 求坐标原点到该椭圆的最长与最短距离.

解 设 (x,y,z) 为椭圆上的任意一点, 则该题就是求函数 $d=\sqrt{x^2+y^2+z^2}$ 在约束条件 $z=x^2+y^2$ 与 $x+y+z=1$ 下的最大值与最小值.

为了简化计算, 也可取目标函数为

$$f(x,y,z)=d^2=x^2+y^2+z^2.$$

构造拉格朗日辅助函数

$$L(x,y,z,\lambda,\mu)=x^2+y^2+z^2+\lambda(x^2+y^2-z)+\mu(x+y+z-1),$$

$$\begin{cases} L_x=2x+2\lambda x+\mu=0, & (1) \\ L_y=2y+2\lambda y+\mu=0, & (2) \\ L_z=2z-\lambda+\mu=0, & (3) \\ L_\lambda=x^2+y^2-z=0, & (4) \\ L_\mu=x+y+z-1=0, & (5) \end{cases}$$

由方程 (1)、(2) 得

$$x = y$$

由 (4)+(5) 得

$$2x^2 + 2x = 1, \quad x = y = \frac{-2 \pm \sqrt{4+8}}{4} = \frac{-1 \pm \sqrt{3}}{2},$$

再由 (5) 式, 得

$$z = 1 - 2x = 2 \mp \sqrt{3}.$$

所得的驻点为

$$P_1\left(\frac{-1+\sqrt{3}}{2}, \frac{-1+\sqrt{3}}{2}, 2-\sqrt{3}\right), \quad P_2\left(\frac{-1-\sqrt{3}}{2}, \frac{-1-\sqrt{3}}{2}, 2+\sqrt{3}\right),$$

$$d_1 = \left[\left(\frac{-1+\sqrt{3}}{2}\right)^2 + \left(\frac{-1+\sqrt{3}}{2}\right)^2 + \left(2-\sqrt{3}\right)^2\right]^{\frac{1}{2}} = \sqrt{9-5\sqrt{3}},$$

$$d_2 = \left[\left(\frac{-1-\sqrt{3}}{2}\right)^2 + \left(\frac{-1-\sqrt{3}}{2}\right)^2 + \left(2+\sqrt{3}\right)^2\right]^{\frac{1}{2}} = \sqrt{9+5\sqrt{3}}.$$

经比较可得, 坐标原点到该椭圆的最长距离为 $\sqrt{9+5\sqrt{3}}$, 最短距离为 $\sqrt{9-5\sqrt{3}}$.

习　题　7-9

1. 求函数 $f(x,y) = x^2 + 5y^2 - 6x + 10y + 6$ 的极值.

2. 求函数 $f(x,y) = x^3 - y^3 + 3x^2 + 3y^2 - 9x$ 的极值.

3. 求函数 $u = x + 2y - 3z$ 在条件 $x^2 + 4y^2 + 9z^2 = 12$ 下的极值.

4. 求函数 $u = xy + yz + zx$ 在条件 $x^2 + y^2 + 2z^2 = 4, x^2 + y^2 - z^2 = 1$ 下的极值.

5. 求函数 $u = x^2 + y^2 + z^2$ 在条件 $x + 2y + 2z = 18\ (x > 0, y > 0, z > 0)$ 下的极值.

6. 求函数 $z = x^2 + y^2 - 2x + 4y - 10$ 在闭区域 $D: x^2 + y^2 \leqslant 25$ 上的最大值和最小值.

7. 求原点到曲面 $x^2 + 2y^2 - 3z^2 = 4$ 的最小距离.

8. 做一个容积为 V 立方米的圆柱形无盖容器, 应如何选择尺寸, 方能使用料最省?

9. 求内接于半径为 R 的球且具有最大体积的圆柱体的尺寸.

10. 证明函数 $z = (1 + \mathrm{e}^y)\cos x - y\mathrm{e}^y$ 有无穷多个极大值, 但无极小值.

11. 求椭圆 $\begin{cases} x^2 + y^2 = 5, \\ x + 2y + 3z = 6 \end{cases}$ 的长半轴与短半轴之长.

12. 求平面 $x + 2y + 3z = 6$ 和柱面 $x^2 + y^2 = 5$ 的交线上与 xOy 面距离最短的点的坐标.

*13. 设 $f(x)$ 在 $[0,1]$ 上连续, 试利用最小二乘法的思想, 以直线段 $y = ax + b$ 拟合曲线段 $y = f(x)\ (0 \leqslant x \leqslant 1)$, 使 $\int_0^1 [f(x) - ax - b]^2 \mathrm{d}x$ 最小, 求常数 a, b 的值.

总复习题七

1. 填空题.

(1) $f(x,y)$ 在点 (x,y) 处可微分是 $f(x,y)$ 在该点连续的__________条件, $f(x,y)$ 在点 (x,y) 处连续是 $f(x,y)$在该点可微的__________条件.

(2) 函数 $z=f(x,y)$ 的两个混合偏导数 $\dfrac{\partial^2 z}{\partial x\partial y}$ 及 $\dfrac{\partial^2 z}{\partial y\partial x}$ 在区域 D 内连续是这两个二阶混合偏导数在 D 内相等的__________条件.

(3) 设 $f(z),g(y)$ 都是可微函数, 则曲线 $\begin{cases} z=g(y), \\ x=f(z) \end{cases}$ 在点 (x_0,y_0,z_0) 处的法平面方程为__________.

(4) 若函数 $z=2x^2+2y^2+3xy+ax+by+c$ 在点 $(-2,3)$ 处取得极小值 -3, 则常数 a,b,c 之积 $abc=$__________.

(5) 设 l 的方向角分别为 $\dfrac{\pi}{3}$, $\dfrac{\pi}{4}$, $\dfrac{\pi}{3}$, 那么 $f(x,y,z)=xy+yz+zx$ 在点 $(1,1,2)$ 处的方向导数 $\left.\dfrac{\partial f}{\partial l}\right|_{(1,1,2)}=$__________.

2. 选择题.

(1) 函数 $z=f(x,y)$ 在点 (x_0,y_0) 处连续是它在该点偏导数存在的 (　　).

A. 必要而非充分条件　　B. 充分而非必要条件

C. 充要条件　　D. 既非充分又而非必要条件

(2) 若 $f(x,x^2)=x^2\mathrm{e}^{-x}, f_x(x,x^2)=-x^2\mathrm{e}^{-x}$, 则 $f_y(x,x^2)=$ (　　).

A. $2x\mathrm{e}^{-x}$　　B. $(-x^2+2x)\mathrm{e}^{-x}$　　C. e^{-x}　　D. $(2x-1)\mathrm{e}^{-x}$

(3) 设函数 $f(x,y)$ 在点 $(0,0)$ 处的偏导数 $f_x(0,0)=3, f_y(0,0)=1$, 则下列命题成立的是 (　　).

A. $\mathrm{d}f(0,0)=3\mathrm{d}x+\mathrm{d}y$

B. 函数 $f(x,y)$ 在点 $(0,0)$ 处的某邻域内必有定义

C. 曲线 $\begin{cases} z=f(x,y), \\ y=0 \end{cases}$ 在点 $(0,0)$ 处的切向量为 $\boldsymbol{i}+3\boldsymbol{k}$

D. 极限 $\lim\limits_{(x,y)\to(0,0)} f(x,y)$ 必存在

(4) 设函数 $f(x,y)=\sqrt{x^2-y^2}$, 则下列结论正确的是 (　　).

A. 点 $(0,0)$ 是 $f(x,y)$ 的驻点

B. 点 $(0,0)$ 不是 $f(x,y)$ 的驻点, 而是极值点

C. 点 $(0,0)$ 不是 $f(x,y)$ 的极值点, 而是可微点

D. 点 $(0,0)$ 不是 $f(x,y)$ 的极值点, 也不是驻点

(5) 在椭球面 $\dfrac{x^2}{a^2}+\dfrac{y^2}{b^2}+\dfrac{z^2}{c^2}=1$ 的内接长方体中, 体积最大值为 (　　).

A. $\dfrac{8abc}{3\sqrt{3}}$　　B. $\dfrac{8abc}{3}$　　C. $\dfrac{abc}{12}$　　D. $\dfrac{abc}{6}$

3. 求函数 $z=\arcsin\dfrac{y}{x}+\sqrt{\dfrac{x^2+y^2-x}{2x-x^2-y^2}}$ 的定义域.

4. 求下列各极限:

(1) $\lim\limits_{(x,y)\to(0,0)}\dfrac{x^2y^{\frac{7}{3}}}{x^4+y^4}$;　　(2) $\lim\limits_{(x,y)\to(0,0)}\dfrac{x^2+y^2}{|x|+|y|}$.

5. 求函数 $z=\arctan\dfrac{x+y}{1-xy}$ 的一阶和二阶偏导数.

6. 证明函数 $f(x,y)=\begin{cases}\dfrac{x^2y^2}{(x^2+y^2)^{\frac{3}{2}}}, & x^2+y^2\neq 0,\\ 0, & x^2+y^2=0\end{cases}$ 在点 $(0,0)$ 处连续且偏导数存在, 但不可微.

7. 设 $f(x,y)=\begin{cases}(x^2+y^2)\sin\dfrac{1}{x^2+y^2}, & x^2+y^2\neq 0,\\ 0, & x^2+y^2=0,\end{cases}$ 证明:

(1) 在 $(0,0)$ 点的邻域内 $f_x(x,y)$, $f_y(x,y)$ 存在;

(2) $f_x(x,y)$, $f_y(x,y)$ 在 $(0,0)$ 点不连续;

(3) $f_x(x,y)$, $f_y(x,y)$ 在 $(0,0)$ 点的任何邻域中无界;

(4) 函数 $f(x,y)$ 在 $(0,0)$ 点可微.

8. 设 $z=u\mathrm{e}^v\sin u$, 而 $u=xy$, $v=x+y$, 求 $\dfrac{\partial z}{\partial x},\dfrac{\partial z}{\partial y}$.

9. 求螺旋线 $x=a\cos t, y=a\sin t, z=bt$ 在点 $(a,0,0)$ 处的切线及法平面方程.

10. 证明曲面 $F(nx-lz,ny-mz)=0$ 上任意一点的切平面都平行于直线 $\dfrac{x}{l}=\dfrac{y}{m}=\dfrac{z}{n}$.

11. 设直线 L: $\begin{cases}x+y+b=0,\\ x+ay-z-3=0\end{cases}$ 在平面 π 上, 而平面 π 与曲面 $z=x^2+y^2$ 相切于点 $(1,-2,5)$, 求 a, b 的值.

12. 设 $f(t)$ 可微, 且 $f'(t)>0$, 求 $u=f(ax+by+cz)$ 沿 $\boldsymbol{l}=(A,B,C)$ 方向的方向导数, 并讨论 $\boldsymbol{l}$ 取什么方向时, 该方向导数的值最大.

13. 在第一卦限内作椭球面 $\dfrac{x^2}{a^2}+\dfrac{y^2}{b^2}+\dfrac{z^2}{c^2}=1$ 的切平面, 使之与三个坐标面所围成的四面体的体积最小.

14. 椭球面 $x^2+y^2+4z^2=9$ 被平面 $x+2y+5z=0$ 截得椭圆, 求该椭圆的长半轴与短半轴之长.

第七章参考答案

习题 7-1

1. (1) $\{(x,y)\,|x\geqslant\sqrt{y}\,,y\geqslant 0\}$;

(2) $\{(x,y)\,|x+y>0\}$;

(3) $\left\{(x,y,z)\,\middle|\sqrt{x^2+y^2}\leqslant|z|\,,z\neq 0\right\}$;

(4) $\{(x,y)\,|x\geqslant 0,2k\pi\leqslant y\leqslant(2k+1)\pi\}\cup\{(x,y)\,|x<0,(2k+1)\pi<y<2(k+1)\pi\}$ $(k=0,\pm1,\pm2,\cdots)$.

2. $f(x)=\sqrt{1+x^2}$.

3. $f\left(\dfrac{1}{x},\dfrac{1}{y}\right)=f(x,y)$.

4. $f(x,y)=\dfrac{x^2(1-y)}{1+y}$.

5. 略.

6. (1)4; (2)$-\dfrac{1}{2}$; (3)0; (4)0.

7. 略.

8. $x^2+y^2+z^2=1$.

9. (1)$f(x,y)$ 处处连续; (2)$f(x,y)$ 在点 $(a,0)(a\neq 0)$ 处不连续.

10. 略.

11. $z=\left(\dfrac{u+v}{u-v}\right)^{v}$, $u=x^2+y^2$, $v=xy$ 或 $z=u^0, u=\dfrac{x^2+xy+y^2}{x^2-xy+y^2}, v=xy$.

习题 7-2

1. (1) $\dfrac{\partial z}{\partial x}=\dfrac{2}{y\sin\dfrac{2x}{y}}$, $\dfrac{\partial z}{\partial y}=\dfrac{-2x}{y^2\sin\dfrac{2x}{y}}$;

(2) $\dfrac{\partial z}{\partial x}=\dfrac{y}{2\sqrt{x(1-xy^2)}}$, $\dfrac{\partial z}{\partial y}=\sqrt{\dfrac{x}{1-xy^2}}$;

(3) $\dfrac{\partial z}{\partial x}=\dfrac{y}{x^2}\sin\dfrac{x}{y}\sin\dfrac{y}{x}+\dfrac{1}{y}\cos\dfrac{x}{y}\cos\dfrac{y}{x}$, $\dfrac{\partial z}{\partial y}=-\dfrac{x}{y^2}\cos\dfrac{x}{y}\cos\dfrac{y}{x}-\dfrac{1}{x}\sin\dfrac{x}{y}\sin\dfrac{y}{x}$;

(4) $\dfrac{\partial z}{\partial x}=-\dfrac{3^{\frac{y}{x}}y}{x^2}\ln 3$, $\dfrac{\partial z}{\partial y}=\dfrac{3^{\frac{y}{x}}}{x}\ln 3$;

(5) $\dfrac{\partial z}{\partial x}=y\sin \mathrm{e}^{\pi xy}(1+\pi xy\mathrm{e}^{\pi xy}\cos \mathrm{e}^{\pi xy})$, $\dfrac{\partial z}{\partial y}=x\sin \mathrm{e}^{\pi xy}(1+\pi xy\mathrm{e}^{\pi xy}\cos \mathrm{e}^{\pi xy})$;

(6) $\dfrac{\partial z}{\partial x}=\dfrac{1}{x+\ln y}$, $\dfrac{\partial z}{\partial y}=\dfrac{1}{y(x+\ln y)}$;

(7) $\dfrac{\partial z}{\partial x}=\dfrac{1}{2\sqrt{x}}\sin\dfrac{y}{x}$, $\dfrac{\partial z}{\partial y}=\dfrac{1}{\sqrt{x}}\cos\dfrac{y}{x}$;

(8) $\dfrac{\partial u}{\partial t}=\rho\varphi\mathrm{e}^{t\varphi}+1$, $\dfrac{\partial u}{\partial \rho}=\mathrm{e}^{t\varphi}$, $\dfrac{\partial u}{\partial \varphi}=\rho t\mathrm{e}^{t\varphi}-\mathrm{e}^{-\varphi}$.

2. 略.

3. 略.

4. $f_x(x,\ 1)=1$.

5. $\dfrac{\pi}{6}$.

6. $\left.\dfrac{\partial z}{\partial x}\right|_{\substack{x=0\\y=0}}$ 与 $\left.\dfrac{\partial z}{\partial y}\right|_{\substack{x=0\\y=0}}$ 都不存在.

7. (1) $\dfrac{\partial^2 z}{\partial x^2}=6xy^2$, $\dfrac{\partial^2 z}{\partial y^2}=2x^3-18xy$, $\dfrac{\partial^2 z}{\partial x\partial y}=6x^2y-9y^2-1$;

(2) $\dfrac{\partial^2 z}{\partial x^2}=-a^2\sin(ax+by)$, $\dfrac{\partial^2 z}{\partial y^2}=-b^2\sin(ax+by)$, $\dfrac{\partial^2 z}{\partial x\partial y}=-ab\sin(ax+by)$;

(3) $\dfrac{\partial^2 z}{\partial x^2}=\dfrac{xy^3}{\sqrt{(1-x^2y^2)^3}}$, $\dfrac{\partial^2 z}{\partial y^2}=\dfrac{x^3y}{\sqrt{(1-x^2y^2)^3}}$, $\dfrac{\partial^2 z}{\partial x\partial y}=\dfrac{1}{\sqrt{(1-x^2y^2)^3}}$;

(4) $\dfrac{\partial^2 z}{\partial x^2}=2y(2y-1)x^{2y-2}$, $\dfrac{\partial^2 z}{\partial x\partial y}=2x^{2y-1}(1+2y\ln x)$, $\dfrac{\partial^2 z}{\partial y^2}=4x^{2y}\ln^2 x$.

8. $f_{xx}(0,0,1)=2$, $f_{xz}(1,0,2)=2$.

9. 略.

10. $\dfrac{\partial z}{\partial x}=y\mathrm{e}^{-x^2y^2}$, $\dfrac{\partial z}{\partial y}=x\mathrm{e}^{-x^2y^2}$.

11. 略.

12. 略.

13. 略.

习题 7-3

1. (1) $\mathrm{d}z=\left(y\mathrm{e}^{xy}+\dfrac{1}{x+y}\right)\mathrm{d}x+\left(x\mathrm{e}^{xy}+\dfrac{1}{x+y}\right)\mathrm{d}y$;

(2) $\mathrm{d}z=\dfrac{4xy(x\mathrm{d}y-y\mathrm{d}x)}{(x^2-y^2)^2}$;

(3) $\mathrm{d}z=\left(2\mathrm{e}^{-y}-\dfrac{\sqrt{3}}{2\sqrt{x}}\right)\mathrm{d}x-2x\mathrm{e}^{-y}\mathrm{d}y$;

(4) $\mathrm{d}u=x^{yz-1}(yz\mathrm{d}x+xz\ln x\mathrm{d}y+xy\ln x\mathrm{d}z)$.

2. (1) $\mathrm{d}z=-4(\mathrm{d}x+\mathrm{d}y)$;　(2) $\mathrm{d}z=2\mathrm{d}x-\mathrm{d}y$.

3. $\mathrm{d}z=-0.2$, $\Delta z\approx-0.20404$.

4. 略.

*5. 2.95.

*6. 2.0393.

7. 略.

8. $a=4$.

习题 7-4

1. $\dfrac{\mathrm{d}z}{\mathrm{d}t}=(-3\sin t+4t)\mathrm{e}^{3x+2y}$.

2. $\dfrac{\mathrm{d}z}{\mathrm{d}t}=\mathrm{e}^t(\cos t-\sin t)+\cos t$.

3. $\dfrac{\mathrm{d}z}{\mathrm{d}x}=\dfrac{\mathrm{e}^x(1+x)}{1+x^2\mathrm{e}^{2x}}$.

4. $\dfrac{\mathrm{d}u}{\mathrm{d}x}=\mathrm{e}^{ax}\sin x$.

5. $\dfrac{\partial z}{\partial x}=\mathrm{e}^{xy}[y\sin(x+y)+\cos(x+y)]$, $\dfrac{\partial z}{\partial y}=\mathrm{e}^{xy}[x\sin(x+y)+\cos(x+y)]$.

6. $\dfrac{\partial z}{\partial u}=\dfrac{2x}{v}\ln y+\dfrac{3x^2}{y}$, $\dfrac{\partial z}{\partial v}=-\dfrac{2xu}{v^2}\ln y-\dfrac{x^2}{y}$.

7. 略.

8. $\dfrac{\partial u}{\partial x}=2x(1+2x^2\sin 2y)\mathrm{e}^{x^2+y+x^4\sin 2y}$, $\dfrac{\partial u}{\partial y}=\left(1+x^4\sin 2y\right)\mathrm{e}^{x^2+y+x^4\sin 2y}$.

9. $\mathrm{d}z=(2z+\mathrm{e}^{2x+y}f_x)\mathrm{d}x+(z+\mathrm{e}^{2x+y}f_y)\mathrm{d}y$.

10. $\dfrac{\partial^2 z}{\partial x^2}=f''_{11}+4f''_{12}+2yf''_{13}+4f''_{22}+4yf''_{23}+y^2f''_{33}$, $\dfrac{\partial^2 z}{\partial x\partial y}=f''_{12}+xf''_{13}+2f''_{22}+(2x+y)f''_{23}+xyf''_{33}$, $\dfrac{\partial^2 z}{\partial y^2}=f''_{22}+4xf''_{23}+x^2f''_{33}$.

11. $\dfrac{\partial z}{\partial x}=f'(u)\left(y-\dfrac{y}{x^2}\right)$, $\dfrac{\partial z}{\partial y}=f'(u)\left(x+\dfrac{1}{x}\right)$.

12. $\dfrac{\partial u}{\partial x}=2x+4x^3\cos^2 y$, $\dfrac{\partial u}{\partial y}=2y-x^4\sin 2x$.

13. 略.

14. 略.

15. 略.

习题 7-5

1. $\dfrac{\partial z}{\partial x}=\dfrac{y-1}{3z^2-2}$, $\dfrac{\partial z}{\partial y}=\dfrac{x-2y}{3z^2-2}$.

2. $\dfrac{\partial y}{\partial x}=-\dfrac{\mathrm{e}^x-3yz}{\mathrm{e}^y-3xz}$, $\dfrac{\partial y}{\partial z}=-\dfrac{\mathrm{e}^z-3xy}{\mathrm{e}^y-3xz}$.

3. $\dfrac{\partial z}{\partial x}=-\dfrac{z+y}{x+y}$, $\dfrac{\partial z}{\partial y}=-\dfrac{x+z}{y+x}$.

4. $\mathrm{d}z=\dfrac{\mathrm{d}x-z\mathrm{e}^{yz}\mathrm{d}y}{2z+y\mathrm{e}^{yz}}$.

5. $z_x(1,0)=\dfrac{1}{2}$, $z_y(1,0)=\dfrac{1}{2}$.

6. 略.

7. $\dfrac{\partial^2 z}{\partial x^2}=\dfrac{z(2z-z^2-2)}{x^2(z-1)^3}$, $\dfrac{\partial^2 z}{\partial x\partial y}=\dfrac{z(1-2z)}{xy(z-1)^3}$.

8. (1) $\dfrac{\mathrm{d}y}{\mathrm{d}x}=-\dfrac{2x+1}{2y+1}$, $\dfrac{\mathrm{d}z}{\mathrm{d}x}=\dfrac{2(x-y)}{2y+1}$;

   (2) $\dfrac{\partial u}{\partial x}=-\dfrac{xu+yv}{x^2+y^2}$, $\dfrac{\partial u}{\partial y}=\dfrac{xv-yu}{x^2+y^2}$, $\dfrac{\partial v}{\partial x}=\dfrac{yu-xv}{x^2+y^2}$, $\dfrac{\partial v}{\partial y}=-\dfrac{xu+yv}{x^2+y^2}$;

   (3) $\dfrac{\partial u}{\partial y}=-\dfrac{1}{u+\mathrm{e}^v-v}$, $\dfrac{\partial v}{\partial y}=\dfrac{1}{u+\mathrm{e}^v-v}$.

9. $\dfrac{\partial z}{\partial x}=y\mathrm{e}^{-(xy)^2}-1$, $\dfrac{\partial z}{\partial y}=x\mathrm{e}^{-(xy)^2}$.

10. $\dfrac{\mathrm{d}u}{\mathrm{d}x}=\dfrac{2+\mathrm{e}^y+\cos x}{1+\mathrm{e}^y}\cos(x+y)$.

习题 7-6

1. $\left.\dfrac{\partial u}{\partial x}\right|_{(1,1)}=2$, $\left.\dfrac{\partial u}{\partial \boldsymbol{l}}\right|_{(1,1)}=-2$.

2. $\dfrac{1}{6}$.

3. -1.

4. $\sqrt{2}$.

5. $\pm\dfrac{1}{\sqrt{27}}\left(30\ln 2-\dfrac{1}{2}\right)$.

6. 略.

7. $-2\ln 2$.

8. $\dfrac{1}{\sqrt{5}}(\ln 2+1)$.

9. $-\dfrac{\pi}{2\sqrt{2(\pi^2+1)}}$.

10. $(0,1,2)$.

11. $-\dfrac{3}{2\sqrt{2}}$.

12. 最大值是 $\sqrt{14}$、最小值是 $-\sqrt{14}$.

13. $(-1,2,1)$, $\sqrt{6}$.

习题 7-7

1. 切线方程 $\dfrac{x-7}{5}=\dfrac{y-3}{3}=\dfrac{z-5}{4}$, 法平面方程 $5x+3y+4z-64=0$.

2. 切线方程 $\dfrac{x-2\ln 3}{12}=\dfrac{y-2\ln 3}{5}=\dfrac{z-\ln 3}{36}$, 法平面方程 $12x+5y+36z-70\ln 3=0$.

3. 切线方程 $\begin{cases} 2(x-1)=y+2, \\ z=3, \end{cases}$ 法平面方程 $x+2y+3=0$.

4. 切平面方程 $x-y-2z=0$, 法线方程 $x-1=\dfrac{y+1}{-1}=\dfrac{z-1}{-2}$.

5. 略.

6. $(-1,1,-1)$, $\left(-\dfrac{1}{3},\dfrac{1}{9},-\dfrac{1}{27}\right)$.

7. $\dfrac{\pi}{2}$.

8. $2x+y-3z+6=0$, $2x+y-3z-6=0$.

9. $x-1=\dfrac{y-2\sqrt{2}}{\frac{\sqrt{2}}{2}}=\dfrac{z+1}{-1}$, $\begin{cases} 2y+\sqrt{2}z=3\sqrt{2}, \\ x=0. \end{cases}$

10. 切点为 $\left(-\dfrac{5}{2},1,\dfrac{5}{2}\right)$或$\left(\dfrac{5}{2},-1,-\dfrac{5}{2}\right)$, 方程为 $3x-2y-z+12=0$ 或 $3x-2y-z-12=0$.

11. $\left(-\dfrac{1}{2},\dfrac{1}{2},\dfrac{a-b}{4}\right)$, 法线方程 $\dfrac{x+\frac{1}{2}}{a}=\dfrac{y-\frac{1}{2}}{b}=z-\dfrac{a-b}{4}$.

习题 7-8

1. $\sin(x^2+y^2)=x^2+y^2-\dfrac{2}{3}\left\{3\theta(x^2+y^2)\sin[\theta^2(x^2+y^2)]+2\theta^3(x^2+y^2)^3\cos[\theta^2(x^2+y^2)]\right\}$ $(0<\theta<1)$.

2. $\dfrac{x}{y}=1+(x-1)-(y-1)-(x-1)(y-1)+(y-1)^2+(x-1)(y-1)^2-(y-1)^3-\dfrac{(x-1)(y-1)^3}{[1+\theta(y-1)]^4}$
$+\dfrac{1+\theta(x-1)}{[1+\theta(y-1)]^5}(y-1)^4 \quad (0<\theta<1)$.

3. $\ln(1+x+y)=x+y-\dfrac{1}{2}(x+y)^2+\dfrac{1}{3}(x+y)^3-\dfrac{(x+y)^4}{4[1+\theta(x+y)]^4} \quad (0<\theta<1)$.

4. $f(x,y)=5+2(x-1)^2-(x-1)(y+2)-(y+2)^2$.

习题 7-9

1. 极小值 -8.

2. 极大值 31, 极小值 -5.

3. 极大值 6, 极小值 -6.

4. 极大值 3, 极小值 -1.

5. 极小值 36.

6. 最大值 $15+10\sqrt{5}$, 最小值 -15.

7. 最小距离为 $\sqrt{2}$.

8. 圆柱形的底半径与高都取 $\left(\dfrac{V}{\pi}\right)^{\frac{1}{3}}$ 时, 用料最省.

9. 底圆的半径为 $\sqrt{\frac{2}{3}}R$, 高为 $\frac{2}{\sqrt{3}}R$.

10. 略.

11. 长半轴为 $\frac{\sqrt{70}}{3}$, 短半轴为 $\sqrt{5}$.

12. $\left(1,2,\frac{1}{3}\right)$.

*13. $a=12\int_0^1 xf(x)\mathrm{d}x-6\int_0^1 f(x)\mathrm{d}x$, $b=4\int_0^1 f(x)\mathrm{d}x-6\int_0^1 xf(x)\mathrm{d}x$.

总复习题七

1. (1) 充分, 必要; (2) 充分; (3)$f'(z_0)g'(z_0)(x-x_0)+(y-y_0)+g'(y_0)(z-z_0)=0$; (4)30; (5)$\frac{1}{2}(5+3\sqrt{2})$.

2. (1)D; (2)C; (3)C; (4)B; (5)A.

3. $\{(x,y)\,\big|\,|y|\leqslant x, x>0, x\leqslant x^2+y^2<2x\}$.

4. (1)0; (2)0.

5. $\frac{\partial z}{\partial x}=\frac{1}{1+x^2}$, $\frac{\partial z}{\partial y}=\frac{1}{1+y^2}$, $\frac{\partial^2 z}{\partial x^2}=\frac{-2x}{(1+x^2)^2}$, $\frac{\partial^2 z}{\partial y^2}=\frac{-2y}{(1+y^2)^2}$, $\frac{\partial^2 z}{\partial x\partial y}=\frac{\partial^2 z}{\partial y\partial x}=0$.

6. 略.

7. 略.

8. $\frac{\partial z}{\partial x}=\mathrm{e}^v(y\sin u+yu\cos u+u\sin u)$, $\frac{\partial z}{\partial y}=\mathrm{e}^v(x\sin u+xu\cos u+u\sin u)$.

9. 切线方程 $\frac{x-a}{0}=\frac{y}{a}=\frac{z}{b}$, 法平面方程 $ay+bz=0$.

10. 略.

11. $a=-5$, $b=-2$.

12. $\frac{aA+bB+cC}{\sqrt{A^2+B^2+C^2}}f'(ax+by+cz), \boldsymbol{l}=(a,b,c)$.

13. 略.

14. 3, $\sqrt{6}$.

第八章　重积分及其应用

上册第五章通过对非均匀分布在某区间上的一些几何量与物理量的讨论, 引入了定积分概念, 并应用微元法讨论了定积分的应用. 本章我们将一元函数的定积分概念向多元函数情况推广, 对非均匀分布在平面闭区域或空间闭区域上的几何量与物理量进行讨论, 引入重积分的概念. 着重讨论二重积分、三重积分的概念和计算方法, 同样应用微元法讨论重积分在几何学和物理学中的应用.

第一节　重积分的概念与性质

一、二重积分的概念

为了引入二重积分的概念, 先看下面两个例子.

例 1(曲顶柱体的体积)　设有一立体 Ω, 其底是 xOy 面上一个有界且面积有限的闭区域 D, 它的侧面是以 D 的边界曲线为准线而母线平行于 z 轴的柱面, 它的顶是闭区域 D 上连续的非负函数 $z=f(x,y)$ 所表示的曲面 (图 8-1-1), 这种立体称为**曲顶柱体**. 下面讨论如何求该曲顶柱体的体积 V.

解　对于曲顶柱体来说, 由于它的顶是曲面, 当点 (x,y) 在区域 D 上变动时, 它的高 $f(x,y)$ 是一个变量, 不能直接用平顶柱体的体积公式来计算, 但可用类似于求曲边梯形面积的方法来计算它的体积.

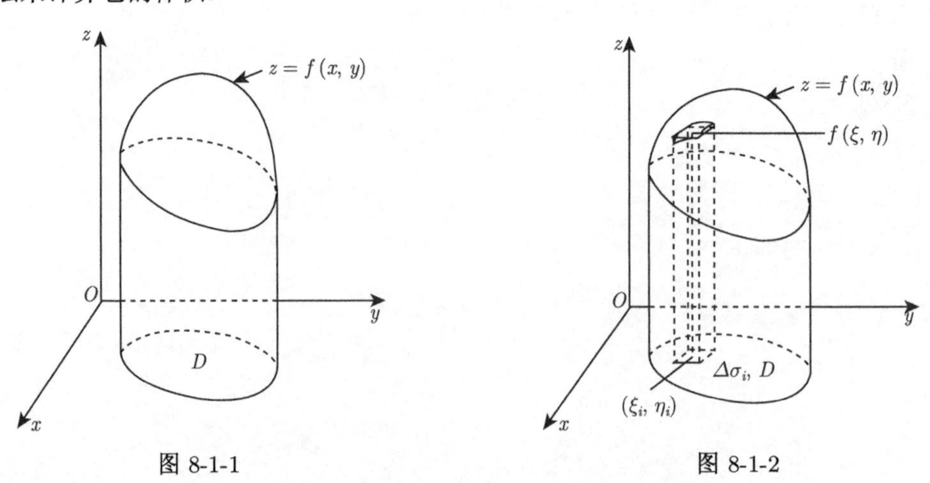

图 8-1-1　　　　图 8-1-2

如图 8-1-2 所示, 首先将区域 D 任意分割成 n 个小的闭区域: $\Delta\sigma_1,\Delta\sigma_2,\cdots,\Delta\sigma_n$, 这里也用 $\Delta\sigma_i(i=1,2,\cdots,n)$ 表示第 i 个小闭区域的面积, 分别作以这些小闭区域的边界曲线为准线且母线平行于 z 轴的柱面, 这些柱面把原来的曲顶柱体分为 n 个小曲顶柱体. 当这些小闭区域 $\Delta\sigma_i$ 的直径 λ_i(一个闭区域的直径是指它的外接圆的直径) 充分小时, 由于函数

$f(x,y)$ 在闭区域 D 上连续, 因此, 它在小闭区域 $\Delta\sigma_i$ 内的变化很小, 任取一点 $(\xi_i,\eta_i)\in\Delta\sigma_i$, 以 $f(\xi_i,\eta_i)$ 为高而底为 $\Delta\sigma_i$ 的平顶柱体的体积为

$$f(\xi_i,\eta_i)\Delta\sigma_i,$$

当这些小闭区域 $\Delta\sigma_i$ $(i=1,2,\cdots,n)$ 的直径 λ_i 充分小时, 该小平顶柱体的体积可近似地看成小曲顶柱体的体积, 从而这 n 个小平顶柱体的体积和的极限就是曲顶柱体的体积, 即当 $\lambda=\max\{\lambda_1,\lambda_2,\cdots,\lambda_n\}\to 0$ 时, 曲顶柱体的体积

$$V=\lim_{\lambda\to 0}\sum_{i=1}^{n}f(\xi_i,\eta_i)\Delta\sigma_i. \tag{8-1-1}$$

例 2 (平面薄片的质量)　设有一平面薄片占有 xOy 面上的闭区域 D, 它的面密度为闭区域 D 上连续的非负函数 $\mu(x,y)$. 计算该平面薄片的质量 M.

解　对于面密度是变量的平面薄片, 不能直接用求均匀薄片的质量的方法来计算, 但前面用于处理曲顶柱体体积问题的方法也同样适用于求平面薄片的质量问题.

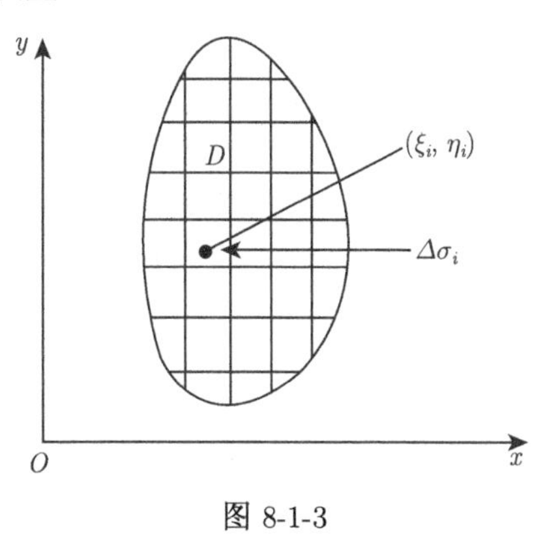

图 8-1-3

将平面薄片所占有的区域 D 任意分割为 n 个小闭区域 $\Delta\sigma_1,\Delta\sigma_2,\cdots,\Delta\sigma_n$(图 8-1-3), 也用 $\Delta\sigma_i$ $(i=1,2,\cdots,n)$ 表示第 i 个小闭区域的面积, 由于 $\mu(x,y)$ 在 D 上连续, 当 $\Delta\sigma_i$ 的直径 $\lambda_i(i=1,2,\cdots,n)$ 充分小时, 可近似地将 $\Delta\sigma_i$ $(i=1,2,\cdots,n)$ 看成均匀薄片, 任取一点 $(\xi_i,\eta_i)\in\Delta\sigma_i$, 则 $\mu(\xi_i,\eta_i)\Delta\sigma_i$ 可近似地表示第 i 块小薄片的质量, 当 $\lambda=\max\{\lambda_1,\lambda_2,\cdots,\lambda_n\}\to 0$ 时, 这 n 个小薄片的质量和的极限就是该平面薄片的质量, 即

$$M=\lim_{\lambda\to 0}\sum_{i=1}^{n}\mu(\xi_i,\eta_i)\Delta\sigma_i. \tag{8-1-2}$$

由上面两例所得出的结果, 抽去式 (8-1-1) 和式 (8-1-2) 中的几何或物理意义, 我们发现所求量的方法和表达式是一致的, 由此引入二重积分的定义.

定义 1　设 $f(x,y)$ 是有界闭区域 D 上的有界函数, 将闭区域 D 任意分割成 n 个小闭区域 $\Delta\sigma_1,\Delta\sigma_2,\cdots,\Delta\sigma_n$, 其中 $\Delta\sigma_i$ $(i=1,2,\cdots,n)$ 既表示第 i 个小闭区域, 也表示第 i 个小闭区域的面积, 在每一个小闭区域上任取一点 $(\xi_i,\eta_i)\in\Delta\sigma_i$, 作乘积 $f(\xi_i,\eta_i)\Delta\sigma_i$ $(i=1,2,\cdots,n)$, 并作和 $\sum\limits_{i=1}^{n}f(\xi_i,\eta_i)\Delta\sigma_i$, 记各小闭区域的直径中最大的为 λ, 若极限 $\lim\limits_{\lambda\to 0}\sum\limits_{i=1}^{n}f(\xi_i,\eta_i)\Delta\sigma_i$ 总存在, 则称此极限为函数 $f(x,y)$ 在闭区域 D 上的二重积分, 记作 $\iint\limits_{D}f(x,y)\mathrm{d}\sigma$, 即

$$\iint\limits_{D}f(x,y)\mathrm{d}\sigma=\lim_{\lambda\to 0}\sum_{i=1}^{n}f(\xi_i,\eta_i)\Delta\sigma_i. \tag{8-1-3}$$

其中, $\iint$ 为**二重积分符号**, $f(x,y)$ 称为**被积函数**; $f(x,y)\mathrm{d}\sigma$ 称为**被积表达式**; $\mathrm{d}\sigma$ 称为**面积微元**; x, y 称为**积分变量**; D 称为**积分区域**.

需要指出, 在二重积分的定义中, 对闭区域 D 的划分是任意的, 通常在直角坐标系中用平行于坐标轴的直线网来划分闭区域 D, 这时除了包含边界点的一些小闭区域外 (求和的极限时, 这些包含边界点的小闭区域所对应项的和的极限为零, 可略去不计), 其余的小闭区域都是矩形闭区域. 设矩形闭区域 $\Delta\sigma_i$ 的边长分别为 Δx_j, Δy_k, 则每一个小矩形闭区域的面积表示为 $\Delta\sigma_i = \Delta x_j \cdot \Delta y_k$, 因此在直角坐标系中, 将面积微元 $\mathrm{d}\sigma$ 记作 $\mathrm{d}x\mathrm{d}y$, 从而直角坐标系中的二重积分记作 $\iint\limits_D f(x,y)\mathrm{d}x\mathrm{d}y$, 即

$$\iint\limits_D f(x,y)\mathrm{d}\sigma = \iint\limits_D f(x,y)\mathrm{d}x\mathrm{d}y.$$

当函数 $f(x,y)$ 在闭区域 D 上连续或分片连续时, 可以证明式 (8-1-3) 右端和的极限必定存在, 也就是说, 函数 $f(x,y)$ 在 D 上的二重积分都是存在的. 本章所讨论的二重积分的被积函数都假设是在积分区域 D 上的连续函数或分片连续的函数.

由二重积分的定义可知, 例 1 中曲顶柱体的体积可用二重积分表示为

$$V = \iint\limits_D f(x,y)\mathrm{d}\sigma.$$

例 2 中平面薄片的质量可用二重积分表示为

$$M = \iint\limits_D \mu(x,y)\mathrm{d}\sigma.$$

一般地, 如果 $f(x,y) \geqslant 0$, $(x,y) \in D$, 曲顶柱体在 xOy 面的上方, 二重积分的几何意义就是曲顶柱体的体积; 如果 $f(x,y) \leqslant 0$, 曲顶柱体在 xOy 面的下方, 二重积分的值是负的, 它的绝对值等于曲顶柱体的体积; 如果 $f(x,y)$ 在 D 上的若干区域上是正的, 而在其他区域上是负的, 那么 $f(x,y)$ 在 D 上的二重积分就等于这些部分区域上的二重积分的代数和.

二、 三重积分的概念

在计算非均匀分布在空间立体上的质量时, 同样是采用对空间立体分割、取近似、求和、取极限的方法, 由此三重积分可视为二重积分的推广.

例 3(空间物体的质量) 设有一物体占有空间闭区域 Ω, 它的密度为闭区域 Ω 上连续的非负函数 $\mu(x,y,z)$. 计算该物体的质量 M.

解 将区域 Ω 任意分割为 n 个空间小闭区域 $\Delta v_1, \Delta v_2, \cdots, \Delta v_n$, 也用 Δv_i $(i = 1,2,\cdots,n)$ 表示第 i 个小闭区域的体积. 由于 $\mu(x,y,z)$ 在 Ω 上连续, 当 Δv_i $(i=1,2,\cdots,n)$ 的直径 λ_i(一个空间闭区域的直径是指它的外接球的直径) 充分小时, 可近似地将 Δv_i $(i = 1,2,\cdots,n)$ 看成均匀几何体, 任取一点 $(\xi_i,\eta_i,\varsigma_i) \in \Delta v_i$, 则 $\mu(\xi_i,\eta_i,\varsigma_i)\Delta v_i$ 可近似地表示第 i 个小几何体的质量, 当 $\lambda = \max\{\lambda_1,\lambda_2,\cdots,\lambda_n\} \to 0$ 时, 这 n 个小几何体的质量和的极限就

是该物体的质量, 即

$$M=\lim_{\lambda\to 0}\sum_{i=1}^{n}\mu(\xi_i,\eta_i,\varsigma_i)\Delta v_i. \tag{8-1-4}$$

式 (8-1-4) 在研究其他问题时也会遇到, 类似于二重积分引入三重积分的定义.

定义 2　设 $f(x,y,z)$ 是空间有界闭区域 Ω 上的有界函数. 将 Ω 任意分为 n 个空间小闭区域

$$\Delta v_1,\Delta v_2,\cdots,\Delta v_n,$$

其中 $\Delta v_i\ (i=1,2,\cdots,n)$ 既表示第 i 个空间小闭区域, 也表示第 i 个小闭区域的体积. 任取一点 $(\xi_i,\eta_i,\zeta_i)\in\Delta v_i$, 作和 $\sum\limits_{i=1}^{n}f(\xi_i,\eta_i,\zeta_i)\Delta v_i$, 记各小闭区域直径最大的为 λ, 若极限 $\lim\limits_{\lambda\to 0}\sum\limits_{i=1}^{n}f(\xi_i,\eta_i,\zeta_i)\Delta v_i$ 总存在, 则称此极限为函数 $f(x,y,z)$ 在闭区域 Ω 上的三重积分, 记作 $\iiint\limits_{\Omega}f(x,y,z)\,\mathrm{d}v$, 即

$$\iiint\limits_{\Omega}f(x,y,z)\,\mathrm{dv}=\lim_{\lambda\to 0}\sum_{i=1}^{n}f(\xi_i,\eta_i,\zeta_i)\Delta v_i. \tag{8-1-5}$$

其中, $\iiint$ 表示**三重积分符号**; $f(x,y,z)$ 称为**被积函数**; $f(x,y,z)\,\mathrm{d}v$ 称为**被积表达式**; x,y,z 称为**积分变量**; $\mathrm{d}v$ 称为**体积微元**; Ω 称为**积分区域**.

与二重积分一样, 在直角坐标系中, 如果用平行于坐标面的平面来划分 Ω, 那么体积微元 $\mathrm{d}v=\mathrm{d}x\mathrm{d}y\mathrm{d}z$, 从而三重积分也记作 $\iiint\limits_{\Omega}f(x,y,z)\mathrm{d}x\mathrm{d}y\mathrm{d}z$, 即

$$\iiint\limits_{\Omega}f(x,y,z)\,\mathrm{d}v=\iiint\limits_{\Omega}f(x,y,z)\mathrm{d}x\mathrm{d}y\mathrm{d}z.$$

可以证明, 当函数 $f(x,y,z)$ 在闭区域 Ω 上连续或分块连续时, 式 (8-1-5) 右端和的极限总存在, 也就是函数 $f(x,y,z)$ 在闭区域 Ω 上的三重积分存在. 本章都假定函数 $f(x,y,z)$ 在闭区域 Ω 上是连续或分块连续的.

由三重积分的定义, 例 3 中的物体的质量可用三重积分表示为

$$M=\iiint\limits_{\Omega}f(x,y,z)\mathrm{d}v.$$

当三重积分的被积函数为 1 时, 其积分值等于区域 Ω 的体积 v, 即

$$\iiint\limits_{\Omega}\mathrm{d}v=v.$$

三、 重积分的性质

三重积分与二重积分都有与定积分类似的性质, 这里不加证明地给出二重积分的一些基本性质 (三重积分的一些基本性质留给读者完成), 并假设函数在区域 D 上是连续的.

性质 1 设 k 为常数, 则

$$\iint_D k\,f(x,y)\mathrm{d}\sigma = k\iint_D f(x,y)\mathrm{d}\sigma.$$

性质 2 $\iint_D [f(x,y)\pm g(x,y)]\mathrm{d}\sigma = \iint_D f(x,y)\mathrm{d}\sigma \pm \iint_D g(x,y)\mathrm{d}\sigma.$

性质 3 如果闭区域 D 被划分为有限个没有公共内点的闭区域, 如 D 分为两个闭区域 D_1 与 D_2, 记作 $D = D_1 + D_2$, 则

$$\iint_D f(x,y)\mathrm{d}\sigma = \iint_{D_1} f(x,y)\mathrm{d}\sigma + \iint_{D_2} f(x,y)\mathrm{d}\sigma.$$

性质 3 表示二重积分关于积分区域具有可加性.

性质 4 如果在闭区域 D 上, $f(x,y) = 1$, σ 表示 D 的面积, 则

$$\sigma = \iint_D 1\cdot\mathrm{d}\sigma = \iint_D \mathrm{d}\sigma.$$

性质 5 如果在闭区域 D 上,$f(x,y) \leqslant g(x,y)$, 则

$$\iint_D f(x,y)\mathrm{d}\sigma \leqslant \iint_D g(x,y)\mathrm{d}\sigma.$$

特殊地, 由于 $-|f(x,y)| \leqslant f(x,y) \leqslant |f(x,y)|$, 则

$$\left|\iint_D f(x,y)\mathrm{d}\sigma\right| \leqslant \iint_D |f(x,y)|\mathrm{d}\sigma.$$

性质 6 设 M, m 分别是 $f(x,y)$ 在闭区域 D 上的最大值和最小值, σ 为 D 的面积, 则

$$m\sigma \leqslant \iint_D f(x,y)\mathrm{d}\sigma \leqslant M\sigma.$$

性质 7(二重积分的中值定理) 设函数 $f(x,y)$ 在闭区域 D 上连续,σ 为 D 的面积, 则在 D 上至少存在一点 $(\xi,\ \eta)$, 使得

$$\iint_D f(x,y)\mathrm{d}\sigma = f(\xi,\ \eta)\,\sigma.$$

例 4 估计二重积分 $\iint_D (x^2+y+2)\mathrm{d}\sigma$ 的值, 其中区域 $D = \{(x,y)|0 \leqslant x \leqslant 2, 0 \leqslant y \leqslant 1\}$.

解 在区域 D 上, $f(x,y) = x^2+y+2$ 的最小值为 2, 最大值为 7, 区域 D 的面积 $\sigma = 2$, 由性质 6 得

$$4 \leqslant \iint_D (x^2+y+2)\,\mathrm{d}\sigma \leqslant 14.$$

例 5 设有一半径为 R 的球体, 其密度函数为 $\mu(x,y,z)$,

(1) 试用二重积分和三重积分分别表示该球体的体积;

(2) 试用三重积分表示该球体的质量.

解 (1) 设在直角坐标系下上半球面的方程为 $z=\sqrt{R^2-x^2-y^2}$, 投影区域 $D=\{(x,y)|x^2+y^2\leqslant R^2\}$, 球体关于$xOy$ 面对称, 故球 (曲顶柱体) 的体积可用二重积分表示为

$$V=2\iint\limits_D\sqrt{R^2-x^2-y^2}\mathrm{d}\sigma.$$

又设球体所占空间为 Ω, 球的体积可用三重积分表示为

$$V=\iiint\limits_\Omega \mathrm{d}v.$$

(2) 因球体的密度函数为 $\mu(x,y,z)$, 则球体的质量可用三重积分表示为

$$M=\iiint\limits_\Omega \mu(x,y,z)\mathrm{d}v.$$

习 题 8-1

1. 用二重积分表示旋转抛物面 $z=1-x^2-y^2$ 在 xOy 面上方所围部分的体积 V.

2. 设有一物体占有空间 Ω, 其密度函数为 $\rho(x,y,z)=x+y^2+z^3$, 试用三重积分表示该物体的质量 M.

3. 设 $I_i=\iint\limits_{D_i}(x^2+y^2+1)\mathrm{d}\sigma\ (i=1,2)$, 其中 $D_1=\{(x,y)\,||x|\leqslant 1,\ |y|\leqslant 1\}$, $D_2=\{(x,y)|0\leqslant x\leqslant 1, 0\leqslant y\leqslant 1\}$. 试用二重积分的几何意义说明 I_1 与 I_2 之间的关系.

4. 利用重积分的性质, 比较下列各组中重积分的大小.

(1) $\iint\limits_D yx^3\mathrm{d}\sigma$ 与 $\iint\limits_D y^2x^3\mathrm{d}\sigma$, 其中 $D=\{(x,y)\,|-1<x<0,\ 0<y<1\}$;

(2) $\iint\limits_D (x+y)^2\mathrm{d}\sigma$ 与 $\iint\limits_D (x+y)^3\mathrm{d}\sigma$, 其中 $D=\{(x,y)|(x-2)^2+(y-1)^2\leqslant 1\}$;

(3) $\iiint\limits_\Omega (x^2+y^2+z^2)\mathrm{d}v$ 与 $\iiint\limits_\Omega (xy+yz+zx)\mathrm{d}v$, 其中 $\Omega=\{(x,y,z)|\,|x|\leqslant 1,|y|\leqslant 1,|z|\leqslant 1\}$.

5. 利用重积分的性质, 估计下列重积分的取值范围.

(1) $I=\iint\limits_D (x^2y+xy^2+1)\mathrm{d}\sigma$, 其中 $D=\{(x,y)|0\leqslant x\leqslant 1,\ 0\leqslant y\leqslant 1\}$;

(2) $I=\iint\limits_D (x^2+2y^2+1)\mathrm{d}\sigma$, 其中 $D=\{(x,y)|x^2+y^2\leqslant 4\}$;

(3) $I=\iiint\limits_\Omega (x^2+y^2+z^2+2)\mathrm{d}v$, 其中 $\Omega=\{(x,y,z)|x^2+y^2+z^2\leqslant 1\}$.

6. 证明不等式 $1\leqslant\iint\limits_D(\sin x^2+\cos y^2)\mathrm{d}\sigma\leqslant\sqrt{2}$, 其中 $D=\{(x,y)|0\leqslant x\leqslant 1,\ 0\leqslant y\leqslant 1\}$.

7. 利用二重积分的定义证明:

(1) $\iint\limits_{D} k\,f(x,y)\mathrm{d}\sigma = k\iint\limits_{D} f(x,y)\mathrm{d}\sigma$ (其中 k 为常数);

(2) $\iint\limits_{D} [f(x,y)+g(x,y)]\mathrm{d}\sigma = \iint\limits_{D} f(x,y)\mathrm{d}\sigma + \iint\limits_{D} g(x,y)\mathrm{d}\sigma$;

(3) $\iint\limits_{D} f(x,y)\mathrm{d}\sigma = \iint\limits_{D_1} f(x,y)\mathrm{d}\sigma + \iint\limits_{D_2} f(x,y)\mathrm{d}\sigma$, 其中 $D = D_1 + D_2$, D_1, D_2 为两个无公共内点的闭区域.

第二节　二重积分的计算

本章第一节给出了二重积分的定义, 但如果用定义计算二重积分, 一般而言, 只要被积函数或积分区域不是很特殊的情形, 则会比较麻烦. 本节根据二重积分的几何意义推导二重积分的计算公式. 将二重积分转化为连续地求两次定积分, 即计算累次积分. 下面按照所选择的坐标系的不同, 分别加以讨论.

一、 直角坐标系下二重积分的计算

为了便于讨论二重积分的计算方法, 先将积分区域进行分类.

设区域 D 由曲线 $y=y_1(x), y=y_2(x)(y_1(x)\leqslant y_2(x))$ 与直线 $x=a, x=b(a<b)$ 围成, 如图 8-2-1 所示, 它具有如下特点: 曲线 $y=y_1(x)$, $y=y_2(x)$ 在闭区间 $[a,b]$ 上连续, 在开区间 (a,b) 内任取一点, 过此点的平行于 y 轴且穿过 D 的内部的直线与 D 的边界曲线的交点不超过两个, 这时区域 D 可表示为

$$D=\left\{(x,y)\middle| a\leqslant x\leqslant b, y_1(x)\leqslant y\leqslant y_2(x)\right\},$$

这种形状的区域称为 ***X*-型区域**.

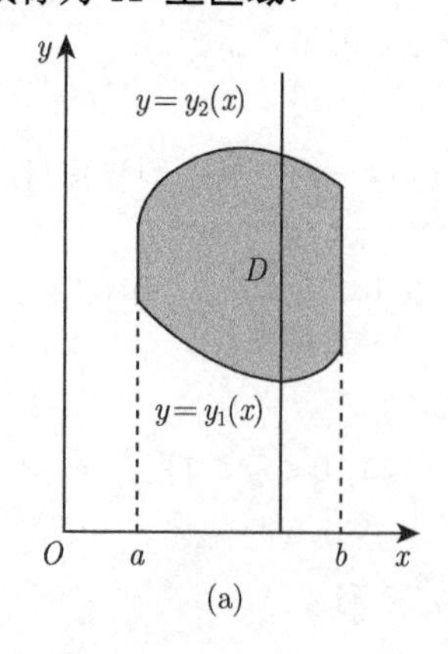

(a)

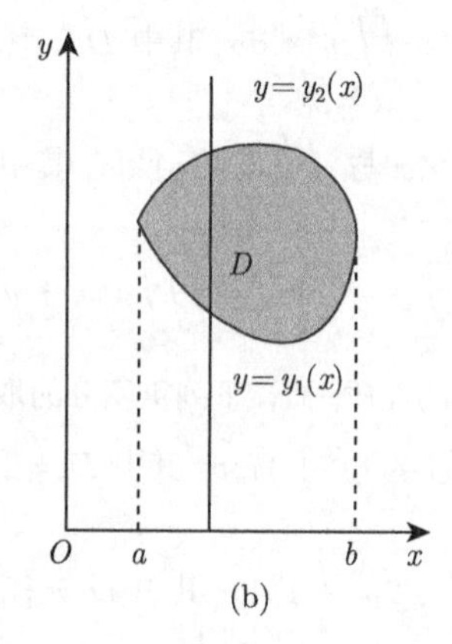

(b)

图 8-2-1

若区域 D 由曲线 $x=x_1(y), x=x_2(y)(x_1(y)\leqslant x_2(y))$ 与直线 $y=c, y=d(c<d)$ 围成, 如图 8-2-2 所示, 它具有如下特点: 曲线 $x=x_1(y)$, $x=x_2(y)$ 在闭区间 $[c,d]$ 上连续, 在开区间 (c,d) 内任取一点, 过此点的平行于 x 轴且穿过 D 的内部的直线与 D 的边界线的交点不

超过两个, 这时区域 D 可表示为

$$D=\{(x,y)\,|c\leqslant y\leqslant d, x_1(y)\leqslant x\leqslant x_2(y)\},$$

这种形状的区域称为 Y-**型区域**.

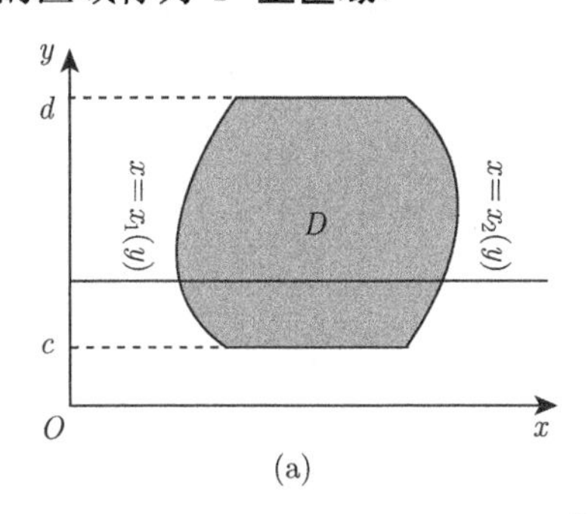

(a)

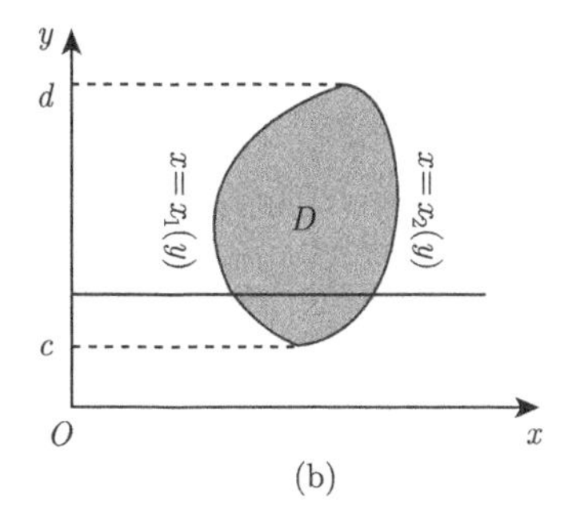

(b)

图 8-2-2

X-型区域和 Y-型区域统称为**平面简单区域**.

下面通过对曲顶柱体体积的计算来推导二重积分 $\iint\limits_D f(x,y)\mathrm{d}\sigma$ 的计算公式. 在讨论中假设 $f(x,y)\geqslant 0$, 并设积分区域 D 为 X-型区域, 即 $D=\{(x,y)\,|a\leqslant x\leqslant b, y_1(x)\leqslant y\leqslant y_2(x)\}$, 由二重积分的几何意义可知, 二重积分 $\iint\limits_D f(x,y)\mathrm{d}\sigma$ 的值等于以区域D为底. 以曲面 $z=f(x,y)$ 为顶的曲顶柱体体积 (图 8-2-3). 由于该曲顶柱体也可视为上册中所述平行截面面积为已知的立体, 因此, 可利用定积分计算该曲顶柱体的体积.

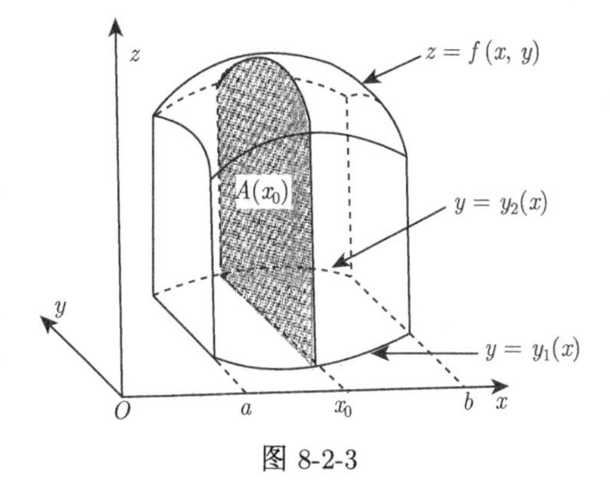

图 8-2-3

先计算截面面积 $A(x_0)$, 在区间 $[a,b]$ 上任取一点 x_0, 作平行于 yOz 面的平面 $x=x_0$, 此平面截曲顶柱体所得的截面是一个以区间 $[y_1(x_0),\ y_2(x_0)]$ 为底. 以曲线 $z=f(x_0,y)$ 为曲边的曲边梯形, 见图 8-2-3 中的阴影部分, 其面积

$$A(x_0)=\int_{y_1(x_0)}^{y_2(x_0)} f(x_0,y)\mathrm{d}y.$$

将 x_0 用 x 替代, 即得到过区间 $[a,b]$ 上任一点 x 且平行于 yOz 面的平面截曲顶柱体所得截面的面积

$$A(x)=\int_{y_1(x)}^{y_2(x)} f(x,y)\mathrm{d}y.$$

于是曲顶柱体的体积为

$$V=\int_a^b A(x)\,\mathrm{d}x=\int_a^b\left[\int_{y_1(x)}^{y_2(x)} f(x,y)\mathrm{d}y\right]\mathrm{d}x,$$

从而得

$$\iint\limits_D f(x,y)\mathrm{d}\sigma = \int_a^b \left[\int_{y_1(x)}^{y_2(x)} f(x,y)\mathrm{d}y\right]\mathrm{d}x.$$

上式右端的积分称为**先对y、后对x的二次积分**, 即先将 x 看作常数, 把 $f(x,y)$ 只看作 y 的函数, 并对 y 计算从 $y_1(x)$ 到 $y_2(x)$ 的定积分, 再将所得结果 (为 x 的函数) 对 x 计算在区间 $[a,b]$ 上的定积分.

为方便书写, 常将二次积分 $\int_a^b \left[\int_{y_1(x)}^{y_2(x)} f(x,y)\mathrm{d}y\right]\mathrm{d}x$ 记作 $\int_a^b \mathrm{d}x \int_{y_1(x)}^{y_2(x)} f(x,y)\mathrm{d}y$, 即

$$\iint\limits_D f(x,y)\mathrm{d}x\mathrm{d}y = \int_a^b \mathrm{d}x \int_{y_1(x)}^{y_2(x)} f(x,y)\mathrm{d}y. \tag{8-2-1}$$

在上述推导中, 为了应用几何意义, 假设 $f(x,y) \geqslant 0$, 但可以证明公式 (8-2-1) 的成立并不受此条件限制, 只要 $f(x,y)$ 在区域 D 上连续即可.

类似地, 如果积分区域为 Y-型的, 即 $D = \{(x,y)|c \leqslant y \leqslant d, x_1(y) \leqslant x \leqslant x_2(y)\}$, 其中函数 $x_1(y)$, $x_2(y)$ 在区间 $[c,d]$ 上连续. 则有

$$\iint\limits_D f(x,y)\mathrm{d}\sigma = \int_c^d \left[\int_{x_1(y)}^{x_2(y)} f(x,y)\mathrm{d}x\right]\mathrm{d}y.$$

上式也常记作

$$\iint\limits_D f(x,y)\mathrm{d}\sigma = \int_c^d \mathrm{d}y \int_{x_1(y)}^{x_2(y)} f(x,y)\mathrm{d}x. \tag{8-2-2}$$

一般地, 当积分区域 D 是 X-型区域时, 常选择公式 (8-2-1) 计算二重积分; 当积分区域 D 是 Y-型区域时, 常选择公式 (8-2-2) 计算二重积分; 但如果 D 不是平面简单区域, 可用辅助曲线 (通常选用平行于坐标轴的直线段) 将 D 分为几个部分区域, 使每一个部分区域都为平面简单区域, 如图 8-2-4(a) 所示, 从而用公式 (8-2-1) 或公式 (8-2-2) 求出各部分简单区域上的二重积分, 再根据二重积分的性质 3, 它们的和就是在 D 上的二重积分值; 如果 D 既是 X-型又是 Y-型区域, 如图 8-2-4(b) 所示, 则一般情形下公式 (8-2-1) 或公式 (8-2-2) 都可计算二重积分, 但还要根据计算两个不同顺序的定积分的难度做出选择.

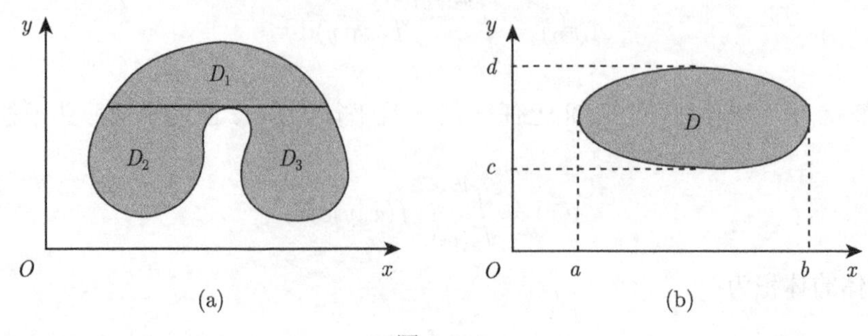

图 8-2-4

例 1　计算二重积分 $\iint\limits_D (x^2+2y)\,\mathrm{d}\sigma$, 其中 D 是由三条直线 $x=2,\ y=1,\ y=x+1$ 所围成的闭区域.

解　如图 8-2-5 所示, 显然 D 既是 X-型区域又是 Y-型区域. 若选择 X-型区域积分, 积分区域 $D=\{(x,y)\,|0\leqslant x\leqslant 2, 1\leqslant y\leqslant x+1\}$. 由公式 (8-2-1) 得

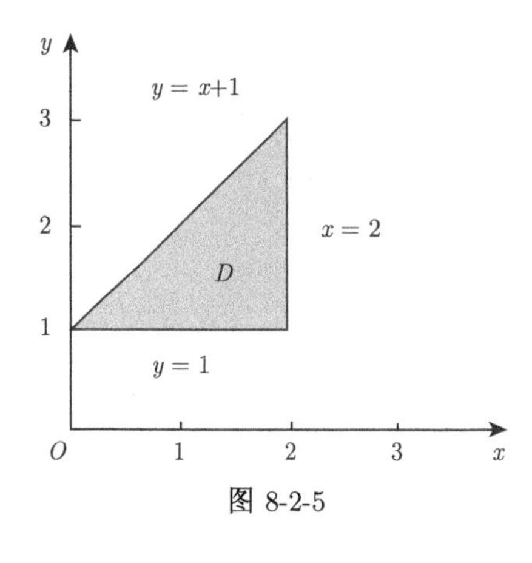

图 8-2-5

$$
\begin{aligned}
&\iint\limits_D (x^2+2y)\,\mathrm{d}\sigma\\
&=\int_0^2 \mathrm{d}x\int_1^{x+1}(x^2+2y)\,\mathrm{d}y\\
&=\int_0^2 \left[x^2y+y^2\right]_1^{x+1}\mathrm{d}x\\
&=\int_0^2 (x^3+x^2+2x)\mathrm{d}x=\frac{32}{3}.
\end{aligned}
$$

若选择 Y-型区域积分, 积分区域 $D=\{(x,y)\,|1\leqslant y\leqslant 3, y-1\leqslant x\leqslant 2\}$, 由公式 (8-2-1) 得

$$
\iint\limits_D (x^2+2y)\,\mathrm{d}\sigma=\int_1^3 \mathrm{d}y\int_{y-1}^2 (x^2+2y)\mathrm{d}x=\frac{32}{3}.
$$

例 2　计算 $\iint\limits_D xy\,\mathrm{d}\sigma$, 其中 D 是由抛物线 $y=x^2$ 和直线 $x-y+2=0$ 所围成的闭区域.

解　若选择 X-型区域积分 (图 8-2-6(a)), 则区域

$$
D=\left\{(x,y)\,\middle|-1\leqslant x\leqslant 2, x^2\leqslant y\leqslant x+2\right\},
$$

由公式 (8-2-1) 得

$$
\begin{aligned}
\iint\limits_D xy\,\mathrm{d}\sigma&=\int_{-1}^2 x\mathrm{d}x\int_{x^2}^{x+2} y\,\mathrm{d}y=\int_{-1}^2 x\left[\frac{y^2}{2}\right]_{x^2}^{x+2}\mathrm{d}x\\
&=\frac{1}{2}\int_{-1}^2 \left[x(x+2)^2-x^5\right]\mathrm{d}x=\frac{45}{8}.
\end{aligned}
$$

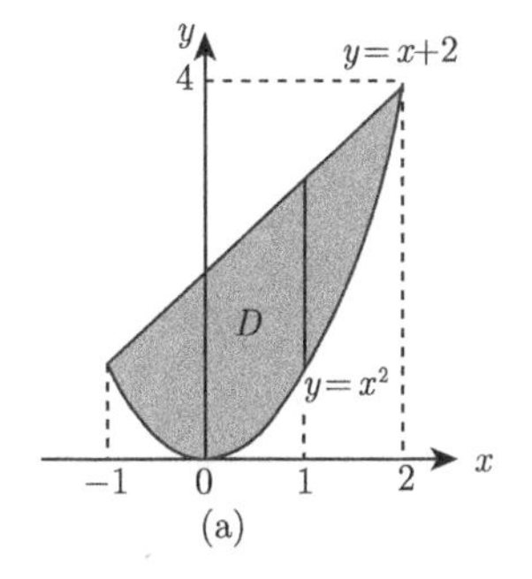

(a)

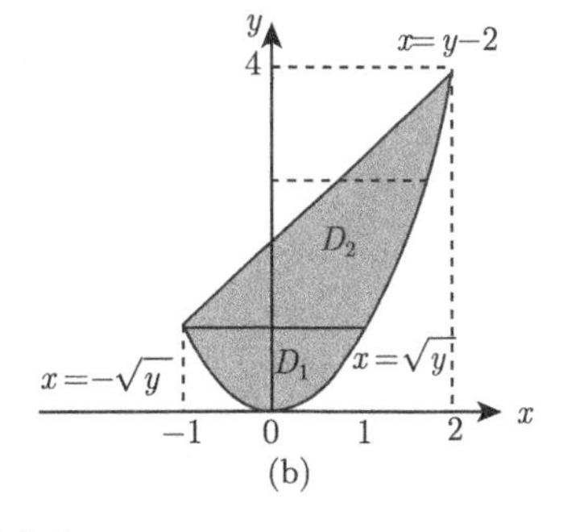

(b)

图 8-2-6

若选择 Y-型区域积分, 区域记作 $D=D_1+D_2$(图 8-2-6(b)), 其中

$$D_1=\{(x,y)\,|0\leqslant y\leqslant 1,-\sqrt{y}\leqslant x\leqslant\sqrt{y}\},$$

$$D_2=\{(x,y)\,|1\leqslant y\leqslant 4,y-2\leqslant x\leqslant\sqrt{y}\}.$$

由公式 (8-2-2) 及二重积分的性质 3, 得

$$\begin{aligned}\iint\limits_D xy\,\mathrm{d}\sigma&=\int_0^1\mathrm{d}y\int_{-\sqrt{y}}^{\sqrt{y}}xy\mathrm{d}x+\int_1^4\mathrm{d}y\int_{y-2}^{\sqrt{y}}xy\mathrm{d}x\\&=\int_0^1\left(y\left[\frac{x^2}{2}\right]_{-\sqrt{y}}^{\sqrt{y}}\right)\mathrm{d}x+\int_1^4\left(y\left[\frac{x^2}{2}\right]_{y-2}^{\sqrt{y}}\right)\mathrm{d}x\\&=\frac{1}{2}\int_0^1(y^2-y^2)\mathrm{d}y+\frac{1}{2}\int_1^4\left[y^2-y(y-2)^2\right]\mathrm{d}y=\frac{45}{8}.\end{aligned}$$

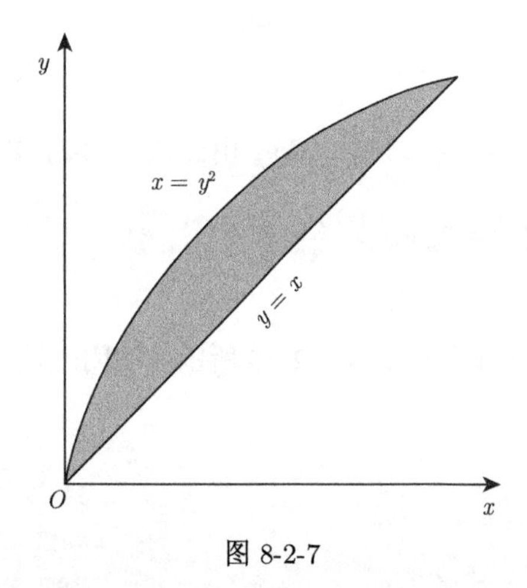

图 8-2-7

显然例 2 选择 X-型区域积分时计算量小一些.

例 3　计算 $\iint\limits_D\frac{\sin y}{y}\mathrm{d}x\mathrm{d}y$, 其中 D 是由抛物线 $y^2=x$ 及直线 $y=x$ 所围成的闭区域.

解　如图 8-2-7 所示, 若选择 $X-$型区域积分, 其积分区域 $D=\{(x,y)\,|0\leqslant x\leqslant 1,x\leqslant y\leqslant\sqrt{x}\}$, 则由公式 (8-2-1) 得

$$\iint\limits_D\frac{\sin y}{y}\mathrm{d}x\mathrm{d}y=\int_0^1\mathrm{d}x\int_x^{\sqrt{x}}\frac{\sin y}{y}\mathrm{d}y.$$

由于 $\frac{\sin y}{y}$ 的原函数不是初等函数, 则二重积分虽然可以用 X-型区域表示为累次积分, 但 $\int_0^1\mathrm{d}x\int_x^{\sqrt{x}}\frac{\sin y}{y}dy$ 难以计算, 因此只能选择 Y-型区域积分, 这时积分区域

$$D=\left\{(x,y)\,\middle|\,0\leqslant y\leqslant 1,y^2\leqslant x\leqslant y\right\},$$

则由公式 (8-2-2) 得

$$\begin{aligned}\iint\limits_D\frac{\sin y}{y}\mathrm{d}x\mathrm{d}y&=\int_0^1\frac{\sin y}{y}\mathrm{d}y\int_{y^2}^{y}\mathrm{d}x\\&=\int_0^1\frac{\sin y}{y}\left[x\right]_{y^2}^{y}\mathrm{d}y\\&=\int_0^1(1-y)\sin y\mathrm{d}y\\&=\left[y\cos y-\sin y-\cos y\right]_0^1=1-\sin 1.\end{aligned}$$

例 4 交换二次积分 $\int_1^2 \mathrm{d}x \int_{2-x}^{\sqrt{2x-x^2}} f(x,y)\mathrm{d}y$ 的积分次序.

解 由二次积分的上、下限得如图 8-2-8 所示的积分区域 D, 依题意将 X-型区域的二次积分化为 Y-型区域的二次积分. 其积分区域用 X -型区域表示为

$$D=\left\{(x,y)\middle|1 \leqslant x \leqslant 2, 2-x \leqslant y \leqslant \sqrt{2x-x^2}\right\}.$$

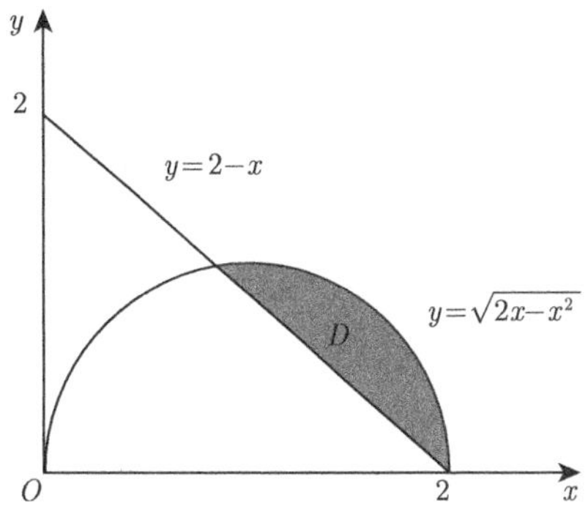

再将积分区域 D 用 Y-型区域表示为

$$D=\left\{(x,y)\middle|0 \leqslant y \leqslant 1, 2-y \leqslant x \leqslant 1+\sqrt{1-y^2}\right\}.$$

故交换二次积分次序为

$$\int_1^2 \mathrm{d}x \int_{2-x}^{\sqrt{2x-x^2}} f(x,y)\mathrm{d}y=\int_0^1 \mathrm{d}y \int_{2-y}^{1+\sqrt{1-y^2}} f(x,y)\mathrm{d}x.$$

y
2
$y=2-x$
$y=\sqrt{2x-x^2}$
D
O
2
x

图 8-2-8

最后, 我们指出在计算二重积分时, 可利用积分区域及被积函数的对称性来化简计算. 我们知道在计算一元函数的定积分时, 若 $f(x)$ 是偶函数, 则 $\int_{-a}^a f(x)\mathrm{d}x=2\int_0^a f(x)\mathrm{d}x$; 若 $f(x)$ 是奇函数,则 $\int_{-a}^a f(x)\mathrm{d}x=0$. 在二重积分的计算中,也会遇到类似的情况.下面指出一些规律.

若 $f(x,y)$ 在其定义域内有 $f(x,-y)=f(x,y)$, 则称 $f(x,y)$ 关于 y 是偶函数, 这时 $z=f(x,y)$ 的图形关于 zOx 平面对称, 若 $f(-x,y)=f(x,y)$, 则称 $f(x,y)$ 关于 x 是偶函数, 这时 $z=f(x,y)$ 的图形关于 yOz 平面对称; 若 $f(x,-y)=-f(x,y)$, 则称 $f(x,y)$ 关于 y 是奇函数; 若 $f(-x,y)=-f(x,y)$, 则称 $f(x,y)$ 关于 x 是奇函数.

(1) 设积分区域 D 关于 x 轴对称, 若 $f(x,y)$ 关于 y 是偶函数, 则

$$\iint\limits_D f(x,y)\mathrm{d}\sigma=2\iint\limits_{D_1} f(x,y)\mathrm{d}\sigma,$$

其中,$D_1=\{(x,y)|(x,y)\in D, y\geqslant 0\}$.

若 $f(x,y)$ 关于 y 是奇函数, 则 $\iint\limits_D f(x,y)\mathrm{d}\sigma=0$.

(2) 设积分区域 D 关于 y 轴对称, 若 $f(x,y)$ 关于 x 是偶函数, 则

$$\iint\limits_D f(x,y)\mathrm{d}\sigma=2\iint\limits_{D_1} f(x,y)\mathrm{d}\sigma,$$

其中,$D_1=\{(x,y)|(x,y)\in D, x\geqslant 0\}$.

若 $f(x,y)$ 关于 y 是奇函数, 则 $\iint\limits_D f(x,y)\mathrm{d}\sigma=0$.

例 5 计算下列二重积分:(1) $\iint\limits_D |xy|\mathrm{d}\sigma$; (2) $\iint\limits_D (x+y)\mathrm{d}\sigma$, 其中 D 是闭区域 $x^2+y^2\leqslant a^2$.

解　这个积分区域关于 x 轴与 y 轴都对称.

(1) $f(x,y)=|xy|$ 关于 x 与 y 都是偶函数, 设 $D_1=\{(x,y)|x^2+y^2\leqslant a^2,x\geqslant 0,y\geqslant 0\}$, 则

$$\begin{aligned}\iint\limits_D |xy|\mathrm{d}\sigma &= 4\iint\limits_{D_1} xy\mathrm{d}\sigma \\ &= 4\int_0^a \mathrm{d}x\int_0^{\sqrt{a^2-x^2}} xy\mathrm{d}y = 4\int_0^a \frac{1}{2}x\left(y^2\Big|_0^{\sqrt{a^2-x^2}}\right)\mathrm{d}x \\ &= 2\int_0^a x(a^2-x^2)\mathrm{d}x = \frac{a^4}{2}.\end{aligned}$$

(2) 由于被积函数 x 作为 x,y 的函数关于 x 是奇函数, 而被积函数 y 作为 x,y 的函数关于 y 是奇函数, 故

$$\iint\limits_D (x+y)\mathrm{d}\sigma = \iint\limits_D x\mathrm{d}\sigma + \iint\limits_D y\mathrm{d}\sigma = 0.$$

例 6　计算由旋转抛物面 $z=2-x^2-y^2$, 柱面 $x^2+y^2=1$ 及坐标面 $z=0$ 所围成的含 z 轴部分的立体体积.

解　所求立体是一个以旋转抛物面 $z=2-x^2-y^2$ 为顶的曲顶柱体 (图 8-2-9(a)), 它的底为圆形区域 (图 8-2-9(b)), 可表示为 $D=\left\{(x,y)\,\middle|\,x^2+y^2\leqslant 1\right\}$.

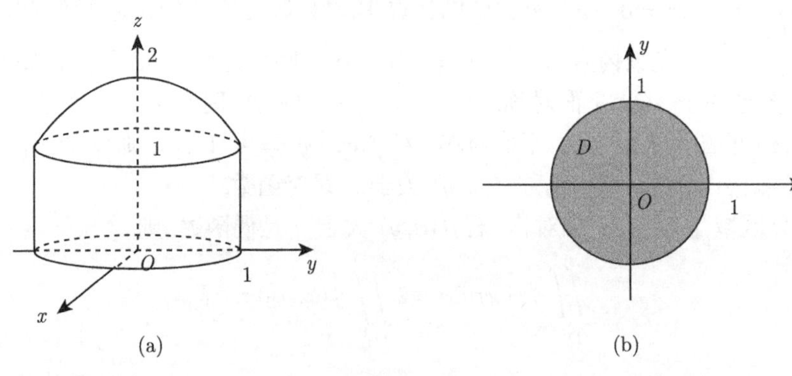

图 8-2-9

根据积分区域及被积函数的对称性, 我们有

$$V=4\iint\limits_{D_1}(2-x^2-y^2)\mathrm{d}\sigma,$$

其中,D_1 是下列区域:

$$D_1=\left\{(x,y)\,\middle|\,x^2+y^2\leqslant 1,x\geqslant 0,y\geqslant 0\right\}.$$

这样

$$V=2\pi-4\iint\limits_{D_1}(x^2+y^2)\mathrm{d}\sigma$$

$$
\begin{aligned}
&= 2\pi - 4\int_0^1 \mathrm{d}x \int_0^{\sqrt{1-x^2}} (x^2+y^2)\mathrm{d}y \\
&= 2\pi - 4\int_0^1 x^2\sqrt{1-x^2}\mathrm{d}x - \frac{4}{3}\int_0^1 (\sqrt{1-x^2})^3\mathrm{d}x = \frac{3\pi}{2}.
\end{aligned}
$$

二、 在极坐标系下二重积分的计算

有些二重积分, 如 $\iint\limits_D (x^2+y^2)\mathrm{d}\sigma$, 其中积分区域 $D=\{(x,y)|1\leqslant x^2+y^2\leqslant 4\}$ 为圆环区域, 若在直角坐标系下计算, 则至少要将 D 分为四个平面简单区域, 如图 8-2-10 所示, 运算量较大. 由于该积分区域 D 的边界曲线用极坐标方程来表示比较简单, 且被积函数也可方便地转化为极坐标变量 ρ, θ 表示, 这时通常考虑选用极坐标计算二重积分. 下面讨论如何用极坐标计算二重积分.

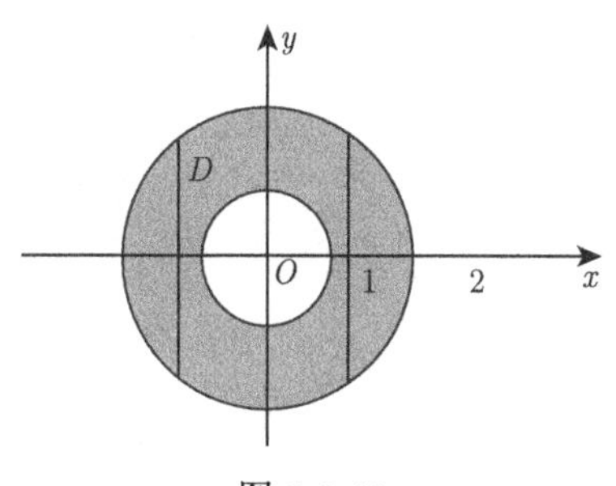

图 8-2-10

先讨论在极坐标系中如何分割区域 D, 并用 ρ, θ 表示面积微元.

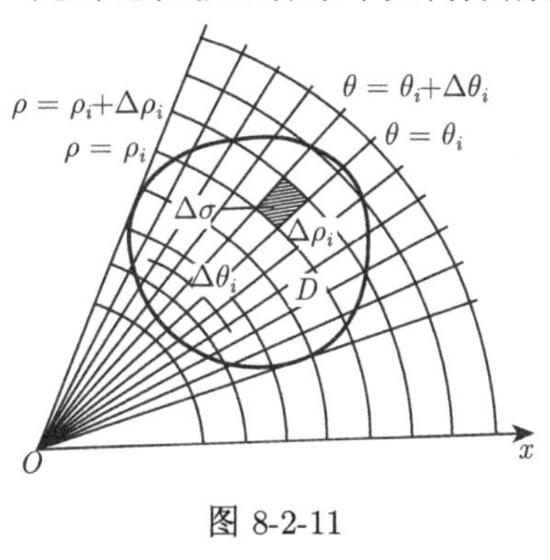

图 8-2-11

假定从极点 O 出发且穿过闭区域 D 内部的射线与 D 的边界曲线相交不多于两点 (此区域也称为极坐标系下平面简单区域), 以极点 O 为圆心的一族同心圆: $\rho=\rho_i$ $(i=1,2,\cdots,k)$(ρ_i 为常数), 用 $\Delta\rho_i$ 表示 ρ_i 的增量; 从极点 O 出发的一族射线: $\theta=\theta_i$ $(i=1,2,\cdots,m)$(θ_i 为常数), 用 $\Delta\theta_i$ 表示 θ_i 的增量, 这些同心圆和射线把区域 D 分成 n 个小闭区域 $\Delta\sigma_i$ $(i=1,2,\cdots,n)$ (图 8-2-11), 除了包含边界点的一些小闭区域 (在求极限时, 它们的极限值为零, 可以略去不计) 外, 其余小闭区域 $\Delta\sigma_i$ 的面积都可表示为

$$
\begin{aligned}
\Delta\sigma_i &= \frac{1}{2}(\rho_i+\Delta\rho_i)^2\Delta\theta_i - \frac{1}{2}\rho_i^2\Delta\theta_i = \frac{1}{2}(2\rho_i+\Delta\rho_i)\Delta\rho_i\Delta\theta_i \\
&= \frac{\rho_i+(\rho_i+\Delta\rho_i)}{2}\Delta\rho_i\Delta\theta_i = \bar{\rho}_i\,\Delta\rho_i\,\Delta\theta_i,
\end{aligned}
$$

其中, $\bar{\rho}_i$ 表示相邻两圆弧的半径的平均值. 从而取极坐标系中的面积微元 $\mathrm{d}\sigma=\rho\,\mathrm{d}\rho\,\mathrm{d}\theta$, 其中 $\mathrm{d}\rho,\mathrm{d}\theta$ 为 ρ,θ 的微元. 又由 $x=\rho\cos\theta$, $y=\rho\sin\theta$, 有

$$
\iint\limits_D f(x,y)\,\mathrm{d}\sigma = \iint\limits_D f(\rho\cos\theta,\rho\sin\theta)\rho\mathrm{d}\rho\mathrm{d}\theta \tag{8-2-3}
$$

或

$$
\iint\limits_D f(x,y)\mathrm{d}x\mathrm{d}y = \iint\limits_D f(\rho\cos\theta,\rho\sin\theta)\rho\mathrm{d}\rho\mathrm{d}\theta. \tag{8-2-4}
$$

公式 (8-2-3) 和公式 (8-2-4) 表明, 在极坐标系下计算二重积分 $\iint\limits_D f(x,y)\mathrm{d}\sigma$, 只要把被

积函数 $f(x,y)$ 中的 x,y 分别换为 $\rho\cos\theta$, $\rho\sin\theta$, 把面积微元 $\mathrm{d}\sigma$(或 $\mathrm{d}x\mathrm{d}y$) 换为极坐标系中面积微元 $\rho\mathrm{d}\rho\mathrm{d}\theta$ 即可.

极坐标系中的二重积分, 类似地可化为二次积分来计算.

设积分区域 D 可表示为 $D=\{(\rho,\theta)\,|\alpha\leqslant\theta\leqslant\beta,\varphi_1(\theta)\leqslant\rho\leqslant\varphi_2(\theta)\}$, 如图 8-2-12 (a)、(b) 所示, 其中 $\varphi_1(\theta)$, $\varphi_2(\theta)$ 在区间 $[\alpha,\beta]$ 上连续, 这时极坐标系中的二重积分可化为二次积分:

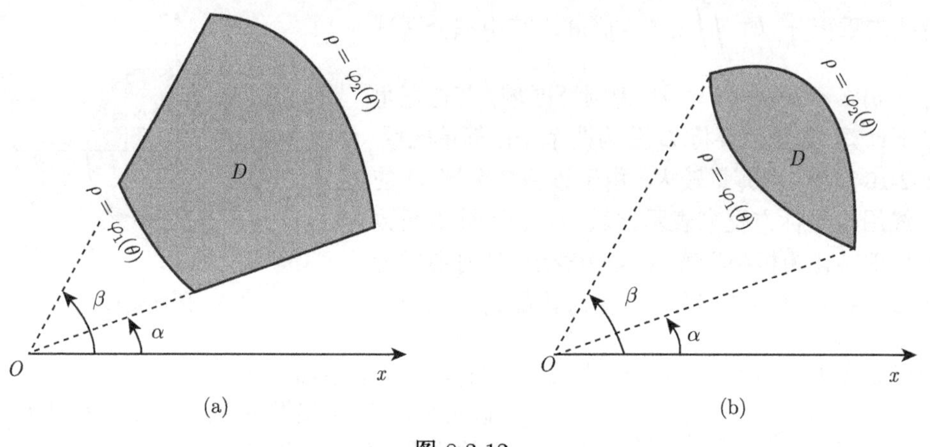

图 8-2-12

$$\iint\limits_D f(\rho\cos\theta,\rho\sin\theta)\rho\mathrm{d}\rho\,\mathrm{d}\theta=\int_\alpha^\beta\left[\int_{\varphi_1(\theta)}^{\varphi_2(\theta)}f(\rho\cos\theta,\rho\sin\theta)\rho\mathrm{d}\rho\right]\mathrm{d}\theta,$$

记作

$$\iint\limits_D f(\rho\cos\theta,\rho\sin\theta)\rho\mathrm{d}\rho\mathrm{d}\theta=\int_\alpha^\beta\mathrm{d}\theta\int_{\varphi_1(\theta)}^{\varphi_2(\theta)}f(\rho\cos\theta,\rho\sin\theta)\rho\mathrm{d}\rho. \tag{8-2-5}$$

一般有下列三种情形:

(1) 积分区域 D 如图 8-2-12(a)、(b) 所示, 二重积分可用公式 (8-2-5) 计算.

(2) 积分区域 D 如图 8-2-13(a) 所示, 它是 (1) 的特殊情形, 则

$$\iint\limits_D f(\rho\cos\theta,\rho\sin\theta)\rho\mathrm{d}\rho\mathrm{d}\theta=\int_\alpha^\beta\mathrm{d}\theta\int_0^{\varphi(\theta)}f(\rho\cos\theta,\rho\sin\theta)\rho\mathrm{d}\rho. \tag{8-2-6}$$

(3) 积分区域 D 如图 8-2-13(b) 所示, 它也是 (1) 的特殊情形, 则

$$\iint\limits_D f(\rho\cos\theta,\rho\sin\theta)\rho\mathrm{d}\rho\mathrm{d}\theta=\int_0^{2\pi}\mathrm{d}\theta\int_0^{\varphi(\theta)}f(\rho\cos\theta,\rho\sin\theta)\rho\mathrm{d}\rho. \tag{8-2-7}$$

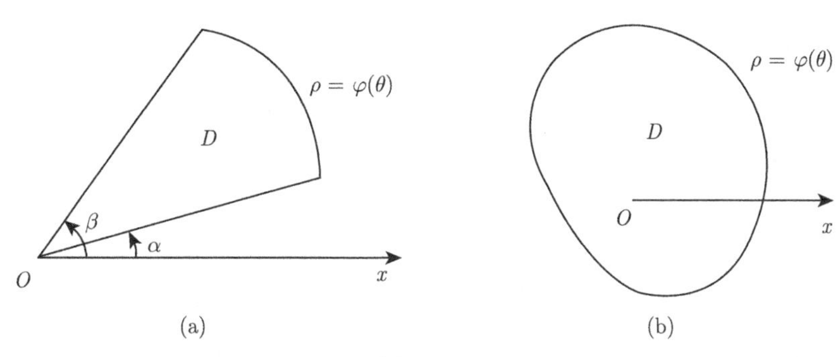

图 8-2-13

若在极坐标系下积分区域 D 不是平面简单区域, 同样用辅助曲线 (通常用过极点的射线和圆心在极点的圆弧) 将区域划分为几个平面简单区域, 分别在平面简单区域上求二重积分, 再求和.

例 7　计算 $\iint\limits_D (x^2+y^2)\mathrm{d}x\mathrm{d}y$, 其中 $D=\{(x,y)|1\leqslant x^2+y^2\leqslant 4\}$.

解　在极坐标系中, 积分区域 $D=\{(\rho,\theta)\,|0\leqslant\theta\leqslant 2\pi, 1\leqslant\rho\leqslant 2\}$, 则

$$\begin{aligned}&\iint\limits_D (x^2+y^2)\mathrm{d}x\mathrm{d}y\\ =&\iint\limits_D (\rho^2\cos^2\theta+\rho^2\sin^2\theta)\rho\mathrm{d}\rho\mathrm{d}\theta\\ =&\iint\limits_D \rho^3\mathrm{d}\rho\mathrm{d}\theta=\int_0^{2\pi}\mathrm{d}\theta\int_1^2\rho^3\mathrm{d}\rho=\frac{15}{2}\pi.\end{aligned}$$

例 8　计算 $\iint\limits_D \mathrm{e}^{-(x^2+y^2)}\mathrm{d}x\mathrm{d}y$, 其中区域 $D=\{(x,y)|x^2+y^2\leqslant a^2, a>0\}$.

解　在极坐标系下, 积分区域 $D=\{(\rho,\theta)\,|0\leqslant\theta\leqslant 2\pi, 0\leqslant\rho\leqslant a\}$, 则

$$\begin{aligned}\iint\limits_D \mathrm{e}^{-(x^2+y^2)}\mathrm{d}x\mathrm{d}y&=\iint\limits_D \mathrm{e}^{-\rho^2}\rho\mathrm{d}\rho\mathrm{d}\theta\\ &=\int_0^{2\pi}\mathrm{d}\theta\int_0^a \mathrm{e}^{-\rho^2}\rho\mathrm{d}\rho=\pi(1-\mathrm{e}^{-a^2}).\end{aligned}$$

注　本题用直角坐标计算得不出结果, 原因是积分 $\int \mathrm{e}^{-x^2}\mathrm{d}x$ 不能用初等函数表示.

例 9　利用例 7 的结果计算反常积分 $\int_0^{+\infty}\mathrm{e}^{-x^2}\mathrm{d}x$.

解　设

$$\begin{aligned}&D_1=\{(x,y)|x^2+y^2\leqslant R^2,\ x\geqslant 0, y\geqslant 0\},\\ &D_2=\{(x,y)|x^2+y^2\leqslant 2R^2,\ x\geqslant 0, y\geqslant 0\},\\ &S=\{(x,y)|0\leqslant x\leqslant R, 0\leqslant y\leqslant R\},\end{aligned}$$

显然 $D_1 \subset S \subset D_2$(图 8-2-14). 由于被积函数 $\mathrm{e}^{-(x^2+y^2)} > 0$, 则由二重积分的性质 5 有

$$\iint_{D_1} \mathrm{e}^{-(x^2+y^2)}\mathrm{d}x\mathrm{d}y < \iint_{S} \mathrm{e}^{-(x^2+y^2)}\mathrm{d}x\mathrm{d}y < \iint_{D_2} \mathrm{e}^{-(x^2+y^2)}\mathrm{d}x\mathrm{d}y.$$

而

$$\iint_{S} \mathrm{e}^{-(x^2+y^2)}\mathrm{d}x\mathrm{d}y = \int_0^R \mathrm{e}^{-x^2}\mathrm{d}x \cdot \int_0^R \mathrm{e}^{-y^2}\mathrm{d}y = \left(\int_0^R \mathrm{e}^{-x^2}\mathrm{d}x\right)^2,$$

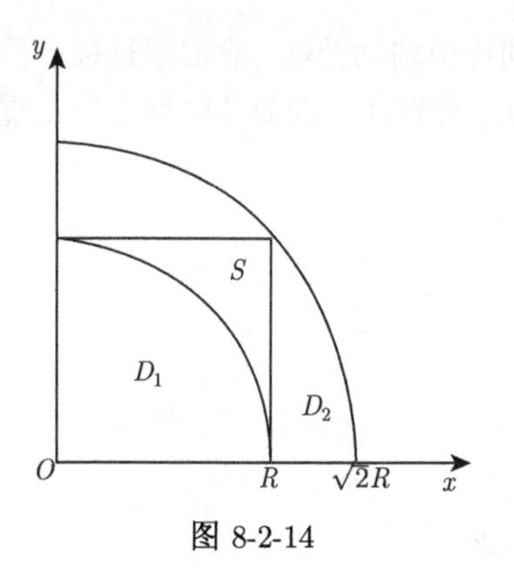

图 8-2-14

应用例 7 的结果得

$$\iint_{D_1} \mathrm{e}^{-(x^2+y^2)}\mathrm{d}x\mathrm{d}y = \frac{\pi}{4}(1-\mathrm{e}^{-R^2}),$$

$$\iint_{D_2} \mathrm{e}^{-(x^2+y^2)}\mathrm{d}x\mathrm{d}y = \frac{\pi}{4}(1-\mathrm{e}^{-2R^2}).$$

于是上面的不等式可写成

$$\frac{\pi}{4}(1-\mathrm{e}^{-R^2}) < \left(\int_0^R \mathrm{e}^{-x^2}\mathrm{d}x\right)^2 < \frac{\pi}{4}(1-\mathrm{e}^{-2R^2}).$$

令 $R \to +\infty$, 上式两端趋于同一极限值 $\frac{\pi}{4}$, 由夹逼准则得

$$\left(\int_0^{+\infty} \mathrm{e}^{-x^2}\mathrm{d}x\right)^2 = \frac{\pi}{4},$$

从而反常积分

$$\int_0^{+\infty} \mathrm{e}^{-x^2}\mathrm{d}x = \frac{\sqrt{\pi}}{2}.$$

例 10 在极坐标系下计算本节例 6.

解 极坐标系下区域 $D = \{(\rho,\theta)\,|0 \leqslant \theta \leqslant 2\pi, 0 \leqslant \rho \leqslant 1\}$, 于是该立体体积为

$$\begin{aligned} V &= \iint_D (2-x^2-y^2)\mathrm{d}x\mathrm{d}y \\ &= \int_0^{2\pi} \mathrm{d}\theta \int_0^1 (2-\rho^2)\rho\mathrm{d}\rho \\ &= 2\pi\left[\rho^2 - \frac{\rho^4}{4}\right]_0^1 = \frac{3\pi}{2}. \end{aligned}$$

对比例 10 与例 6 的两种不同积分方法, 显然选择极坐标计算简便得多. 一般情况下, 当积分区域为圆面或它的一部分, 且被积函数用极坐标表示其形式也较简单时, 选择极坐标计算二重其积分.

*三、二重积分的换元法

在定积分的计算中，我们得到了定积分的换元公式，下面将此公式推广到二重积分的情形.

定理 1 设 $f(x,y)$ 在 xOy 面上的闭区域 D 上连续，变换

$$T: x = x(u,v), y = y(u,v), \tag{8-2-8}$$

将 uOv 面上的闭区域 D' 一对一地变换为xOy面上的闭区域D，函数 $x(u,v), y(u,v)$ 在 D' 内分别具有一阶连续偏导数且雅可比式 $J(u,v) = \dfrac{\partial(x,y)}{\partial(u,v)} = \begin{vmatrix} \dfrac{\partial x}{\partial u} & \dfrac{\partial x}{\partial v} \\ \dfrac{\partial y}{\partial u} & \dfrac{\partial y}{\partial v} \end{vmatrix} \neq 0 (u,v \in D')$,则有

$$\iint\limits_{D} f(x,y)\mathrm{d}x\mathrm{d}y = \iint\limits_{D'} f[x(u,v)y(u,v)]|J(u,v)|\mathrm{d}u\mathrm{d}v. \tag{8-2-9}$$

公式 (8-2-9) 称为**二重积分的换元公式**.

证 由定理的条件知式 (8-2-9) 两端的二重积分都存在. 由于二重积分与积分区域的划分无关，我们用平行于坐标轴的直线网将 D' 分割为 n 块，使得除了包含边界点的小闭区域外，其余的小闭区域都是边长为 h 的小正方形闭区域. 任取其中一个小正方形闭区域，设四个顶点分别为 $M_1'(u,v), M_2'(u+h,v), M_3'(u+h,v+h), M_4'(u,v+h)$，其面积为 $\Delta\sigma' = h^2$. 正方形 $M_1'M_2'M_3'M_4'$ 经变换 (8-2-8) 为 xOy 面上的一个曲边四边形 $M_1M_2M_3M_4$，它的四个顶点的坐标分别记为

$$\begin{aligned}
&M_1: x_1 = x(u,v), y_1 = y(u,v);\\
&M_2: x_2{=}x(u+h,v){=}x(u,v) + x_u(u,v)h + o(h), \quad y_2{=}y(u+h,v){=}y(u,v) + y_u(u,v)h + o(h);\\
&M_3: x_3 = x(u+h,v+h) = x(u,v) + x_u(u,v)h + x_v(u,v)h + o(h),\\
&\qquad y_3 = y(u+h,v+h) = y(u,v) + y_u(u,v)h + y_v(u,v)h + o(h);\\
&M_4: x_4{=}x(u,v+h){=}x(u,v) + x_v(u,v)h + o(h), \quad y_4{=}y(u,v+h){=}y(u,v) + y_v(u,v)h + o(h).
\end{aligned}$$

其面积为 $\Delta\sigma$. 可以证明曲边四边形 $M_1M_2M_3M_4$ 与直边四边形 $M_1M_2M_3M_4$ 的面积当 $h \to 0$ 时只相差一个比 h 高阶的无穷小，又由上面这些坐标表示式可知，若不计高阶的无穷小，则有

$$x_2 - x_1 = x_3 - x_4, \quad y_2 - y_1 = y_3 - y_4, \quad x_4 - x_1 = x_3 - x_2, \quad y_4 - y_1 = y_3 - y_2,$$

上式表示，直边四边形 $M_1M_2M_3M_4$ 的对边长度可看作两两相等. 在不计其高阶无穷小的情形下，曲边四边形可看作平行四边形，于是它的面积 $\Delta\sigma$ 近似等于三角形 $M_1M_2M_3$ 的面积的 2 倍. 由解析几何知识得：三角形 $M_1M_2M_3$ 的面积的 2 倍为行列式 $\begin{vmatrix} x_2 - x_1 & x_3 - x_2 \\ y_2 - y_1 & y_3 - y_2 \end{vmatrix}$ 的绝对值，又由

$$x_2 - x_1 = x_u(u,v)h + o(h), \quad x_3 - x_2 = x_v(u,v)h + o(h),$$

$$y_2 - y_1 = y_u(u,v)h + o(h), \quad y_3 - y_2 = y_v(u,v)h + o(h),$$

因此行列式

$$\begin{vmatrix} x_u(u,v)h & x_v(u,v)h \\ y_u(u,v)h & y_v(u,v)h \end{vmatrix} = \begin{vmatrix} x_u(u,v) & x_v(u,v) \\ y_u(u,v) & y_v(u,v) \end{vmatrix} h^2$$

与行列式 $\begin{vmatrix} x_2 - x_1 & x_3 - x_2 \\ y_2 - y_1 & y_3 - y_2 \end{vmatrix}$ 只差一个比 h^2 高阶的无穷小. 于是

$$\begin{aligned} \Delta\sigma &= \begin{vmatrix} x_u(u,v) & x_v(u,v) \\ y_u(u,v) & y_v(u,v) \end{vmatrix} h^2 + o(h^2) = \left|\frac{\partial(x,y)}{\partial(u,v)}\right| \Delta\sigma' + o(\Delta\sigma') \\ &= |J(u,v)|\Delta\sigma' + o(\Delta\sigma') \quad (h \to 0). \end{aligned}$$

于是

$$f(x,y)\Delta\sigma = f[x(u,v),y(u,v)]\,|J(u,v)|\,\Delta\sigma' + f[x(u,v),y(u,v)]o(\Delta\sigma').$$

从而

$$\begin{aligned} \lim_{h\to 0}\sum f(x,y)\Delta\sigma &= \lim_{h\to 0}\sum\{f[x(u,v),y(u,v)]\,|J(u,v)|\,\Delta\sigma' + f[x(u,v),y(u,v)]o(\Delta\sigma')\} \\ &= \lim_{h\to 0}\sum\{f[x(u,v),y(u,v)]\,|J(u,v)|\,\Delta\sigma'\}. \end{aligned}$$

上式中的 $\sum$ 表示对一切小正方形闭区域求和. 由二重积分的定义即得

$$\iint_D f(x,y)\mathrm{d}x\mathrm{d}y = \iint_{D'} f[x(u,v),y(u,v)]|J(u,v)|\mathrm{d}u\mathrm{d}v.$$

这里需要说明, 如果雅可比式 $J(u,v)$ 只在 D' 内个别点上或一条曲线上为零, 而在其他点上不为零, 则换元公式 (8-2-9) 仍成立.

利用换元公式(8-2-9)很容易将直角坐标系下的二重积分变换为极坐标系下的二重积分. 因为 $\begin{cases} x = \rho\cos\theta, \\ y = \rho\sin\theta, \end{cases}$ 所以雅可比式

$$J(\rho,\theta) = \left|\frac{\partial(x,y)}{\partial(\rho,\theta)}\right| = \begin{vmatrix} \dfrac{\partial x}{\partial\rho} & \dfrac{\partial x}{\partial\theta} \\ \dfrac{\partial y}{\partial\rho} & \dfrac{\partial y}{\partial\theta} \end{vmatrix} = \begin{vmatrix} \cos\theta & -\rho\sin\theta \\ \sin\theta & \rho\cos\theta \end{vmatrix} = \rho,$$

它仅在 $\rho = 0$ 处为零, 故无论闭区域 D' 是否含有极点, 换元公式都成立, 即

$$\iint_D f(x,y)\mathrm{d}x\mathrm{d}y = \iint_{D'} f(\rho\cos\theta,\rho\sin\theta)\rho\mathrm{d}\rho\mathrm{d}\theta.$$

这里 D 和 D' 是同一闭区域在 xOy 面和 $\rho O\theta$ 面内对应的区域, 故上式中的 D' 仍用 D 表示, 从而得

$$\iint_D f(x,y)\mathrm{d}x\mathrm{d}y = \iint_D f(\rho\cos\theta,\rho\sin\theta)\rho\mathrm{d}\rho\mathrm{d}\theta.$$

与公式 (8-2-4) 一致.

例 11　计算 $\iint\limits_D e^{\frac{x-y}{x+y}}dxdy$, 其中 D 是由直线 $x=0, y=0, x+y=1$ 所围区域.

解　为了简化被积函数, 令 $u=x-y, v=x+y$. 为此作变换 $T: x=\frac{1}{2}(u+v), y=\frac{1}{2}(v-u)$, 则

$$J(u,v)=\begin{vmatrix} \frac{1}{2} & \frac{1}{2} \\ -\frac{1}{2} & \frac{1}{2} \end{vmatrix}=\frac{1}{2}>0.$$

这时, 区域 D 变成区域 $D'=\{(u,v)|0\leqslant v\leqslant 1, -v\leqslant u\leqslant v\}$, 如图 8-2-15(a)、(b) 所示. 所以

$$\begin{aligned}\iint\limits_D e^{\frac{x-y}{x+y}}dxdy &= \iint\limits_{D'} e^{\frac{u}{v}}\frac{1}{2}dudv=\frac{1}{2}\int_0^1 dv\int_{-v}^{v} e^{\frac{u}{v}}du \\ &= \frac{1}{2}\int_0^1 vdv\int_{-v}^{v} e^{\frac{u}{v}}d\left(\frac{u}{v}\right)=\frac{1}{2}\int_0^1 v[e^{\frac{u}{v}}]_{-v}^{v}dv \\ &= \frac{1}{2}\int_0^1 v(e-e^{-1})dv=\frac{e-e^{-1}}{4}.\end{aligned}$$

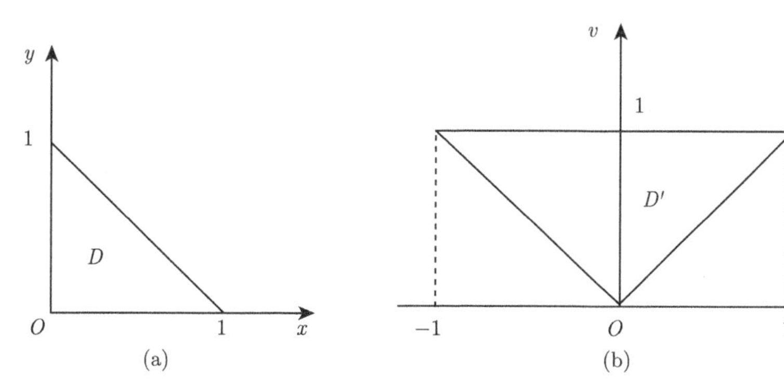

图 8-2-15

例 12　计算二重积分 $\iint\limits_D \sqrt{1-\frac{x^2}{a^2}-\frac{y^2}{b^2}}dxdy$, 其中 $a>0, b>0$, D 为椭圆: $\frac{x^2}{a^2}+\frac{y^2}{b^2}\leqslant 1$.

解　作下列变换

$$x=ar\cos\theta,\quad y=br\sin\theta,$$

其中,$r>0, 0\leqslant\theta\leqslant 2\pi$. 这时变换的雅可比行列式

$$J(r,\theta)=\begin{vmatrix} a\cos\theta & b\sin\theta \\ -ar\sin\theta & br\cos\theta \end{vmatrix}=abr.$$

这时区域 D 对应区域 D' 为

$$D'=\{(r,\theta)|0\leqslant r\leqslant 1, 0\leqslant\theta\leqslant 2\pi\},$$

于是, 我们有

$$\iint_D \sqrt{1-\frac{x^2}{a^2}-\frac{y^2}{b^2}}\mathrm{d}x\mathrm{d}y = \iint_{D'} \sqrt{1-r^2}abr\mathrm{d}r\mathrm{d}\theta$$

$$= ab\int_0^{2\pi}\mathrm{d}\theta\int_0^1 r\sqrt{1-r^2}\mathrm{d}r = \frac{2\pi ab}{3}.$$

这个例题中所用到的变换

$$\begin{cases} x = ar\cos\theta, \\ y = br\sin\theta, \end{cases}$$

是一个常用的变换, 通常称为**广义极坐标变换.**

习　题　8-2

1. 利用直角坐标计算下列二重积分.

(1) $\iint\limits_D (x+y)^2\mathrm{d}x\mathrm{d}y$, 其中 $D=\{(x,y)\,||x|+|y|\leqslant 1\}$;

(2) $\iint\limits_D y\mathrm{d}x\mathrm{d}y$, 其中 D 为由 x 轴和 $y=\sin x(x\in[0,\pi])$ 所围闭区域;

(3) $\iint\limits_D (x^2y)\mathrm{d}x\mathrm{d}y$, 其中 D 为由曲线 $y=x^2$、直线 $x=1$ 和 x 轴所围闭区域;

(4) $\iint\limits_D x^2\mathrm{e}^{-y^2}\mathrm{d}x\mathrm{d}y$, 其中 D 为由直线 $y=x$, $y=1$ 和 y 轴所围闭区域.

2. 将下列二重积分 $\iint\limits_D f(x)\mathrm{d}x\mathrm{d}y$ 按$X-$型区域、$Y-$型区域分别表示为累次积分的形式.

(1) D 为由 x 轴和直线 $y=x$, $y=\frac{1}{2}(3-x)$ 所围成的闭区域;

(2) D 为由直线 $y=x$ 及抛物线 $y^2=4x$ 所围成的闭区域;

(3) D 为由 x 轴及半圆周 $y=\sqrt{r^2-x^2}$ $(r>0)$ 所围成的闭区域;

(4) D 为由 y 轴和曲线 $y=\mathrm{e}^x, y=\mathrm{e}$ 所围成的闭区域.

3. 交换下列二次积分的次序.

(1) $\int_0^1\mathrm{d}y\int_{-\sqrt{1-y^2}}^{\sqrt{1-y^2}}f(x,y)\mathrm{d}x$;　　(2) $\int_1^{\mathrm{e}}\mathrm{d}x\int_0^{\ln x}f(x,y)\mathrm{d}y$.

4. 利用极坐标计算下列二重积分.

(1) $\iint\limits_D \sin(x^2+y^2)\mathrm{d}\sigma$, 其中 $D=\left\{(x,y)|x^2+y^2\leqslant\frac{\pi^2}{4}\right\}$;

(2) $\iint\limits_D \ln(1+x^2+y^2)\mathrm{d}\sigma$, 其中 $D=\{(x,y)|x^2+y^2\leqslant 1\}$;

(3) $\iint\limits_D \arctan\frac{y}{x}\mathrm{d}\sigma$, 其中 D 是由 x 轴、直线 $y=x$ 和圆周 $x^2+y^2=1$, $x^2+y^2=4$ 所围成的在第一象限内的闭区域;

(4) $\iint\limits_D (x^2+y^2)\mathrm{d}\sigma$, 其中 D 是由 x 轴和半圆 $y=\sqrt{2ax-x^2}$ 所围成的闭区域.

5. 将下列直角坐标形式与极坐标形式的二次积分互化.

(1) $\int_0^1 \mathrm{d}x \int_0^{\sqrt{1-x^2}} f(x,y)\mathrm{d}y$;

(2) $\int_{-1}^1 \mathrm{d}x \int_{-\sqrt{1-x^2}}^{\sqrt{1-x^2}} f(\sqrt{x^2+y^2})\mathrm{d}y$;

(3) $\int_0^{\frac{\pi}{4}} \mathrm{d}\theta \int_0^a f(\rho)\rho\mathrm{d}\rho$;

(4) $\int_0^{\pi} \mathrm{d}\theta \int_0^{2\sin\theta} f(\rho\cos\theta,\rho\sin\theta)\rho\mathrm{d}\rho$.

6. 选择适当的坐标计算下列二重积分.

(1) $\iint\limits_D x\sqrt{y}\mathrm{d}\sigma$, 其中 D 是由两条抛物线 $y=\sqrt{x}$, $y=x^2$ 所围成的闭区域;

(2) $\iint\limits_D xy^2\mathrm{d}\sigma$, 其中 D 是由圆周 $x^2+y^2=4$ 及 y 轴所围成的右半闭区域;

(3) $\iint\limits_D \sqrt{x^2+y^2}\mathrm{d}\sigma$, 其中 $D=\{(x,y)|1\leqslant x^2+y^2\leqslant 4\}$;

(4) $\iint\limits_D \mathrm{e}^{x+y}\mathrm{d}\sigma$, 其中 $D=\{(x,y)||x|+|y|\leqslant 1\}$;

(5) $\iint\limits_D (x^2+xy+y^2)\mathrm{d}x\mathrm{d}y$, 其中 $D=\{(x,y)|x^2+y^2\leqslant a^2\}$.

7. 利用二重积分计算下列几何体的体积.

(1) 由平面 $x=0,y=0,x+y=1$ 所围成的柱体被平面 $z=0$ 及抛物面 $x^2+y^2=6-z$ 截得的立体的体积;

(2) 两个底圆半径都等于 R 的直交圆柱所围成的立体;

(3) 由曲面 $z=x^2+2y^2$ 及 $z=6-2x^2-y^2$ 所围成的立体的体积;

(4) 由平面 $y=0,y=x,z=0$ 以及上半球面 $z=\sqrt{1-x^2-y^2}$ 所围成的在第一卦限内立体的体积.

8. 设平面薄片所占的闭区域 D 是由直线 $y=x$、x 轴和圆周 $x^2+y^2=1$ 所围第一象限区域, 它的密度函数 $\mu(x,y)=x^2+y^2$, 求该薄片的质量.

9. 设平面薄片所占的闭区域 D 由直线 $x+y=2,y=x$ 和 x 轴所围成, 它的面密度为 $\mu(x,y)=2x+y^2$, 求该薄片的质量.

10. 计算下列二重积分.

(1) $\iint\limits_D x[1+yf(x^2+y^2)]\mathrm{d}x\mathrm{d}y$, 其中 D 由直线 $x=-1,y=1,y=x^3$ 围成, f 为连续函数;

(2) $\iint\limits_D |\cos(x+y)|\mathrm{d}x\mathrm{d}y$, 其中 D 由直线 $x=\dfrac{\pi}{2},y=0,y=x$ 围成;

(3) $\iint\limits_D \sin x^2\cos y^2\mathrm{d}\sigma$, 其中 $D=\{(x,y)|x^2+y^2\leqslant a^2,a>0\}$;

(4) $\iint\limits_D (x-y)\mathrm{d}\sigma$, 其中 $D=\{(x,y)|(x-1)^2+(y-1)^2\leqslant 2,y\geqslant x\}$.

11. 设 $f(x)$ 在 $[0,1]$ 上连续, 证明:

$$\int_a^b \mathrm{d}y \int_a^y (y-x)^n f(x)\mathrm{d}x = \frac{1}{n+1}\int_a^b (b-x)^{n+1} f(x)\mathrm{d}x \quad (n>0).$$

12. 设 $f(x)$ 在 $[0,1]$ 上连续, 证明: $\int_0^1 \mathrm{e}^{f(x)}\mathrm{d}x \cdot \int_0^1 \mathrm{e}^{-f(y)}\mathrm{d}y \geqslant 1$.

*13. 作适当变换, 计算下列二重积分.

(1) $\iint\limits_D (x+y)\sin(x-y)\mathrm{d}x\mathrm{d}y$, 其中 $D=\{(x,y)|0\leqslant x+y\leqslant \pi, 0\leqslant x-y\leqslant \pi\}$;

(2) $\iint\limits_D \mathrm{e}^{\frac{y}{x+y}}\mathrm{d}x\mathrm{d}y$, 其中 $D=\{(x,y)|x+y\leqslant 1, x\geqslant 0, y\geqslant 0\}$.

第三节 三重积分的计算

二重积分可以化成一个累次积分来计算, 即叠合在一起的两个关于一元函数的定积分, 三重积分也可这样做, 但是情况略微复杂些: 这时的累次积分是一个二重积分与一个关于一元函数的定积分叠合在一起, 并有两种可能: 一种情况是外层积分为二重积分, 而内层积分为关于一元函数的定积分; 另一种情况是外层积分为关于一元函数的定积分, 而内层积分为二重积分. 下面按不同的坐标形式分别讨论如何将三重积分化为累次积分.

一、 在直角坐标下三重积分的计算

设空间闭区域 Ω 是如图 8-3-1(a)、(b) 所示的立体, 它满足以下条件: Ω 在 xOy 面上的投影区域为 D_{xy}, 用平行于 z 轴的直线穿过闭区域 Ω 内部与 Ω 的边界曲面 Σ 最多相交于两点. 边界曲面 Σ 由上、下两曲面 Σ_1, Σ_2 及侧柱面 Σ_3 围成, 其中

$$\Sigma_1: z=z_1(x,y),\ (x,y)\in D_{xy},$$

$$\Sigma_2: z=z_2(x,y),\ (x,y)\in D_{xy},$$

Σ_3 是以 D_{xy} 的边界为准线而母线平行于 z 轴的柱面, 则 Ω 可表示为

$$\Omega=\{(x,y,z)\,|z_1(x,y)\leqslant z\leqslant z_2(x,y), (x,y)\in D_{xy}\}.$$

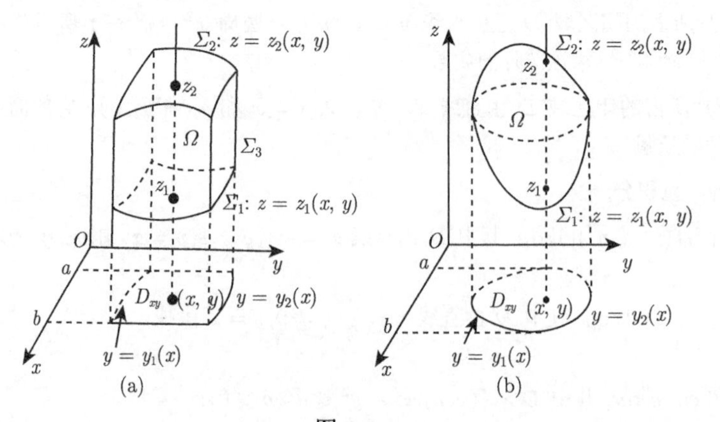

图 8-3-1

其中 $z_1(x,y)$ 与 $z_2(x,y)$ 都是 D_{xy} 上的连续函数, 我们称这样的区域为 xy**–型区域**.

类似地, 我们可定义yz**–型区域**与zx**–型区域**.

为方便起见, 我们称这三类区域为**空间简单区域**.

下面以$xy-$型区域为例, 将三重积分 $\iiint\limits_{\Omega} f(x,y,z)\mathrm{d}x\mathrm{d}y\mathrm{d}z$ 化为累次积分.

对于任意一个固定点 $(x,y)\in D_{xy}$, 我们先对 z 在区间 $[z_1(x,y), z_2(x,y)]$ 上进行积分,

$$\int_{z_1(x,y)}^{z_2(x,y)} f(x,y,z)\,\mathrm{d}z.$$

这个积分值是依赖于点 (x,y) 的, 积分的结果是关于 x,y 的函数, 将它记作 $F(x,y)$, 然后计算 $F(x,y)$ 在闭区域 D_{xy} 上的二重积分

$$\iint\limits_{D_{xy}} F(x,y)\,\mathrm{d}x\mathrm{d}y=\iint\limits_{D_{xy}}\left[\int_{z_1(x,y)}^{z_2(x,y)} f(x,y,z)\,\mathrm{d}z\right]\mathrm{d}x\mathrm{d}y.$$

假如闭区域 D_{xy} 为$X-$型的且

$$D_{xy}=\{(x,y)\,|a\leqslant x\leqslant b, y_1(x)\leqslant y\leqslant y_2(x)\},$$

再将这个二重积分化为累次积分, 于是得到三重积分的计算公式, 记作:

$$\iiint\limits_{\Omega} f(x,y,z)\,\mathrm{d}v=\int_a^b \mathrm{d}x\int_{y_1(x)}^{y_2(x)}\mathrm{d}y\int_{z_1(x,y)}^{z_2(x,y)} f(x,y,z)\,\mathrm{d}z. \qquad (8\text{-}3\text{-}1)$$

公式 (8-3-1) 把三重积分化为先对 z、再次对 y、最后对 x 的累次积分.

如果积分区域 Ω 分别为 $yz-$型区域或 $zx-$型区域, 这时也可把闭区域 Ω 投影到 yOz 面或 xOz 面上, 这样便可把三重积分化为按其他顺序的累次积分. 如果 Ω 不是空间简单区域, 此时, 也可像处理二重积分那样, 用平行于坐标面的平面将 Ω 分成几个空间简单区域, 然后将 Ω 上的三重积分化为各部分空间简单区域上的三重积分的和.

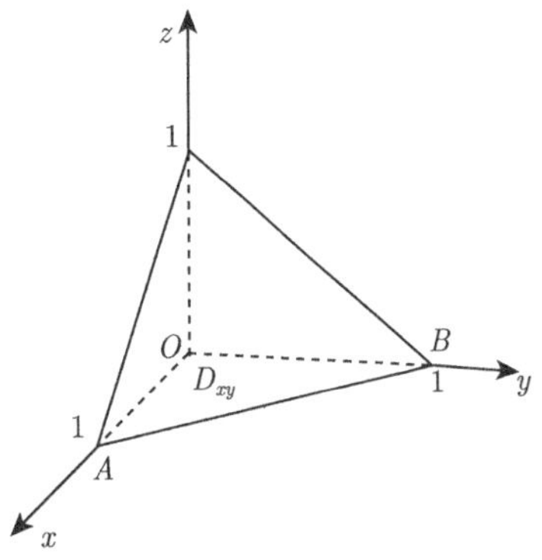

图 8-3-2

例 1 计算 $\iiint\limits_{\Omega} y\mathrm{d}x\mathrm{d}y\mathrm{d}z$, 其中 Ω 为三个坐标面及平面 $x+y+z=1$ 所围成的闭区域.

解 如图 8-3-2 所示, 将 Ω 投影到 xOy 面上, 得投影区域 D_{xy} 为三角形闭区域 OAB. 直线 OA、OB 及 AB 的方程依次为 $y=0, x=0, x+y=1$, 故

$$\Omega=\{(x,y,z)\,|0\leqslant x\leqslant 1, 0\leqslant y\leqslant 1-x, 0\leqslant z\leqslant 1-x-y\},$$

于是, 由公式 (8-3-1) 得

$$\iiint\limits_{\Omega} y\mathrm{d}x\mathrm{d}y\mathrm{d}z=\int_0^1\mathrm{d}x\int_0^{1-x} y\mathrm{d}y\int_0^{1-x-y}\mathrm{d}z=\int_0^1\mathrm{d}x\int_0^{1-x} y(1-x-y)\mathrm{d}y$$

$$=\int_0^1\left[\frac{(1-x)^3}{2}-\frac{(1-x)^3}{3}\right]\mathrm{d}x$$

$$=\frac{1}{6}\int_0^1(1-x)^3\mathrm{d}x=\frac{1}{24}.$$

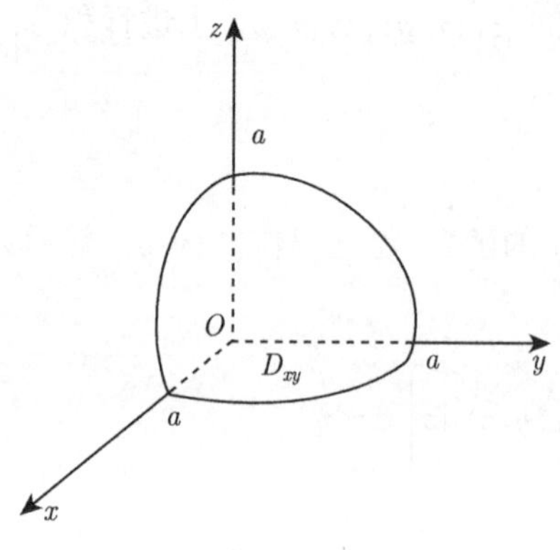

图 8-3-3

例 2　计算 $\iiint\limits_{\Omega}xyz\mathrm{d}x\mathrm{d}y\mathrm{d}z$, 其中 Ω 为三个坐标平面及球面 $x^2+y^2+z^2=a^2\ (a>0)$ 所围成的第一卦限的闭区域.

解　如图 8-3-3 所示, Ω 的上边界曲面方程为 $z=\sqrt{a^2-x^2-y^2}$, 下边界曲面为 xOy 平面, Ω 在 xOy 面上的投影区域为

$$D_{xy}=\left\{(x,y)\left|0\leqslant x\leqslant a,0\leqslant y\leqslant\sqrt{a^2-x^2}\right.\right\},$$

从而积分区域

$$\Omega=\left\{(x,y,z)\left|0\leqslant x\leqslant a,0\leqslant y\leqslant\sqrt{a^2-x^2},0\leqslant z\leqslant\sqrt{a^2-x^2-y^2}\right.\right\},$$

故

$$\begin{aligned}\iiint\limits_{\Omega}xyz\mathrm{d}x\mathrm{d}y\mathrm{d}z&=\int_0^a x\mathrm{d}x\int_0^{\sqrt{a^2-x^2}}y\mathrm{d}y\int_0^{\sqrt{a^2-x^2-y^2}}z\mathrm{d}z\\&=\frac{1}{2}\int_0^a x\mathrm{d}x\int_0^{\sqrt{a^2-x^2}}y(a^2-x^2-y^2)\mathrm{d}y\\&=\frac{1}{8}\int_0^a x(a^2-x^2)^2\mathrm{d}x=\frac{a^6}{48}.\end{aligned}$$

例 1、例 2 在计算三重积分时都是先计算一个定积分, 再计算一个二重积分, 我们简称为 “**先一后二**” 的计算方法 (也称为**投影法**). 而有时在某些特殊情况下为了计算方便, 也采用先计算一个二重积分, 再计算一个定积分的方法计算三重积分, 这种方法简称为 “**先二后一**” 的计算方法 (也称为**切片法**).

设空间闭区域

$$\Omega=\{(x,y,z)\,|(x,y)\in D_z,c_1\leqslant z\leqslant c_2\},$$

如图 8-3-4 所示, 其中 D_z 是纵坐标为 z 的平面截闭区域 Ω 所得到的一个平面闭区域, 则

$$\iiint\limits_{\Omega}f(x,y,z)\,\mathrm{d}v=\int_{c_1}^{c_2}\mathrm{d}z\iint\limits_{D_z}f(x,y,z)\,\mathrm{d}x\mathrm{d}y. \tag{8-3-2}$$

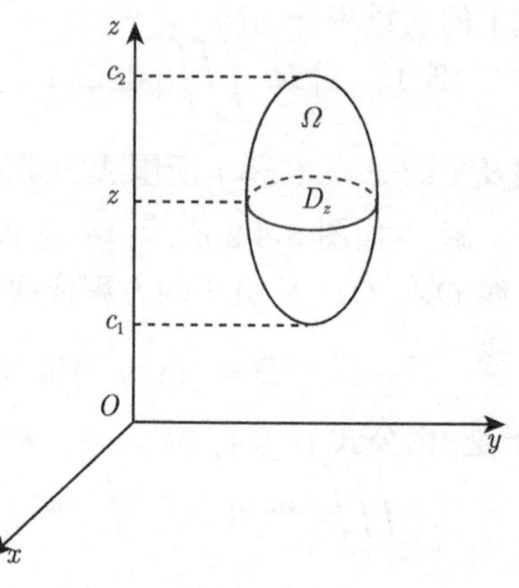

图 8-3-4

由于受先计算的二重积分的难度影响, “先二后一” 的方法一般用于符合以下两个条件的三重积分:

(1) 被积函数中不含有字母 x, y, 即只含有常数和字母 z(只含有常数和字母 x 或 y 的计算方法类似);

(2) 截面区域 D_z 上的二重积分 (一般为 D_z 的面积时计算更方便) 容易求得.

需要说明的是, 不满足上述条件的情况有时也可选用 "先二后一" 的方法计算三重积分, 可能运算复杂一些, 这里不再叙述.

例 3　设 Ω 是如图 8-3-5 所示的球体 $x^2+y^2+z^2 \leqslant 4az$ 中曲面 $x^2+y^2+az=4a^2(a>0)$ 的下方部分, 求区域 Ω 的体积 V.

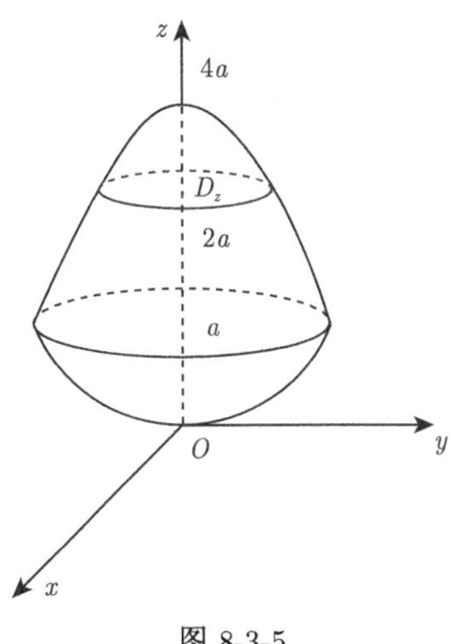

图 8-3-5

解　由两个曲面方程知, 立体的下部分由平面 $z=a$ 与球面 $x^2+y^2+z^2 \leqslant 4az$ 围成, 其体积记为 V_1; 上部分由平面 $z=a$ 与旋转抛物面 $x^2+y^2+az=4a^2$ 围成, 其体积记为 V_2. 应用 "先二后一" 的方法得

$$V=V_1+V_2=\int_0^a \mathrm{d}z \iint_{D_{z_1}} \mathrm{d}x\mathrm{d}y+\int_a^{4a} \mathrm{d}z \iint_{D_{z_2}} \mathrm{d}x\mathrm{d}y$$

$$=\int_0^a \pi(4az-z^2)\mathrm{d}z+\int_a^{4a} \pi(4a^2-az)\mathrm{d}z$$

$$=\frac{37}{6}\pi a^3.$$

二、 利用柱面坐标计算三重积分

我们已经知道, 有时利用极坐标来计算某些二重积分比较简便, 对于三重积分, 有时我们可用柱面坐标或球面坐标来简化计算.

设 $M(x,y,z)$ 为空间内一点, 并设点 M 在 xOy 面上的投影 P 的极坐标为 (ρ,θ), 则这样的三个有序实数 (ρ,θ,z) 就称为点 M 的柱面坐标, 如图 8-3-6 所示, 这里规定 ρ, θ, z 的变化范围为

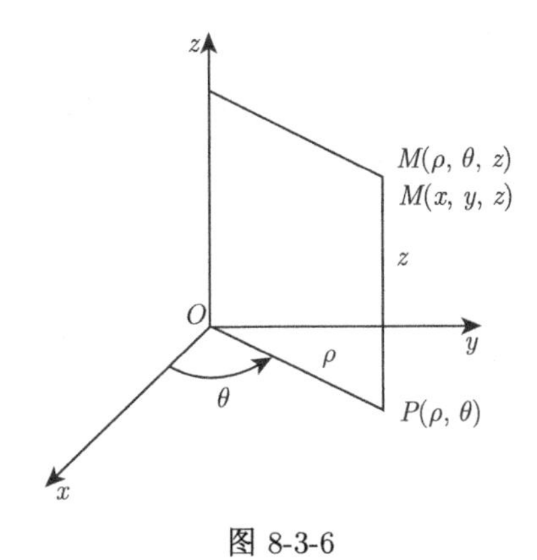

图 8-3-6

$$0 \leqslant \rho<+\infty, \quad 0 \leqslant \theta \leqslant 2\pi, \quad -\infty<z<+\infty.$$

三组坐标面的几何意义分别如下:

$\rho=$ 常数, 表示以 z 轴为中心轴, 半径为该常数的圆柱面;

$\theta=$ 常数, 表示过 z 轴的半平面, 且此半平面与 xOz 平面所成的二面角为该常数;

$z=$ 常数, 表示与 xOy 面平行的平面.

显然, 点 M 的直角坐标与柱面坐标的关系为

$$\begin{cases} x=\rho\cos\theta, \\ y=\rho\sin\theta, \\ z=z. \end{cases} \tag{8-3-3}$$

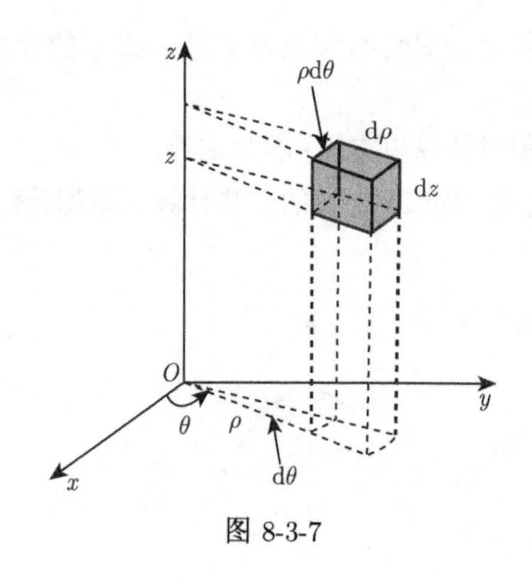

图 8-3-7

现在要把三重积分 $\iiint\limits_{\Omega} f(x,y,z)\,\mathrm{d}v$ 中的变量转化为柱面坐标. 首先用三组坐标面 $\rho=\rho_i$ $(i=1,2,\cdots,k;\rho_i$ 为常数), $\theta=\theta_i(i=1,2,\cdots,j;\theta_i$ 为常数), $z=z_i(i=1,2,\cdots,m;\ z_i$ 为常数) 将 Ω 分成若干个小闭区域, 除了含 Ω 的边界点的一些不规则小闭区域 (在计算极限时其极限为零, 可略去不计) 外, 这种小闭区域都是小柱体. 现考虑由 ρ,θ,z 各取得微小增量 $\mathrm{d}\rho,\mathrm{d}\theta,\mathrm{d}z$ 为棱长所成的柱体 (图 8-3-7) 的体积. 这个体积等于高与底面积的乘积, 其高为 $\mathrm{d}z$, 底面积在不计其高阶无穷小的情况下为 $\rho\mathrm{d}\rho\mathrm{d}\theta$(即极坐标系中的面积微元), 于是得

$$\mathrm{d}v=\rho\mathrm{d}\rho\mathrm{d}\theta\mathrm{d}z,$$

这就是柱面坐标系中的体积微元. 再注意到关系式 (8-3-3), 就有

$$\iiint\limits_{\Omega} f(x,y,z)\,\mathrm{d}v=\iiint\limits_{\Omega} f(\rho\cos\theta,\rho\sin\theta,)\rho\mathrm{d}\rho\mathrm{d}\theta\mathrm{d}z. \tag{8-3-4}$$

式 (8-3-4) 就是把三重积分的变量从直角坐标变换为柱面坐标的公式. 至于变量变换为柱面坐标后的三重积分的计算, 则类似于直角坐标化为累次积分的方法, 化三重积分为柱面坐标下的累次积分. 在此过程中, 积分上、下限是根据 $\rho,\ \theta,\ z$ 在积分区域 Ω 中的变化范围来确定的. 一般情况下, 先将积分区域 Ω 在 xOy 面上的投影 D_{xy} 用极坐标形式表示, 如 $D_{xy}=\{(\rho,\theta)|\alpha\leqslant\theta\leqslant\beta,\rho_1(\theta)\leqslant\rho\leqslant\rho_2(\theta)\}$, 在 D_{xy} 内任取一点, 过该点用平行于 z 轴的直线穿过 Ω 的上、下边界曲面 (交点不超过两个, 否则作辅助曲面划分), 若上、下边界曲面的柱面坐标方程分别为 $z=z_2(\rho,\theta),z=z_1(\rho,\theta)$, 则

$$\Omega=\{(\theta,\rho,z)\,|\alpha\leqslant\theta\leqslant\beta,\rho_1(\theta)\leqslant\rho\leqslant\rho_2(\theta),z_1(\rho,\theta)\leqslant z\leqslant z_2(\rho,\theta)\}.$$

从而柱面坐标系下的三重积分化为先对 z、再对 ρ、最后对 θ 的累次积分, 即

$$\iiint\limits_{\Omega} f(\rho\cos\theta,\rho\sin\theta,z)\rho\mathrm{d}\rho\mathrm{d}\theta\mathrm{d}z=\int_{\alpha}^{\beta}\mathrm{d}\theta\int_{\rho_1(\theta)}^{\rho_2(\theta)}\rho\mathrm{d}\rho\int_{z_1(\rho,\theta)}^{z_2(\rho,\theta)}f(\rho\cos\theta,\rho\sin\theta,z)\mathrm{d}z.$$

下面通过具体例子来说明.

例 4　利用柱面坐标计算 $\iiint\limits_{\Omega} xy\mathrm{d}v$, 其中 Ω 是由曲面 $x^2+y^2=9$、坐标平面 $x=0,\ y=0$ 及 $z=1,\ z=2$ 所围成的第一卦限的区域.

解　由图 8-3-8 可知, 区域 Ω 可表示为

$$\Omega=\left\{(\rho,\theta,z)\middle|1\leqslant z\leqslant 2,0\leqslant\rho\leqslant 3,0\leqslant\theta\leqslant\frac{\pi}{2}\right\},$$

于是

$$\begin{aligned}\iiint_{\Omega}xy\mathrm{d}v&=\int_0^{\frac{\pi}{2}}\mathrm{d}\theta\int_0^3\rho\mathrm{d}\rho\int_1^2\rho^2\sin\theta\cos\theta\mathrm{d}z\\&=\int_0^{\frac{\pi}{2}}\sin\theta\cos\theta\mathrm{d}\theta\int_0^3\rho^3\mathrm{d}\rho\int_1^2\mathrm{d}z\\&=\frac{81}{8}.\end{aligned}$$

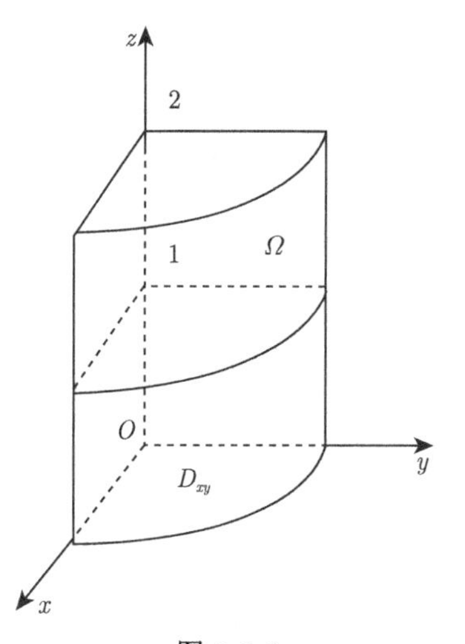

图 8-3-8

一般地, 当积分区域为柱体或其投影区域为圆面或圆面的一部分区域, 同时被积函数的柱面坐标表示式比较简单时, 往往选择柱面坐标计算三重积分.

三、利用球面坐标计算三重积分

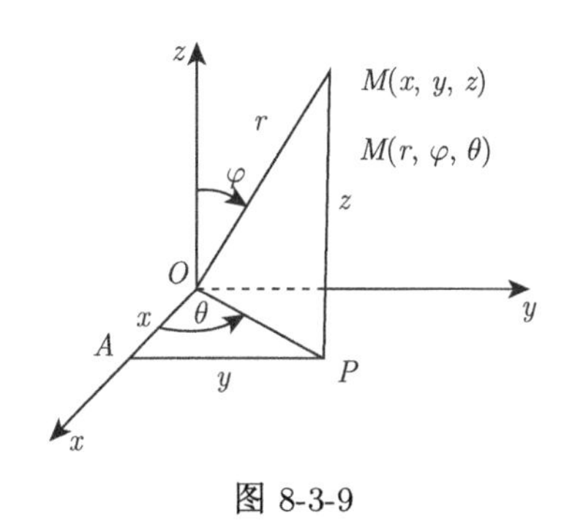

图 8-3-9

设 $M(x,y,z)$ 为空间内一点, 则点 M 也可用这样三个有序实数 r,φ,θ 来确定, 其中 r 为原点 O 与点 M 间的距离, φ 为有向线段 $\overrightarrow{OM}$ 与 z 轴正向所夹的角, θ 为从 z 轴正向来看自 x 轴正向按逆时针方向旋转到有向线段 $\overrightarrow{OP}$ 的角, 这里 P 为点 M 在 xOy 面上的投影, 如图 8-3-9 所示. 这样的三个有序实数 (r,φ,θ) 称为**点M的球面坐标**, r,φ,θ 的变化范围为

$$0\leqslant r<+\infty,\quad 0\leqslant\varphi\leqslant\pi,\quad 0\leqslant\theta\leqslant 2\pi.$$

三组坐标面的几何意义分别为:

$r=$ 常数, 表示以原点为球心、半径为该常数的球面;

$\varphi=$ 常数, 表示以原点为顶点、z 轴为轴, 半顶角为该常数的圆锥面;

$\theta=$ 常数, 表示过 z 轴且与 xOz 面所成的二面角为该常数的半平面.

设点 M 在 xOy 面上的投影为 P, 点 P 在 x 轴上的投影为 A, 则 $OA=x,AP=y,PM=z$. 又

$$OP=r\sin\varphi,\quad z=r\cos\varphi,$$

因此, 点 M 的直角坐标与球面坐标的关系为

$$\begin{cases}x=OP\cos\theta=r\sin\varphi\cos\theta,\\y=OP\sin\theta=r\sin\varphi\sin\theta,\\z=r\cos\varphi,\end{cases}\tag{8-3-5}$$

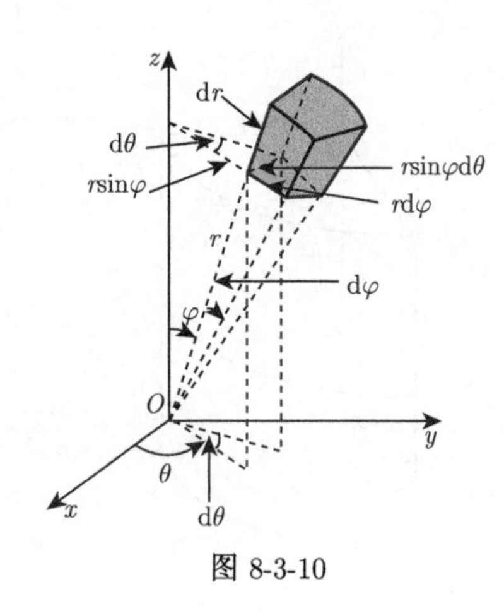

图 8-3-10

下面将三重积分中的变量从直角坐标变换为球面坐标. 用三组坐标面 $r=r_i(i=1,2,\cdots,k;r_i$ 为常数), $\phi=\phi_i(i=1,2,\cdots,j;\phi_i$ 为常数), $\theta=\theta_i(i=1,2,\cdots,m;\theta_i$ 为常数) 把积分区域 $\varOmega$ 分成若干个小闭区域. 考虑由 r,φ,θ 各取得微小增量 $\mathrm{d}r,\mathrm{d}\varphi,\mathrm{d}\theta$ 所围成的曲面六面体的体积, 如图 8-3-10 所示. 在不计高阶无穷小的条件下, 可把这个小曲面六面体近似地看作长方体. 其经线方向长为 $r\mathrm{d}\varphi$, 纬线方向的宽为 $r\sin\varphi\mathrm{d}\theta$, 向径方向的高为 $\mathrm{d}r$, 于是得

$$\mathrm{d}v=r^2\sin\varphi\mathrm{d}r\mathrm{d}\varphi\mathrm{d}\theta,$$

这就是球面坐标系中的体积微元. 再由公式 (8-3-5) 得

$$\begin{aligned}I&=\iiint\limits_{\varOmega}f(x,y,z)\,\mathrm{d}x\mathrm{d}y\mathrm{d}z\\&=\iiint\limits_{\varOmega}f(r\sin\varphi\cos\theta,r\sin\varphi\sin\theta,r\cos\varphi)\,r^2\sin\varphi\mathrm{d}r\mathrm{d}\varphi\mathrm{d}\theta,\end{aligned}\tag{8-3-6}$$

式 (8-3-6) 就是把三重积分从直角坐标变换为球面坐标的计算公式.

利用球面坐标计算三重积分, 同样需要将式 (8-3-6) 化为对 r, φ 和 θ 的累次积分. 在此过程中, 积分上、下限是根据 r, φ 和 θ 在积分区域 $\varOmega$ 中的变化范围来确定的, 常见的有下述情形.

如果积分区域 $\varOmega$ 的边界曲面是一个包含原点在内的闭曲面, 其球面坐标方程为 $r=r(\varphi,\theta)$, 则

$$I=\int_0^{2\pi}\mathrm{d}\theta\int_0^{\pi}\mathrm{d}\varphi\int_0^{r(\varphi,\theta)}f(r\sin\varphi\cos\theta,r\sin\varphi\sin\theta,r\cos\varphi)\,r^2\sin\varphi\mathrm{d}r.\tag{8-3-7}$$

特别地, 若积分区域 $\varOmega$ 由球面 $x^2+y^2+z^2=a^2(r=a,a>0)$ 围成, 则

$$I=\int_0^{2\pi}\mathrm{d}\theta\int_0^{\pi}\mathrm{d}\varphi\int_0^{a}f(r\sin\varphi\cos\theta,r\sin\varphi\sin\theta,r\cos\varphi)\,r^2\sin\varphi\mathrm{d}r.\tag{8-3-8}$$

若积分区域 $\varOmega$ 由球面 $x^2+y^2+(z-a)^2=a^2(r=2a\cos\varphi(a>0))$ 围成, 则

$$I=\int_0^{2\pi}\mathrm{d}\theta\int_0^{\frac{\pi}{2}}\mathrm{d}\varphi\int_0^{2a\cos\varphi}f(r\sin\varphi\cos\theta,r\sin\varphi\sin\theta,r\cos\varphi)\,r^2\sin\varphi\mathrm{d}r.\tag{8-3-9}$$

例 5　利用球面坐标计算 $\iiint\limits_{\varOmega}(x^2+y^2+z^2)\mathrm{d}v$, 其中 $\varOmega$ 由不等式 $x^2+y^2+z^2\leqslant a^2(a>0)$, $z\geqslant\sqrt{x^2+y^2}$ 所确定.

解　如图 8-3-11 所示, 积分区域 Ω 由球面与圆锥面围成, 在球面坐标系中可表示为

$$\Omega=\left\{(r,\varphi,\theta)\,\middle|\,0\leqslant r\leqslant a,0\leqslant\varphi\leqslant\frac{\pi}{4},0\leqslant\theta\leqslant 2\pi\right\},$$

则

$$\begin{aligned}&\iiint\limits_{\Omega}(x^2+y^2+z^2)\mathrm{d}v\\&=\int_0^{2\pi}\mathrm{d}\theta\int_0^{\frac{\pi}{4}}\sin\varphi\mathrm{d}\varphi\int_0^a r^2\cdot r^2\mathrm{d}r\\&=2\pi[-\cos\varphi]_0^{\frac{\pi}{4}}\frac{a^5}{5}=\frac{\pi a^5}{5}(2-\sqrt{2}).\end{aligned}$$

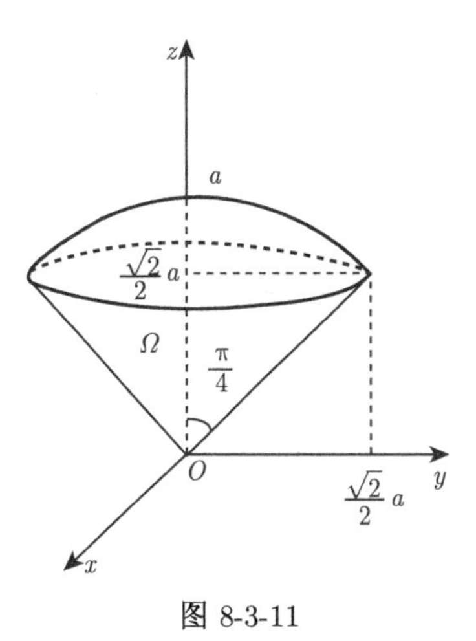

图 8-3-11

一般地, 当积分区域为球体或球体的一部分区域, 同时被积函数的球面坐标表示式较为简单时, 往往选择球面坐标计算三重积分.

* 四、三重积分的换元法

和二重积分一样, 某些类型的三重积分作适当的变量变换后能使计算方便.

设变换 $T:x=x(u,v,w),y=y(u,v,w),z=z(u,v,w)$, 把 $Ouvw$ 空间中的区域 Ω' 一对一地变换为 $Oxyz$ 空间中的区域 Ω, 并设函数 $x(u,v,w),y(u,v,w),z(u,v,w)$ 及它们的一阶偏导数在 Ω' 内连续, 且雅可比式

$$J(u,v,w)=\frac{\partial(x,y,z)}{\partial(u,v,w)}=\begin{vmatrix}\frac{\partial x}{\partial u}&\frac{\partial x}{\partial v}&\frac{\partial x}{\partial w}\\\frac{\partial y}{\partial u}&\frac{\partial y}{\partial v}&\frac{\partial y}{\partial w}\\\frac{\partial z}{\partial u}&\frac{\partial z}{\partial v}&\frac{\partial z}{\partial w}\end{vmatrix}\neq 0\quad\left((u,v,w)\in\Omega'\right).$$

于是与二重积分换元法一样, 若函数 $f(x,y,z)$ 在区域 Ω 上连续, 可以证明下面的三重积分换元公式:

$$\iiint\limits_{\Omega}f(x,y,z)\mathrm{d}x\mathrm{d}y\mathrm{d}z=\iiint\limits_{\Omega'}f[x(u,v,w),y(u,v,w),z(u,v,w)]|J(u,v,w)|\mathrm{d}u\mathrm{d}v\mathrm{d}w.\quad(8\text{-}3\text{-}10)$$

作为公式 (8-3-10) 的特殊情形, 很容易得到三重积分的柱面坐标与球面坐标公式. **变换为柱面坐标**: 设变换

$$T:\begin{cases}x=\rho\cos\theta(0\leqslant\rho<+\infty),\\y=\rho\sin\theta(0\leqslant\theta\leqslant 2\pi),\\z=z(-\infty<z<+\infty).\end{cases}$$

则雅可比式

$$J(\rho,\theta,z)=\frac{\partial(x,y,z)}{\partial(\rho,\theta,z)}=\begin{vmatrix}\cos\theta&-\rho\sin\theta&0\\\sin\theta&\rho\cos\theta&0\\0&0&1\end{vmatrix}=\rho,$$

由式 (8-3-10) 得三重积分的柱面坐标公式 (8-3-4):

$$\iiint\limits_{\Omega} f(x,y,z)\,\mathrm{d}x\mathrm{d}y\mathrm{d}z = \iiint\limits_{\Omega} f(\rho\cos\theta,\rho\sin\theta,z)\rho\mathrm{d}\rho\mathrm{d}\theta\mathrm{d}z.$$

变换为球面坐标: 变换

$$T:\begin{cases} x = r\sin\varphi\cos\theta, & 0\leqslant r<+\infty,\\ y = r\sin\varphi\sin\theta, & 0\leqslant\varphi\leqslant\pi,\\ z = r\cos\varphi, & 0\leqslant\theta\leqslant 2\pi. \end{cases}$$

则雅可比式

$$J(r,\varphi,\theta)=\frac{\partial(x,y,z)}{\partial(r,\varphi,\theta)}=\begin{vmatrix} \sin\varphi\cos\theta & r\cos\varphi\cos\theta & -r\sin\varphi\sin\theta\\ \sin\varphi\sin\theta & r\cos\varphi\sin\theta & r\sin\varphi\cos\theta\\ \cos\varphi & -r\sin\varphi & 0 \end{vmatrix}=r^2\sin\varphi,$$

由公式 (8-3-10) 得三重积分的球面坐标公式 (8-3-6):

$$\begin{aligned} I &= \iiint\limits_{\Omega} f(x,y,z)\,\mathrm{d}x\mathrm{d}y\mathrm{d}z\\ &= \iiint\limits_{\Omega} f(r\sin\varphi\cos\theta,r\sin\varphi\sin\theta,r\cos\varphi)\,r^2\sin\varphi\mathrm{d}r\mathrm{d}\varphi\mathrm{d}\theta. \end{aligned}$$

例 6 计算 $I=\iiint\limits_{\Omega} z\mathrm{d}x\mathrm{d}y\mathrm{d}z$, 其中 $\Omega=\left\{(x,y,z)\middle|\frac{x^2}{a^2}+\frac{y^2}{b^2}+\frac{z^2}{c^2}\leqslant 1, z\geqslant 0\right\}(a,b,c>0)$.

解 作变换

$$T:\begin{cases} x = ar\sin\varphi\cos\theta,\\ y = br\sin\varphi\sin\theta,\\ z = cr\cos\varphi, \end{cases}$$

于是

$$J(r,\varphi,\theta)=abcr^2\sin\varphi,\quad \Omega'=\left\{(r,\varphi,\theta)\middle|0\leqslant r\leqslant 1, 0\leqslant\varphi\leqslant\frac{\pi}{2}, 0\leqslant\theta\leqslant 2\pi\right\}.$$

由公式 (8-3-10) 得

$$I=\iiint\limits_{\Omega'} abc^2r^3\sin\varphi\cos\varphi\mathrm{d}r\mathrm{d}\varphi\mathrm{d}\theta = abc^2\int_0^{2\pi}\mathrm{d}\theta\int_0^{\frac{\pi}{2}}\sin\varphi\cos\varphi\mathrm{d}\varphi\int_0^1 r^3\mathrm{d}r=\frac{\pi abc^2}{4}.$$

习 题 8-3

1. 化三重积分 $I=\iiint\limits_{\Omega} f(x,y,z)\mathrm{d}x\mathrm{d}y\mathrm{d}z$ 为累次积分, 其中积分区域 Ω 分别是:

(1) 由曲面 $z=x^2+y^2$ 及平面 $z=h(h>0)$ 所围成的闭区域;

(2) 由抛物面 $z=2-(x^2+y^2)$ 及平面 $z=0,x=0,y=0,x+y=1$ 所围成的闭区域;

(3) 由曲面 $z=x^2+2y^2$ 及 $z=2-x^2$ 所围成的闭区域;

(4) 由上半球面 $x^2+y^2+z^2=1(z\geqslant 0)$ 及锥面 $z=\sqrt{x^2+y^2}$ 所围成的闭区域.

2. 利用直角坐标计算下列三重积分.

(1) $\iiint\limits_{\Omega} xy^2z^3\mathrm{d}x\mathrm{d}y\mathrm{d}z$, 其中 Ω 是由平面 $x=0,x=1,y=0,y=2,z=0,z=3$ 所围成的闭区域;

(2) $\iiint\limits_{\Omega} \dfrac{\mathrm{d}x\mathrm{d}y\mathrm{d}z}{(1+x+y+z)^3}$, 其中 Ω 为由平面 $z=0,x=0,y=0,x+y+z=1$ 所围成的四面体;

(3) $\iiint\limits_{\Omega} xyz\mathrm{d}x\mathrm{d}y\mathrm{d}z$, 其中 Ω 为由球面 $x^2+y^2+z^2=1$ 及三个坐标面所围成的第一卦限内的闭区域;

(4) $\iiint\limits_{\Omega} xz\mathrm{d}x\mathrm{d}y\mathrm{d}z$, 其中 Ω 是由平面 $z=0,z=y,y=1$ 及抛物柱面 $y=x^2$ 所围成的闭区域.

3. 利用柱面坐标或球面坐标计算三重积分.

(1) $\iiint\limits_{\Omega} (x^2+y^2)z\mathrm{d}x\mathrm{d}y\mathrm{d}z$, 其中 Ω 是由曲面 $z=x^2+y^2$ 与平面 $z=4$ 所围成的闭区域;

(2) $\iiint\limits_{\Omega} (x^2+y^2)\mathrm{d}v$, 其中 Ω 是由曲面 $z=\sqrt{x^2+y^2}$ 与平面 $z=a(a>0)$ 所围成的闭区域;

(3) $\iiint\limits_{\Omega} (x^2+y^2+z^2)\mathrm{d}v$, 其中 Ω 是由球面 $x^2+y^2+z^2=1$ 所围成的闭区域;

(4) $\iiint\limits_{\Omega} z\mathrm{d}v$, 其中闭区域 Ω 由不等式 $x^2+y^2+(z-a)^2\leqslant a^2, x^2+y^2\leqslant z^2$ 所确定.

4. 把三重积分 $\iiint\limits_{\Omega} f(x,y,z)\mathrm{d}x\mathrm{d}y\mathrm{d}z$ 分别化为直角坐标、柱面坐标、球面坐标下的累次积分, 其中 Ω 是由不等式 $x^2+y^2+z^2\leqslant 4,\ z\geqslant\sqrt{3(x^2+y^2)}$ 所确定的闭区域.

5. 选择适当的坐标, 计算下列三重积分.

(1) $\iiint\limits_{\Omega} (x^2+y^2)\mathrm{d}v$, 其中 Ω 是由曲面 $x^2+y^2=2z$ 及平面 $z=2$ 所围成的闭区域;

(2) $\iiint\limits_{\Omega} z^2\mathrm{d}x\mathrm{d}y\mathrm{d}z$, 其中 Ω 是由椭球面 $\dfrac{x^2}{a^2}+\dfrac{y^2}{b^2}+\dfrac{z^2}{c^2}=1$ 所围成的闭区域;

(3) $\iiint\limits_{\Omega} \sqrt{x^2+y^2+z^2}\mathrm{d}v$, 其中 Ω 是由球面 $x^2+y^2+z^2=z$ 所围成的闭区域;

(4) $\iiint\limits_{\Omega} xy\mathrm{d}v$, 其中 Ω 为由柱面 $x^2+y^2=1$ 及平面 $z=1,z=0,x=0,y=0$ 所围成的第一卦限内的闭区域.

6. 用三重积分计算由下列曲面所围成的立体 Ω 的体积.

(1) Ω 是由平面 $2x+y+z=4$ 与三个坐标面所围成的闭区域;

(2) Ω 是由曲面 $z=\sqrt{x^2+y^2}$ 与 $z=1+\sqrt{1-x^2-y^2}$ 所围成的闭区域;

(3) Ω 是由曲面 $z=6-x^2-y^2$ 及 $z=\sqrt{x^2+y^2}$ 所围成的闭区域;

(4) Ω 是由曲面 $z=\sqrt{5-x^2-y^2}$ 及 $x^2+y^2=4z$ 所围成的闭区域.

7. 计算满足下列条件的三重积分 $I = \iiint\limits_{\Omega_i} (x+y+z)^2 \mathrm{d}v\ (i=1,2)$, 其中

(1) $\Omega_1 = \{(x,y,z)|0 \leqslant x \leqslant 1, 0 \leqslant y \leqslant 1, 0 \leqslant z \leqslant 1\}$;

(2) $\Omega_2 = \{(x,y,z)|x^2+y^2+z^2 \leqslant R^2\}$.

8. 计算三重积分 $\iiint\limits_{\Omega} (y-1)\sqrt{x^2+z^2}\mathrm{d}v$, 其闭区域 Ω 由不等式 $\sqrt{x^2+z^2} \leqslant y \leqslant 1+\sqrt{1-x^2-z^2}$ 所确定.

9. 计算由曲面 $z = 4 - x^2 - \dfrac{1}{4}y^2$ 及 $z = 3x^2 + \dfrac{1}{4}y^2$ 所围成的立体的体积.

第四节　重积分的应用

我们在引入重积分的概念时已经知道, 曲顶柱体的体积、平面薄片的质量可用二重积分计算, 空间几何体的体积及物体的质量可用三重积分计算. 事实上许多求和的极限问题都可以用重积分计算. 本节将进一步介绍重积分在几何、物理上的一些其他应用. 其方法是将定积分应用中的微元法推广到重积分的应用中, 利用重积分的微元法计算几何图形中的曲面面积, 物理学中的质心、转动惯量和引力等.

一、 重积分的几何应用

首先, 由二重积分的定义可以看出:

$$\iint\limits_{D} 1\mathrm{d}\sigma = \lim_{\lambda \to 0} \sum_{i=1}^{n} \Delta\sigma_i = \text{平面区域}D\text{的面积},$$

即被积函数为 1 的二重积分的数值, 正好等于积分区域 D 的面积. 同样的道理,

$$\iiint\limits_{\Omega} 1\mathrm{d}V = \lim_{\lambda \to 0} \sum_{i=1}^{n} \Delta V_i = \text{空间区域}\Omega\text{的体积},$$

即被积函数为 1 的三重积分的数值, 正好等于积分区域 Ω 的体积. 因此, 重积分可以用来计算面积与体积. 二重积分还可以用来计算曲面的面积. 下面我们来讨论如何用二重积分来表示曲面的面积.

设空间曲面 Σ 的方程为 $z = f(x,y)$, Σ 在 xOy 面上的投影区域为 D, 函数 $f(x,y)$ 在 D 上具有连续偏导数, 即 Σ 为光滑曲面. 下面计算曲面 Σ 的面积 A.

在闭区域D上任取一直径充分小的小闭区域$\mathrm{d}\sigma$($\mathrm{d}\sigma$ 也表示该小闭区域的面积), $\forall P(x,y)\in \mathrm{d}\sigma$, 点$P$对应曲面 Σ 上的点为 $M(x,y,f(x,y))$, 也就是说点M在 xOy 面上的投影为点P, 设曲面 Σ 在点M处的切平面为 T, 取它的法向量 $\boldsymbol{n}=(-f_x,-f_y,1)$, 以小闭区域 $\mathrm{d}\sigma$ 的边界为准线作母线平行于z轴的柱面, 此柱面在曲面 Σ 上截下一小片曲面, 在切平面 T 上截下一小片平面 (图 8-4-1). 由于 $\mathrm{d}\sigma$ 的直径充分小, 且 $f(x,y)$ 在D上连续, 切平面 T 上的一小片平面的面积 $\mathrm{d}A$ 可以近似地代替相应的那一小片曲面的面积. 设切平面 T 与 xOy 面所成的二面角为 γ(即曲面 Σ 在 M 点处的切平面 T 的法向量 $\boldsymbol{n}$ 与 z 轴所成的角), 则由几何知识有

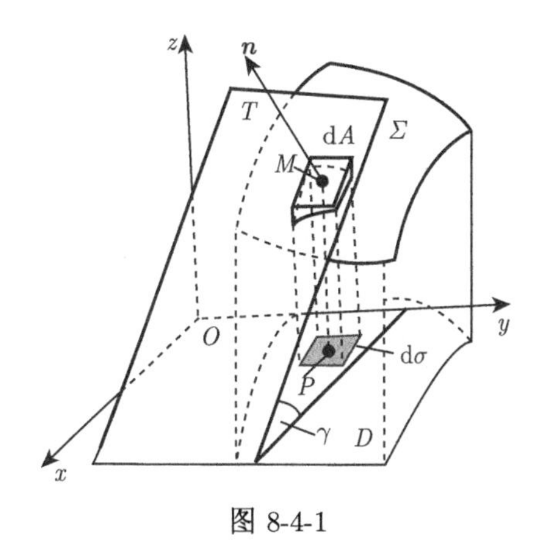

图 8-4-1

$$\mathrm{d}A=\frac{\mathrm{d}\sigma}{|\cos\gamma|},$$

又因为

$$|\cos\gamma|=\frac{1}{\sqrt{1+f_x^2(x,y)+f_y^2(x,y)}},$$

所以

$$\mathrm{d}A=\sqrt{1+f_x^2(x,y)+f_y^2(x,y)}\mathrm{d}\sigma,$$

此即为曲面 Σ 的面积微元, 从而得到计算曲面的面积公式

$$A=\iint\limits_D\sqrt{1+f_x^2(x,y)+f_y^2(x,y)}\mathrm{d}\sigma. \tag{8-4-1}$$

类似地, 若曲面 Σ 的方程为 $x=g(y,z)$ 或 $y=h(z,x)$, 且分别在 yOz 面或 zOx 面上的投影区域 D_{yz} 或 D_{zx} 上都具有连续偏导数, 同样得到计算曲面面积的公式为

$$A=\iint\limits_{D_{yz}}\sqrt{1+\left(\frac{\partial g}{\partial y}\right)^2+\left(\frac{\partial g}{\partial z}\right)^2}\mathrm{d}y\mathrm{d}z, \tag{8-4-2}$$

或

$$A=\iint\limits_{D_{zx}}\sqrt{1+\left(\frac{\partial h}{\partial z}\right)^2+\left(\frac{\partial h}{\partial x}\right)^2}\mathrm{d}z\mathrm{d}x. \tag{8-4-3}$$

例 1　求上半球面 $z=\sqrt{a^2-x^2-y^2}$ 含在柱面 $x^2+y^2=ax(a>0)$ 内部的那部分面积.

解　如图 8-4-2 所示, 投影区域 $D=\{(x,y)|x^2+y^2\leqslant ax\}$,

$$\frac{\partial z}{\partial x}=\frac{-x}{\sqrt{a^2-x^2-y^2}},\quad \frac{\partial z}{\partial y}=\frac{-y}{\sqrt{a^2-x^2-y^2}},$$

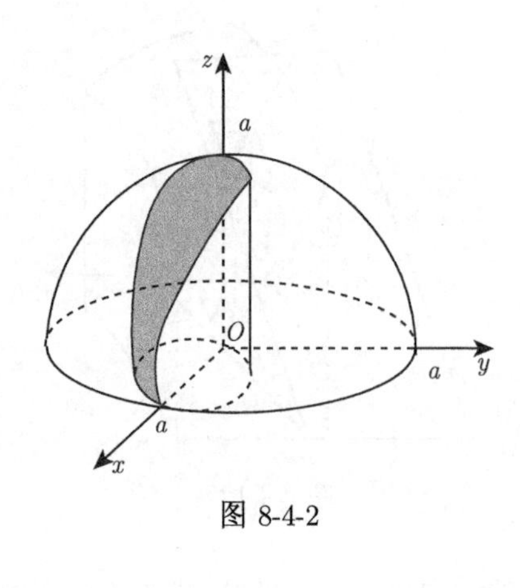

图 8-4-2

则所求面积

$$\begin{aligned}
A &= \iint\limits_D \sqrt{1+\left(\frac{\partial z}{\partial x}\right)^2+\left(\frac{\partial z}{\partial y}\right)^2}\mathrm{d}x\mathrm{d}y \\
&= \iint\limits_D \frac{a}{\sqrt{a^2-x^2-y^2}}\mathrm{d}x\mathrm{d}y \\
&= a\int_{-\frac{\pi}{2}}^{\frac{\pi}{2}}\mathrm{d}\theta\int_0^{a\cos\theta}\frac{1}{\sqrt{a^2-\rho^2}}\rho\mathrm{d}\rho \\
&= a\int_{-\frac{\pi}{2}}^{\frac{\pi}{2}}\left[-\sqrt{a^2-\rho^2}\right]_0^{a\cos\theta}\mathrm{d}\theta = a^2\int_{-\frac{\pi}{2}}^{\frac{\pi}{2}}(1-|\sin\theta|)\mathrm{d}\theta \\
&= 2a^2\int_0^{\frac{\pi}{2}}(1-\sin\theta)\mathrm{d}\theta = a^2(\pi-2).
\end{aligned}$$

二、 重积分的物理应用

下面我们将给出重积分在物理中的应用, 利用二重积分及三重积分, 分别计算平面薄片及空间物体质量, 物理学中的质心、转动惯量和对质点的引力等.

1. 质心

设有一平面薄片, 占有 xOy 面上的闭区域 D(图 8-4-3), 点 $P(x,y)$ 处的面密度为 $\mu(x,y)$, 假定 $\mu(x,y)$ 在 D 上连续. 下面讨论该薄片的质心坐标.

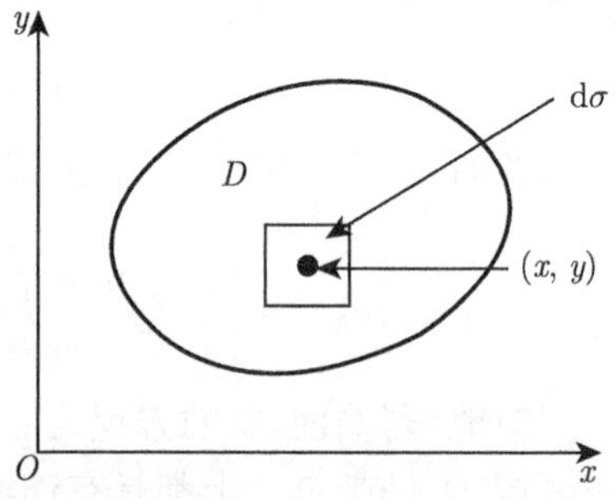

在闭区域 D 上任取一直径充分小的闭区域 $\mathrm{d}\sigma$($\mathrm{d}\sigma$ 也表示该区域的面积), $\forall(x,y)\in\mathrm{d}\sigma$, 由于 $\mathrm{d}\sigma$ 的直径充分小, 且 $\mu(x,y)$ 在 D 上连续, 则平面薄片中相应于 $\mathrm{d}\sigma$ 部分的质量近似地等于 $\mu(x,y)\mathrm{d}\sigma$, 并可视为集中于点 (x,y) 处. 于是其对 x 轴和对 y 轴的静矩微元分别为

图 8-4-3

$$\mathrm{d}M_x = y\mu(x,y)\mathrm{d}\sigma,\quad \mathrm{d}M_y = x\mu(x,y)\mathrm{d}\sigma,$$

从而平面薄片对 x 轴和对 y 轴的静矩分别为

$$M_x = \iint\limits_D y\mu(x,y)\mathrm{d}\sigma,\quad M_y = \iint\limits_D x\mu(x,y)\mathrm{d}\sigma.$$

设平面薄片的质心坐标为 $(\bar{x},\bar{y})$, 平面薄片的质量为 M, 则由物理概念

$$\bar{x}\cdot M = M_y,\quad \bar{y}\cdot M = M_x,$$

于是

$$\bar{x} = \frac{M_y}{M} = \frac{\iint\limits_D x\mu(x,y)\mathrm{d}\sigma}{\iint\limits_D \mu(x,y)\mathrm{d}\sigma},\quad \bar{y} = \frac{M_x}{M} = \frac{\iint\limits_D y\mu(x,y)\mathrm{d}\sigma}{\iint\limits_D \mu(x,y)\mathrm{d}\sigma}. \tag{8-4-4}$$

若平面薄片是均匀的, 即面密度是常数, 这时平面薄片的质心也称为形心, 其形心坐标 $(\bar{x},\bar{y})$ 的公式简化为

$$\bar{x}=\frac{\iint\limits_{D} x\mathrm{d}\sigma}{\iint\limits_{D}\mathrm{d}\sigma},\quad \bar{y}=\frac{\iint\limits_{D} y\mathrm{d}\sigma}{\iint\limits_{D}\mathrm{d}\sigma}. \tag{8-4-5}$$

类似地, 设有一物体占有空间有界闭区域 Ω, 在点 (x,y,z) 处的密度为 $\mu(x,y,z)$, 设 $\mu(x,y,z)$ 在 Ω 上连续, 则该物体的质心坐标 $(\bar{x},\bar{y},\bar{z})$ 的公式为

$$\begin{aligned}\bar{x}&=\frac{\iiint\limits_{\Omega} x\mu(x,y,z)\mathrm{d}v}{\iiint\limits_{\Omega}\mu(x,y,z)\mathrm{d}v},\\ \bar{y}&=\frac{\iiint\limits_{\Omega} y\mu(x,y,z)\mathrm{d}v}{\iiint\limits_{\Omega}\mu(x,y,z)\mathrm{d}v},\\ \bar{z}&=\frac{\iiint\limits_{\Omega} z\mu(x,y,z)\mathrm{d}v}{\iiint\limits_{\Omega}\mu(x,y,z)\mathrm{d}v}.\end{aligned} \tag{8-4-6}$$

同理可得出空间立体的形心坐标公式 (留给读者完成).

例 2 求位于两圆 $(x-1)^2+y^2=1$, $(x-2)^2+y^2=4$ 之间的均匀薄片的质心 (形心).

解 设该薄片的质心坐标为 $(\bar{x},\ \bar{y})$, 因为闭区域 D 对称于 x 轴 (图 8-4-4), 所以质心必位于 x 轴上, 于是得 $\bar{y}=0$. 由

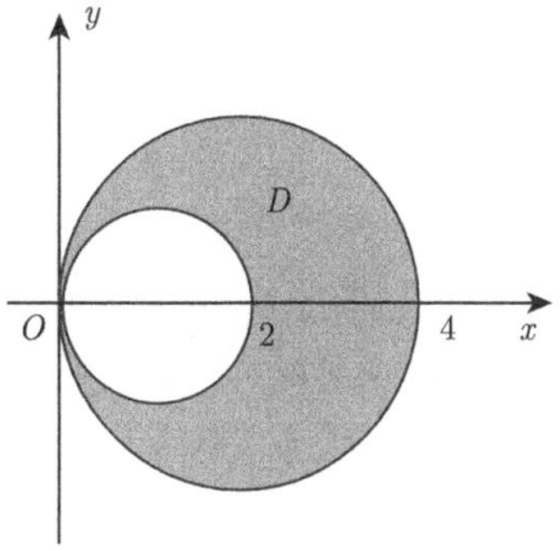

$$\iint\limits_{D}\mathrm{d}\sigma=\pi\cdot 2^2-\pi\cdot 1^2=3\pi,$$

$$\begin{aligned}\iint\limits_{D} x\mathrm{d}\sigma&=\iint\limits_{D}\rho^2\cos\theta\mathrm{d}\rho\mathrm{d}\theta\\ &=\int_{-\frac{\pi}{2}}^{\frac{\pi}{2}}\cos\theta\mathrm{d}\theta\int_{2\cos\theta}^{4\cos\theta}\rho^2\mathrm{d}\rho=7\pi,\end{aligned}$$

图 8-4-4

则 $\bar{x}=\dfrac{\iint\limits_{D} x\mathrm{d}\sigma}{\iint\limits_{D}\mathrm{d}\sigma}=\dfrac{7\pi}{3\pi}=\dfrac{7}{3}$. 从而所求质心 (形心) 坐标为 $\left(\dfrac{7}{3},0\right)$.

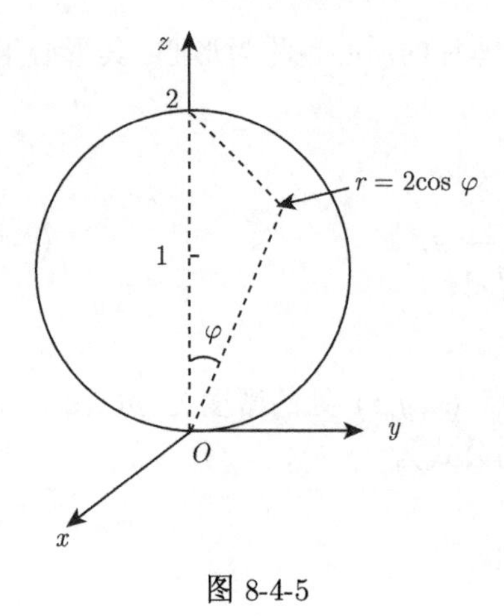

图 8-4-5

例 3　一球体占有空间 $\Omega = \{(x,y,z)|x^2+y^2+z^2 \leqslant 2z\}$, 它在内部各点处的密度的大小等于该点到坐标原点的距离的平方, 求该球体的质心.

解　设球体的质心坐标为 $(\bar{x},\bar{y},\bar{z})$, 密度函数为 $\mu(x,y,z)=x^2+y^2+z^2$, 由对称性可知质心在 z 轴上, 即 $\bar{x}=\bar{y}=0$, 在球面坐标 (图 8-4-5) 下:

$$\Omega=\left\{(r,\varphi,\theta)\left|0\leqslant\theta\leqslant 2\pi, 0\leqslant\varphi\leqslant\frac{\pi}{2}, 0\leqslant r\leqslant 2\cos\varphi\right.\right\},$$

于是

$$\begin{aligned}
M &= \iiint_{\Omega}(x^2+y^2+z^2)\mathrm{d}v \\
&= \int_0^{2\pi}\mathrm{d}\theta\int_0^{\frac{\pi}{2}}\sin\varphi\mathrm{d}\varphi\int_0^{2\cos\varphi}r^2\cdot r^2\mathrm{d}r \\
&= 2\pi\int_0^{\frac{\pi}{2}}\frac{32}{5}\sin\varphi\cos^5\varphi\mathrm{d}\varphi = \frac{32}{15}\pi, \\
\bar{z} &= \frac{1}{M}\iiint_{\Omega}z(x^2+y^2+z^2)\mathrm{d}v \\
&= \frac{1}{M}\int_0^{2\pi}\mathrm{d}\theta\int_0^{\frac{\pi}{2}}\sin\varphi\cos\varphi\mathrm{d}\varphi\int_0^{2\cos\varphi}r^5\mathrm{d}r \\
&= \frac{2\pi}{M}\int_0^{\frac{\pi}{2}}\frac{64}{6}\sin\varphi\cos^7\varphi\mathrm{d}\varphi = \frac{\frac{8}{3}\pi}{\frac{32}{15}\pi} = \frac{5}{4}.
\end{aligned}$$

故所求球体的质心坐标为 $\left(0,\ 0,\ \dfrac{5}{4}\right)$.

2. 物体的转动惯量

设有一平面薄片, 占有 xOy 面上的闭区域 D, 在点 $P(x,y)$ 处的面密度为 $\mu(x,y)$, 假定 $\mu(x,y)$ 在 D 上连续. 下面讨论该薄片对于 x 轴的转动惯量 I_x 和对于 y 轴的转动惯量 I_y.

在闭区域 D 上任取一直径充分小的闭区域 $\mathrm{d}\sigma$($\mathrm{d}\sigma$ 也表示该闭区域的面积), $\forall(x,y)\in\mathrm{d}\sigma$, 由于 $\mathrm{d}\sigma$ 的直径充分小, 且 $\mu(x,y)$ 在 D 上连续, 则平面薄片中相应于 $\mathrm{d}\sigma$ 部分的质量近似地等于 $\mu(x,y)\mathrm{d}\sigma$, 并可视为集中于点 (x,y) 处. 于是其对 x 轴和对 y 轴的转动惯量微元分别为

$$\mathrm{d}I_x = y^2\mu(x,y)\mathrm{d}\sigma,\quad \mathrm{d}I_y = x^2\mu(x,y)\mathrm{d}\sigma.$$

从而该平面薄片对 x 轴的转动惯量和对 y 轴的转动惯量分别为

$$I_x = \iint_D y^2\mu(x,y)\mathrm{d}\sigma,\quad I_y = \iint_D x^2\mu(x,y)\mathrm{d}\sigma. \tag{8-4-7}$$

类似地, 一物体占有空间有界闭区域 Ω, 在 Ω 内点 (x,y,z) 处的密度为 $\mu(x,y,z)$, 设 $\mu(x,y,z)$ 在 Ω 上连续, 则物体对于 x,y,z 轴的转动惯量分别为

$$\begin{aligned} I_x &= \iiint\limits_{\Omega} (y^2+z^2)\mu(x,y,z)\mathrm{d}v, \\ I_y &= \iiint\limits_{\Omega} (z^2+x^2)\mu(x,y,z)\mathrm{d}v, \\ I_z &= \iiint\limits_{\Omega} (x^2+y^2)\mu(x,y,z)\mathrm{d}v. \end{aligned} \tag{8-4-8}$$

例 4　求平面薄片 $D=\left\{(x,y)\Big|\ \dfrac{x^2}{a^2}+\dfrac{y^2}{b^2}\leqslant 1, a>0, b>0\right\}$(面密度 $\mu=1$) 对 y 轴的转动惯量 I_y.

解　如图 8-4-6 所示积分区域

$$D=\left\{(x,y)\big|-a\leqslant x\leqslant a,\ -\frac{b}{a}\sqrt{a-x^2}\leqslant y\leqslant \frac{b}{a}\sqrt{a-x^2}\right\},$$

于是

$$\begin{aligned} I_y &= \iint\limits_{D} x^2\mathrm{d}x\mathrm{d}y = \int_{-a}^{a} x^2\mathrm{d}x\int_{-\frac{b}{a}\sqrt{a^2-x^2}}^{\frac{b}{a}\sqrt{a^2-x^2}}\mathrm{d}y \\ &= \frac{2b}{a}\int_{-a}^{a} x^2\sqrt{a^2-x^2}\mathrm{d}x \\ &\xlongequal{x=a\sin t}\frac{2b}{a}\cdot\frac{a^4}{2}\int_0^{\frac{\pi}{2}}\sin^2 2t\mathrm{d}t \\ &= \frac{1}{4}\pi a^3 b = \frac{1}{4}Ma^2. \end{aligned}$$

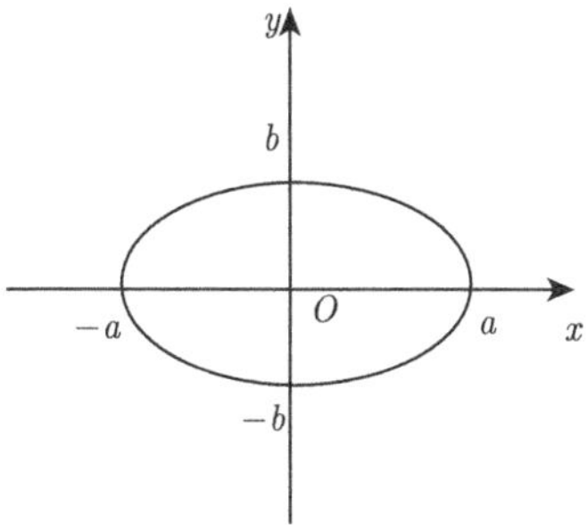

图 8-4-6

其中, $M=\pi ab$ 为薄片的质量.

例 5　设有一半径为 a 的球体 $x^2+y^2+z^2\leqslant a^2$ 在点 (x,y,z) 处的密度为 $\mu(x,y,z)=\sqrt{x^2+y^2+z^2}$, 求此球体对于 z 轴的转动惯量.

解　设球体表示为 $\Omega=\{(r,\varphi,\theta)|0\leqslant r\leqslant a, 0\leqslant\varphi\leqslant\pi, 0\leqslant\theta\leqslant 2\pi\}$, 由公式 (8-4-8) 得球体对于 z 轴的转动惯量

$$\begin{aligned} I_z &= \iiint\limits_{\Omega}(x^2+y^2)\sqrt{x^2+y^2+z^2}\mathrm{d}v \\ &= \int_0^{2\pi}\mathrm{d}\theta\int_0^{\pi}\sin^3\varphi\mathrm{d}\varphi\int_0^a r^5\mathrm{d}r = \frac{2\pi a^6}{9} = \frac{2}{9}Ma^2. \end{aligned}$$

其中,$M=\pi a^4$ 为球体的质量.

3. 物体对质点的引力

设有一物体占有空间有界闭区域 Ω, 它在点 (x,y,z) 处的密度为 $\mu(x,y,z)$, 并假定 $\mu(x,y,z)$ 在 Ω 上连续, 位于点 $P_0(x_0,y_0,z_0)$ 处有一质量为 m 的质点, 讨论该物体对质点的引力.

设引力为 $\boldsymbol{F}=(F_x,F_y,F_z)$, 在物体内任取一直径充分小的闭区域 $\mathrm{d}v$($\mathrm{d}v$ 也表示该小闭区域的体积). $\forall(x,y,z)\in\mathrm{d}v$, 将这一小块物体的质量近似地看作集中于点 (x,y,z) 处. 于是其质量可近似地表示为 $\mu(x,y,z)\mathrm{d}v$, 设该小块物体对质点 P_0 的引力为 $\mathrm{d}\boldsymbol{F}=(\mathrm{d}F_x,\mathrm{d}F_y,\mathrm{d}F_z)$, 其中 $\mathrm{d}F_x,\mathrm{d}F_y,\mathrm{d}F_z$ 表示引力微元 $\mathrm{d}\boldsymbol{F}$ 在三个坐标轴上的分量, 由物理概念知,

$$\mathrm{d}F_x=G\frac{m\mu(x,y,z)(x-x_0)}{r^3}\mathrm{d}v,$$

$$\mathrm{d}F_y=G\frac{m\mu(x,y,z)(y-y_0)}{r^3}\mathrm{d}v,$$

$$\mathrm{d}F_z=G\frac{m\mu(x,y,z)(z-z_0)}{r^3}\mathrm{d}v,$$

其中, $r=\sqrt{(x-x_0)^2+(y-y_0)^2+(z-z_0)^2}$, G 为引力常数. 在 Ω 上分别计算三重积分, 即可得

$$F_x=\iiint\limits_{\Omega}Gm\frac{\mu(x,y,z)(x-x_0)}{r^3}\mathrm{d}v,$$

$$F_y=\iiint\limits_{\Omega}Gm\frac{\mu(x,y,z)(y-y_0)}{r^3}\mathrm{d}v,$$

$$F_z=\iiint\limits_{\Omega}Gm\frac{\mu(x,y,z)(z-z_0)}{r^3}\mathrm{d}v.$$

从而物体对点的引力为

$$\boldsymbol{F}=(F_x,F_y,F_z) \tag{8-4-9}$$

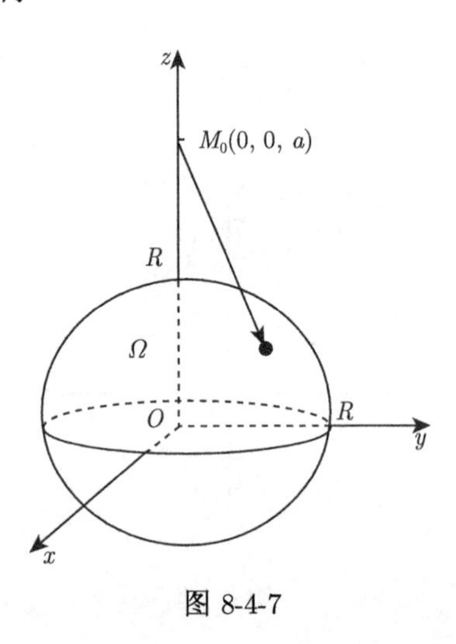

图 8-4-7

例 6　设半径为 R 的匀质球体占有空间闭区域

$$\Omega=\{(x,y,z)|x^2+y^2+z^2\leqslant R^2\}.$$

求它对于位于点 $M_0(0,0,a)(a>R)$ 处的带有单位质量的质点的引力 (图 8-4-7).

解　设所求引力 $\boldsymbol{F}=(F_x,F_y,F_z)$, 又设球的密度为 ρ_0(常数), 由球体的对称性及质量分布的均匀性知 $F_x=F_y=0$, 而所求引力沿 z 轴的分量为

$$\begin{aligned}
F_z&=\iiint\limits_{\Omega}G\rho_0\frac{z-a}{[x^2+y^2+(z-a)^2]^{\frac{3}{2}}}\mathrm{d}v\\
&=G\rho_0\int_0^{2\pi}\mathrm{d}\theta\int_0^R\rho\mathrm{d}\rho\int_{-\sqrt{R^2-\rho^2}}^{\sqrt{R^2-\rho^2}}\frac{z-a}{[\rho^2+(z-a)^2]^{\frac{3}{2}}}\mathrm{d}z\\
&=\pi G\rho_0\int_0^R\rho\mathrm{d}\rho\int_{-\sqrt{R^2-\rho^2}}^{\sqrt{R^2-\rho^2}}\frac{1}{[\rho^2+(z-a)^2]^{\frac{3}{2}}}\mathrm{d}[\rho^2+(z-a)^2]\\
&=-2\pi G\rho_0\int_0^R\rho\left(\frac{1}{\sqrt{R^2+a^2-2a\sqrt{R^2-\rho^2}}}-\frac{1}{\sqrt{R^2+a^2+2a\sqrt{R^2-\rho^2}}}\right)\mathrm{d}\rho,
\end{aligned}$$

先求

$$\begin{aligned}&\int_0^R \frac{\rho}{\sqrt{R^2+a^2-2a\sqrt{R^2-\rho^2}}}\mathrm{d}\rho\\ \xlongequal{\sqrt{R^2-\rho^2}=t}&\int_0^R \frac{t}{\sqrt{R^2+a^2-2at}}\mathrm{d}t\\ \xlongequal{\sqrt{R^2+a^2-2at}=u}&-\frac{1}{2a^2}\int_{a-R}^{\sqrt{R^2+a^2}}(u^2-R^2-a^2)\mathrm{d}u,\end{aligned}$$

同理再求

$$\int_0^R \frac{\rho}{\sqrt{R^2+a^2+2a\sqrt{R^2-\rho^2}}}\mathrm{d}\rho=\frac{1}{2a^2}\int_{\sqrt{R^2+a^2}}^{a+R}(u^2-R^2-a^2)\mathrm{d}u,$$

则

$$\begin{aligned}F_z&=-2\pi G\rho_0\left[-\frac{1}{2a^2}\int_{a-R}^{a+R}(u^2-R^2-a^2)\mathrm{d}u\right]\\&=-G\cdot\frac{4\pi R^3}{3}\rho_0\cdot\frac{1}{a^2}=-G\frac{M}{a^2}.\end{aligned}$$

从而所求引力 $\boldsymbol{F}=(0,0,-G\frac{M}{a^2})$, 其中 $M=\frac{4\pi R^3}{3}\rho_0$ 为球的质量.

上述结果表明: 匀质球体对球外一质点的引力等同于球体的质量集中于球心时两质点间的引力.

习 题 8-4

1. 求下列曲面的表面积.

(1) 锥面 $z=\sqrt{x^2+y^2}$ 被柱面 $z^2=2x$ 所割下的部分;

(2) 底面半径相同的两个直交圆柱面 $x^2+y^2=R^2$ 及 $x^2+z^2=R^2$ 所围立体的表面;

(3) 半径为 R 的球的表面.

2. 设有一颗地球同步轨道通信卫星, 距地面的高度为 h=36000km, 运行的角速度与地球自转的角速度相同. 试计算该通信卫星的覆盖面积与地球表面积的比值 (地球半径 R=6400km).

3. 设平面薄片所占闭区域为 D, 求下列平面薄片的质心.

(1) 位于两圆 $\rho=2\sin\theta$ 和 $\rho=4\sin\theta$ 之间的均匀薄片;

(2) 腰长为 a 的等腰直角三角形的均匀薄片;

(3) D 由抛物线 $y=x^2$ 及直线 $y=x$ 所围成, 它在点 (x,y) 处的面密度 $\mu(x,y)=x^2y$;

(4) D 是边长为 a 的正方形, 其内任一点处的密度与该点到正方形中心的距离的平方成正比, 且正方形任一顶点处的密度等于 1.

4. 利用三重积分计算下列曲面所围立体的质心.

(1) $z=x^2+y^2, z=1, z=2$, 密度 $\mu=1$;

(2) $z=x^2+y^2, x+y=1, x=0, y=0, z=0$, 密度 $\mu=1$;

(3) $x^2+y^2+z^2=a^2(z \geqslant 0, a>0)$, $z=0$, 它在内部各点的密度的大小等于该点到坐标原点的距离的平方.

5. 设物体所占闭区域及密度如下, 求指定轴上的转动惯量.

(1) 半径为 a 的均匀半圆薄片 (面密度为常量μ) 对于其直径所在边的转动惯量;

(2) 平面薄片 D 由抛物线 $y^2=\dfrac{9}{2}x$ 与直线 $x=2$ 所围成, 面密度 $\mu=1$, 求 I_x, I_y;

(3) 半径为 a, 密度为 ρ 的均匀球体对于过球心的一条轴 l 的转动惯量;

(4) 半径为 a、高为 h 的均匀圆柱体对于过中心而平行于母线的轴的转动惯量 (设密度 $\rho=1$).

6. 一均匀物体 (密度ρ为常量) 占有的闭区域 Ω 由曲面 $z=x^2+y^2$ 和平面 $z=0, |x|=a, |y|=a$ 所围成.

(1) 求物体的体积;

(2) 求物体的质心;

(3) 求物体关于 z 轴的转动惯量.

7. 设有一高为 h、底圆半径为 R、母线长为 l 的均匀圆锥体, 又设有质量为 m 的质点在它的顶点上, 试求圆锥体对该质点的引力.

8. 设有一半径为 R 的球体, P_0 是此球体表面上的一个定点, 球体上任一点的密度与该点到 P_0 的距离的平方成正比 (比例常数 $k>0$), 求球体的质心位置.

9. 设面密度为常量μ的匀质半圆环形薄片占有闭区域 $D=\{(x,y)|R_1 \leqslant \sqrt{x^2+y^2} \leqslant R_2, x \geqslant 0\}$, 求它对位于 z 轴上点 $M_0(0,0,a)$ $(a>0)$ 处单位质量的质点的引力 $\boldsymbol{F}$.

总复习题八

1. 填空题.

(1) 已知 $D=\{(x,y)|a \leqslant x \leqslant b, 0 \leqslant y \leqslant 1\}$, 且 $\displaystyle\iint\limits_D yf(x)\mathrm{d}\sigma=1$, 则 $\displaystyle\int_a^b f(x)\mathrm{d}x=$ ____________;

(2) 若 D 是由 $x+y=1$ 和两坐标轴围成的三角形, 且 $\displaystyle\iint\limits_D f(x)\mathrm{d}x\mathrm{d}y=\int_0^1 \varphi(x)\mathrm{d}x$, 则 $\varphi(x)=$ ____________;

(3) 设 $f(x,y)$ 是连续函数, 交换积分次序 $\displaystyle\int_0^1 \mathrm{d}x \int_0^x f(x,y)\mathrm{d}y=$ ____________;

(4) $\displaystyle\iiint\limits_{x^2+y^2+z^2 \leqslant 1} (ax+by)^2\mathrm{d}v=$ ____________;

(5) 设 $\begin{cases} x=\rho\cos\theta, \\ y=\rho\sin\theta, \end{cases}$ 将极坐标系下的累次积分转换为直角坐标系下的累次积分: $\displaystyle\int_0^{\frac{\pi}{3}} \mathrm{d}\theta \int_1^{2\cos\theta} f(\rho\cos\theta, \rho\sin\theta)\rho\mathrm{d}\rho=$ ____________.

2. 选择题.

(1) 设区域 $D_1=\{(x,y)||x|+|y| \leqslant 1\}$, $D_2=\{(x,y)|x^2+y^2 \leqslant 1\}$, $D_3=\{(x,y)||x| \leqslant 1, |y| \leqslant 1\}$, 记 $I_i=\displaystyle\iint\limits_{D_i} \mathrm{e}^{2x-2y-x^2-y^2}\mathrm{d}x\mathrm{d}y (i=1,2,3)$, 则$I_1, I_2, I_3$大小顺序为(　　).

A. $I_1 \leqslant I_2 \leqslant I_3$　　B. $I_2 \leqslant I_1 \leqslant I_3$　　C. $I_3 \leqslant I_2 \leqslant I_1$　　D. $I_3 \leqslant I_1 \leqslant I_2$

(2) 设有平面闭区域 $D=\{(x,y)|-a\leqslant x\leqslant a, x\leqslant y\leqslant a\}$, $D_1=\{(x,y)|0\leqslant x\leqslant a, x\leqslant y\leqslant a\}$, 则 $\iint\limits_D(xy+\cos x\sin y)\mathrm{d}x\mathrm{d}y=(\quad)$.

A. $2\iint\limits_{D_1}\cos x\sin y\mathrm{d}x\mathrm{d}y$　B. $2\iint\limits_{D_1}xy\mathrm{d}x\mathrm{d}y$　C. $4\iint\limits_{D_1}\cos x\sin y\mathrm{d}x\mathrm{d}y$　D. 0

(3) 设有空间闭区域 $\Omega_1=\{(x,y,z)|x^2+y^2+z^2\leqslant R^2, z\geqslant 0\}$, $\Omega_2=\{(x,y,z)|x^2+y^2+z^2\leqslant R^2, x\geqslant 0, y\geqslant 0, z\geqslant 0\}$, 则有 (　).

A. $\iiint\limits_{\Omega_1}x\mathrm{d}v=4\iiint\limits_{\Omega_2}x\mathrm{d}v$　B. $\iiint\limits_{\Omega_1}y\mathrm{d}v=4\iiint\limits_{\Omega_2}y\mathrm{d}v$

C. $\iiint\limits_{\Omega_1}z\mathrm{d}v=4\iiint\limits_{\Omega_2}z\mathrm{d}v$　D. $\iiint\limits_{\Omega_1}xyz\mathrm{d}v=4\iiint\limits_{\Omega_2}xyz\mathrm{d}v$

(4) 设函数 $f(x,y)$ 是连续函数, 则 $\int_1^2\mathrm{d}x\int_x^2 f(x,y)\mathrm{d}y+\int_1^2\mathrm{d}y\int_y^{4-y}f(x,y)\mathrm{d}x=(\quad)$.

A. $\int_1^2\mathrm{d}x\int_1^{4-x}f(x,y)\mathrm{d}y$　B. $\int_1^2\mathrm{d}x\int_x^{4-x}f(x,y)\mathrm{d}y$

C. $\int_1^2\mathrm{d}y\int_1^{4-y}f(x,y)\mathrm{d}x$　D. $\int_1^2\mathrm{d}y\int_y^2 f(x,y)\mathrm{d}x$

(5) 设积分区域 $\Omega=\{(x,y,z)|x^2+y^2+z^2\leqslant R^2\}$, 则三重积分 $\iiint\limits_{\Omega}f(x^2+y^2+z^2)\mathrm{d}v=(\quad)$.

A. $\int_0^{2\pi}\mathrm{d}\theta\int_0^{\pi}\sin\varphi\mathrm{d}\varphi\int_0^R r^2 f(R^2)\mathrm{d}r$　B. $\int_0^{2\pi}\mathrm{d}\theta\int_0^{\pi}\sin\varphi\mathrm{d}\varphi\int_0^R R^2 f(R^2)\mathrm{d}r$

C. $\int_0^{2\pi}\mathrm{d}\theta\int_0^{\pi}\sin\varphi\mathrm{d}\varphi\int_0^R r^2 f(r^2)\mathrm{d}r$　D. $\int_0^{2\pi}\mathrm{d}\theta\int_0^{\pi}\sin\varphi\mathrm{d}\varphi\int_0^1 f(r^2)\mathrm{d}r$

3. 计算下列二重积分.

(1) $\iint\limits_D(2x+y)^2\mathrm{d}x\mathrm{d}y$, 其中 $D=\{(x,y)|x^2+y^2\leqslant 1\}$;

(2) $\iint\limits_D(1+x)\sin y\mathrm{d}\sigma$, 其中 D 是顶点分别为 $(0,0),(1,0),(1,2)$ 和 $(0,1)$ 的梯形闭区域;

(3) $\iint\limits_D(x^2-y^2)\mathrm{d}\sigma$, 其中 $D=\{(x,y)|0\leqslant y\leqslant\sin x, 0\leqslant x\leqslant\pi\}$;

(4) $\iint\limits_D\sqrt{R^2-x^2-y^2}\mathrm{d}\sigma$, 其中 D 是圆周 $x^2+y^2=Rx$ 所围成的闭区域.

4. 交换下列二次积分的次序.

(1) $\int_0^4\mathrm{d}y\int_{-\sqrt{4-y}}^{\frac{1}{2}(y-4)}f(x,y)\mathrm{d}x$;

(2) $\int_0^1\mathrm{d}y\int_0^{2y}f(x,y)\mathrm{d}x+\int_1^3\mathrm{d}y\int_0^{3-y}f(x,y)\mathrm{d}x$;

(3) $\int_0^1\mathrm{d}x\int_{\sqrt{x}}^{1+\sqrt{1-x^2}}f(x,y)\mathrm{d}y$;

(4) $\int_1^2\mathrm{d}x\int_{3-x}^{\sqrt{2x-1}}f(x,y)\mathrm{d}y$.

5. 设分段函数 $f(x,y)=\begin{cases} x^2y, 1\leqslant x\leqslant 2, 0\leqslant y\leqslant x, \\ 0, \text{其他}, \end{cases}$ 求二重积分$I=\iint\limits_D f(x,y)\mathrm{d}x\mathrm{d}y$, 其中积分区域$D=\{(x,y)|x^2+y^2\geqslant 2x\}$.

6. 计算下列三重积分.

(1) $\iiint\limits_\Omega (x^2+y^2)\mathrm{d}v$, 其中 Ω 是由曲面 $z=16(x^2+y^2)$, $z=4(x^2+y^2)$ 和 $z=64$ 所围成的闭区域;

(2) $\iiint\limits_\Omega \dfrac{z\mathrm{e}^{x^2+y^2+z^2+1}}{x^2+y^2+z^2+1}\mathrm{d}v$, 其中 Ω 是由球面 $x^2+y^2+z^2=1$ 所围成的闭区域;

(3) $\iiint\limits_\Omega (y^2+z^2)dv$, 其中 Ω 是由 xOy 面上曲线 $y^2=2x$ 绕 x 轴旋转而成的曲面与平面 $x=5$ 所围成的闭区域;

(4) $\iiint\limits_\Omega (1+z^4)\mathrm{d}x\mathrm{d}y\mathrm{d}z$, 其中 Ω 是曲面 $z^2=x^2+y^2$ 和平面 $z=2, z=4$ 所围成的闭区域.

7. 已知 $\Omega=\{(x,y,z)|x^2+y^2+z^2\leqslant R^2\}$, 三重积分 $\iiint\limits_\Omega f(x^2+y^2+z^2)\mathrm{d}v$ 可化为定积分 $\int_0^R \varphi(x)\mathrm{d}x$, 求出一个满足条件的函数 $\varphi(x)$.

8. 设 Ω 为曲面 $x^2+y^2=az$ 和 $z=2a-\sqrt{x^2+y^2}(a>0)$ 所围成的闭区域,

(1) 求 Ω 的体积;

(2) 求 Ω 的表面积.

9. 在均匀的半径为 R 的半圆形薄片的直径上, 要接上一个一边与直径等长的同样材料的均匀矩形薄片, 为了使整个均匀薄片的质心恰好落在圆心上, 问接上去的均匀矩形薄片另一边的长度应是多少?

10. 求高为 R、底半径为 R 的均匀正圆锥体对其顶点处单位质点的引力 (圆锥的密度为常数 u).

第八章参考答案

习题 8-1

1. $V=\iint\limits_D (1-x^2-y^2)\mathrm{d}\sigma$, 其中 $D=\{(x,y)|x^2+y^2\leqslant 1\}$.

2. $M=\iiint\limits_\Omega (x+y^2+z^3)\mathrm{d}v$.

3. $I_1=4I_2$.

4. (1) $\iint\limits_D yx^3\mathrm{d}\sigma<\iint\limits_D y^2x^3\mathrm{d}\sigma$;

(2) $\iint\limits_D (x+y)^2\mathrm{d}\sigma\leqslant\iint\limits_D (x+y)^3\mathrm{d}\sigma$;

(3) $\iiint\limits_{\Omega}(x^2+y^2+z^2)\mathrm{d}v \geqslant \iiint\limits_{\Omega}(xy+yz+zx)\mathrm{d}v$.

5. (1) $1 \leqslant \iint\limits_{D}(x^2y+xy^2+1)\mathrm{d}\sigma \leqslant 3$;

(2) $4\pi \leqslant \iint\limits_{D}(x^2+2y^2+1)\mathrm{d}\sigma \leqslant 36\pi$;

(3) $\dfrac{8}{3}\pi \leqslant \iiint\limits_{\Omega}(x^2+y^2+z^2+2)\mathrm{d}v \leqslant 4\pi$.

6. 提示：利用对称性.

7. 略.

习题 8-2

1. (1) $\dfrac{2}{3}$; (2) $\dfrac{\pi}{4}$; (3) $\dfrac{1}{14}$; (4) $\dfrac{1}{6}\left(1-\dfrac{2}{\mathrm{e}}\right)$.

2. (1) $\int_0^1 \mathrm{d}x\int_0^x f(x,y)\mathrm{d}y+\int_1^3 \mathrm{d}x\int_0^{\frac{1}{2}(3-x)} f(x,y)\mathrm{d}y$, $\int_0^1 \mathrm{d}y\int_y^{3-2y} f(x,y)\mathrm{d}x$;

(2) $\int_0^4 \mathrm{d}x\int_x^{2\sqrt{x}} f(x,y)\mathrm{d}y$, $\int_0^4 \mathrm{d}y\int_{\frac{y^2}{4}}^{y} f(x,y)\mathrm{d}x$;

(3) $\int_{-r}^{r} \mathrm{d}x\int_0^{\sqrt{r^2-x^2}} f(x,y)\mathrm{d}y$, $\int_0^{r} \mathrm{d}y\int_{-\sqrt{r^2-y^2}}^{\sqrt{r^2-y^2}} f(x,y)\mathrm{d}x$;

(4) $\int_0^1 \mathrm{d}x\int_{\mathrm{e}^x}^{\mathrm{e}} f(x,y)\mathrm{d}y$, $\int_1^{\mathrm{e}} \mathrm{d}y\int_0^{\ln y} f(x,y)\mathrm{d}x$.

3. (1) $\int_{-1}^{1} \mathrm{d}x\int_0^{\sqrt{1-x^2}} f(x,y)\mathrm{d}y$; (2) $\int_0^1 \mathrm{d}y\int_{\mathrm{e}^y}^{\mathrm{e}} f(x,y)\mathrm{d}x$.

4. (1) $\pi\left(1-\cos\dfrac{\pi^2}{4}\right)$; (2) $\dfrac{1}{4}(2\ln 2-1)$; (3) $\dfrac{3\pi^3}{64}$; (4) $\dfrac{3}{4}\pi a^4$.

5. (1) $\int_0^{\frac{\pi}{2}} \mathrm{d}\theta\int_0^1 f(\rho\cos\theta,\rho\sin\theta)\rho\mathrm{d}\rho$;

(2) $\int_0^{2\pi} \mathrm{d}\theta\int_0^1 f(\rho)\rho\mathrm{d}\rho$;

(3) $\int_0^{\frac{\sqrt{2}}{2}a} \mathrm{d}y\int_y^{\sqrt{a^2-y^2}} f(\sqrt{x^2+y^2})\mathrm{d}x$或$\int_0^{\frac{\sqrt{2}}{2}a} \mathrm{d}x\int_0^x f(\sqrt{x^2+y^2})\mathrm{d}y$

$+\int_{\frac{\sqrt{2}}{2}a}^{a} \mathrm{d}x\int_0^{\sqrt{a^2-x^2}} f(\sqrt{x^2+y^2})\mathrm{d}y$;

(4) $\int_{-1}^{1} \mathrm{d}x\int_{1-\sqrt{1-x^2}}^{1+\sqrt{1-x^2}} f(x,y)\mathrm{d}y$ 或 $\int_0^2 \mathrm{d}y\int_{-\sqrt{2y-y^2}}^{\sqrt{2y-y^2}} f(x,y)\mathrm{d}x$.

6. (1) $\dfrac{6}{55}$; (2) $\dfrac{64}{15}$; (3) $\dfrac{14}{3}\pi$; (4) $e-\dfrac{1}{\mathrm{e}}$; (5) $\dfrac{\pi a^4}{2}$.

7. (1) $\dfrac{17}{6}$; (2) $\dfrac{16}{3}R^3$; (3) 6π; (4) $\dfrac{\pi}{12}$.

8. $\dfrac{\pi}{16}$.

9. $\dfrac{5}{3}$.

10. (1) $-\frac{2}{5}$; (2) $\frac{\pi}{2}-1$; (3) $\frac{\pi}{2}(1-\cos a^2)$; (4) $-\frac{8}{3}$.

11. 提示：将左式交换积分次序.

12. 提示：利用对称性.

*13 (1) $\frac{\pi^2}{2}$; (2) $\frac{\mathrm{e}-1}{2}$.

习题 8-3

1. (1) $I=\int_{-\sqrt{h}}^{\sqrt{h}}\mathrm{d}x\int_{-\sqrt{h-x^2}}^{\sqrt{h-x^2}}\mathrm{d}y\int_{x^2+y^2}^{h}f(x,y,z)\mathrm{d}z$;

(2) $I=\int_0^1\mathrm{d}x\int_0^{1-x}\mathrm{d}y\int_0^{2-(x^2+y^2)}f(x,y,z)\mathrm{d}z$;

(3) $I=\int_{-1}^1\mathrm{d}x\int_{-\sqrt{1-x^2}}^{\sqrt{1-x^2}}\mathrm{d}y\int_{x^2+2y^2}^{2-x^2}f(x,y,z)\mathrm{d}z$;

(4) $I=\int_{-\frac{\sqrt{2}}{2}}^{\frac{\sqrt{2}}{2}}\mathrm{d}x\int_{-\sqrt{\frac{1}{2}-x^2}}^{\sqrt{\frac{1}{2}-x^2}}\mathrm{d}y\int_{\sqrt{x^2+y^2}}^{\sqrt{1-x^2-y^2}}f(x,y,z)\mathrm{d}z$.

2. (1) 27; (2) $\frac{1}{2}\left(\ln 2-\frac{5}{8}\right)$; (3) $\frac{1}{48}$; (4) 0.

3. (1) 32π; (2) $\frac{\pi}{10}a^5$; (3) $\frac{4}{5}\pi$; (4) $\frac{7}{6}\pi a^4$.

4. (1) $\int_{-1}^1\mathrm{d}x\int_{-\sqrt{1-x^2}}^{\sqrt{1-x^2}}\mathrm{d}y\int_{\sqrt{3(x^2+y^2)}}^{\sqrt{4-x^2-y^2}}f(x,y,z)\mathrm{d}z$;

(2) $\int_0^{2\pi}\mathrm{d}\theta\int_0^1\rho\mathrm{d}\rho\int_{\sqrt{3}\rho}^{\sqrt{4-\rho^2}}f(\rho\cos\theta,\rho\sin\theta,z)\mathrm{d}z$;

(3) $\int_0^{2\pi}\mathrm{d}\theta\int_0^{\frac{\pi}{6}}\mathrm{d}\varphi\int_0^2 f(r\sin\varphi\cos\theta,r\sin\varphi\sin\theta,r\cos\varphi)r^2\sin\varphi\mathrm{d}r$.

5. (1) $\frac{16}{3}\pi$; (2) $\frac{4}{15}\pi abc^3$; (3) $\frac{\pi}{10}$; (4) $\frac{1}{8}$.

6. (1) $\frac{16}{3}$; (2) π; (3) $\frac{32}{3}\pi$; (4) $\frac{2}{3}\pi(5\sqrt{5}-4)$.

7. (1) $\frac{5}{2}$; (2) $\frac{4}{5}\pi R^5$.

8. $\frac{\pi}{10}$.

9. $4\sqrt{2}\pi$.

习题 8-4

1. (1) $\sqrt{2}\pi$; (2) $16R^2$; (3) $4\pi R^2$.

2. 42.5%.

3. (1) $\left(0,\frac{7}{3}\right)$; (2) $\left(\frac{1}{3}a,\frac{1}{3}a\right)$; (3) $\left(\frac{35}{48},\frac{35}{54}\right)$; (4) $(0,0)$.

4. (1) $\left(0,0,\frac{14}{9}\right)$; (2) $\left(\frac{2}{5},\frac{2}{5},\frac{7}{30}\right)$; (3) $\left(0,0,\frac{a^3}{4}\right)$.

5. (1) $\frac{1}{4}\mu a^4\cdot\frac{\pi}{2}=\frac{1}{4}Ma^2$, 其中 $M=\frac{1}{2}\pi a^2\mu$, 为半圆薄片的质量;

(2) $I_x=\frac{72}{5}$, $I_y=\frac{96}{7}$;

(3) $\frac{2}{5}a^2M$, 其中 $M=\frac{4}{3}\pi a^3\rho$ 为球体的质量;

(4) $\frac{1}{2}\pi ha^4$.

6. (1) $\frac{8}{3}\rho a^4$; (2) $\left(0,0,\frac{7}{15}a^2\right)$; (3) $\frac{112}{45}\rho a^6$.

7. $\boldsymbol{F}=\left(0,0,2G\pi mh\left(1-\frac{h}{l}\right)\right)$, 其中 G 为引力常量.

8. $\left(0,0,-\frac{R}{4}\right)$.

9. $\left(2G\mu\left(\ln\frac{\sqrt{R_2^2+a^2}+R_2}{\sqrt{R_1^2+a^2}+R_1}-\frac{R_2}{\sqrt{R_2^2+a^2}}+\frac{R_1}{\sqrt{R_1^2+a^2}}\right),0,\pi Ga\mu\left(\frac{1}{\sqrt{R_2^2+a^2}}-\frac{1}{\sqrt{R_1^2+a^2}}\right)\right)$.

总复习题八

1. (1) 2; (2) $(1-x)f(x)$; (3) $\int_0^1\mathrm{d}y\int_y^1 f(x,y)\mathrm{d}x$; (4) $\frac{4}{15}\pi(a^2+b^2)$;

(5) $\int_{\frac{1}{2}}^1\mathrm{d}x\int_{\sqrt{1-x^2}}^{\sqrt{2x-x^2}} f(x,y)\mathrm{d}y+\int_1^2\mathrm{d}x\int_0^{\sqrt{2x-x^2}} f(x,y)\mathrm{d}y$.

2. (1) C; (2) A; (3) C; (4) C; (5) C.

3. (1) $\frac{5\pi}{4}$; (2) $\frac{3}{2}+\cos 1+\sin 1-\cos 2-2\sin 2$; (3) $\pi^2-\frac{40}{9}$; (4) $\frac{1}{9}(3\pi-4)R^3$.

4. (1) $\int_{-2}^0\mathrm{d}x\int_{2x+4}^{-x^2+4} f(x,y)\mathrm{d}y$;

(2) $\int_0^2\mathrm{d}x\int_{\frac{1}{2}x}^{3-x} f(x,y)\mathrm{d}y$;

(3) $\int_0^1\mathrm{d}y\int_0^{y^2} f(x,y)\mathrm{d}x+\int_1^2\mathrm{d}y\int_0^{\sqrt{2y-y^2}} f(x,y)\mathrm{d}x$;

(4)
$$-\int_1^{\sqrt{6}-1}\mathrm{d}y\int_1^{\frac{y^2+1}{2}} f(x,y)\mathrm{d}x-\int_{\sqrt{6}-1}^2\mathrm{d}y\int_1^{3-y} f(x,y)\mathrm{d}x$$
$$+\int_1^{\sqrt{6}-1}\mathrm{d}y\int_{3-y}^2 f(x,y)\mathrm{d}x+\int_{\sqrt{6}-1}^{\sqrt{3}}\mathrm{d}y\int_{\frac{y^2+1}{2}}^2 f(x,y)\mathrm{d}x.$$

5. $\frac{49}{20}$.

6. (1) 2560π; (2) 0; (3) $\frac{250}{3}\pi$; (4) $2340\frac{20}{21}\pi$.

7. $4\pi x^2 f(x^2)$.

8. (1) $\frac{5}{6}\pi a^2$; (2) $\pi a^2\left[\sqrt{2}+\frac{1}{6}(5\sqrt{5}-1)\right]$.

9. $\sqrt{\frac{2}{3}}R$.

10. $F=(0,0,(2-\sqrt{2})\pi\mu GR)$.

第九章　曲线积分与曲面积分

第八章所讨论的二重积分与三重积分, 是定积分的一种推广. 本章所讨论的曲线积分与曲面积分, 也是定积分的推广, 它们分别以一段曲线弧 (平面的和空间的) 或一张曲面为积分区域. 这两类积分同样有很丰富的实际背景. 依据物理和几何问题的不同要求, 曲线积分和曲面积分都分两种类型, 其中第一型曲线积分和曲面积分与方向无关, 而第二型曲线积分和曲面积分与方向有关.

第一节　对弧长的曲线积分

定积分研究的是定义在直线段上函数的积分, 本节将研究定义在曲线弧段上函数的积分.

一、 对弧长的曲线积分的概念

为了引入对弧长的曲线积分概念, 先看一个例子.

例 1　设一曲线形构件占有 xOy 平面内的一段曲线弧 L, 已知它在点 (x,y) 处的线密度为 $\mu(x,y)$. 求该曲线形构件的质量 M.

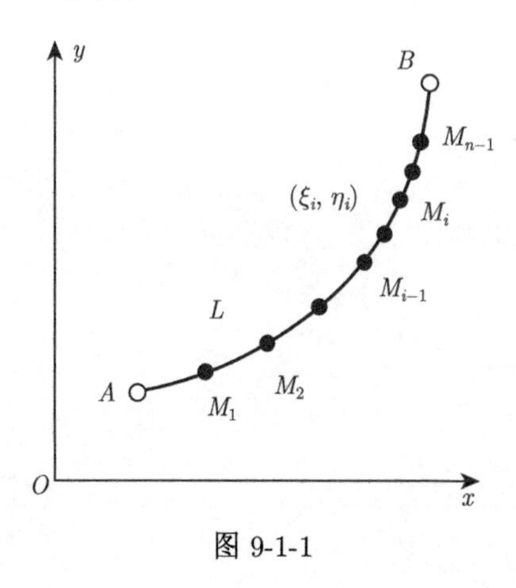

图 9-1-1

解　我们仍用分割、近似替代、求和、取极限的方法求 M 的值. 如图 9-1-1 所示, 在曲线弧 L 上任意插入 $n-1$ 个分点 $M_1, M_2, \cdots, M_{n-1}$, 将曲线弧 L 分成 n 个小曲线弧段, 每一小弧段分别用 $\Delta s_1, \Delta s_2, \cdots, \Delta s_n$ 表示, 这里 $\Delta s_i(i=1,2,\cdots,n)$ 也表示它的弧长, 任取一点 $(\xi_i,\eta_i)\in\Delta s_i$, 当 Δs_i 充分小时, 第 i 个小弧段的质量可近似地表示为 $\mu(\xi_i,\eta_i)\Delta s_i$, 则整个曲线形构件的质量 M 近似地表示为

$$M \approx \sum_{i=1}^{n}\mu(\xi_i,\eta_i)\Delta s_i,$$

令 $\lambda=\max\{\Delta s_1,\Delta s_2,\cdots,\Delta s_n\}\to 0$, 则整个曲线形构件的质量为

$$M=\lim_{\lambda\to 0}\sum_{i=1}^{n}\mu(\xi_i,\eta_i)\Delta s_i.$$

这种和的极限在研究其他问题时也常会遇到. 抽去其物理意义, 引入对弧长的曲线积分概念.

定义 1　设 L 为 xOy 面内的一条光滑曲线弧段, 函数 $f(x,y)$ 在 L 上连续. 在 L 上任意插入一点列 $M_1, M_2, \cdots, M_{n-1}$, 把 L 分为 n 个小弧段. 设第 i 个小弧段为 $\Delta s_i(i=1,2,\cdots,n)$($\Delta s_i$ 表示小弧段的长度), 任取一点 $(\xi_i,\eta_i)\in\Delta s_i$, 作和 $\sum\limits_{i=1}^{n} f(\xi_i,\eta_i)\Delta s_i$, 若各小弧段的长度的最大值 $\lambda\to 0$ 时, 此和的极限总存在, 则称此极限为函数 $f(x,y)$ 在曲线弧 L 上对弧长的曲线积分 (亦称为第一类曲线积分), 记作 $\int_L f(x,y)\mathrm{d}s$, 即

$$\int_L f(x,y)\mathrm{d}s=\lim_{\lambda\to 0}\sum_{i=1}^{n} f(\xi_i,\eta_i)\Delta s_i.$$

其中, $f(x,y)$ 称为**被积函数**; $\mathrm{d}s$ 称为**曲线微元**; $f(x,y)\mathrm{d}s$ 称为**被积表达式**; L 称为**积分弧段**.

类似地, 可将对弧长的曲线积分推广到空间曲线弧段 Γ 的情形: 若函数 $f(x,y,z)$ 在空间光滑曲线弧段 Γ 上连续, 则同样定义 $f(x,y,z)$ 在 Γ 上对弧长的曲线积分

$$\int_\Gamma f(x,y,z)\mathrm{d}s=\lim_{\lambda\to 0}\sum_{i=1}^{n} f(\xi_i,\eta_i,\zeta_i)\Delta s_i.$$

由上述对弧长的曲线积分的定义知, 上例中的曲线形构件的质量就是曲线积分 $\int_L \mu(x,y)\mathrm{d}s$ 的值, 其中 $\mu(x,y)$ 为线密度, 即

$$M=\int_L \mu(x,y)\mathrm{d}s.$$

可以证明, 当 $f(x,y)$ 或 $f(x,y,z)$ 在光滑曲线弧 L 或 Γ 上连续时, 对弧长的曲线积分 $\int_L f(x,y)\mathrm{d}s$ 或 $\int_\Gamma f(x,y,z)\mathrm{d}s$ 总是存在的. 以后我们总假定曲线弧 L(或 Γ) 是光滑的或分段光滑的, $f(x,y)$ 或 $f(x,y,z)$ 在曲线弧 L 或 Γ 上是连续的. 由第一类曲线积分的定义容易证明函数在 L 或 Γ 上的曲线积分等于函数在光滑的各弧段上的曲线积分之和.

若 L 或 Γ 是闭曲线, 函数 $f(x,y)$ 或 $f(x,y,z)$ 在闭曲线弧 L 或 Γ 上连续, 则函数 $f(x,y)$ 或 $f(x,y,z)$ 在闭曲线上对弧长的曲线积分记作

$$\oint_L f(x,y)\mathrm{d}s \quad 或 \quad \oint_\Gamma f(x,y,z)\mathrm{d}s.$$

二、 对弧长的曲线积分的性质

若对弧长的曲线积分 $\int_L f(x,y)\mathrm{d}s$, $\int_L g(x,y)\mathrm{d}s$ 存在时, 其有与定积分类似的性质, 这里不加证明地给出它的一些基本性质.

性质 1　设 C_1, C_2 为常数, 则

$$\int_L [C_1 f(x,y)+C_2 g(x,y)]\mathrm{d}s=C_1\int_L f(x,y)\mathrm{d}s+C_2\int_L g(x,y)\mathrm{d}s.$$

性质 2　若积分弧段 L 由两段光滑曲线弧 L_1 和 L_2 组成, 记作 $L=L_1+L_2$, 则

$$\int_L f(x,y)\mathrm{d}s=\int_{L_1} f(x,y)\mathrm{d}s+\int_{L_2} f(x,y)\mathrm{d}s.$$

性质 2 可推广到有限个分段光滑曲线弧段和的情形.

性质 3 设在 L 上 $f(x,y)\leqslant g(x,y)$, 则

$$\int_L f(x,y)\mathrm{d}s\leqslant\int_L g(x,y)\mathrm{d}s;$$

特别地, 有

$$\left|\int_L f(x,y)\mathrm{d}s\right|\leqslant\int_L |f(x,y)|\mathrm{d}s.$$

性质 4 $\int_L 1\cdot\mathrm{d}s=s$(其中 s 表示曲线 L 的弧长).

性质 5 设 L 有两个端点 A 与 B, 若用 $\int_{AB} f(x,y)\mathrm{d}s$, $\int_{BA} f(x,y)\mathrm{d}s$ 分别表示沿 L 从 A 到 B 的积分与从 B 到 A 的积分, 则有

$$\int_{AB} f(x,y)\mathrm{d}s=\int_{BA} f(x,y)\mathrm{d}s.$$

这是由于对弧长的曲线积分定义中的 $f(\xi_i,\eta_i)$ 与曲线走向无关, 而 Δs_i 是第 i 段小曲线的长度, 也与曲线的走向无关, 即第一型曲线积分的值不依赖于积分的走向.

对空间弧长的曲线积分亦有类似的性质.

三、 对弧长的曲线积分的计算

求对弧长的曲线积分一般将其化为定积分来计算, 有如下结论.

定理 1 设曲线 L 的参数方程为 $\begin{cases}x=\varphi(t),\\ y=\psi(t),\end{cases}$ $(a\leqslant t\leqslant b)$, 其中 $\varphi(t),\psi(t)$ 在区间 $[a,b]$ 上具有一阶连续导数, 且 $\varphi'^2(t)+\psi'^2(t)\neq 0$, 若 $f(x,y)$ 为定义在曲线 L 上的连续函数, 则曲线积分 $\int_L f(x,y)\mathrm{d}s$ 存在, 且

$$\int_L f(x,y)\mathrm{d}s=\int_a^b f[\varphi(t),\psi(t)]\sqrt{\varphi'^2(t)+\psi'^2(t)}\mathrm{d}t. \tag{9-1-1}$$

证 设 L 上的端点 A 与 B 对应的坐标分别为 $A(\varphi(a),\psi(a))$ 与 $B(\varphi(b),\psi(b))$. 在 L 上取一点列 $A=M_0,M_1,M_2,\cdots,M_{n-1},M_n=B$, 它们分别对应于一列单调增加的参数值,

$$a=t_0<t_1<t_2<\cdots<t_{n-1}<t_n=b.$$

由弧长公式知, L 上由 $t=t_{i-1}$ 到 $t=t_i$ $(i=1,2,\cdots,n)$ 的弧长

$$\Delta s_i=\int_{t_{i-1}}^{t_i}\sqrt{\varphi'^2(t)+\psi'^2(t)}\mathrm{d}t,$$

应用积分中值定理, 有

$$\Delta s_i=\sqrt{\varphi'^2(\tau_i')+\psi'^2(\tau_i')}\Delta t_i\quad (t_{i-1}\leqslant\tau_i'\leqslant t_i,\Delta t_i=t_i-t_{i-1}),$$

又设点 (ξ_i,η_i) 对应于参数值 τ_i, 即 $\xi_i=\varphi(\tau_i),\eta_i=\psi(\tau_i)$, $t_{i-1}\leqslant\tau_i\leqslant t_i$, 根据对弧长的曲线积分的定义有

$$\begin{aligned}\int_L f(x,y)\mathrm{d}s&=\lim_{\lambda\to0}\sum_{i=1}^n f(\xi_i,\eta_i)\Delta s_i\\&=\lim_{\lambda\to0}\sum_{i=1}^n f[\varphi(\tau_i),\psi(\tau_i)]\sqrt{\varphi'^2(\tau_i')+\psi'^2(\tau_i')}\Delta t_i.\end{aligned}$$

由于函数 $\sqrt{\varphi'^2(t)+\psi'^2(t)}$ 在 $[a,b]$ 上连续, 可以证明将上式中的 τ_i' 换为 τ_i 时等式成立 (详见数学分析教材), 即

$$\int_L f(x,y)\mathrm{d}s=\lim_{\lambda\to0}\sum_{i=1}^n f[\varphi(\tau_i),\psi(\tau_i)]\sqrt{\varphi'^2(\tau_i)+\psi'^2(\tau_i)}\Delta t_i.$$

因为函数 $f[\varphi(t),\psi(t)]\sqrt{\varphi'^2(t)+\psi'^2(t)}$ 在 $[a,b]$ 上连续, 故上式极限存在, 即对弧长的曲线积分存在, 且由定积分的定义,

$$\begin{aligned}&\lim_{\lambda\to0}\sum_{i=1}^n f[\varphi(\tau_i),\psi(\tau_i)]\sqrt{\varphi'^2(\tau_i)+\psi'^2(\tau_i)}\Delta t_i\\=&\int_a^b f[\varphi(t),\psi(t)]\sqrt{\varphi'^2(t)+\psi'^2(t)}\mathrm{d}t,\end{aligned}$$

所以 $\displaystyle\int_L f(x,y)\mathrm{d}s=\int_a^b f[\varphi(t),\psi(t)]\sqrt{\varphi'^2(t)+\psi'^2(t)}\mathrm{d}t(a<b)$.

公式 (9-1-1) 表明, 计算 $\displaystyle\int_L f(x,y)\mathrm{d}s$ 时, 只要将式中 $x,y,\mathrm{d}s$ 依次换为 $\varphi(t),\psi(t)$, $\sqrt{\varphi'^2(t)+\psi'^2(t)}\mathrm{d}t$, 再从 a 到 b 作定积分即可. 类似地还有如下**计算公式**.

若曲线 L 的一般方程为 $y=\psi(x)(a\leqslant x\leqslant b)$, 且 $\psi(x)$ 在区间 $[a,b]$ 上具有一阶连续导数, 则

$$\int_L f(x,y)\mathrm{d}s=\int_a^b f[x,\psi(x)]\sqrt{1+\psi'^2(x)}\mathrm{d}x\quad(a<b);\tag{9-1-2}$$

若曲线 L 的一般方程为 $x=\varphi(y)(c\leqslant y\leqslant d)$, 且 $\varphi(y)$ 在区间 $[c,d]$ 上具有一阶连续导数, 则

$$\int_L f(x,y)\mathrm{d}s=\int_c^d f[\varphi(y),y]\sqrt{1+\varphi'^2(y)}\mathrm{d}y\quad(c<d);\tag{9-1-3}$$

若曲线 L 的极坐标方程为 $\rho=\rho(\theta)(\alpha\leqslant\theta\leqslant\beta)$, 且 $\rho(\theta)$ 在区间 $[\alpha,\beta]$ 上具有一阶连续导数, 则

$$\int_L f(x,y)\mathrm{d}s=\int_\alpha^\beta f(\rho(\theta)\cos\theta,\rho(\theta)\sin\theta)\sqrt{\rho(\theta)^2+\rho'^2(\theta)}\mathrm{d}\theta\quad(\alpha<\beta).\tag{9-1-4}$$

公式 (9-1-1) 也可推广到空间曲线 $\varGamma$ 上的情形.

若空间曲线 Γ 的参数方程为 $\begin{cases} x=\varphi(t), \\ y=\psi(t), \\ z=\omega(t), \end{cases}$ $(a \leqslant t \leqslant b)$, 其中 $\varphi(t), \psi(t), \omega(t)$ 在区间 $[a,b]$ 上具有一阶连续导数, 且 $\varphi'^2(t)+\psi'^2(t)+\omega'(t) \neq 0$, 则

$$\begin{aligned} &\int_\Gamma f(x,y,z)\mathrm{d}s \\ =&\int_a^b f[\varphi(t),\psi(t),\omega(t)]\sqrt{\varphi'^2(t)+\psi'^2(t)+\omega'^2(t)}\mathrm{d}t \quad (a<b). \end{aligned} \tag{9-1-5}$$

注　在公式 (9-1-1)~(9-1-5) 中, 右式定积分的下限一定要小于上限. 因为从公式的推导过程中可以看出, Δs_i 总是正的, 从而 $\Delta t_i > 0$, 所以下限一定小于上限.

例 2　计算 $\oint_L (x^2+y^2)^3 \mathrm{d}s$, 其中 L 为圆周 $\begin{cases} x=a\cos t, \\ y=a\sin t, \end{cases}$ $(a>0,\ 0 \leqslant t \leqslant 2\pi)$.

解　L 的方程为参数形式, 由公式 (9-1-1) 得

$$\begin{aligned} &\oint_L (x^2+y^2)^3 \mathrm{d}s \\ =&\int_0^{2\pi} (a^2\cos^2 t + a^2 \sin^2 t)^3 \sqrt{(-a\sin t)^2+(a\cos t)^2}\mathrm{d}t \\ =&\int_0^{2\pi} a^7 \mathrm{d}t = 2\pi a^7. \end{aligned}$$

例 3　计算 $\int_L xy^2 \mathrm{d}s$, 其中 L 是以 $O(0,0), A(1,0), B(1,1)$ 为顶点的三角形的边界 (图 9-1-2).

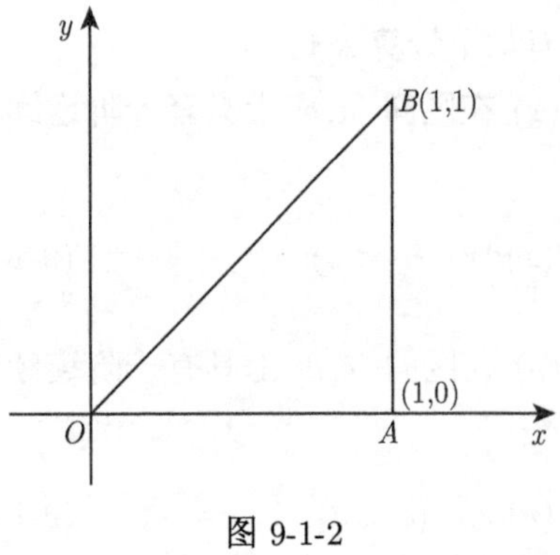

图 9-1-2

解　L 由三条直线段 $\overline{OA}, \overline{AB}, \overline{BO}$ 构成, 它们的方程依次为

$$y=0(0 \leqslant x \leqslant 1);\quad x=1(0 \leqslant y \leqslant 1);\quad y=x(0 \leqslant x \leqslant 1).$$

它们的弧微分依次为 $\mathrm{d}s = \sqrt{1+0^2}\mathrm{d}x; \mathrm{d}s = \sqrt{1+0^2}\mathrm{d}y; \mathrm{d}s = \sqrt{1+1^2}\mathrm{d}x$, 这样我们有

$$\begin{aligned} &\int_{\overline{OA}} xy^2 \mathrm{d}s = \int_0^1 x \cdot 0^2 \mathrm{d}x = 0, \\ &\int_{\overline{AB}} xy^2 \mathrm{d}s = \int_0^1 1 \cdot y^2 \mathrm{d}y = \frac{1}{3}, \\ &\int_{\overline{BO}} xy^2 \mathrm{d}s = \int_0^1 x \cdot x^2\sqrt{2} \mathrm{d}x = \frac{\sqrt{2}}{4}. \end{aligned}$$

从而

$$\int_L xy^2 \mathrm{d}s = \frac{1}{3} + \frac{\sqrt{2}}{4}.$$

在这个例子中, 当计算 $\overline{OA}, \overline{BO}$ 上的积分时, 我们选取 x 为参数, 而在计算 $\overline{AB}$ 上的积分时, 选取了 y 为参数, 并且在计算时, 我们总使上限大于下限.

例 4　计算 $\oint_{\Gamma}(x^2+y^2+z^2)\mathrm{d}s$, 其中 Γ 为球面 $x^2+y^2+z^2=\dfrac{9}{2}$ 与平面 $x+z=1$ 的交线.

解　设 Γ 的参数方程为 $\begin{cases} x=\dfrac{1}{2}+\sqrt{2}\cos\theta, \\ y=2\sin\theta, \\ z=\dfrac{1}{2}-\sqrt{2}\cos\theta, \end{cases}$ $(0\leqslant\theta\leqslant 2\pi)$,

由公式 (9-1-5) 得

$$\mathrm{d}s=\sqrt{(-\sqrt{2}\sin\theta)^2+(2\cos\theta)^2+(\sqrt{2}\sin\theta)^2}\mathrm{d}\theta=2\mathrm{d}\theta,$$

于是

$$\oint_{\Gamma}(x^2+y^2+z^2)\mathrm{d}s=\int_0^{2\pi}\frac{9}{2}\cdot 2\mathrm{d}\theta=18\pi.$$

四、 对弧长的曲线积分的应用

设在空间有一质量连续分布的曲线弧 Γ, 在点 (x,y,z) 处的线密度为 $\mu(x,y,z)$, 则可用对弧长的曲线积分表示曲线弧的质量 M, 对 x 轴、y 轴和 z 轴的转动惯量为 I_x,I_y,I_z 以及它的质心坐标为 $(\bar{x},\bar{y},\bar{z})$.

由曲线积分的定义和物理概念知

$$M=\int_{\Gamma}\mu(x,y,z)\mathrm{d}s, \tag{9-1-6}$$

$$\begin{cases} I_x=\displaystyle\int_{\Gamma}(y^2+z^2)\cdot\mu(x,y,z)\mathrm{d}s, \\ I_y=\displaystyle\int_{\Gamma}(x^2+z^2)\cdot\mu(x,y,z)\mathrm{d}s, \\ I_z=\displaystyle\int_{\Gamma}(x^2+y^2)\cdot\mu(x,y,z)\mathrm{d}s, \end{cases} \tag{9-1-7}$$

$$\begin{cases} \bar{x}=\dfrac{\displaystyle\int_{\Gamma}x\mu(x,y,z)\mathrm{d}s}{M}, \\ \bar{y}=\dfrac{\displaystyle\int_{\Gamma}y\mu(x,y,z)\mathrm{d}s}{M}, \\ \bar{z}=\dfrac{\displaystyle\int_{\Gamma}z\mu(x,y,z)\mathrm{d}s}{M}. \end{cases} \tag{9-1-8}$$

对于平面曲线, 作为公式 (9-1-6)、(9-1-7)、(9-1-8) 的特殊情形, 请读者自行给出.

例 5　设有圆弧段 $L:\begin{cases} x=R\cos t, \\ y=R\sin t, \end{cases}$ $(-\alpha\leqslant t\leqslant\alpha)$, 其线密度 $\mu=1$, 计算它对于 x 轴的转动惯量 I 和质心坐标.

解　由公式 (9-1-7) 的特殊情形得圆弧段对于 x 轴的转动惯量

$$I_x=\int_L y^2\mathrm{d}s$$

$$= \int_{-\alpha}^{\alpha} R^2 \sin^2 t\sqrt{(-R\sin t)^2 + (R\cos t)^2}\,\mathrm{d}t$$
$$= R^3 \int_{-\alpha}^{\alpha} \sin^2 t\mathrm{d}t = \frac{R^3}{2}\left[t - \frac{\sin(2t)}{2}\right]_{-\alpha}^{\alpha} = R^3(\alpha - \sin\alpha\cos\alpha).$$

由公式 (9-1-8) 的特殊情形得

$$\bar{x} = \frac{M_x}{M} = \frac{1}{2\alpha R}\int_L x\mathrm{d}s = \frac{1}{2\alpha R}\int_{-\alpha}^{\alpha} R\cos t\cdot R\mathrm{d}t = \frac{R\sin\alpha}{\alpha},$$

又由对称性知 $\bar{y} = 0$, 故所求圆弧段的质心坐标为 $\left(\dfrac{R\sin\alpha}{\alpha}, 0\right)$.

例 6　设有一螺旋形弹簧一圈的方程为 $\varGamma:\begin{cases} x = 3\cos t, \\ y = 3\sin t, \\ z = 4t, \end{cases}$ $(0 \leqslant t \leqslant 2\pi)$, 其线密度函数 $\mu(x,y,z) = x^2 + y^2 + z^2$, 求:

(1) 它的质量;

(2) 它的质心;

(3) 它关于 z 轴的转动惯量.

解　(1) 由公式 (9-1-6) 得弹簧的质量

$$M = \int_\varGamma (x^2 + y^2 + z^2)\mathrm{d}s = 5\int_0^{2\pi}(9 + 16t^2)\mathrm{d}t = \frac{10\pi}{3}(27 + 64\pi^2);$$

(2) 设弹簧的质心坐标为 $(\bar{x}, \bar{y}, \bar{z})$, 则由公式 (9-1-8) 得

$$\bar{x} = \frac{\displaystyle\int_\varGamma x(x^2 + y^2 + z^2)\mathrm{d}s}{M} = \frac{\displaystyle\int_0^{2\pi} 15\cos t(9 + 16t^2)\mathrm{d}t}{M} = \frac{288}{27 + 64\pi^2},$$

同理可得

$$\bar{y} = \frac{-288\pi}{27 + 64\pi^2}, \quad \bar{z} = \frac{12(9\pi + 32\pi^3)}{27 + 64\pi^2},$$

从而质心坐标为

$$\left(\frac{288}{27 + 64\pi^2}, \frac{-288\pi}{27 + 64\pi^2}, \frac{12(9\pi + 32\pi^3)}{27 + 64\pi^2}\right);$$

(3) 由公式 (9-1-7) 得弹簧对 z 轴的转动惯量

$$I_z = \int_\varGamma (x^2 + y^2)(x^2 + y^2 + z^2)\mathrm{d}s = 30\pi(27 + 64\pi^2).$$

习　题　9-1

1. 设 L 为椭圆 $\dfrac{x^2}{4} + \dfrac{y^2}{3} = 1$, 其周长为 a, 计算对弧长的曲线积分 $\displaystyle\oint_L (2xy + 3x^2 + 4y^2)\mathrm{d}s$.

2. 计算下列对弧长的曲线积分.

(1) $\int_L \sqrt{y}\mathrm{d}s$, 其中 L 为抛物线 $y=x^2$ 上点 $O(0,0)$ 与点 $B(1,1)$ 之间的一段弧;

(2) $\oint_L (x+\sqrt{y})\mathrm{d}s$, 其中 L 为由直线 $y=x$ 及抛物线 $y=x^2$ 所围成的区域的整个边界;

(3) $\oint_L y\mathrm{e}^{x^2+y^2}\mathrm{d}s$, 其中 L 为上半圆周 $x^2+y^2=2x\ (y>0)$ 与 x 轴所围成的区域的整个边界;

(4) $\int_\Gamma (x^2+y^2+z^2)\mathrm{d}s$, 其中 Γ 为螺旋线 $x=a\cos t, y=a\sin t, z=kt\ (0\leqslant t\leqslant 2\pi)$ 上的一段弧;

(5) $\int_\Gamma \dfrac{1}{x^2+y^2+z^2}\mathrm{d}s$, 其中 Γ 为曲线 $x=\mathrm{e}^t\cos t, y=\mathrm{e}^t\sin t, z=\mathrm{e}^t\ (0\leqslant t\leqslant 2)$ 上的一段弧;

(6) $\int_\Gamma x^2yz\mathrm{d}s$, 其中 Γ 为折线 $ABCD$, 它的各个点的坐标分别为 $A(0,0,0)$, $B(0,0,2)$, $C(1,0,2)$ 和 $D(1,3,2)$.

3. 计算 $\oint_\Gamma x^2\mathrm{d}s$, 其中 Γ 为圆周: $\begin{cases} x^2+y^2+z^2=a^2, \\ x+y+z=0, \end{cases}\ (a>0)$.

4. 计算 $\int_L (x+y)\mathrm{d}s$, 其中 L 为双纽线 $\rho^2=a^2\cos(2\theta)$(极坐标方程) 的右一瓣.

5. 计算球面上的曲边三角形 Γ: $x^2+y^2+z^2=a^2, x\geqslant 0, y\geqslant 0, z\geqslant 0$ 的边界线的形心坐标.

6. 设 L 是星形线 $x=a\cos^3 t, y=a\sin^3 t\left(0\leqslant t\leqslant \dfrac{\pi}{2}\right)$ 的一部分, 它的线密度 $\mu=1$, 求:

(1) 它的质量 M;

(2) 它的质心坐标 $(\bar{x},\bar{y})$;

(3) 它分别关于 x,y 轴的转动惯量 I_x, I_y.

7. 设一椭圆形构件的方程 $\Gamma:\begin{cases} x=\dfrac{a}{\sqrt{2}}\cos t, \\ y=\dfrac{a}{\sqrt{2}}\cos t, \\ z=a\sin t. \end{cases}\ (a>0,\ 0\leqslant t\leqslant 2\pi)$, 它的线密度 $\mu=\sqrt{2y^2+z^2}$, 求:

(1) 它的质量 M;

(2) 它的质心坐标 $(\bar{x},\bar{y},\bar{z})$;

(3) 它分别关于 x,y 和 z 轴的转动惯量 I_x, I_y 和 I_z.

第二节　对面积的曲面积分

对面积的曲面积分概念可以看作对弧长的曲线积分的推广, 其物理意义及讨论方法与第一类曲线积分类似.

一、对面积的曲面积分的概念

本章第一节中由求质量问题引入了曲线积分概念, 若将所讨论的对象由曲线 L 改换成曲面Σ, 并相应地将线密度 $\mu(x,y)$ 改换成面密度 $\mu(x,y,z)$, 小段曲线弧 Δs_i 改换成小块曲面 ΔS_i(也用 ΔS_i 表示该小块曲面的面积), 而将 $\forall(\xi_i,\eta_i)\in\Delta s_i$ 改换成 $\forall(\xi_i,\eta_i,\zeta_i)\in\Delta S_i$, 则在 $\mu(x,y,z)$ 在 Σ 上连续的条件下, 取各小块曲面的直径为 $\lambda_i(i=1,2,\cdots,n)$(曲面的直径是指

其外接球的直径), 当 $\lambda=\max\{\lambda_1,\lambda_2,\cdots,\lambda_n\}\to0$ 时, 极限

$$M=\lim_{\lambda\to0}\sum_{i=1}^{n}\mu(\xi_i,\eta_i,\zeta_i)\Delta S_i$$

表示占有曲面 Σ 的物质的质量 (图 9-2-1).

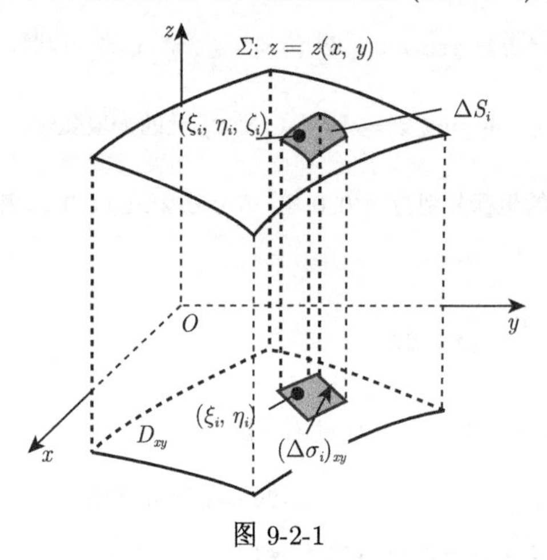

图 9-2-1

抽去其物理意义, 得出对面积的曲面积分的概念.

定义 1　设曲面 Σ 是光滑的, 函数 $f(x,y,z)$ 在 Σ 上有界. 把 Σ 任意分成 n 块小曲面 $\Delta S_i(i=1,2,\cdots,n)$(也用 ΔS_i 表示小块曲面的面积), 任取一点 $(\xi_i,\eta_i,\zeta_i)\in\Delta S_i$, 当各小块曲面的直径的最大值 $\lambda\to0$ 时, 极限 $\lim\limits_{\lambda\to0}\sum\limits_{i=1}^{n}f(\xi_i,\eta_i,\zeta_i)\Delta S_i$ 总存在, 则称此极限为函数 $f(x,y,z)$ 在曲面 Σ 上对面积的曲面积分 (也称为第一类曲面积分), 记作 $\iint\limits_{\Sigma}f(x,y,z)\mathrm{d}S$, 即

$$\iint\limits_{\Sigma}f(x,y,z)\mathrm{d}S=\lim_{\lambda\to0}\sum_{i=1}^{n}f(\xi_i,\eta_i,\zeta_i)\Delta S_i. \tag{9-2-1}$$

其中, $f(x,y,z)$ 称为**被积函数**; $\mathrm{d}S$ 称为**曲面微元**; $f(x,y,z)\mathrm{d}S$ 称为**被积表达式**; Σ 称为**积分曲面**.

由定义看出, 不均匀曲面 Σ 的质量 M 等于其面密度函数 $\mu(x,y,z)$ 在曲面 Σ 上对面积的曲面积分, 即

$$M=\iint\limits_{\Sigma}\mu(x,y,z)\mathrm{d}S.$$

当积分曲面 Σ 为一封闭图形时, 习惯上把 $f(x,y,z)$ 在 Σ 上的对面积的曲面积分记作

$$\oint\!\!\!\!\oint\limits_{\Sigma}f(x,y,z)\mathrm{d}S.$$

我们指出, 当 Σ 是分片光滑曲面, 函数 $f(x,y,z)$ 在 Σ 上连续时, 则 $f(x,y,z)$ 在 Σ 上对面积的曲面积分 $\iint\limits_{\Sigma}f(x,y,z)\mathrm{d}S$ 存在. 本书中总假定函数 $f(x,y,z)$ 在光滑曲面 Σ 上连续.

如果 Σ 是分片光滑的, 可以证明: 函数在 Σ 上对面积的曲面积分等于函数在光滑的各片曲面上对面积的曲面积分之和.

二、对面积的曲面积分的性质

若 $\iint\limits_{\Sigma}f(x,y,z)\mathrm{d}S$, $\iint\limits_{\Sigma}g(x,y,z)\mathrm{d}S$ 存在, 可以证明第一类曲面积分有与第一类曲线积分类似的性质.

(1) 设 C_1, C_2 为常数, 则

$$\iint\limits_{\Sigma}[C_1 f(x,y,z)+C_2 g(x,y,z)]\mathrm{d}S = C_1\iint\limits_{\Sigma} f(x,y,z)\mathrm{d}S + C_2\iint\limits_{\Sigma} g(x,y,z)\mathrm{d}S.$$

(2) 若积分曲面 Σ 可分成两片光滑曲面 Σ_1 和 Σ_2, 记作 $\Sigma=\Sigma_1+\Sigma_2$, 则

$$\iint\limits_{\Sigma} f(x,y,z)\mathrm{d}S = \iint\limits_{\Sigma_1} f(x,y,z)\mathrm{d}S + \iint\limits_{\Sigma_2} f(x,y,z)\mathrm{d}S,$$

并可推广到有限个分片光滑曲面和的情形.

(3) 设在曲面 Σ 上 $f(x,y,z)\leqslant g(x,y,z)$, 则

$$\iint\limits_{\Sigma} f(x,y,z)\mathrm{d}S \leqslant \iint\limits_{\Sigma} g(x,y,z)\mathrm{d}S;$$

特别地, 有

$$\left|\iint\limits_{\Sigma} f(x,y,z)\mathrm{d}S\right| \leqslant \iint\limits_{\Sigma} |f(x,y,z)|\mathrm{d}S.$$

(4) $\iint\limits_{\Sigma}\mathrm{d}S = A$, 其中 A 为曲面 Σ 的面积.

对面积的曲面积分的定义中, 积分和只涉及函数值 $f(\xi_i,\eta_i,\zeta_i)$ 及 ΔS_i, 而 ΔS_i 表示小曲面的面积, 它们均与曲面的去向无关, 所以第一型曲面积分与曲面的取向没有关系, 或者说, 第一型曲面积分是无方向性的.

三、 对面积的曲面积分的计算

第一型曲面积分的计算方法是设法将其转化为二重积分来计算. 下面给出其计算公式.

定理 1　设曲面 Σ 的方程为 $z=z(x,y)$, $(x,y)\in D_{xy}$, 其中 D_{xy} 为 Σ 在 xOy 上的投影区域, 函数 $z=z(x,y)$ 在 D_{xy} 上具有一阶连续偏导数, 函数 $f(x,y,z)$ 在 Σ 上连续, 则

$$\iint\limits_{\Sigma} f(x,y,z)\mathrm{d}S = \iint\limits_{D_{xy}} f[x,y,z(x,y)]\sqrt{1+z_x^2(x,y)+z_y^2(x,y)}\mathrm{d}x\mathrm{d}y. \tag{9-2-2}$$

证　根据对面积的曲面积分的定义, 有 $\iint\limits_{\Sigma} f(x,y,z)\mathrm{d}S=\lim\limits_{\lambda\to 0}\sum\limits_{i=1}^{n} f(\xi_i,\eta_i,\zeta_i)\Delta S_i$. 其中 ΔS_i 为 Σ 上第 i 小块曲面 (同时也表示第 i 小块曲面的面积), 设 ΔS_i 在 xOy 面上的投影区域为 $(\Delta\sigma_i)_{xy}$(同时也表示其投影区域的面积), 由曲面面积公式知

$$\Delta S_i = \iint\limits_{(\Delta\sigma_i)_{xy}}\sqrt{1+z_x^2(x,y)+z_y^2(x,y)}\mathrm{d}x\mathrm{d}y.$$

应用二重积分的中值定理, 有

$$\Delta S_i = \sqrt{1+z_x^2(\xi_i',\eta_i')+z_y^2(\xi_i',\eta_i')}(\Delta\sigma_i)_{xy},$$

其中, (ξ_i', η_i') 是 $(\Delta\sigma_i)_{xy}$ 上的一点. 又因为 (ξ_i, η_i, ζ_i) 是 Σ 上的一点, 所以 $\zeta_i = z(\xi_i, \eta_i)$, 这里 $(\xi_i, \eta_i, 0)$ 也是 $(\Delta\sigma_i)_{xy}$ 上的点. 于是

$$\begin{aligned}&\lim_{\lambda\to 0}\sum_{i=1}^{n} f(\xi_i, \eta_i, \zeta_i)\Delta S_i\\=&\lim_{\lambda\to 0}\sum_{i=1}^{n} f[\xi_i, \eta_i, z(\xi_i, \eta_i)]\sqrt{1 + z_x^2(\xi_i', \eta_i') + z_y^2(\xi_i', \eta_i')}(\Delta\sigma_i)_{xy}.\end{aligned}$$

由于函数 $f[x, y, z(x, y)]$ 与 $\sqrt{1 + z_x^2(x, y) + z_y^2(x, y)}$ 都在 D_{xy} 上连续, 可以证明将上式中的 (ξ_i', η_i') 换为 (ξ_i, η_i) 时极限存在且等式成立 (详见数学分析教材), 即

$$\begin{aligned}&\lim_{\lambda\to 0}\sum_{i=1}^{n} f(\xi_i, \eta_i, \zeta_i)\Delta S_i\\=&\lim_{\lambda\to 0}\sum_{i=1}^{n} f[\xi_i, \eta_i, z(\xi_i, \eta_i)]\sqrt{1 + z_x^2(\xi_i, \eta_i) + z_y^2(\xi_i, \eta_i)}(\Delta\sigma_i)_{xy}.\end{aligned}$$

而上式中的右端等于二重积分 $\iint\limits_{D_{xy}} f[x, y, z(x, y)]\sqrt{1 + z_x^2(x, y) + z_y^2(x, y)}\mathrm{d}x\mathrm{d}y$, 从而

$$\iint\limits_{\Sigma} f(x, y, z)\mathrm{d}S = \iint\limits_{D_{xy}} f[x, y, z(x, y)]\sqrt{1 + z_x^2(x, y) + z_y^2(x, y)}\mathrm{d}x\mathrm{d}y.$$

公式 (9-2-2) 表明, 计算对面积的曲面积分 $\iint\limits_{\Sigma} f(x, y, z)\mathrm{d}S$ 时, 若曲面 Σ 由方程 $z = z(x, y)$ 给出, Σ 在 xOy 上的投影区域为 D_{xy}. 只要将式中的 z 换成曲面方程的函数 $z(x, y)$, 把曲面元素 $\mathrm{d}S$ 换为 $\sqrt{1 + z_x^2(x, y) + z_y^2(x, y)}\mathrm{d}x\mathrm{d}y$, 然后计算区域 D_{xy} 上的二重积分即可.

类似地, 如果积分曲面 Σ 的方程为 $y = y(z, x)$, D_{zx} 为 Σ 在 zOx 面上的投影区域, 则函数 $f(x, y, z)$ 在 Σ 上对面积的曲面积分可化为

$$\iint\limits_{\Sigma} f(x, y, z)\mathrm{d}S = \iint\limits_{D_{zx}} f[x, y(z, x), z]\sqrt{1 + y_z^2(z, x) + y_x^2(z, x)}\mathrm{d}z\mathrm{d}x. \tag{9-2-3}$$

如果积分曲面 Σ 的方程为 $x = x(y, z)$, D_{yz} 为 Σ 在 yOz 面上的投影区域, 则函数 $f(x, y, z)$ 在 Σ 上对面积的曲面积分可化为

$$\iint\limits_{\Sigma} f(x, y, z)\mathrm{d}S = \iint\limits_{D_{yz}} f[x(y, z), y, z]\sqrt{1 + x_y^2(y, z) + x_z^2(y, z)}\mathrm{d}y\mathrm{d}z. \tag{9-2-4}$$

例 1 计算 $\iint\limits_{\Sigma} (x^2 + y^2)\mathrm{d}S$, 其中 Σ 是锥面 $x^2 + y^2 = z^2$ 夹在两平面 $z = 0, z = 1$ 之间的部分.

解　Σ 的方程为 $z=\sqrt{x^2+y^2}$, 则

$$z_x=\frac{x}{\sqrt{x^2+y^2}},\quad z_y=\frac{y}{\sqrt{x^2+y^2}},$$
$$\mathrm{d}S=\sqrt{1+z_x^2+z_y^2}\mathrm{d}x\mathrm{d}y=\sqrt{2}\mathrm{d}x\mathrm{d}y,$$

Σ 在 xOy 面上的投影区域 $D=\{(x,y)|x^2+y^2\leqslant 1\}$ (图 9-2-2), 则由公式 (9-2-2) 得

$$\iint_{\Sigma}(x^2+y^2)\mathrm{d}S=\iint_{D_{xy}}(x^2+y^2)\sqrt{2}\mathrm{d}x\mathrm{d}y$$
$$=\sqrt{2}\int_0^{2\pi}\mathrm{d}\theta\int_0^1\rho^3\mathrm{d}\rho=\frac{\sqrt{2}\pi}{2}.$$

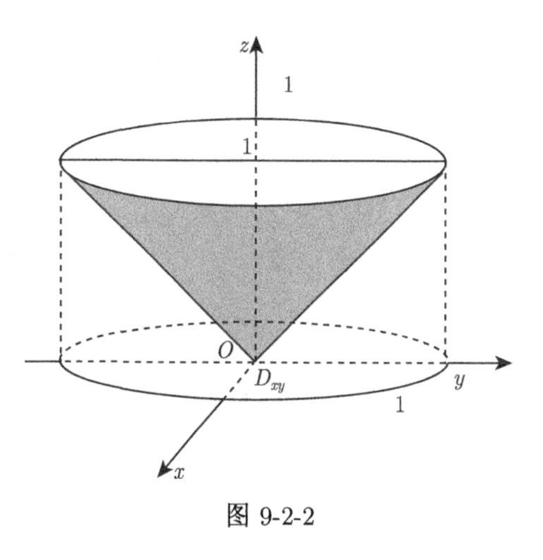

图 9-2-2

例 2　计算 $\oiint_{\Sigma}x^3y^2z\mathrm{d}S$, 其中 Σ 是由三个坐标平面及平面 $x+y+z=1$ 所围成的四面体的整个边界曲面.

解　设整个边界曲面 Σ 在平面 $x=0,y=0,z=0$ 及 $x+y+z=1$ 上的部分依次记为 $\Sigma_1,\Sigma_2,\Sigma_3$ 及 Σ_4, 如图 9-2-3 所示, 于是

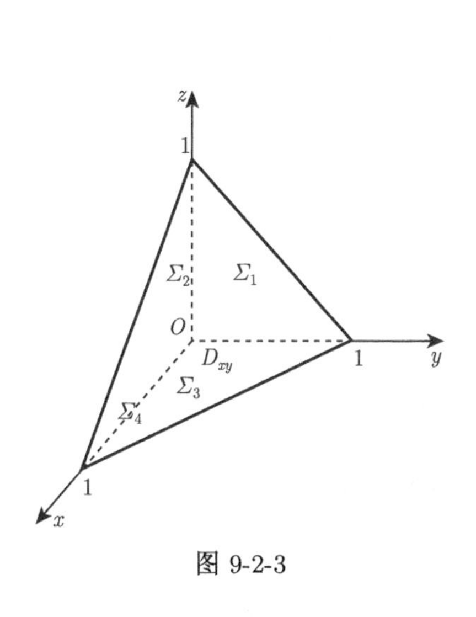

图 9-2-3

$$\oiint_{\Sigma}x^3y^2z\mathrm{d}S$$
$$=\iint_{\Sigma_1}x^3y^2z\mathrm{d}S+\iint_{\Sigma_2}x^3y^2z\mathrm{d}S$$
$$+\iint_{\Sigma_3}x^3y^2z\mathrm{d}S+\iint_{\Sigma_4}x^3y^2z\mathrm{d}S$$
$$=0+0+0+\iint_{\Sigma_4}x^3y^2z\mathrm{d}S$$
$$=\iint_{D_{xy}}\sqrt{3}x^3y^2(1-x-y)\mathrm{d}x\mathrm{d}y$$
$$=\sqrt{3}\int_0^1x^3\mathrm{d}x\int_0^{1-x}y^2(1-x-y)\mathrm{d}y$$
$$=\frac{\sqrt{3}}{12}\int_0^1x^3(1-x)^4\mathrm{d}x=\frac{\sqrt{3}}{3360}.$$

例 3　计算 $\iint_{\Sigma}(x+y^2+z^2)\mathrm{d}S$, 其中 Σ 为旋转抛物面 $x=y^2+z^2$ 夹在两平面 $x=0,x=1$ 之间的部分.

解　如图 9-2-4(a) 所示, 显然应用公式 (9-2-3) 或 (9-2-4) 运算量较大, 选择公式 (9-2-5),

设 Σ 在 yOz 面上的投影区域为 $D_{yz}=\{(y,z)|y^2+z^2\leqslant 1\}$(图 9-2-4(b)), 则

$$\begin{aligned}
&\iint\limits_{\Sigma}(x+y^2+z^2)\mathrm{d}S\\
=&\iint\limits_{D_{yz}}2(y^2+z^2)\sqrt{1+4y^2+4z^2}\mathrm{d}y\mathrm{d}z\\
=&2\int_0^{2\pi}\mathrm{d}\theta\int_0^1\rho^3\sqrt{1+4\rho^2}\mathrm{d}\rho\\
=&\frac{1}{8}\pi\int_0^1[(1+4\rho^2)-1]\sqrt{1+4\rho^2}\mathrm{d}(1+4\rho^2)\\
=&\frac{1}{4}\pi\left[\frac{1}{5}(1+4\rho^2)^{\frac{5}{2}}-\frac{1}{3}(1+4\rho^2)^{\frac{3}{2}}\right]_0^1\\
=&\frac{\pi}{30}(25\sqrt{5}+1).
\end{aligned}$$

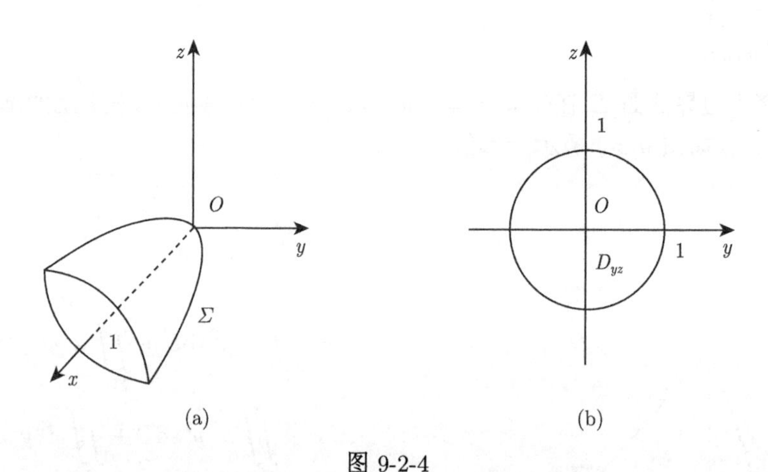

图 9-2-4

结合以上例子, 我们简单地讨论下对称性问题. 在例 1 中, 积分曲面 Σ 关于 zOx 平面对称, 又被积函数关于 y 是偶函数, 从计算过程不难看出

$$\iint\limits_{\Sigma}(x^2+y^2)\mathrm{d}S=2\iint\limits_{\Sigma_1}(x^2+y^2)\mathrm{d}S.$$

如果积分曲面 Σ 关于 zOx 平面对称, 且被积函数 $f(x,y,z)$ 关于 y 是奇函数, 那么这时其积分值必为 0. 以后当积分曲面 Σ 关于其他两个坐标面对称, 且被积函数关于相应的自变量有奇偶性时, 我们应先根据对称性先化简后再计算.

四、 对面积的曲面积分的应用

设有一分布着质量的曲面 Σ, 在点 (x,y,z) 处的面密度为 $\mu(x,y,z)$, 则类似于对弧长的曲线积分的应用, 可用对面积的曲面积分表示该曲面对于 x,y,z 三坐标轴的转动惯量 I_x,I_y,I_z

以及质心坐标 $(\bar{x},\bar{y},\bar{z})$, 其计算公式分别为

$$\begin{cases} I_x=\iint\limits_{\Sigma}(y^2+z^2)\mu(x,y,z)\mathrm{d}S,\\ I_y=\iint\limits_{\Sigma}(x^2+z^2)\mu(x,y,z)\mathrm{d}S,\\ I_z=\iint\limits_{\Sigma}(x^2+y^2)\mu(x,y,z)\mathrm{d}S. \end{cases} \tag{9-2-5}$$

$$\begin{cases} \bar{x}=\dfrac{1}{M}\iint\limits_{\Sigma}x\mu(x,y,z)\mathrm{d}S,\\ \bar{y}=\dfrac{1}{M}\iint\limits_{\Sigma}y\mu(x,y,z)\mathrm{d}S,\\ \bar{z}=\dfrac{1}{M}\iint\limits_{\Sigma}z\mu(x,y,z)\mathrm{d}S. \end{cases} \tag{9-2-6}$$

其中, $M=\iint\limits_{\Sigma}\mu(x,y,z)\mathrm{d}S$ 为曲面 Σ 的质量.

例 4 求面密度为常数 μ_0 的半球壳 $x^2+y^2+z^2=a^2(z\geqslant 0)$ 对于 z 轴的转动惯量.

解 由 $x^2+y^2+z^2=a^2(z\geqslant 0)$ 得 $z=\sqrt{a^2-x^2-y^2}$,

$$\mathrm{d}S=\frac{a}{\sqrt{a^2-x^2-y^2}}\mathrm{d}x\mathrm{d}y,\quad D_{xy}=\{(x,y)|x^2+y^2\leqslant a^2\}.$$

则由公式 (9-2-5) 得曲面对于 z 轴的转动惯量为

$$\begin{aligned} I_z&=\iint\limits_{\Sigma}(x^2+y^2)\mu_0\mathrm{d}S\\ &=\iint\limits_{D_{xy}}(x^2+y^2)\mu_0\frac{a}{\sqrt{a^2-x^2-y^2}}\mathrm{d}x\mathrm{d}y\\ &=a\mu_0\int_0^{2\pi}\mathrm{d}\theta\int_0^a\rho^2\frac{\rho}{\sqrt{a^2-\rho^2}}\mathrm{d}\rho\\ &=\pi a\mu_0\int_0^a\frac{(a^2-\rho^2)-a^2}{\sqrt{a^2-\rho^2}}\mathrm{d}(a^2-\rho^2)\\ &=\pi\mu_0\left[\frac{2}{3}(a^2-\rho^2)^{\frac{3}{2}}-2a^2\sqrt{a^2-\rho^2}\right]_0^a=\frac{4}{3}\pi\mu_0a^4. \end{aligned}$$

例 5 设 Σ 为锥面 $z=\sqrt{x^2+y^2}$ 上被抛物柱面 $z^2=2ax(a>0)$ 所截下的部分, 求其形心坐标.

解 设形心坐标为 $(\bar{x},\bar{y},\bar{z})$, Σ 在 xOy 面上的投影 $D_{xy}=\{(x,y)|(x-a)^2+y^2\leqslant a^2\}$, 因曲面面积

$$M=\iint\limits_{\Sigma}\mathrm{d}S=\iint\limits_{D_{xy}}\sqrt{1+z_x^2+z_y^2}\mathrm{d}x\mathrm{d}y=\iint\limits_{D_{xy}}\sqrt{2}\mathrm{d}x\mathrm{d}y=\sqrt{2}\pi a^2,$$

则由公式 (9-2-6) 有

$$\bar{x}=\frac{\iint\limits_{\Sigma}x\mathrm{d}S}{M}=\frac{\iint\limits_{D_{xy}}x\sqrt{2}\mathrm{d}x\mathrm{d}y}{M}=\frac{\sqrt{2}\int_{-\frac{\pi}{2}}^{\frac{\pi}{2}}\cos\theta\mathrm{d}\theta\int_{0}^{2a\cos\theta}\rho^{2}\mathrm{d}\rho}{M}=\frac{\sqrt{2}\pi a^{3}}{\sqrt{2}\pi a^{2}}=a,$$

$$\bar{y}=\frac{\iint\limits_{\Sigma}y\mathrm{d}S}{M}=\frac{\iint\limits_{D_{xy}}y\sqrt{2}\mathrm{d}x\mathrm{d}y}{M}=0,$$

$$\bar{z}=\frac{\iint\limits_{\Sigma}z\mathrm{d}S}{M}=\frac{\iint\limits_{D}\sqrt{2}\sqrt{x^{2}+y^{2}}\mathrm{d}x\mathrm{d}y}{M}=\frac{\sqrt{2}\int_{-\frac{\pi}{2}}^{\frac{\pi}{2}}\mathrm{d}\theta\int_{0}^{2a\cos\theta}\rho^{2}\mathrm{d}\rho}{M}=\frac{\frac{32}{9}\sqrt{2}a^{3}}{\sqrt{2}\pi a^{2}}=\frac{32a}{9\pi},$$

故该曲面的形心坐标为 $\left(a,\ 0,\ \dfrac{32a}{9\pi}\right)$.

习　题　9-2

1. 当 Σ 是 xOy 面内的一个闭区域时, 曲面积分 $\iint\limits_{\Sigma}f(x,y,z)\mathrm{d}S$ 与二重积分有什么关系?

2. 计算下列对面积的曲面积分.

(1) $\iint\limits_{\Sigma}(x^{2}+y^{2}+1)\mathrm{d}S$, 其中 Σ 为抛物面 $z=2-(x^{2}+y^{2})$ 在 xOy 面上方的部分;

(2) $\iint\limits_{\Sigma}(y+z)\mathrm{d}S$, 其中 Σ 为由平面 $y+z=1, x=2$ 以及三个坐标平面所围成之立体的表面;

(3) $\iint\limits_{\Sigma}(6x+4y+3z)\mathrm{d}S$, 其中 Σ 为平面 $\dfrac{x}{2}+\dfrac{y}{3}+\dfrac{z}{4}=1$ 在第一卦限中的部分;

(4) $\iint\limits_{\Sigma}\dfrac{1}{z}\mathrm{d}S$, 其中 Σ 是球面 $x^{2}+y^{2}+z^{2}=a^{2}\ (a>1)$ 被平面 $z=1$ 截出的顶部;

(5) $\iint\limits_{\Sigma}(x^{2}+y^{2})\mathrm{d}S$, 其中 Σ 是锥面 $z=\sqrt{x^{2}+y^{2}}$ 及平面 $z=1$ 所围成的区域的整个边界曲面;

(6) $\iint\limits_{\Sigma}x(y+z)+z(x+y)\mathrm{d}S$, 其中 Σ 是锥面 $z=\sqrt{x^{2}+y^{2}}$ 被曲面 $x^{2}+y^{2}=2ax(a>0)$ 所割下的部分.

3. 计算 $\iint\limits_{\Sigma}yz\mathrm{d}S$, 其中 Σ 是螺旋曲面 $x=u\cos v, y=u\sin v, z=v\ (0\leqslant u\leqslant a, 0\leqslant v\leqslant 2\pi)$.

4. 计算曲面积分 $\iint\limits_{\Sigma}|xyz|\mathrm{d}S$, 其中 Σ 是 $z=x^{2}+y^{2}$ 被平面 $z=1$ 割下的有限部分.

5. 设 Σ 为椭球面 $\dfrac{x^{2}}{2}+\dfrac{y^{2}}{2}+z^{2}=1$ 的上半部分, 点 $P(x,y,z)\in\Sigma$, Π 为 Σ 在点 P 处的切平面, $d(x,y,z)$ 为原点到平面 Π 的距离, 求 $\iint\limits_{\Sigma}\dfrac{z}{d(x,y,z)}\mathrm{d}S$.

6. 求锥面 $z=\sqrt{x^2+y^2}$ 被 $x^2+y^2=2ax\ (a>0)$ 所截得的有限部分的质量, 其中面密度为 $\mu=xy+yz+zx$.

7. 已知曲面 $\Sigma: x^2+y^2-z^2=1(0\leqslant z\leqslant 1)$ 上任一点处的面密度为 $\mu=\dfrac{z}{\sqrt{1+2z^2}}$, 求:

(1) 曲面的质心坐标;

(2) 曲面对于 z 轴的转动惯量.

8. 计算曲面积分 $F(t)=\displaystyle\iint\limits_{x^2+y^2+z^2\leqslant t^2} f(x,y,z)\mathrm{d}S(t>0)$, 其中

$$f(x,y,z)=\begin{cases} x^2+y^2, & z\geqslant\sqrt{x^2+y^2},\\ 0, & z<\sqrt{x^2+y^2}.\end{cases}$$

第三节　对坐标的曲线积分

某些物理量的计算引入了对坐标的 (第二类曲线积分) 曲线积分的概念, 其中一个典型的例子是一个受力的质点沿曲线移动所做的功. 本节中我们先从这一实例出发, 给出对坐标的曲线积分的定义, 然后讨论它的计算方法.

一、 对坐标的曲线积分的概念与性质

为了引入对坐标的曲线积分的概念, 先看物理学中一个质点受变力沿曲线做功的例子.

例 1　设 xOy 面内的一个质点在变力 $\boldsymbol{F}(x,y)=P(x,y)\boldsymbol{i}+Q(x,y)\boldsymbol{j}$ 的作用下, 从点 A 沿光滑曲线弧 L 移动到点 B, 其中 $P(x,y),Q(x,y)$ 在 L 上连续, 求变力 $\boldsymbol{F}(x,y)$ 所做的功.

解　如图 9-3-1 所示, 在曲线弧 L 上插入点列 $M_1,M_2,\cdots,M_{n-1}$, 将 L 分为 n 个小弧段, 取其中一个有向小弧段 $\overset{\frown}{M_{i-1}M_i}$, 由于小弧段 $\overset{\frown}{M_{i-1}M_i}$ 光滑且充分短, 故可以用有向线段 $\overrightarrow{M_{i-1}M_i}$ 来近似地代替它, 设

$$\overrightarrow{M_{i-1}M_i}=(\Delta x_i)\boldsymbol{i}+(\Delta y_i)\boldsymbol{j}.$$

其中

$$\Delta x_i=x_i-x_{i-1},$$

$$\Delta y_i=y_i-y_{i-1}\,(i=1,2,\ \cdots,n),$$

由于函数 $P(x,y)$, $Q(x,y)$在L上连续, $\forall(\xi_i,\eta_i)\in\overset{\frown}{M_{i-1}M_i}$, 用点 (ξ_i,η_i) 处的力

$$\boldsymbol{F}(\xi_i,\eta_i)=P(\xi_i,\eta_i)\boldsymbol{i}+Q(\xi_i,\eta_i)\boldsymbol{j}$$

来近似地代替小弧段上各点处的力, 这样变力 $\boldsymbol{F}(x,y)$ 沿小弧段所做的功可近似地

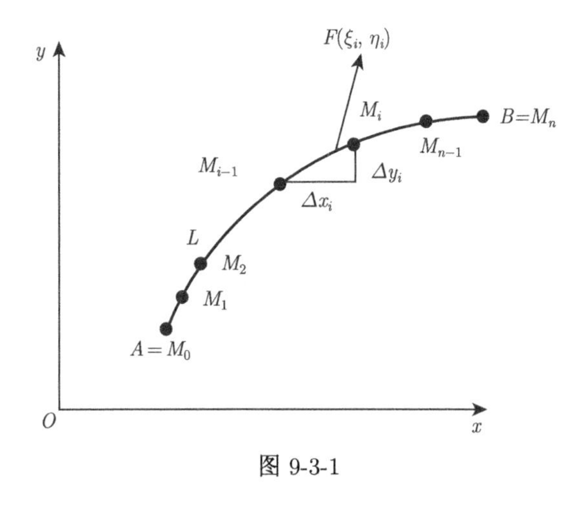

图 9-3-1

表示为

$$\Delta W_i\approx\boldsymbol{F}(\xi_i,\eta_i)\cdot\overrightarrow{M_{i-1}M_i}=P(\xi_i,\eta_i)\Delta x_i+Q(\xi_i,\eta_i)\Delta y_i,$$

于是变力所做的功的近似值为

$$W \approx \sum_{i=1}^{n} \Delta W_i = \sum_{i=1}^{n} [P(\xi_i, \eta_i)\Delta x_i + Q(\xi_i, \eta_i)\Delta y_i],$$

用 λ 表示 n 个小弧段的最大长度, 从而变力 $\boldsymbol{F}(x, y)$ 沿曲线弧 L 所做的功为

$$W = \lim_{\lambda \to 0} \sum_{i=1}^{n} [P(\xi_i, \eta_i)\Delta x_i + Q(\xi_i, \eta_i)\Delta y_i].$$

上式也是一类和式的极限, 和式中的每一项由两个向量点乘而得, 这种和的极限问题在研究其他物理量时也常常遇到. 抽去其物理意义, 我们给出对坐标的曲线积分的一般定义.

定义 1 设 L 为 xOy 面上从点 A 到点 B 的一条有向光滑曲线弧, 函数 $P(x, y), Q(x, y)$ 在 L 上有界. 在 L 上沿它的方向任意插入一点列 $M_1, M_2, \cdots, M_{n-1}$, 将 L 分成 n 个有向小弧段,

$$\overset{\frown}{M_{i-1}M_i}(i = 1, 2, \cdots, n; M_0 = A, M_n = B).$$

设 $\Delta x_i = x_i - x_{i-1}$, $\Delta y_i = y_i - y_{i-1}, \forall(\xi_i, \eta_i) \in \overset{\frown}{M_{i-1}M_i}$, 当各小弧段长度的最大值 $\lambda \to 0$ 时, 极限 $\lim\limits_{\lambda \to 0} \sum\limits_{i=1}^{n} P(\xi_i, \eta_i)\Delta x_i$ 总存在, 则称此极限为函数 $P(x, y)$ 在有向曲线弧 L 上对坐标 x 的曲线积分, 记作 $\int_L P(x, y)\mathrm{d}x$. 类似地, 若极限 $\lim\limits_{\lambda \to 0} \sum\limits_{i=1}^{n} Q(\xi_i, \eta_i)\Delta y_i$ 总存在, 则称此极限为函数 $Q(x, y)$ 在有向曲线弧 L 上对坐标 y 的曲线积分, 记作 $\int_L Q(x, y)\mathrm{d}y$(两种积分亦称为第二类曲线积分), 即

$$\lim_{\lambda \to 0} \sum_{i=1}^{n} P(\xi_i, \eta_i)\Delta x_i = \int_L P(x, y)\mathrm{d}x,$$

$$\lim_{\lambda \to 0} \sum_{i=1}^{n} Q(\xi_i, \eta_i)\Delta y_i = \int_L Q(x, y)\mathrm{d}y.$$

其中, $P(x, y)$ 和 $Q(x, y)$ 称为**被积函数**; $P(x, y)\mathrm{d}x$ 和 $Q(x, y)\mathrm{d}y$ 称为**被积表达式**; L 称为**积分弧段**.

上述定义可类似地推广到空间有向光滑曲线弧段 Γ 的情形.

设 Γ 为空间一条有向光滑曲线弧, 三元函数 $P(x, y, z), Q(x, y, z), R(x, y, z)$ 在 Γ 上连续, 定义如下对坐标 x, y, z 的曲线积分 (假如各式右端的极限分别存在):

$$\int_\Gamma P(x, y, z)\mathrm{d}x = \lim_{\lambda \to 0} \sum_{i=1}^{n} P(\xi_i, \eta_i, \zeta_i)\Delta x_i,$$

$$\int_\Gamma Q(x, y, z)\mathrm{d}y = \lim_{\lambda \to 0} \sum_{i=1}^{n} Q(\xi_i, \eta_i, \zeta_i)\Delta y_i,$$

$$\int_\Gamma R(x, y, z)\mathrm{d}z = \lim_{\lambda \to 0} \sum_{i=1}^{n} R(\xi_i, \eta_i, \zeta_i)\Delta z_i.$$

实际问题中常出现的是曲线积分合并的情形 $\int_L P(x,y)\mathrm{d}x+\int_L Q(x,y)\mathrm{d}y$, 为了书写方便, 通常简写为

$$\int_L P(x,y)\mathrm{d}x+\int_L Q(x,y)\mathrm{d}y=\int_L P(x,y)\mathrm{d}x+Q(x,y)\mathrm{d}y,$$

如例 1 中所讨论的功可表示为

$$W=\int_L P(x,y)\mathrm{d}x+Q(x,y)\mathrm{d}y.$$

类似地, 对空间曲线上的第二类曲线积分和的形式常简写为

$$\begin{aligned}&\int_\Gamma P(x,y,z)\mathrm{d}x+\int_\Gamma Q(x,y,z)\mathrm{d}y+\int_\Gamma R(x,y,z)\mathrm{d}z\\=&\int_\Gamma [P(x,y,z)\mathrm{d}x+Q(x,y,z)\mathrm{d}y+R(x,y,z)]\,\mathrm{d}z.\end{aligned}$$

当积分曲线为闭曲线时, 对坐标的曲线积分记作

$$\oint_L P\mathrm{d}x+Q\mathrm{d}y \quad 或 \quad \oint_\Gamma P\mathrm{d}x+Q\mathrm{d}y+R\mathrm{d}z.$$

若 L 或 Γ 是分段光滑的, 可以证明: 函数在有向曲线弧 L 或 Γ 上对坐标的曲线积分等于在光滑的各弧段上对坐标的曲线积分之和.

当第二类曲线积分 $\int_L P(x,y)\mathrm{d}x$, $\int_L Q(x,y)\mathrm{d}y$ 存在时, 有与第一类曲线积分类似的性质. 下面不加证明地给出对坐标的曲线积分的一些基本性质:

性质 1 设 C_1, C_2 为常数, 则

$$\int_L C_1P(x,y)\mathrm{d}x+C_2Q(x,y)\mathrm{d}y=C_1\int_L P(x,y)\mathrm{d}x+C_2\int_L Q(x,y)\mathrm{d}y.$$

性质 2 如果有向曲线弧 L 可分为两段光滑的有向曲线弧 L_1 和 L_2, 记作 $L=L_1+L_2$, 则

$$\int_L P(x,y)\mathrm{d}x+Q(x,y)\mathrm{d}y=\int_{L_1} P(x,y)\mathrm{d}x+Q(x,y)\mathrm{d}y+\int_{L_2} P(x,y)\mathrm{d}x+Q(x,y)\mathrm{d}y.$$

性质 3 设 L 是有向曲线弧, L^- 是与 L 方向相反的有向曲线弧, 则

$$\int_{L^-} P(x,y)\mathrm{d}x+Q(x,y)\mathrm{d}y=-\int_L P(x,y)\mathrm{d}x+Q(x,y)\mathrm{d}y.$$

性质 3 是第二类曲线积分与第一类曲线积分的重要区别.

对于空间曲线 Γ 上的第二类曲线积分的性质分析, 留给读者完成.

二、对坐标的曲线积分的计算

对坐标的曲线积分的计算类似于对弧长的曲线积分计算，也可归结为定积分的计算，只是我们需要注意曲线的走向.

定理 1 设 $P(x,y)$, $Q(x,y)$ 在有向曲线弧 L 上有定义且连续, L 的参数方程为

$$\begin{cases} x=\varphi(t), \\ y=\psi(t), \end{cases} \quad (t:a\to b),$$

其中, $t:a\to b$ 表示参数 t 单调地由 a 变到 b, 点 $M(x,y)$ 从 L 的起点 $A(\varphi(a),\psi(a))$ 沿曲线弧 L 移动到终点 $B(\varphi(b),\psi(b))$, 其中 $\varphi(t)$,$\psi(t)$ 在以 a, b 为端点的闭区间上具有一阶连续导数, 且 $\varphi'^2(t)+\psi'^2(t)\neq 0$, 则对坐标的曲线积分 $\int_L P(x,y)\mathrm{d}x+Q(x,y)\mathrm{d}y$ 存在, 且

$$\int_L P(x,y)\mathrm{d}x+Q(x,y)\mathrm{d}y=\int_a^b \{P[\varphi(t),\psi(t)]\varphi'(t)+Q[\varphi(t),\psi(t)]\psi'(t)\}\mathrm{d}t. \tag{9-3-1}$$

证 在 L 上取一点列 $A=M_0,M_1,M_2,\cdots,M_{n-1}$, $M_n=B$, 它们分别对应于一列单调变化的参数值,

$$a=t_0,t_1,t_2,\cdots,t_{n-1},t_n=b.$$

设点 (ξ_i,η_i) 对应于参数值 τ_i, 即 $\xi_i=\varphi(\tau_i),\eta_i=\psi(\tau_i)$, 这里 τ_i 在 t_{i-1} 与 t_i 之间, 又由

$$\Delta x_i=x_i-x_{i-1}=\varphi(t_i)-\varphi(t_{i-1}),$$

应用微分中值定理, 有 $\Delta x_i=\varphi'(t_i')\Delta t_i$, 其中 $\Delta t_i=t_i-t_{i-1}$, τ_i' 在 t_{i-1} 与 t_i 之间, 于是由对坐标的曲线积分的定义, 有

$$\int_L P(x,y)\mathrm{d}x=\lim_{\lambda\to 0}\sum_{i=1}^{n}P(\xi_i,\eta_i)\Delta x_i=\lim_{\lambda\to 0}\sum_{i=1}^{n}P[\varphi(\tau_i),\psi(\tau_i)]\varphi'(\tau_i')\Delta t_i.$$

由函数 $\varphi'(t)$ 在 $[a,b]$ 或 $[b,a]$ 上连续, 可以证明将上式右端中的 τ_i' 换为 τ_i 时极限存在且相等, 即

$$\int_L P(x,y)\mathrm{d}x=\lim_{\lambda\to 0}\sum_{i=1}^{n}P[\varphi(\tau_i),\psi(\tau_i)]\varphi'(\tau_i)\Delta t_i.$$

从而对坐标的曲线积分 $\int_L P(x,y)\mathrm{d}x$ 存在, 又由定积分的定义,

$$\lim_{\lambda\to 0}\sum_{i=1}^{n}P[\varphi(\tau_i),\psi(\tau_i)]\varphi'(\tau_i)\Delta t_i=\int_a^b P[\varphi(t),\psi(t)]\varphi'(t)\mathrm{d}t.$$

从而有

$$\int_L P(x,y)\mathrm{d}x=\int_a^b P[\varphi(t),\psi(t)]\varphi'(t)\mathrm{d}t.$$

同理可证

$$\int_L Q(x,y)\mathrm{d}y=\int_a^b Q[\varphi(t),\psi(t)]\psi'(t)\mathrm{d}t.$$

将上面两式相加, 即得公式 (9-3-1).

公式 (9-3-1) 表明, 计算对坐标的曲线积分 $\int_L P(x,y)\mathrm{d}x+Q(x,y)\mathrm{d}y$ 时, 只要将式中 $x,y,\mathrm{d}x,\mathrm{d}y$ 依次换为 $\varphi(t),\psi(t),\varphi'(t)\mathrm{d}t,\psi'(t)\mathrm{d}t$, 再从 a 到 b 作定积分即可.

类似地还有如下计算公式.

若曲线 L 的一般方程为 $y=\psi(x)(x:a\to b)$, 且 $\psi(x)$ 在区间 $[a,b]$ 或 $[b,a]$ 上具有一阶连续导数, 则

$$\int_L P(x,y)\mathrm{d}x+Q(x,y)\mathrm{d}y=\int_a^b \{P[x,\psi(x)]+Q[x,\psi(x)]\psi'(x)\}\mathrm{d}x. \tag{9-3-2}$$

其余形式留给读者完成.

公式 (9-3-1) 也可推广到空间有向曲线弧 $\varGamma$ 上的情形.

若 $P(x,y,z),Q(x,y,z),R(x,y,z)$ 在空间有向曲线弧 $\varGamma$ 上连续, 则 $\varGamma$ 的参数方程为

$$\varGamma:\begin{cases}x=\varphi(t),\\ y=\psi(t),\quad (t:a\to b),\\ z=\omega(t),\end{cases}$$

其中, $\varphi(t),\psi(t),\omega(t)$ 在以 a, b 为端点的闭区间上具有一阶连续导数, 且不全为零, 则对坐标的曲线积分存在, 且

$$\begin{aligned}&\int_\varGamma P(x,y,z)\mathrm{d}x+Q(x,y,z)\mathrm{d}y+R(x,y,z)\mathrm{d}z\\ =&\int_a^b \{P[\varphi(t),\psi(t),\omega(t)]\varphi'(t)+Q[\varphi(t),\psi(t),\omega(t)]\psi'(t)\\ &+R[\varphi(t),\psi(t),\omega(t)]\omega'(t)\}\mathrm{d}t.\end{aligned} \tag{9-3-3}$$

特别指出: 第二类曲线积分与曲线给定的方向有关, 在将第二类曲线积分化为关于参数的定积分时, 公式的下限应对应于曲线的起点, 而上限应对应于曲线的终点. 也就是说, 不必考虑两端点对应的参数值的大小关系. 因此在公式 (9-3-1)~(9-3-3) 中下限 a 对应于 L 或 $\varGamma$ 的起点, 上限 b 对应于 L 或 $\varGamma$ 的终点, 不论 a 与 b 谁大谁小, 总是起点对应的 a 为积分的下限, 而终点对应的 b 为上限.

例 2　计算 $\int_{L_i}(x^2-y^2)\mathrm{d}x(i=1,2)$, 如图 9-3-2 所示, 其中

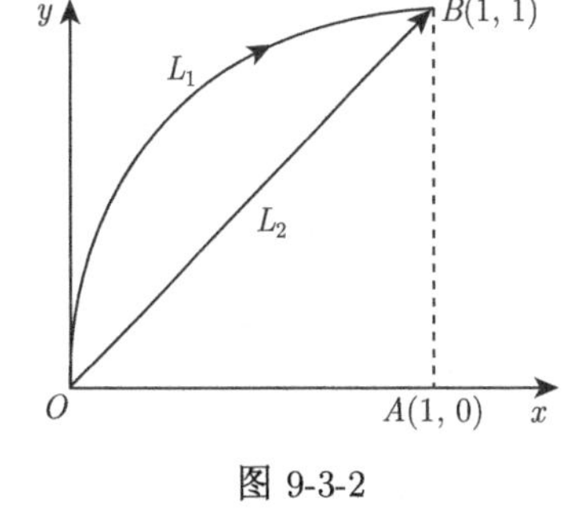

图 9-3-2

(1) L_1 是圆周 $y=\sqrt{2x-x^2}$ 上从点 $O(0,0)$ 到点 $B(1,1)$ 的圆弧段;

(2) L_2 是从点 $O(0,0)$ 到点 $B(1,1)$ 的一直线段.

解　(1) $\int_{L_1}(x^2-y^2)\mathrm{d}x=\int_0^1[x^2-(2x-x^2)]\mathrm{d}x=\int_0^1(2x^2-2x)\mathrm{d}x=-\dfrac{1}{3}$;

(2) $\int_{L_2}(x^2-y^2)\mathrm{d}x=\int_0^1(x^2-x^2)\mathrm{d}x=0.$

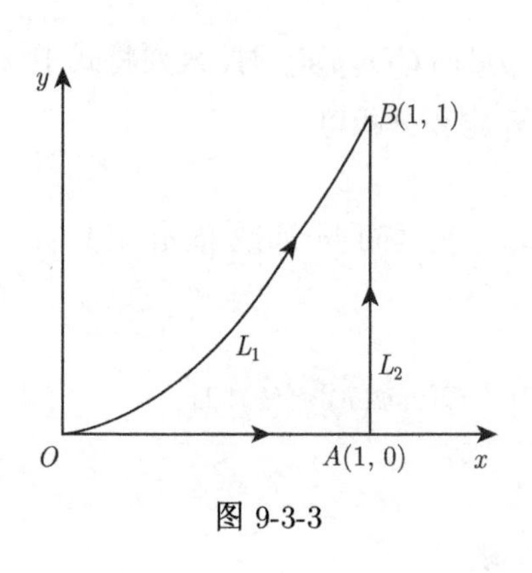

图 9-3-3

例 3 计算 $\int_{L_i} 2xy\mathrm{d}x + x^2\mathrm{d}y (i=1,2)$, 如图 9-3-3 所示, 其中

(1) L_1 是曲线 $y = x^3$ 上从点 $O(0,0)$ 到点 $B(1,1)$ 的弧段;

(2) L_2 是从点 $O(0,0)$ 到点 $A(1,0)$, 再到点 $B(1,1)$ 的有向折线段 OAB.

解 (1) $\int_{L_1} 2xy\mathrm{d}x + x^2\mathrm{d}y$

$$= \int_0^1 (2x \cdot x^3 + x^2 \cdot 3x^2)\mathrm{d}x$$

$$= \int_0^1 5x^4\mathrm{d}x = 1;$$

(2) $\int_{L_2} 2xy\mathrm{d}x + x^2\mathrm{d}y = \int_{OA} 2xy\mathrm{d}x + x^2\mathrm{d}y + \int_{AB} 2xy\mathrm{d}x + x^2\mathrm{d}y$

$$= \int_0^1 (2x \cdot 0 + x^2 \cdot 0)\mathrm{d}x + \int_0^1 (2y \cdot 0 + 1)\mathrm{d}y = 0 + 1 = 1.$$

例 2 中两条积分路径的起点和终点都相同, 但积分的值却不相同; 在例 3 中, 沿着不同的两条积分路径从 O 点到 B 点, 第二类曲线积分的值相同, 实际上任取一段以 O 点为起点、以 B 点为终点的光滑曲线 L, 都可算出

$$\int_L 2xy\mathrm{d}x + x^2\mathrm{d}y = 1.$$

这说明, 对于有些第二类曲线积分, 其积分值只与起点和终点有关, 而与积分路径无关. 下节我们将专门讨论这个问题.

例 4 计算 $\int_\Gamma x\mathrm{d}x + y\mathrm{d}y + (x+y-1)\mathrm{d}z$, 其中 Γ 是从点 $A(1,1,1)$ 到点 $B(2,3,4)$ 的一直线段 AB.

解 直线的参数方程为 $\Gamma: \begin{cases} x = 1+t, \\ y = 1+2t, \\ z = 1+3t, \end{cases} (t: 0 \to 1)$, 则

$$\int_\Gamma x\mathrm{d}x + y\mathrm{d}y + (x+y-1)\mathrm{d}z$$

$$= \int_0^1 [(1+t) + 2(1+2t) + 3(1+t+1+2t-1)]\mathrm{d}t = \int_0^1 (6+14t)\mathrm{d}t = 13.$$

例 5 一个质点在点 $M(x,y)$ 处受到力 $\boldsymbol{F} = -y\boldsymbol{i} + x\boldsymbol{j}$ 的作用, 此质点由点 $A(a,0)$ 沿圆 $x^2+y^2=a^2$ 按逆时针方向移动到点 $B(-a,0)$(图 9-3-4), 求力 $\boldsymbol{F}$ 所做的功 W.

解 圆的参数方程为 $L: \begin{cases} x = a\cos t, \\ y = a\sin t, \end{cases} (t: 0 \to \pi)$, 则 $\boldsymbol{F}$ 所做的功

$$W=\int_{L_{AB}}-y\mathrm{d}x+x\mathrm{d}y$$
$$=\int_0^{\pi}(a^2\sin^2 t+a^2\cos^2 t)\mathrm{d}t$$
$$=\int_0^{\pi}a^2\mathrm{d}t=\pi a^2.$$

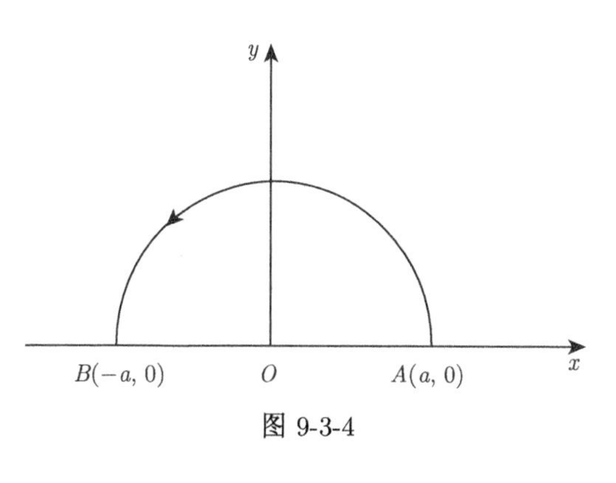

图 9-3-4

例 6　计算 $\oint_{\Gamma}xy\mathrm{d}x+yz\mathrm{d}y+zx\mathrm{d}z$, 其中 Γ 为椭圆周 $\begin{cases}x^2+y^2=1,\\ x+y+z=1,\end{cases}$ 取逆时针方向.

解　Γ 的参数方程为

$$\begin{cases}x=\cos t,\\ y=\sin t,\\ z=1-\cos t-\sin t,\end{cases}\qquad (t:0\to 2\pi),$$

因此, 我们有

$$\begin{aligned}\oint_{\Gamma}xy\mathrm{d}x+yz\mathrm{d}y+zx\mathrm{d}z&=\int_0^{2\pi}[\cos t\sin t(-\sin t)+\sin t(1-\cos t-\sin t)\cos t\\&\quad+(1-\cos t-\sin t)\cos t(\sin t-\cos t)]\mathrm{d}t\\&=\int_0^{2\pi}(-3\cos t\sin^2 t+2\sin t\cos t-\sin t\cos^2 t-\cos^2 t+\cos^3 t)\mathrm{d}t\\&=-\int_0^{2\pi}\cos^2 t\mathrm{d}t=-4\int_0^{\frac{\pi}{2}}\cos^2 t\mathrm{d}t=-\pi.\end{aligned}$$

顺便指出, 当积分曲线为平面 (空间) 的一条闭曲线时, 通常规定逆时针方向作为闭曲线的正方向.

三、 两类曲线积分之间的联系

前面我们分别讨论了两类曲线积分的概念及其计算方法, 虽然在定义上它们各自有所区别, 物理意义也各不相同, 然而它们之间存在某种联系, 在一定的条件下可以相互转化.

设 $P(x, y)$, $Q(x, y)$ 在有向曲线弧 L 上连续, L 的参数方程由

$$\begin{cases}x=x(t),\\ y=y(t),\end{cases}\quad (t:a\to b),$$

表示, $(x'(t),y'(t))$ 是曲线的切向量, 我们称

$$\mathrm{d}\boldsymbol{r}=(\mathrm{d}x,\mathrm{d}y)=(x'(t),y'(t))\mathrm{d}t$$

为有向曲线微元, 因而 $\mathrm{d}\boldsymbol{r}$ 也是切向量, 其方向与积分路径的方向一致, 又 $\mathrm{d}\boldsymbol{r}$ 的模正好是弧微分, 即

$$|\mathrm{d}\boldsymbol{r}|=\sqrt{(\mathrm{d}x)^2+(\mathrm{d}y)^2}=\mathrm{d}s.$$

设 $\mathrm{d}\boldsymbol{r}$ 的方向余弦为 $(\cos\alpha,\cos\beta)$, 则有

$$\boldsymbol{t}^0=(\cos\alpha,\cos\beta)=\frac{\mathrm{d}r}{|\mathrm{d}r|}=\left(\frac{\mathrm{d}x}{\mathrm{d}s},\frac{\mathrm{d}y}{\mathrm{d}s}\right).$$

由此得

$$\mathrm{d}x=\cos\alpha\mathrm{d}s,\quad \mathrm{d}y=\cos\beta\mathrm{d}s.$$

因而平面曲线 L 上两类曲线积分之间有如下联系:

$$\int_L P\mathrm{d}x+Q\mathrm{d}y=\int_L(P\cos\alpha+Q\cos\beta)\mathrm{d}s. \tag{9-3-4}$$

其中, $\cos\alpha,\cos\beta$ 是有向曲线 L 上各点处的切线 (其方向与积分方向一致) 的方向余弦, 式中 $\cos\alpha,\cos\beta$ 与曲线的方向有关, 当曲线的方向改变时, $\cos\alpha,\cos\beta$ 都要改变符号.

对于空间曲线 $\varGamma$, 上述公式变成下列形式:

$$\int_\varGamma P\mathrm{d}x+Q\mathrm{d}y+R\mathrm{d}z=\int_\varGamma(P\cos\alpha+Q\cos\beta+R\cos\gamma)\,\mathrm{d}s. \tag{9-3-5}$$

其中, $\boldsymbol{t}^0=(\cos\alpha,\cos\beta,\cos\gamma)$ 为有向曲线弧 $\varGamma$ 上各点处与它的走向一致的单位切向量 (方向余弦), α,β,γ 为有向曲线弧 $\varGamma$ 在各点处的切向量的方向角.

两类曲线积分之间的联系也可用向量的形式来表示. 例如, 空间曲线 $\varGamma$ 上的两类曲线积分之间的联系可写成如下形式:

$$\int_\varGamma A\cdot\mathrm{d}\boldsymbol{r}=\int_\varGamma A\cdot\boldsymbol{t}^0\mathrm{d}s,$$

其中, 向量函数 $A=(P,Q,R)$, $\mathrm{d}\boldsymbol{r}=\boldsymbol{t}^0\mathrm{d}s=(\mathrm{d}x,\mathrm{d}y,\mathrm{d}z)$. 这种表示方法常见于物理学中.

例 7　把对坐标的曲线积分 $\int_L P(x,y)\mathrm{d}x+Q(x,y)\mathrm{d}y$ 化成对弧长的曲线积分, 其中 L 为沿抛物线 $y=x^2$ 上从点 $O(0,0)$ 到点 $A(1,1)$ 的有向曲线弧.

解　曲线 L 上的点 (x,y) 处的切向量为 $\boldsymbol{t}=(1,2x)$, 单位切向量为

$$\boldsymbol{t}^0=(\cos\alpha,\cos\beta)=\left(\frac{1}{\sqrt{1+4x^2}},\frac{2x}{\sqrt{1+4x^2}}\right),$$

故

$$\begin{aligned}&\int_L P(x,y)\mathrm{d}x+Q(x,y)\mathrm{d}y\\=&\int_L[P(x,y)\cos\alpha+Q(x,y)\cos\beta]\mathrm{d}s\\=&\int_L\frac{P(x,y)+2xQ(x,y)}{\sqrt{1+4x^2}}\mathrm{d}s.\end{aligned}$$

习　题　9-3

1. 计算对坐标的曲线积分 $\int_L y^2\mathrm{d}x$, 其中:

(1) L 为按逆时针方向绕行的上半圆周 $x^2+y^2=a^2\ (y\geqslant 0, a>0)$;

(2) L 为从点 $A(a,0)$ 沿 x 轴到点 $B(-a,0)$ 的直线段 $(a>0)$.

2. 计算 $\int_L \boldsymbol{F}\cdot\mathrm{d}\boldsymbol{r}$, 其中 $\boldsymbol{F}=(x^2+y, x+y^2)$, L 沿下列各路径从点 $A(1,0)$ 到点 $B(-1,0)$.

(1) 半圆周 $y=-\sqrt{1-x^2}$;

(2) 直线段 AB;

(3) 折线段 ACB, 其中 C 点的坐标为 $(0,-1)$.

3. 计算对坐标的曲线积分 $\int_L (x+y)\mathrm{d}x+(y-x)\mathrm{d}y$, 其中:

(1) L 是抛物线 $x=y^2$ 上从点 (1, 1) 到点 (4, 2) 的一段弧;

(2) L 先沿直线从点 (1, 1) 到点 (1, 2), 然后再沿直线到点 (4, 2) 的折线段.

4. 计算下列对坐标的曲线积分.

(1) $\int_L xy\mathrm{d}x$, 其中 L 为抛物线 $y^2=x$ 上从点 $A(1,-1)$ 到点 $B(1,1)$ 的一段弧;

(2) $\oint_L xy\mathrm{d}x$, 其中 L 为圆周 $y=\sqrt{2x-x^2}$ 及 x 轴所围成的区域的整个边界 (按逆时针方向绕行);

(3) $\oint_L \dfrac{(x+y)\mathrm{d}x-(x-y)\mathrm{d}y}{x^2+y^2}$, 其中 L 为圆周 $x^2+y^2=a^2\ (a>0)$, 取逆时针方向;

(4) $\oint_\Gamma \mathrm{d}x-\mathrm{d}y+y\mathrm{d}z$, 其中 Γ 为有向闭折线 $ABCA$, 坐标分别是 $A(1,0,0)$, $B(0,1,0)$, $C(0,0,1)$;

(5) $\oint_\Gamma xyz\mathrm{d}z$, 其中 Γ 是平面 $y=z$ 与球面 $x^2+y^2+z^2=1$ 的交线, 从 z 轴正向看过去为逆时针方向.

5. 把对坐标的曲线积分 $\int_L P(x,y)\mathrm{d}x+Q(x,y)\mathrm{d}y$ 化为对弧长的曲线积分, 其中:

(1) L 是在 xOy 面内沿直线从点 $(0,0)$ 到点 $(1,1)$ 的线段;

(2) L 沿上半圆周 $x^2+y^2=2x\ (y\geqslant 0)$ 从点 $(0,0)$ 到点 $(1,1)$ 的圆弧.

6. 设曲线弧 $\Gamma:\begin{cases}x=t,\\ y=t^2,\\ z=t^3.\end{cases}$ $(t:0\to 1)$, 把对坐标的曲线积分 $\int_\Gamma P\mathrm{d}x+Q\mathrm{d}y+R\mathrm{d}z$ 化为对弧长的曲线积分.

7. 计算 $\int_L \dfrac{\mathrm{d}x+\mathrm{d}y}{|x|+|y|}$, 其中 L 为 $|x|+|y|=1$, 取逆时针方向.

8. 计算 $\int_\Gamma y^2\mathrm{d}x+z^2\mathrm{d}y+x^2\mathrm{d}z$, Γ 为两曲面 $x^2+y^2+z^2=a^2$ 与 $x^2+y^2=ax\ (z\geqslant 0, a>0)$ 的交线, 从 x 轴正向看过去为逆时针方向.

9. 在过点 $O(0,0)$ 和点 $A(\pi,0)$ 的曲线族 $y=a\sin x (a>0)$ 中, 求一条曲线 L, 使沿该曲线从点 O 到点 A 的积分 $\int_L (1+y^2)\mathrm{d}x+(2x+y)\mathrm{d}y$ 的值最小.

10. 计算 $\oint_\Gamma (z^2-y^2)\mathrm{d}x+(x^2-z^2)\mathrm{d}y+(y^2-x^2)\mathrm{d}z$, 其中 Γ 为球面 $x^2+y^2+z^2=1$ 在第一卦限的边界, 方向由点 $A(1,0,0)$ 到点 $B(0,1,0)$, 到 $C(0,0,1)$ 再回到点 A.

第四节 格林公式

从本章第三节中可知, 某些平面第二类曲线积分的值, 只依赖于积分的起点与终点, 而与积分路径的选取无关. 本节我们将讨论平面上曲线积分与路径无关的条件. 首先讨论与之相关的格林 (Green) 公式, 它揭示了在一个平面闭区域 D 上的二重积分与沿该闭区域 D 的边界曲线 L 上的第二类曲线积分之间的关系. 从数学形式上看, 它相当于微积分基本定理在一定意义下的推广, 它反映了类似于牛顿-莱布尼茨公式的一个等量关系.

一、 格林公式

先引入单连通与复连通区域的概念. 设 D 为平面闭区域, 如果 D 内任一闭曲线所围的部分都属于 D, 则称 D 为平面**单连通区域**(图 9-4-1(a)), 否则称为**复连通区域**(图 9-4-1(b)).

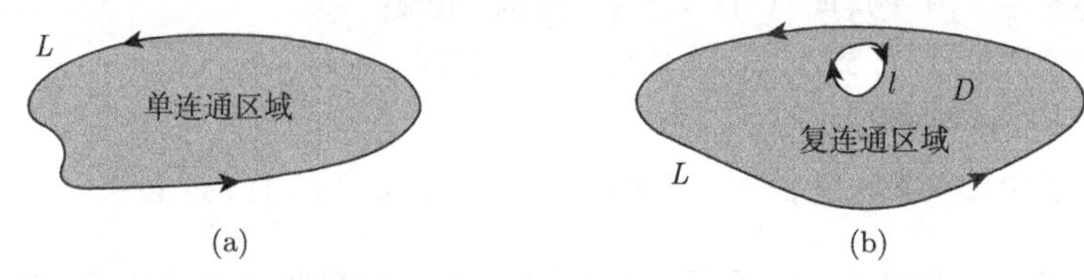

图 9-4-1

对平面区域 D 的边界曲线 L, 我们规定 L 的正向如下: 当观察者沿 L 的这个方向行走时, D 内在他近处的那一部分总在他的左边. 例如, D 是边界曲线 L 及 l 所围成的复连通区域 (图 9-4-1(b)) 作为 D 的正向边界, L 的正向是逆时针方向, 而 l 的正向是顺时针方向.

定理 1(格林公式) 设闭区域 D 由分段光滑的曲线 L 围成, 函数 $P(x,y)$ 与 $Q(x,y)$ 在 D 上具有一阶连续偏导数, 则

$$\iint_D \left(\frac{\partial Q}{\partial x}-\frac{\partial P}{\partial y}\right)\mathrm{d}x\mathrm{d}y=\oint_L P\mathrm{d}x+Q\mathrm{d}y, \tag{9-4-1}$$

其中, L 是 D 的取正向的边界曲线.

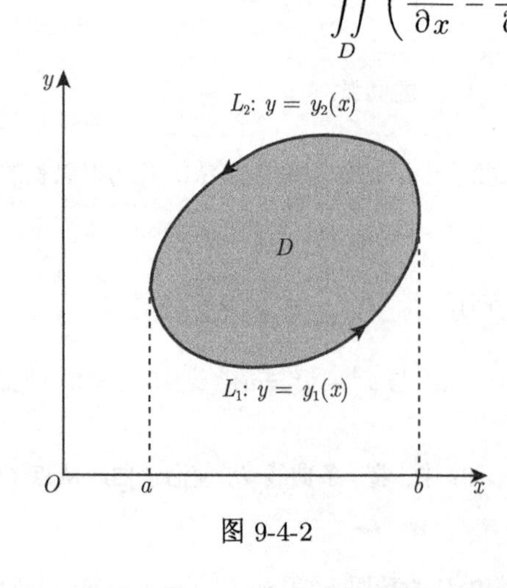

图 9-4-2

证 先考虑 D 既是 X-型又是 Y-型区域的情形 (图 9-4-2).

一方面, 设 X-型区域 $D=\{(x,y)|a\leqslant x\leqslant b, y_1(x)\leqslant y\leqslant y_2(x)\}$. 因为 $\dfrac{\partial P}{\partial y}$ 连续, 所以由二重积分的计算方法有

$$\iint_D \frac{\partial P}{\partial y}\mathrm{d}x\mathrm{d}y=\int_a^b\left[\int_{y_1(x)}^{y_2(x)}\frac{\partial P(x,y)}{\partial y}\mathrm{d}y\right]\mathrm{d}x$$

$$=\int_a^b\{P[x,y_2(x)]-P[x,y_1(x)]\}\,\mathrm{d}x.$$

另一方面, 由对坐标的曲线积分的性质及计算方法有

$$\oint_L P\mathrm{d}x=\int_{L_1}P\mathrm{d}x+\int_{L_2}P\mathrm{d}x$$

$$= \int_a^b P[x, y_1(x)]\mathrm{d}x + \int_b^a P[x, y_2(x)]\mathrm{d}x$$
$$= \int_a^b \{P[x, y_1(x)] - P[x, y_2(x)]\}\mathrm{d}x.$$

比较以上两式得

$$-\iint\limits_D \frac{\partial P}{\partial y}\mathrm{d}x\mathrm{d}y = \oint_L P\mathrm{d}x. \tag{9-4-2}$$

又设 Y-型区域 $D = \{(x,y)|c \leqslant y \leqslant d, x_1(y) \leqslant x \leqslant x_2(y)\}$. 类似地可证

$$\iint\limits_D \frac{\partial Q}{\partial x}\mathrm{d}x\mathrm{d}y = \oint_L Q\mathrm{d}x. \tag{9-4-3}$$

由于 D 既是 X-型又是 Y-型区域, 所以式 (9-4-2)、(9-4-3) 同时成立, 将两式相加即得

$$\iint\limits_D \left(\frac{\partial Q}{\partial x} - \frac{\partial P}{\partial y}\right)\mathrm{d}x\mathrm{d}y = \oint_L P\mathrm{d}x + Q\mathrm{d}y.$$

再考虑一般情形. 若 D 既不是 X-型又不是 Y-型区域, 则可以在 D 内引进一条或几条辅助曲线 (通常选择平行于坐标轴的直线) 把 D 分成有限个部分闭区域, 使得每个部分闭区域都符合既是 X-型又是 Y-型区域, 在每个部分闭区域使用公式 (9-4-1), 再将这些等式左右分别相加, 这时左式由二重积分的性质可得, 而右式中所引入的辅助曲线由于方向相反而使其上的曲线积分彼此抵消 (图 9-4-3).

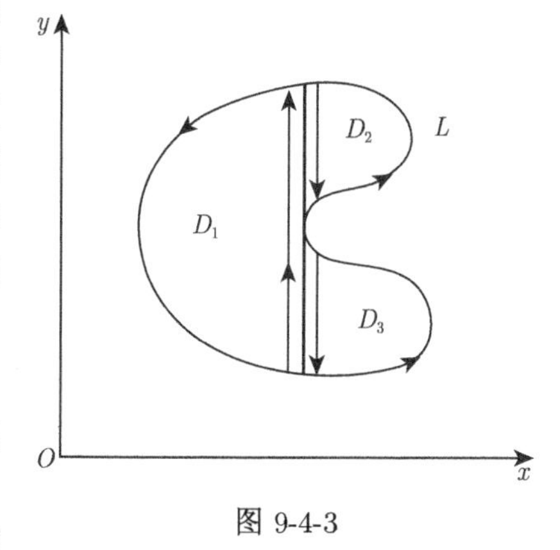

图 9-4-3

综上所述, 公式 (9-4-1) 对于由分段光滑曲线围成的闭区域都成立.

格林公式为计算第二类曲线积分提供了一种有效的办法.

注 对于复连通区域 D, 格林公式右端应包括沿区域 D 的全部边界的曲线积分, 且边界的方向对区域 D 来说都是正向, 如图 9-4-1(b) 所围区域应包含曲线 L 和 l.

一般地, 当 $\dfrac{\partial Q}{\partial x} - \dfrac{\partial P}{\partial y} = 1$ 时,

$$\oint_L P\mathrm{d}x + Q\mathrm{d}y = \text{曲线 } L \text{ 所围成区域 } D \text{ 的面积 } A.$$

特别地, 在 (9-4-1) 式中令区域 D 的边界曲线为 L, 取 $P = -y, Q = x$, 则由格林公式即得区域 D 的面积公式:

$$A = \iint\limits_D \mathrm{d}x\mathrm{d}y = \frac{1}{2}\oint_L x\mathrm{d}y - y\mathrm{d}x. \tag{9-4-4}$$

例 1 求星形线 $x = a\cos^3\theta, y = a\sin^3\theta (0 \leqslant \theta \leqslant 2\pi)$ 所围成的图形的面积 A.

解　设 L 是星形线 $x=a\cos^3\theta, y=a\sin^3\theta(0\leqslant\theta\leqslant 2\pi)$, D 是 L 围成的区域. 则由公式 (9-4-4) 得

$$\begin{aligned}A&=\iint\limits_D \mathrm{d}x\mathrm{d}y=\frac{1}{2}\oint_L x\mathrm{d}y-y\mathrm{d}x\\&=\frac{1}{2}\int_0^{2\pi}[a\cos^3\theta\cdot 3a\sin^2\theta\cos\theta-a\sin^3\theta\cdot 3a\cos^2\theta(-\sin\theta)]\mathrm{d}\theta\\&=\frac{3a^2}{2}\int_0^{2\pi}(\cos^4\theta\cdot\sin^2\theta+\sin^4\theta\cdot\cos^2\theta)\mathrm{d}\theta\\&=\frac{3a^2}{2}\int_0^{2\pi}\cos^2\theta\sin^2\theta\mathrm{d}\theta\\&=\frac{3a^2}{16}\int_0^{2\pi}(1-\cos 4\theta)\mathrm{d}\theta=\frac{3\pi a^2}{8}.\end{aligned}$$

例 2　设 L 是任意一条分段光滑的闭曲线, D 是 L 围成的区域, 证明

$$\oint_L(6xy+5y^2)\mathrm{d}x+(3x^2+10xy)\mathrm{d}y=0.$$

证　令 $P(x,y)=6xy+5y^2$, $Q(x,y)=3x^2+10xy$, 因为 $\dfrac{\partial Q}{\partial x}=6x+10y=\dfrac{\partial P}{\partial y}$. 故由格林公式,

$$\oint_L(6xy+5y^2)\mathrm{d}x+(3x^2+10xy)\mathrm{d}y=\pm\iint\limits_D\left(\frac{\partial Q}{\partial x}-\frac{\partial P}{\partial y}\right)\mathrm{d}x\mathrm{d}y=0.$$

例 3　应用格林公式计算 $\displaystyle\int\limits_L \mathrm{e}^x\sin y\mathrm{d}x+\mathrm{e}^x\cos y\mathrm{d}y$, 其中 L 是沿上半圆 $x^2+y^2=ax$ 从点 $A(a,0)$ 到点 $O(0,0)$ 的曲线弧段.

解　由于 L 不是闭曲线, 不能直接应用格林公式, 作辅助有向直线段 OA, 记为 L_{OA}, 则 $L+L_{OA}$ 为闭曲线, 所围闭区域为 D, 如图 9-4-4 所示. 由格林公式得

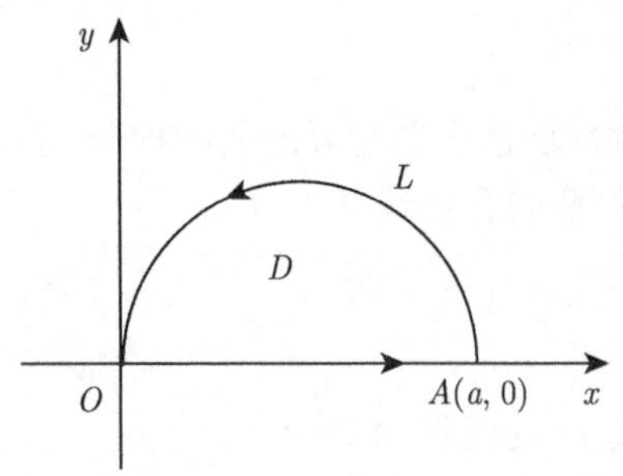

图 9-4-4

$$\begin{aligned}&\int\limits_L \mathrm{e}^x\sin y\mathrm{d}x+\mathrm{e}^x\cos y\mathrm{d}y\\&\quad+\int\limits_{L_{OA}}\mathrm{e}^x\sin y\mathrm{d}x+\mathrm{e}^x\cos y\mathrm{d}y\\&=\iint\limits_D\left(\frac{\partial Q}{\partial x}-\frac{\partial P}{\partial y}\right)\mathrm{d}x\mathrm{d}y\\&=\iint\limits_D(\mathrm{e}^x\cos y-\mathrm{e}^x\cos y)\mathrm{d}x\mathrm{d}y=0,\end{aligned}$$

从而

$$\int\limits_L \mathrm{e}^x(\sin y\mathrm{d}x+\cos y)\mathrm{d}y=-\int\limits_{L_{OA}}\mathrm{e}^x(\sin y\mathrm{d}x+\cos y\mathrm{d}y)=0.$$

例 4　计算 $\oint_L \frac{x\mathrm{d}y - y\mathrm{d}x}{x^2+y^2}$, 其中 L 为半径等于 $a\,(a>0)$ 且不经过原点的圆周, 取逆时针方向.

解　令 $P=\frac{-y}{x^2+y^2}$, $Q=\frac{x}{x^2+y^2}$, 则当 $x^2+y^2\neq 0$ 时, 有 $\frac{\partial Q}{\partial x}=\frac{y^2-x^2}{(x^2+y^2)^2}=\frac{\partial P}{\partial y}$. 记 L 所围成的闭区域为 D.

当 $(0,0)\notin D$ 时, 如图 9-4-5(a) 所示, 由格林公式得

$$\oint_L \frac{x\mathrm{d}y - y\mathrm{d}x}{x^2+y^2}=\iint\limits_D\left(\frac{\partial Q}{\partial x}-\frac{\partial P}{\partial y}\right)\mathrm{d}x\mathrm{d}y=\iint\limits_D 0\,\mathrm{d}x\mathrm{d}y=0,$$

当 $(0,0)\in D$ 时, 在 D 内取一小圆周 $l: x^2+y^2=r^2\ (\forall r>0)$, 取顺时针方向 (图 9-4-5(b)). 由曲线 L 和 l 围成了一个复连通区域 D_1, 应用格林公式得

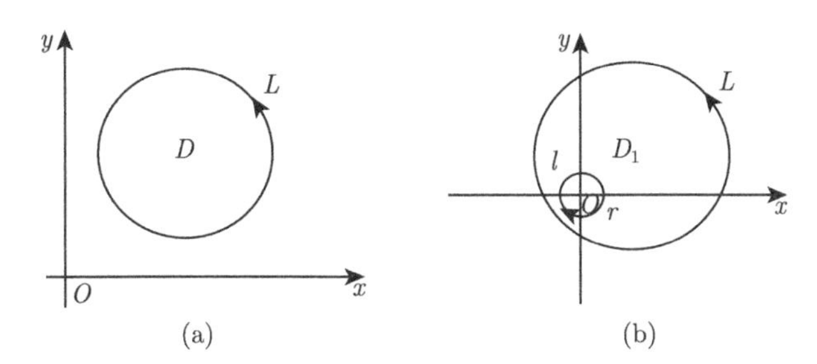

图 9-4-5

$$\iint\limits_{D_1}\left(\frac{\partial Q}{\partial x}-\frac{\partial P}{\partial y}\right)\mathrm{d}x\mathrm{d}y=\oint_L \frac{x\mathrm{d}y - y\mathrm{d}x}{x^2+y^2}+\oint_l \frac{x\mathrm{d}y - y\mathrm{d}x}{x^2+y^2}=0,$$

其中 L 取逆时针方向, l 取顺时针方向. 于是

$$\begin{aligned}\oint_L \frac{x\mathrm{d}y - y\mathrm{d}x}{x^2+y^2}&=-\oint_l \frac{x\mathrm{d}y - y\mathrm{d}x}{x^2+y^2}\\&=\int_0^{2\pi}\frac{r^2\cos^2\theta+r^2\sin^2\theta}{r^2}\mathrm{d}\theta=2\pi.\end{aligned}$$

注　从例 4 的解题过程中我们看到, 该积分与闭曲线 L 的形状并无关系, 也就是说, L 只要是一条无重点、分段光滑且不经过原点的连续闭曲线, 曲线积分值相等.

二、平面上曲线积分与路径无关的条件

在物理学中研究势场时, 需要研究场力所做的功与路径无关的情形. 在数学上就是研究曲线积分与路径无关的条件. 首先给出曲线积分与路径无关的定义.

定理 1　设 G 是一个开区域, $P(x,y),Q(x,y)$ 在区域 G 内具有一阶连续偏导数. 如果对于 G 内任意指定的两个点 A,B 以及 G 内从点 A 到点 B 的任意两条曲线 L_1,L_2(图 9-4-6), 等式

$$\int_{L_1}P\mathrm{d}x+Q\mathrm{d}y=\int_{L_2}P\mathrm{d}x+Q\mathrm{d}y$$

恒成立, 就称曲线积分 $\int_L P\mathrm{d}x+Q\mathrm{d}y$ 在 G 内与路径无关, 否则称其与路径有关.

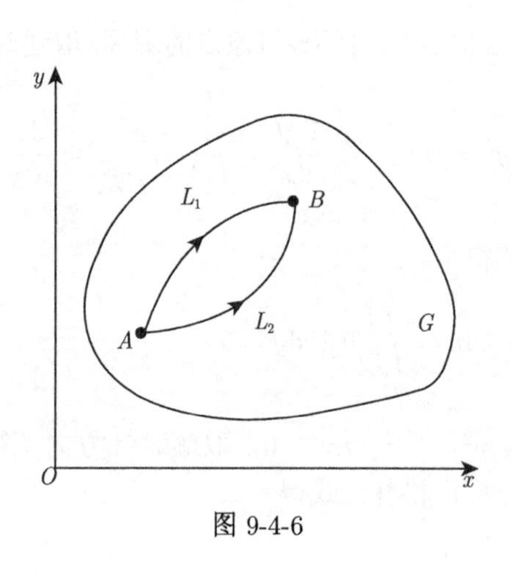

图 9-4-6

设曲线积分 $\int_L P\mathrm{d}x+Q\mathrm{d}y$ 在 G 内与路径无关, L_1, L_2 是 G 内任意两条从点 A 到点 B 的曲线, 则有如下等价关系:

$$\begin{aligned}&\int_{L_1} P\mathrm{d}x+Q\mathrm{d}y\\&=\int_{L_2} P\mathrm{d}x+Q\mathrm{d}y\\&\Leftrightarrow \int_{L_1} P\mathrm{d}x+Q\mathrm{d}y+\int_{-L_2} P\mathrm{d}x+Q\mathrm{d}y=0\\&\Leftrightarrow \oint_{L_1+(-L_2)} P\mathrm{d}x+Q\mathrm{d}y=0\\&\Leftrightarrow \iint_D\left(\frac{\partial Q}{\partial x}-\frac{\partial P}{\partial y}\right)\mathrm{d}x\mathrm{d}y=0.\end{aligned}$$

由此得定理 2.

定理 2 设开区域 G 是一个单连通区域, 函数 $P(x,y), Q(x,y)$ 在 G 内具有一阶连续偏导数, 则曲线积分 $\int_L P\mathrm{d}x+Q\mathrm{d}y$ 在 G 内与路径无关 (或沿 G 内任意闭曲线的曲线积分为零) 的充分必要条件是等式

$$\frac{\partial P}{\partial y}=\frac{\partial Q}{\partial x}$$

在 G 内恒成立.

证 **充分性** 若 $\dfrac{\partial P}{\partial y}=\dfrac{\partial Q}{\partial x}$, 则 $\dfrac{\partial Q}{\partial x}-\dfrac{\partial P}{\partial y}=0$, 由格林公式, 对任意闭曲线 L, 有

$$\oint_L P\mathrm{d}x+Q\mathrm{d}y=\iint_D\left(\frac{\partial Q}{\partial x}-\frac{\partial P}{\partial y}\right)\mathrm{d}x\mathrm{d}y=0.$$

必要性 假设存在一点 $M_0\in G$, 使 $\dfrac{\partial Q}{\partial x}-\dfrac{\partial P}{\partial y}=\eta\neq 0$, 不妨设 $\eta>0$, 则由 $\dfrac{\partial Q}{\partial x}-\dfrac{\partial P}{\partial y}$ 的连续性, 存在 M_0 的一个 δ 邻域 $U(M_0,\delta)\in G$, 使得在此邻域内有 $\dfrac{\partial Q}{\partial x}-\dfrac{\partial P}{\partial y}\geqslant\dfrac{\eta}{2}$. 于是由格林公式及二重积分的性质有

$$\oint_l P\mathrm{d}x+Q\mathrm{d}y=\iint_{U(M_0,\delta)}\left(\frac{\partial Q}{\partial x}-\frac{\partial P}{\partial y}\right)\mathrm{d}x\mathrm{d}y\geqslant\frac{\eta}{2}\cdot\pi\delta^2>0,$$

这与闭曲线积分为零相矛盾, 因此在 G 内 $\dfrac{\partial Q}{\partial x}-\dfrac{\partial P}{\partial y}=0$.

注 在定理 2 中, 区域 G 是单连通区域, 且函数 $P(x,y)$ 及 $Q(x,y)$ 在 G 内具有一阶连续偏导数. 如果这两个条件之一不能满足, 那么定理的结论不能保证成立.

例 5 计算 $\int_L 2xy\mathrm{d}x+x^2\mathrm{d}y$, 其中 L 为正弦曲线 $y=\sin x$ 上从点 $O(0,0)$ 到点 $A\left(\dfrac{\pi}{2},1\right)$ 的一段弧.

解　因为 $\dfrac{\partial P}{\partial y}=\dfrac{\partial Q}{\partial x}=2x$ 在整个 xOy 面内都成立, 所以在整个 xOy 面内, 积分 $\int_L 2xy\mathrm{d}x+x^2\mathrm{d}y$ 与路径无关. 如图 9-4-7 所示, 取折线 $L_{OB}+L_{BA}$ 路径得

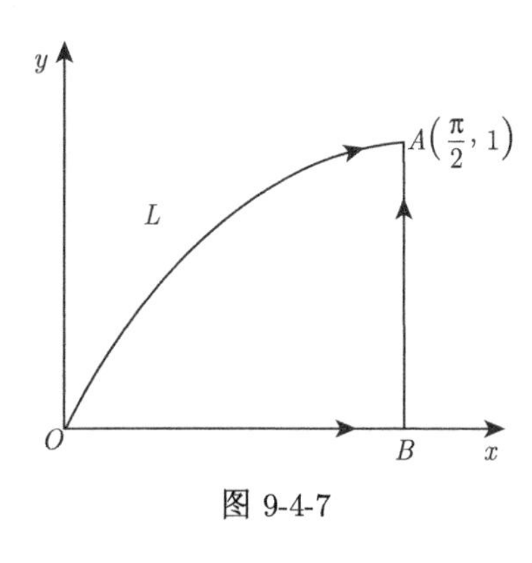

图 9-4-7

$$
\begin{aligned}
&\int_L 2xy\mathrm{d}x+x^2\mathrm{d}y\\
=&\int_{L_{OB}} 2xy\mathrm{d}x+x^2\mathrm{d}y+\int_{L_{BA}} 2xy\mathrm{d}x+x^2\mathrm{d}y\\
=&\int_0^1\left(\frac{\pi}{2}\right)^2\mathrm{d}y=\frac{\pi^2}{4}.
\end{aligned}
$$

设在开区域 G 内有一有向曲线 L, 其起点 $A(x_0,y_0)$ 为一定点, 终点 $B(x,y)$ 为一动点, $P(x,y)$ 及 $Q(x,y)$ 在 G 内具有一阶连续偏导数, 且 $\dfrac{\partial P}{\partial y}=\dfrac{\partial Q}{\partial x}$ 时, 由定理 2 知对坐标的曲线积分 $\int_L P\mathrm{d}x+Q\mathrm{d}y$ 在 G 内与路径无关, 则可把它记为 $\int_{(x_0,y_0)}^{(x,y)} P\mathrm{d}x+Q\mathrm{d}y$, 即 $\int_L P\mathrm{d}x+Q\mathrm{d}y=\int_{(x_0,y_0)}^{(x,y)} P\mathrm{d}x+Q\mathrm{d}y$ 为 G 内的一个二元函数.

又设一个二元函数 $u(x,y)$, 在 G 内它的偏导数存在且全微分为

$$\mathrm{d}u(x,y)=u_x(x,y)\mathrm{d}x+u_y(x,y)\mathrm{d}y.$$

表达式 $P(x,y)\mathrm{d}x+Q(x,y)\mathrm{d}y$ 与函数的全微分有相同的结构, 但它未必就是某个函数的全微分. 那么在什么条件下表达式

$$P(x,y)\mathrm{d}x+Q(x,y)\mathrm{d}y$$

是某个二元函数 $u(x,y)$ 的全微分? 当这样的二元函数存在时怎样求出这个二元函数? 有如下定理:

定理 3　设开区域 G 是一个单连通区域, 函数 $P(x,y)$ 与 $Q(x,y)$ 在 G 内具有一阶连续偏导数, 则 $P(x,y)\mathrm{d}x+Q(x,y)\mathrm{d}y$ 在 G 内为某一函数 $u(x,y)$ 的全微分的充分必要条件是等式

$$\frac{\partial P}{\partial y}=\frac{\partial Q}{\partial x}$$

在 G 内恒成立.

证　**必要性**　假设存在某一函数 $u(x,y)$, 使得

$$\mathrm{d}u(x,y)=P(x,y)\mathrm{d}x+Q(x,y)\mathrm{d}y,$$

则有

$$\frac{\partial P}{\partial y}=\frac{\partial}{\partial y}\left(\frac{\partial u}{\partial x}\right)=\frac{\partial^2 u}{\partial x\partial y},\quad \frac{\partial Q}{\partial x}=\frac{\partial}{\partial x}\left(\frac{\partial u}{\partial y}\right)=\frac{\partial^2 u}{\partial y\partial x}.$$

因为 $\dfrac{\partial P}{\partial y}, \dfrac{\partial Q}{\partial x}$ 连续, 所以

$$\frac{\partial^2 u}{\partial x \partial y} = \frac{\partial^2 u}{\partial y \partial x}, \quad 即 \ \frac{\partial P}{\partial y} = \frac{\partial Q}{\partial x}.$$

充分性 因为在 G 内 $\dfrac{\partial P}{\partial y} = \dfrac{\partial Q}{\partial x}$, 所以积分 $\displaystyle\int_L P(x,y)\mathrm{d}x + Q(x,y)\mathrm{d}y$ 在 G 内与路径无关. 则在 G 内从点 $A(x_0,y_0)$ 到点 $B(x,y)$ 的曲线积分可表示为

$$u(x,y) = \int_{(x_0,y_0)}^{(x,y)} P(x,y)\mathrm{d}x + Q(x,y)\mathrm{d}y,$$

如图 9-4-8 所示, 选择平行于坐标轴的折线段, 则

$$\begin{aligned} u(x,y) &= \int_{(x_0,y_0)}^{(x,y)} P(x,y)\mathrm{d}x + Q(x,y)\mathrm{d}y \\ &= \int_{y_0}^{y} Q(x_0,y)\mathrm{d}y + \int_{x_0}^{x} P(x,y)\mathrm{d}x, \end{aligned}$$

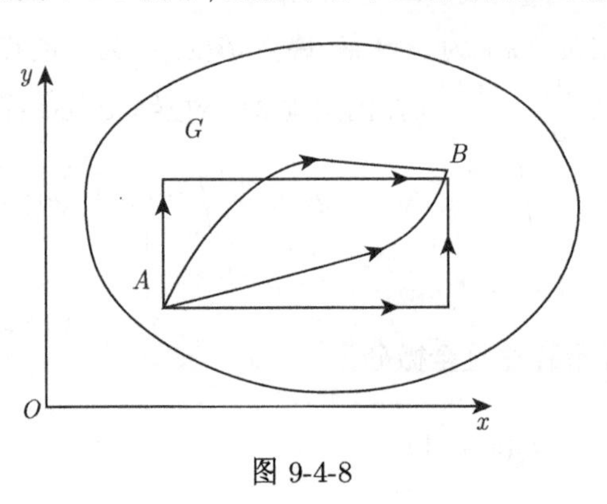

图 9-4-8

所以

$$\begin{aligned} \frac{\partial u}{\partial x} &= \frac{\partial}{\partial x}\int_{y_0}^{y} Q(x_0,y)\mathrm{d}y \\ &\quad + \frac{\partial}{\partial x}\int_{x_0}^{x} P(x,y)\mathrm{d}x = P(x,y). \end{aligned}$$

类似地有 $\dfrac{\partial u}{\partial y} = Q(x,y)$, 从而

$$\mathrm{d}u(x,y) = P(x,y)\mathrm{d}x + Q(x,y)\mathrm{d}y.$$

即 $\displaystyle\int_L P(x,y)\mathrm{d}x + Q(x,y)\mathrm{d}y$ 是某一函数的全微分.

由上述定理知, 若函数 $P(x,y), Q(x,y)$ 在单连通区域 G 内具有一阶连续偏导数, 且满足 $\dfrac{\partial P}{\partial y} = \dfrac{\partial Q}{\partial x}$, 则 $P\mathrm{d}x + Q\mathrm{d}y$ 是某个二元函数的全微分. 为了求得 $P\mathrm{d}x + Q\mathrm{d}y$ 的原函数, 可以采用三种方法.

第一种方法: 在 G 中取定一个特殊的点 (x_0,y_0) 作为积分的起始点, 然后选取一条特殊的路径求曲线积分 $\displaystyle\int_{(x_0,y_0)}^{(x,y)} P(x,y)\mathrm{d}x + Q(x,y)\mathrm{d}y$, 这里所谓特殊路径依具体问题而定, 通常选择平行于坐标轴的折线作积分路径比较方便, 选择图 9-4-9 中的路径之一, 这个函数可用公式表示为

$$u(x,y) = \int_{(x_0,y_0)}^{(x,y)} P(x,y)\mathrm{d}x + Q(x,y)\mathrm{d}y = \int_{x_0}^{x} P(x,y_0)\mathrm{d}x + \int_{y_0}^{y} Q(x,y)\mathrm{d}y, \tag{9-4-5}$$

或

$$u(x,y) = \int_{(x_0,y_0)}^{(x,y)} P(x,y)\mathrm{d}x + Q(x,y)\mathrm{d}y = \int_{y_0}^{y} Q(x_0,y)\mathrm{d}y + \int_{x_0}^{x} P(x,y)\mathrm{d}x. \tag{9-4-6}$$

第二种方法: 先固定 y, 将 $P(x,y)$ 看作是 x 的函数. 这时由 $\dfrac{\partial u}{\partial x}=P$, 求得 $P(x,y)$ 关于 x 的原函数, 将其记作 $u_1(x,y)$, 这样 $\dfrac{\partial u_1}{\partial x}=P(x,y)$, 我们令

$$u(x,y)=u_1(x,y)+\varphi(y),$$

其中, $\varphi(y)$ 是待定函数. 再由 $\dfrac{\partial u}{\partial y}=Q$ 可知, $\varphi(y)$ 应满足

$$\frac{\partial u_1}{\partial y}+\varphi'(y)=Q(x,y),$$

这里 $Q(x,y)$ 与 $u_1(x,y)$ 都是已知函数, 求已知函数 $Q(x,y)-\dfrac{\partial u_1}{\partial y}$ 关于 y 的原函数 φ, 求得了这样的 φ 之后, 就得到要求的 $u(x,y)=u_1(x,y)+\varphi(y)$.

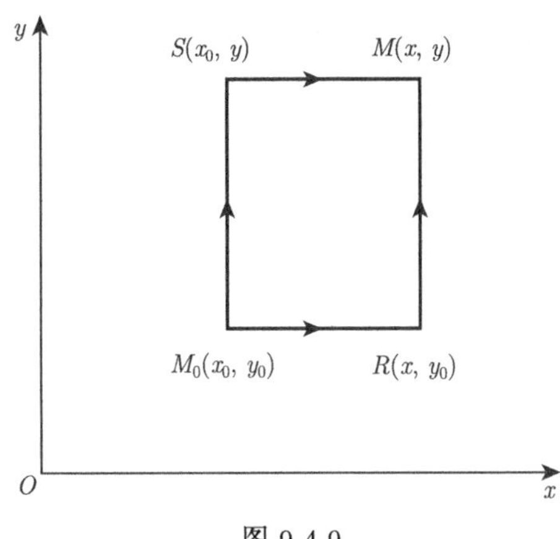

图 9-4-9

第三种方法: 即凑全微分的方法, 也就是从给定的 $P\mathrm{d}x+Q\mathrm{d}y$ 出发, 利用全微分的法则, 从形式上把它凑成某个函数的全微分.

例 6　验证 $4\sin x\sin(3y)\cos x\mathrm{d}x-3\cos(3y)\cos(2x)\mathrm{d}y$ 在 xOy 面内是某个函数的全微分, 并求出一个这样的函数.

解　设 $P(x,y)=4\sin x\sin(3y)\cos x,\ Q(x,y)=-3\cos(3y)\cos(2x)$, 因为 P,Q 在 xOy 面内具有一阶连续偏导数, 且有

$$\frac{\partial Q}{\partial x}=6\cos(3y)\sin(2x)=\frac{\partial P}{\partial y},$$

所以 $P(x,y)\mathrm{d}x+Q(x,y)\mathrm{d}y$ 是某个定义在整个 xOy 面内的函数 $u(x,y)$ 的全微分.

取积分路线为从点 $O(0,0)$ 到点 $B(x,0)$ 再到点 $C(x,y)$ 的折线, 如图 9-4-10 所示, 则所求的一个二元函数为

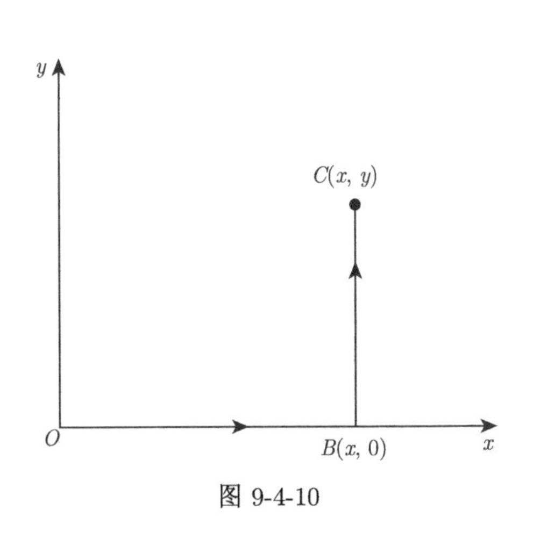

图 9-4-10

$$\begin{aligned}u(x,y)&=\int_{(0,0)}^{(x,y)}4\sin x\sin(3y)\cos x\mathrm{d}x\\&\quad-3\cos(3y)\cos(2x)\mathrm{d}y\\&=\int_0^x 0\mathrm{d}x+\int_0^y -3\cos(3y)\cos(2x)\mathrm{d}y\\&=-\cos(2x)\sin(3y).\end{aligned}$$

下面通过一个例子更具体地介绍三种方法:

例 7　设 $P(x,y)=x^4+4xy^3,\ Q(x,y)=6x^2y^2+5y^4$.

(1) 对平面上任意点 A,B, 证明 $\displaystyle\int_{AB}P(x,y)\mathrm{d}x+Q(x,y)\mathrm{d}y$ 与积分路径无关;

(2) 求 $P(x,y)\mathrm{d}x+Q(x,y)\mathrm{d}y$ 的原函数;

(3) 求曲线积分 $\displaystyle\int_{(-2,-1)}^{(3,0)} P(x,y)\mathrm{d}x+Q(x,y)\mathrm{d}y$.

解 (1) 由于函数 $P(x,y),Q(x,y)$ 在全平面内具有一阶连续偏导数, 且满足 $\dfrac{\partial P}{\partial y}=12xy^2=\dfrac{\partial Q}{\partial x}$, 所以曲线积分与路径无关.

(2) **解法一** 取积分路线为从点 $O(0,0)$ 到点 $B(x,0)$ 再到点 $C(x,y)$ 的折线, 则所求的一个二元函数为

$$\begin{aligned}
&u(x,y)\\
=&\int_{(0,0)}^{(x,y)}(x^4+4xy^3)\mathrm{d}x+(6x^2y^2+5y^4)\mathrm{d}y\\
=&\int_0^x x^4\mathrm{d}x+\int_0^y(6x^2y^2+5y^4)\mathrm{d}y=\frac{x^5}{5}+2x^2y^3+y^5.
\end{aligned}$$

解法二 固定 y, 关于 x^4+4xy^3 对 x 不定积分, 得其一原函数

$$u_1(x,y)=\frac{1}{5}x^5+2x^2y^3.$$

这样, $P(x,y)\mathrm{d}x+Q(x,y)\mathrm{d}y$ 的原函数 $u(x,y)$ 可表示成

$$u(x,y)=\frac{1}{5}x^5+2x^2y^3+\varphi(y).$$

其中, $\varphi(y)$ 是一待定函数, 再由

$$\frac{\partial u}{\partial y}=6x^2y^2+\varphi'(y)=Q(x,y)=6x^2y^2+5y^4$$

得 $\varphi'(y)=5y^4$, 求得原函数 $\varphi(y)=y^5+C$, 其中 C 为任意常数, 代入 $u(x,y)$ 得到

$$u(x,y)=\frac{1}{5}x^5+2x^2y^3+y^5+C.$$

解法三
$$\begin{aligned}
P\mathrm{d}x+Q\mathrm{d}y&=(x^4+4xy^3)\mathrm{d}x+(6x^2y^2+5y^4)\mathrm{d}y\\
&=x^4\mathrm{d}x+(4xy^3\mathrm{d}x+6x^2y^2\mathrm{d}y)+5y^4\mathrm{d}y\\
&=\mathrm{d}\left(\frac{x^5}{5}\right)+\mathrm{d}(2x^2y^3)+\mathrm{d}(y^5)\\
&=\mathrm{d}\left(\frac{x^5}{5}+2x^2y^3+y^5\right),
\end{aligned}$$

所以

$$u(x,y)=\frac{1}{5}x^5+2x^2y^3+y^5.$$

(3) 曲线积分

$$\int_{(-2,-1)}^{(3,0)}P\mathrm{d}x+Q\mathrm{d}y=u(x,y)\Big|_{(-2,-1)}^{(3,0)}=\left(\frac{1}{5}x^5+2x^2y^3+y^5\right)\Big|_{(-2,-1)}^{(3,0)}=64.$$

习　题　9-4

1. 利用曲线积分计算下列曲线所围成的图形的面积.

(1) 椭圆 $x = a\cos\theta, y = b\sin\theta\ (a > 0, b > 0)$;

(2) 圆 $x^2 + y^2 = 2ax\ (a > 0)$.

2. 用对坐标的曲线积分的计算方法和格林公式分别计算下列曲线积分.

(1) $\oint_l (2xy - x^2)\mathrm{d}x + (x + y^2)\mathrm{d}y$, 其中 L 是由抛物线 $y = x^2$ 及 $y^2 = x$ 所围成的闭区域的正向边界曲线;

(2) $\oint_l (x^2 - xy^3)\mathrm{d}x + (y^2 - 2xy)\mathrm{d}y$, 其中 L 是四个顶点分别为 $(0,0),(2,0),(2,2)$ 和 $(0,2)$ 的正方形区域的正向边界.

3. 计算曲线积分 $\oint_L \dfrac{y\mathrm{d}x - x\mathrm{d}y}{2(x^2+y^2)}$, 其中 L 满足:

(1) 椭圆 $\dfrac{(x-2)^2}{2} + (y-2)^2 = 1$ 取逆时针方向;

(2) 椭圆 $\dfrac{x^2}{2} + y^2 = 1$ 取逆时针方向.

4. 证明下列曲线积分在整个 xOy 面内与路径无关, 并计算其积分值.

(1) $\displaystyle\int_{(1,1)}^{(2,3)} (x+y)\mathrm{d}x + (x-y)\mathrm{d}y$;

(2) $\displaystyle\int_{(1,2)}^{(3,4)} (6xy^2 - y^3)\mathrm{d}x + (6x^2y - 3xy^2)\mathrm{d}y$.

5. 利用格林公式, 计算下列积分:

(1) $\displaystyle\iint_D \mathrm{e}^{-y^2}\mathrm{d}x\mathrm{d}y$, 其中 D 是以点 $O(0,0), A(1,1), B(0,1)$ 为顶点的三角形闭区域;

(2) $\oint_L \sqrt{x^2+y^2}\mathrm{d}x + y\left[xy + \ln(x + \sqrt{x^2+y^2})\right]\mathrm{d}y$, 其中 L 是以点 $A(1,1), B(2,2)$ 和 $E(1,3)$ 为顶点的三角形的正向边界线;

(3) $\oint_L (x\mathrm{e}^{x^2-y^2} - 2y)\mathrm{d}x - (y\mathrm{e}^{x^2-y^2} - 3x)\mathrm{d}y$, 其中 L 为 $y = |x|, y = 2 - |x|$ 围成正方形区域的正向边界;

(4) $I = \int_{\overset{\frown}{AOB}} (12xy + \mathrm{e}^y)\mathrm{d}x - (\cos y - x\mathrm{e}^y)\mathrm{d}y$, 其中 $\overset{\frown}{AOB}$ 为点 $A(-1,1)$ 沿曲线 $y = x^2$ 到点 $O(0,0)$ 再沿 x 轴到点 $B(2,0)$ 的路径.

6. 设有一变力在坐标轴上的投影为 $X = x + y^2, Y = 2xy - 8$, 这个变力确定了一个力场, 证明质点在此场内移动时, 场力所做的功与路径无关.

7. 计算曲线积分 $I = \oint_L \dfrac{x\mathrm{d}y - y\mathrm{d}x}{4x^2+y^2}$, 其中 L 是以点 $(1,0)$ 为中心、以 R 为半径的圆周 $(R \neq 1)$, 取逆时针方向.

8. 计算曲线积分 $I = \oint_L \dfrac{(yx^3 + \mathrm{e}^y)\mathrm{d}x + (xy^3 + x\mathrm{e}^y - 2y)\mathrm{d}y}{9x^2 + 4y^2}$, 其中 L 为椭圆 $\dfrac{x^2}{4} + \dfrac{y^2}{9} = 1$ 沿顺时针一周.

9. 已知平面闭区域 $D = \{(x,y) | 0 \leqslant x \leqslant \pi, 0 \leqslant y \leqslant \pi\}$, L 为 D 的正向边界, 证明: $\oint_L x\mathrm{e}^{\sin y}\mathrm{d}y - y\mathrm{e}^{-\sin x}\mathrm{d}x = \oint_L x\mathrm{e}^{-\sin y}\mathrm{d}y - y\mathrm{e}^{\sin x}\mathrm{d}x$.

第五节　对坐标的曲面积分

本节介绍另一类曲面积分, 它与第一类曲面积分在定义及物理作用上有着本质的区别,同时又有着密切的联系.

一、 对坐标的曲面积分的概念

首先给出有向曲面的定义, 然后通过物理中一个关于流量的例子引入对坐标的曲面积分的概念.

在现实中, 我们遇到的曲面多数是双侧的. 例如由方程 $z=z(x,y)$ 所表示的曲面 Σ 分为上侧与下侧, 如图 9-5-1(a) 所示; 对于闭曲面有内侧与外侧之分, 如图 9-5-1(b) 所示.

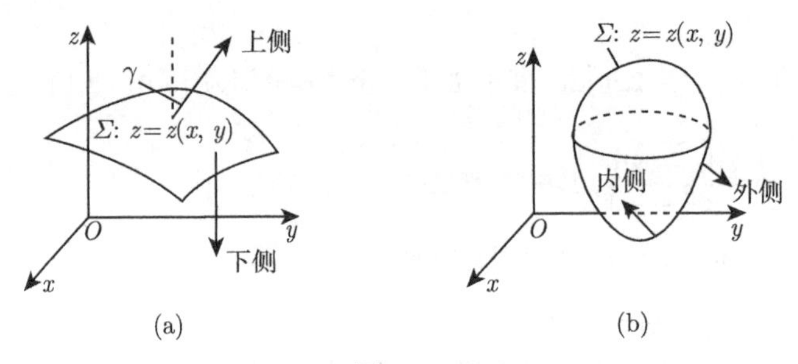

图 9-5-1

为了合理地反映曲面的朝向 (即曲面的侧), 我们作如下规定: 设 $\boldsymbol{n}=(\cos\alpha,\cos\beta,\cos\gamma)$ 为曲面上点 (x,y,z) 处的单位法向量, 取曲面的上侧时 $\cos\gamma>0$, 取曲面的下侧时 $\cos\gamma<0$.

类似地, 曲面也分前侧与后侧、左侧与右侧, 同样规定, 取曲面的前侧时 $\cos\alpha>0$, 取曲面的后侧时 $\cos\alpha<0$; 取曲面的右侧时 $\cos\beta>0$, 取曲面的左侧时 $\cos\beta<0$. 在讨论对坐标的曲面积分时, 需要指定曲面的侧. 这样我们就可以通过法向量来确定曲面的侧.

定义 1 取定了法向量亦即选定了侧的曲面, 称为有向曲面.

设 Σ 为有向曲面. 在 Σ 上取一小块曲面 ΔS, 把 ΔS 投影到 xOy 面上得一投影区域, 此投影区域的面积记为 $(\Delta\sigma)_{xy}$. 假定 ΔS 上各点处的法向量与 z 轴正向的夹角 γ 的余弦 $\cos\gamma$ 有相同的符号 (即 $\cos\gamma$ 都是正的或都是负的). 我们规定 ΔS 在 xOy 面上的投影 $(\Delta S)_{xy}$ 为

$$(\Delta S)_{xy}=\begin{cases}(\Delta\sigma)_{xy}, & \cos\gamma>0,\\ -(\Delta\sigma)_{xy}, & \cos\gamma<0,\\ 0, & \cos\gamma\equiv 0,\end{cases}$$

其中, $\cos\gamma\equiv 0$ 也就是 $(\Delta\sigma)_{xy}\equiv 0$ 的情形. 类似地可以定义 ΔS 在 yOz 面及在 zOx 面上的投影 $(\Delta S)_{yz}$ 及 $(\Delta S)_{zx}$.

下面看一个与对坐标的曲面积分有关的例子.

例 1(流体流向曲面一侧的流量) 设稳定流动的不可压缩流体的速度场由

$$\boldsymbol{v}(x,y,z)=P(x,y,z)\boldsymbol{i}+Q(x,y,z)\boldsymbol{j}+R(x,y,z)\boldsymbol{k}$$

给出, Σ 是速度场中的一片有向曲面, 函数 $P(x,y,z),Q(x,y,z),R(x,y,z)$ 都在 Σ 上连续, 求在单位时间内流向 Σ 指定侧的流体的质量, 即流量 Φ.

解 若流体流过平面上面积为 A 的一个闭区域, 且流体在此闭区域上各点处的流速为 $\boldsymbol{v}$(常向量), 又设 $\boldsymbol{n}$ 为该平面的单位法向量, 如图 9-5-2(a) 所示, 则在单位时间内流过这个闭

区域的流体组成一个底面积为 A、斜高为 $|\boldsymbol{v}|$ 的斜柱体, 如图 9-5-2(b) 所示. 设流速 $\boldsymbol{v}$ 与单位法向量 $\boldsymbol{n}$ 的夹角为 θ, 则

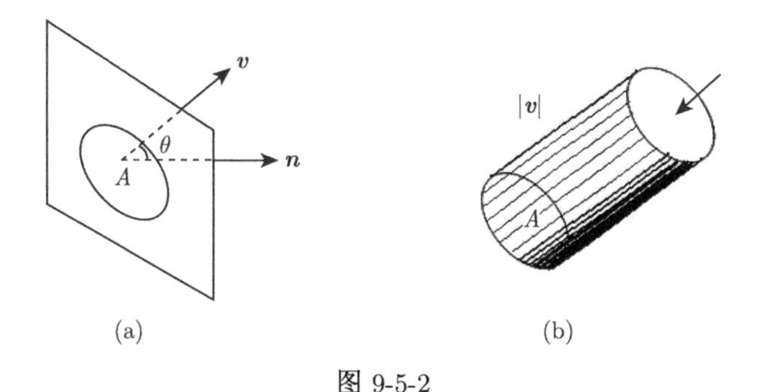

图 9-5-2

当 $\theta<\dfrac{\pi}{2}$ 时, 该斜柱体的体积 (也是通过闭区域 A 流向 $\boldsymbol{n}$ 所指一侧的流量) 为

$$\Phi=A|\boldsymbol{v}|\cos\theta=A\boldsymbol{v}\cdot\boldsymbol{n}>0.$$

当 $\theta=\dfrac{\pi}{2}$ 时, 显然流体通过闭区域 A 流向 $\boldsymbol{n}$ 所指一侧的流量 Φ 为零, 即

$$\Phi=A|\boldsymbol{v}|\cos\frac{\pi}{2}=A\boldsymbol{v}\cdot\boldsymbol{n}=0.$$

当 $\theta>\dfrac{\pi}{2}$ 时, 由于

$$\Phi=A|\boldsymbol{v}|\cos\theta=A\boldsymbol{v}\cdot\boldsymbol{n}<0,$$

这时我们仍把 $A\boldsymbol{v}\cdot\boldsymbol{n}$ 称为流体通过闭区域 A 流向 $\boldsymbol{n}$ 所指一侧的流量, 它表示流体通过闭区域 A 实际上流向 $-\boldsymbol{n}$ 所指一侧, 且流量的大小为

$$|\Phi|=-A\boldsymbol{v}\cdot\boldsymbol{n}.$$

因此, 不论 θ 为何值, 流体通过闭区域 A 流向 $\boldsymbol{n}$ 所指一侧的流量均为

$$\Phi=A\boldsymbol{v}\cdot\boldsymbol{n}.$$

大多数情形下, 由于我们所讨论的不是平面闭区域, 而是一片曲面, 且流速 $\boldsymbol{v}$ 也不是常向量, 因此所求流量不能直接用上述方法计算. 这类问题同样采用分割、取近似、求和再取极限的方法.

把曲面 Σ 分成 n 小块, 记作 $\Delta S_i(i=1,2,\cdots,n)$, 也用 ΔS_i 表示第 i 小块曲面的面积. 在 Σ 是光滑的且 $\boldsymbol{v}(x,y,z)$ 在 Σ 上连续的前提下, 只要 ΔS_i 的直径充分小, 我们就可以用 ΔS_i 上任一点 (ξ_i,η_i,ζ_i) 处的流速

$$\boldsymbol{v}_i=\boldsymbol{v}(\xi_i,\eta_i,\zeta_i)=P(\xi_i,\eta_i,\zeta_i)\boldsymbol{i}+Q(\xi_i,\eta_i,\zeta_i)\boldsymbol{j}+R(\xi_i,\eta_i,\zeta_i)\boldsymbol{k}$$

近似地代替 ΔS_i 上其他各点处的流速, 以该点处曲面 Σ 的单位法向量

$$\boldsymbol{n}_i=\cos\alpha_i\boldsymbol{i}+\cos\beta_i\boldsymbol{j}+\cos\gamma_i\boldsymbol{k}$$

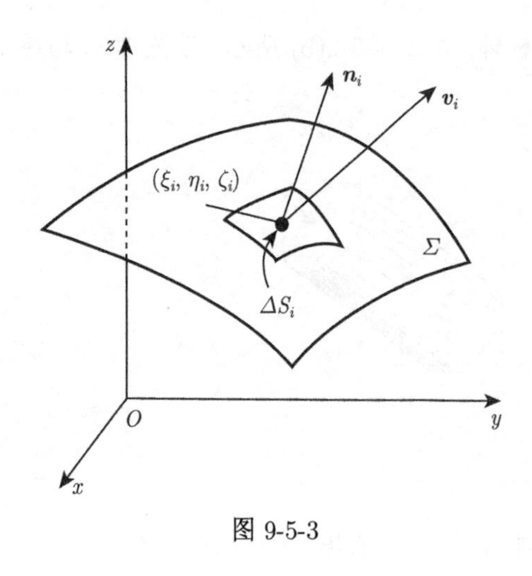

图 9-5-3

近似地代替 ΔS_i 上其他各点处的单位法向量, 如图 9-5-3 所示. 从而得到通过 ΔS_i 并流向指定侧的流量的近似值为

$$\boldsymbol{v}_i \cdot \boldsymbol{n}_i \Delta S_i \quad (i=1,2,\cdots,n),$$

于是, 通过 Σ 流向指定侧的流量

$$\begin{aligned}\varPhi &\approx \sum_{i=1}^{n} \boldsymbol{v}_i \cdot \boldsymbol{n}_i \Delta S_i \\ &= \sum_{i=1}^{n} [P(\xi_i,\eta_i,\zeta_i)\cos\alpha_i + Q(\xi_i,\eta_i,\zeta_i)\cos\beta_i \\ &\quad + R(\xi_i,\eta_i,\zeta_i)\cos\gamma_i]\Delta S_i.\end{aligned}$$

由于

$$\cos\alpha_i \cdot \Delta S_i \approx (\Delta S_i)_{yz}, \quad \cos\beta_i \cdot \Delta S_i \approx (\Delta S_i)_{zx}, \quad \cos\gamma_i \cdot \Delta S_i \approx (\Delta S_i)_{xy},$$

因此上式可以写成

$$\varPhi \approx \sum_{i=1}^{n} [P(\xi_i,\eta_i,\zeta_i)(\Delta S_i)_{yz} + Q(\xi_i,\eta_i,\zeta_i)(\Delta S_i)_{zx} + R(\xi_i,\eta_i,\zeta_i)(\Delta S_i)_{xy}].$$

当 ΔS_i 的直径中的最大值 $\lambda \to 0$ 时, 取上述和的极限, 就得到流量 $\varPhi$ 的精确值. 这样的极限还会在物理学中的其他问题中遇到. 抽去它们的物理意义, 就得出下列对坐标的曲面积分的概念.

定义 2　设 Σ 为光滑的有向曲面, 函数 $R(x,y,z)$ 在 Σ 上有界. 把 Σ 任意分成 n 块小曲面 $\Delta S_i(i=1,2,\cdots,n)$, ΔS_i 同时也表示第 i 小块曲面的面积. 设 ΔS_i 在 xOy 面上的投影为 $(\Delta S_i)_{xy}$, 任取一点 $(\xi_i,\eta_i,\zeta_i) \in \Delta S_i$, 设 ΔS_i 的直径为 $\lambda_i(i=1,2,\cdots,n)$, 取 $\lambda=\max\{\lambda_1,\lambda_2,\cdots,\lambda_n\} \to 0$, 此时若极限

$$\lim_{\lambda\to 0}\sum_{i=1}^{n} R(\xi_i,\eta_i,\zeta_i)(\Delta S_i)_{xy}$$

总存在, 则称此极限为函数 $R(x,y,z)$ 在有向曲面 Σ 上对坐标 x,y 的曲面积分 (亦称第二类曲面积分, 记作 $\iint\limits_{\Sigma} R(x,y,z)\mathrm{d}x\mathrm{d}y$, 即

$$\iint\limits_{\Sigma} R(x,y,z)\mathrm{d}x\mathrm{d}y = \lim_{\lambda\to 0}\sum_{i=1}^{n} R(\xi_i,\eta_i,\zeta_i)(\Delta S_i)_{xy}.$$

其中, $R(x,y,z)$ 称为**被积函数**; $R(x,y,z)\mathrm{d}x\mathrm{d}y$ 称为**被积表达式**; Σ 称为**积分曲面**.

当积分曲面为封闭曲面时, 第二类曲面积分记作

$$\oiint\limits_{\Sigma} R(x,y,z)\mathrm{d}x\mathrm{d}y.$$

类似地可以定义函数 $P(x,y,z)$ 在有向曲面 Σ 上对坐标 y,z 的曲面积分 $\iint\limits_{\Sigma} P(x,y,z)\mathrm{d}y\mathrm{d}z$ 及函数 $Q(x,y,z)$ 在有向曲面 Σ 上对坐标 z,x 的曲面积分 $\iint\limits_{\Sigma} Q(x,y,z)\mathrm{d}z\mathrm{d}x$. 即

$$\iint\limits_{\Sigma} P(x,y,z)\mathrm{d}y\mathrm{d}z = \lim_{\lambda\to 0}\sum_{i=1}^{n} P(\xi_i,\eta_i,\zeta_i)(\Delta S_i)_{yz},$$

$$\iint\limits_{\Sigma} Q(x,y,z)\mathrm{d}z\mathrm{d}x = \lim_{\lambda\to 0}\sum_{i=1}^{n} Q(\xi_i,\eta_i,\zeta_i)(\Delta S_i)_{zx}.$$

在实际应用中出现较多的是它们和的形式, 常记作

$$\begin{aligned}&\iint\limits_{\Sigma} P(x,y,z)\mathrm{d}y\mathrm{d}z + \iint\limits_{\Sigma} Q(x,y,z)\mathrm{d}z\mathrm{d}x + \iint\limits_{\Sigma} R(x,y,z)\mathrm{d}x\mathrm{d}y\\ =&\iint\limits_{\Sigma} P(x,y,z)\mathrm{d}y\mathrm{d}z + Q(x,y,z)\mathrm{d}z\mathrm{d}x + R(x,y,z)\mathrm{d}x\mathrm{d}y.\end{aligned} \tag{9-5-1}$$

由上述定义可知, 例 1 中的流向 Σ 指定侧的流量 Φ 可表示为

$$\Phi = \iint\limits_{\Sigma} P(x,y,z)\mathrm{d}y\mathrm{d}z + Q(x,y,z)\mathrm{d}z\mathrm{d}x + R(x,y,z)\mathrm{d}x\mathrm{d}y.$$

如果 Σ 是分片光滑的有向曲面, 可以证明函数在 Σ 上对坐标的曲面积分等于函数在各片光滑曲面上对坐标的曲面积分之和; 并且当函数 $P(x,y,z), Q(x,y,z), R(x,y,z)$ 在有向光滑 (或分片光滑) 的曲面 Σ 上连续时, 对坐标的曲面积分存在.

以后我们总假定 $P(x,y,z), Q(x,y,z), R(x,y,z)$ 在有向光滑或分片光滑的曲面 Σ 上连续.

二、对坐标的曲面积分的性质

在对坐标的曲面积分存在的条件下, 具有与对坐标的曲线积分类似的一些性质.

性质 1　如果把 Σ 分成 Σ_1 和 Σ_2, 记作 $\Sigma = \Sigma_1 + \Sigma_2$, 则

$$\begin{aligned}&\iint\limits_{\Sigma} P\mathrm{d}y\mathrm{d}z + Q\mathrm{d}z\mathrm{d}x + R\mathrm{d}x\mathrm{d}y\\ =&\iint\limits_{\Sigma_1} P\mathrm{d}y\mathrm{d}z + Q\mathrm{d}z\mathrm{d}x + R\mathrm{d}x\mathrm{d}y + \iint\limits_{\Sigma_2} P\mathrm{d}y\mathrm{d}z + Q\mathrm{d}z\mathrm{d}x + R\mathrm{d}x\mathrm{d}y.\end{aligned}$$

性质 1 可推广到有限个曲面的和的情形.

性质 2　设 Σ 是有向曲面, $-\Sigma$ 表示与 Σ 取相反侧的有向曲面, 则

$$\iint\limits_{-\Sigma} P\mathrm{d}y\mathrm{d}z + Q\mathrm{d}z\mathrm{d}x + R\mathrm{d}x\mathrm{d}y = -\iint\limits_{\Sigma} P\mathrm{d}y\mathrm{d}z + Q\mathrm{d}z\mathrm{d}x + R\mathrm{d}x\mathrm{d}y.$$

性质 2 表示如果 $\boldsymbol{n}=(\cos\alpha,\cos\beta,\cos\gamma)$ 是 Σ 的单位法向量, 则 $-\Sigma$ 上的单位法向量为

$$-\boldsymbol{n}=(-\cos\alpha,-\cos\beta,-\cos\gamma),$$

从而

$$\iint\limits_{-\Sigma} P\mathrm{d}y\mathrm{d}z+Q\mathrm{d}z\mathrm{d}x+R\mathrm{d}x\mathrm{d}y=-\iint\limits_{\Sigma} P\mathrm{d}y\mathrm{d}z+Q\mathrm{d}z\mathrm{d}x+R\mathrm{d}x\mathrm{d}y.$$

三、对坐标的曲面积分的计算

类似于对面积的曲面积分计算, 对坐标的曲面积分也是化为二重积分来计算, 有如下结论.

定理 1 设曲面 Σ 由方程 $z=z(x,y)$ 给出, Σ 在 xOy 面上的投影区域为 D_{xy}, 函数 $z=z(x,y)$ 在 D_{xy} 上具有一阶连续偏导数, 函数 $R(x,y,z)$ 在 Σ 上连续, 则

$$\iint\limits_{\Sigma} R(x,y,z)\mathrm{d}x\mathrm{d}y=\pm\iint\limits_{D_{xy}} R[x,y,z(x,y)]\mathrm{d}x\mathrm{d}y, \tag{9-5-2}$$

其中, 当 Σ 取上侧时, 二重积分前的符号取 "+"; 当 Σ 取下侧时, 二重积分前的符号取 "−".

证 由对坐标的曲面积分的定义, 有

$$\iint\limits_{\Sigma} R(x,y,z)\mathrm{d}x\mathrm{d}y=\lim_{\lambda\to 0}\sum_{i=1}^{n}R(\xi_i,\eta_i,\zeta_i)(\Delta S_i)_{xy}.$$

当 Σ 取上侧时, $\cos\gamma>0$, 则 $(\Delta S_i)_{xy}=(\Delta\sigma_i)_{xy}$, 因 (ξ_i,η_i,ζ_i) 是 Σ 上的一点, 故 $\zeta_i=z(\xi_i,\eta_i)$, 从而有

$$\sum_{i=1}^{n}R(\xi_i,\eta_i,\zeta_i)(\Delta S_i)_{xy}=\sum_{i=1}^{n}R[\xi_i,\eta_i,z(\xi_i,\eta_i)](\Delta\sigma_i)_{xy}.$$

由于 $R(x,y,z)$ 在 Σ 上连续且 $z=z(x,y)$ 在 D_{xy} 上连续, 根据复合函数的连续性, $R(x,y,z(x,y))$ 也是 D_{xy} 上的连续函数, 由二重积分的定义, 有

$$\iint\limits_{D_{xy}} R[x,y,z(x,y)]\mathrm{d}x\mathrm{d}y=\lim_{\lambda\to 0}\sum_{i=1}^{n}R[\xi_i,\eta_i,z(\xi_i,\eta_i)](\Delta\sigma_i)_{xy},$$

所以

$$\iint\limits_{\Sigma} R(x,y,z)\mathrm{d}x\mathrm{d}y=\iint\limits_{D_{xy}} R[x,y,z(x,y)]\mathrm{d}x\mathrm{d}y.$$

同理, 当 Σ 取下侧时, $\cos\gamma<0$, 此时 $(\Delta S_i)_{xy}=-(\Delta\sigma_i)_{xy}$,

$$\iint\limits_{\Sigma} R(x,y,z)\mathrm{d}x\mathrm{d}y=-\iint\limits_{D_{xy}} R[x,y,z(x,y)]\mathrm{d}x\mathrm{d}y.$$

公式 (9-5-2) 表明, 计算曲面积分 $\iint\limits_{\Sigma} R(x,y,z)\mathrm{d}x\mathrm{d}y$, 只要将式中 Σ 换为 D_{xy},z 换为 $z(x,y)$, 并根据有向曲面的侧确定符号, 再计算二重积分即可.

类似地, 若曲面 Σ 由方程 $x=x(y,z)$ 给出, Σ 在 yOz 面上的投影区域为 D_{yz}, 函数 $x=x(y,z)$ 在 D_{yz} 上具有一阶连续偏导数, 函数 $P(x,y,z)$ 在 Σ 上连续, 则

$$\iint_{\Sigma} P(x,y,z)\mathrm{d}y\mathrm{d}z=\pm\iint_{D_{yz}} P[x(y,z),y,z]\mathrm{d}y\mathrm{d}z, \tag{9-5-3}$$

其中, 当 Σ 取前侧 $(\cos\alpha>0)$ 时, 二重积分前的符号取 "+" ; 当 Σ 取后侧 $(\cos\alpha<0)$ 时, 二重积分前的符号取 "−".

若曲面 Σ 由方程 $y=y(x,z)$ 给出, Σ 在 xOz 面上的投影区域为 D_{zx}, 函数 $y=y(x,z)$ 在 D_{zx} 上具有一阶连续偏导数, 函数 $Q(x,y,z)$ 在 Σ 上连续, 则

$$\iint_{\Sigma} Q(x,y,z)\mathrm{d}z\mathrm{d}x=\pm\iint_{D_{zx}} Q[x,y(z,x),z]\mathrm{d}z\mathrm{d}x.$$

其中, 当 Σ 取右侧 $(\cos\beta>0)$ 时, 二重积分前的符号取 "+"; 当 Σ 取左侧 $(\cos\beta<0)$ 时, 二重积分前的符号取 "−".

例 2　计算 $\iint\limits_{\Sigma}(x+2y+3z)\mathrm{d}x\mathrm{d}y+(x+y+z)\mathrm{d}y\mathrm{d}z$, 其中 Σ 为平面 $x+y+z=1$ 在第一卦限内的上侧.

解　Σ 在 xOy 面与 yOz 面上的投影区域 (图 9-5-4) 分别为

$$D_{xy}=\{(x,y)|0\leqslant y\leqslant 1-x,0\leqslant x\leqslant 1\}$$

和

$$D_{yz}=\{(y,z)|0\leqslant z\leqslant 1-y,0\leqslant y\leqslant 1\},$$

则由公式 (9-5-2)、(9-5-3) 得

$$\begin{aligned}&\iint_{\Sigma}(x+2y+3z)\mathrm{d}x\mathrm{d}y+(x+y+z)\mathrm{d}y\mathrm{d}z\\&=\iint_{D_{xy}}[x+2y+3(1-x-y)]\mathrm{d}x\mathrm{d}y+\iint_{D_{yz}}\mathrm{d}y\mathrm{d}z\\&=\int_0^1\mathrm{d}x\int_0^{1-x}(3-2x-y)\mathrm{d}y+\frac{1}{2}=\frac{3}{2}.\end{aligned}$$

例 3　计算 $\iint\limits_{\Sigma}xyz\mathrm{d}x\mathrm{d}y$, 其中 Σ 是球面 $x^2+y^2+z^2=1$ 外侧在 $x\geqslant 0,y\geqslant 0$ 的部分.

解　把曲面 Σ 分成上、下两部分, 如图 9-5-5 所示, 其中

$$\Sigma_1: z=\sqrt{1-x^2-y^2}(x\geqslant 0,y\geqslant 0)\text{的上侧},$$

$$\Sigma_2: z=-\sqrt{1-x^2-y^2}(x\geqslant 0,y\geqslant 0)\text{的下侧}.$$

Σ_1 和 Σ_2 在 xOy 面上的投影区域都是

$$D_{xy}=\{(x,y)|x^2+y^2\leqslant 1,x\geqslant 0,y\geqslant 0\}.$$

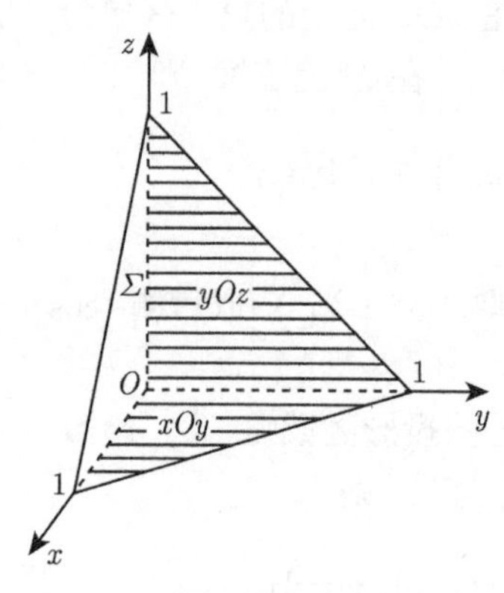

图 9-5-4

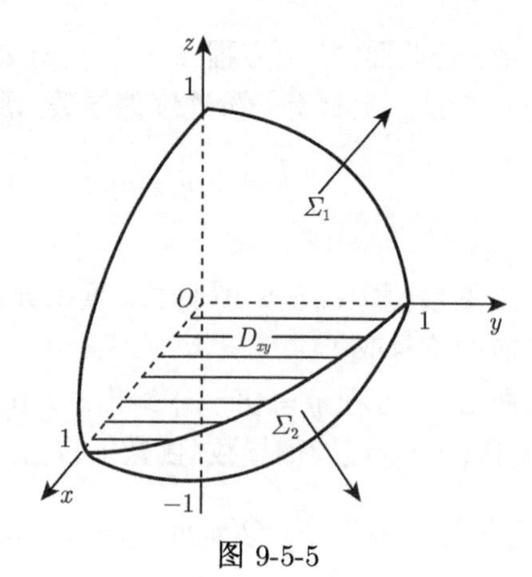

图 9-5-5

于是

$$\begin{aligned}
&\iint_{\Sigma} xyz\mathrm{d}x\mathrm{d}y=\iint_{\Sigma_1} xyz\mathrm{d}x\mathrm{d}y+\iint_{\Sigma_2} xyz\mathrm{d}x\mathrm{d}y\\
=&\iint_{D_{xy}} xy\sqrt{1-x^2-y^2}\mathrm{d}x\mathrm{d}y-\iint_{D_{xy}} xy(-\sqrt{1-x^2-y^2})\mathrm{d}x\mathrm{d}y\\
=&2\iint_{D_{xy}} xy\sqrt{1-x^2-y^2}\mathrm{d}x\mathrm{d}y\\
=&2\int_0^{\frac{\pi}{2}}\mathrm{d}\theta\int_0^1\rho^2\sin\theta\cos\theta\sqrt{1-\rho^2}\rho\mathrm{d}\rho\\
=&2\int_0^{\frac{\pi}{2}}\sin\theta\cos\theta\mathrm{d}\theta\int_0^1\rho^2\sqrt{1-\rho^2}\rho\mathrm{d}\rho\\
=&\int_0^{\frac{\pi}{2}}\sin\theta\mathrm{d}\sin\theta\int_0^1(1-\rho^2-1)\sqrt{1-\rho^2}\mathrm{d}(1-\rho^2)\\
=&\left[\frac{\sin^2\theta}{2}\right]_0^{\frac{\pi}{2}}\left[\frac{2}{5}(1-\rho^2)^{\frac{5}{2}}-\frac{2}{3}(1-\rho^2)^{\frac{3}{2}}\right]_0^1=\frac{2}{15}.
\end{aligned}$$

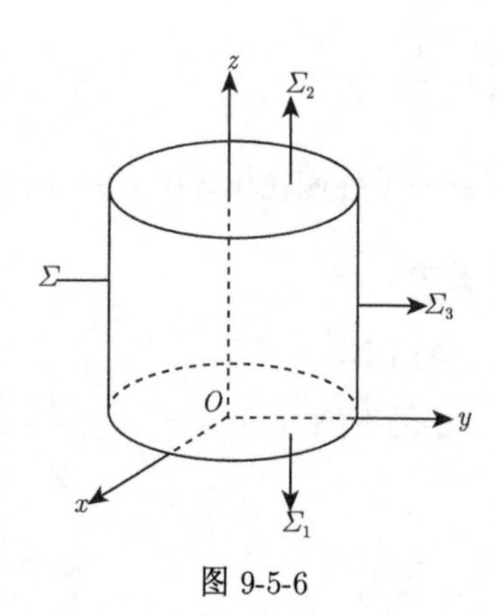

图 9-5-6

例 4　计算 $\oiint\limits_{\Sigma} z\mathrm{d}x\mathrm{d}y$, 其中 Σ 是圆柱面 $x^2+y^2=1$ 及两平面 $z=0, z=2$ 所围立体的外侧.

解　如图 9-5-6 所示, 设

$$\Sigma_1:\begin{cases}x^2+y^2\leqslant 1,\\ z=0,\end{cases}\text{取下侧},$$

$$\Sigma_2:\begin{cases}x^2+y^2\leqslant 1,\\ z=2,\end{cases}\text{取上侧},$$

$$\Sigma_3:\begin{cases}x^2+y^2=1,\\ 0\leqslant z\leqslant 2,\end{cases}\text{取外侧},$$

$$\oiint\limits_{\Sigma} z\mathrm{d}x\mathrm{d}y = \iint\limits_{\Sigma_1} z\mathrm{d}x\mathrm{d}y + \iint\limits_{\Sigma_2} z\mathrm{d}x\mathrm{d}y + \iint\limits_{\Sigma_3} z\mathrm{d}x\mathrm{d}y$$
$$= 0 + \iint\limits_{x^2+y^2\leqslant 1} 2\mathrm{d}x\mathrm{d}y + 0 = 2\pi.$$

从这个例子中我们看到下列事实：当计算第二类曲面积分

$$\iint\limits_{\Sigma} P\mathrm{d}y\mathrm{d}z + Q\mathrm{d}z\mathrm{d}x + R\mathrm{d}x\mathrm{d}y$$

时, 若曲面 Σ 在某一个坐标平面上的投影面积为零, 比如在 xOy 面上的投影面积为零 (如上例中的 Σ_3), 那么其面积微元 $\mathrm{d}S$ 在 xOy 面上的有向投影面积也必为零, 从而相应的积分

$$\iint\limits_{\Sigma} R\mathrm{d}x\mathrm{d}y = 0.$$

以后注意到这一事实将简化某些运算.

四、 两类曲面积分之间的联系

两类曲面积分与两类曲线积分有类似的联系.

设有向曲面 Σ 由方程 $z = z(x, y)$ 给出, $\cos\alpha, \cos\beta, \cos\gamma$ 是 Σ 上点 (x, y, z) 处被指定侧的法向量的方向余弦, Σ 在 xOy 面上的投影区域为 D_{xy}, 函数 $z = z(x, y)$ 在 D_{xy} 上具有一阶连续偏导数, 被积函数 $R(x, y, z)$ 在 Σ 上连续.

若曲面 Σ 取上侧, 则

$$\iint\limits_{\Sigma} R(x, y, z)\mathrm{d}x\mathrm{d}y = \iint\limits_{D_{xy}} R[x, y, z(x, y)]\mathrm{d}x\mathrm{d}y. \tag{9-5-4}$$

此时, 有向曲面 Σ 的法向量为 $\boldsymbol{n} = (-z_x, -z_y, 1)$, 它的法向量的方向余弦为

$$\cos\alpha = \frac{-z_x}{\sqrt{1 + z_x^2 + z_y^2}}, \quad \cos\beta = \frac{-z_y}{\sqrt{1 + z_x^2 + z_y^2}}, \quad \cos\gamma = \frac{1}{\sqrt{1 + z_x^2 + z_y^2}},$$

故由对面积的曲面积分计算公式有

$$\begin{aligned}
&\iint\limits_{\Sigma} R(x, y, z)\cos\gamma\mathrm{d}S \\
=&\iint\limits_{D_{xy}} R[x, y, z(x, y)]\frac{1}{\sqrt{1 + z_x^2 + z_y^2}}\sqrt{1 + z_x^2 + z_y^2}\mathrm{d}x\mathrm{d}y \\
=&\iint\limits_{D_{xy}} R[x, y, z(x, y)]\mathrm{d}x\mathrm{d}y,
\end{aligned} \tag{9-5-5}$$

比较 (9-5-4) 式与 (9-5-5) 式得

$$\iint\limits_{\Sigma} R(x, y, z)\mathrm{d}x\mathrm{d}y = \iint\limits_{\Sigma} R(x, y, z)\cos\gamma\mathrm{d}S. \tag{9-5-6}$$

若曲面 Σ 取下侧, 则有

$$\iint_{\Sigma} R(x,y,z)\mathrm{d}x\mathrm{d}y = -\iint_{D_{xy}} R[x,y,z(x,y)]\mathrm{d}x\mathrm{d}y.$$

但这时 $\cos\gamma = \dfrac{-1}{\sqrt{1+z_x^2+z_y^2}}$, 因此仍有

$$\iint_{\Sigma} R(x,y,z)\mathrm{d}x\mathrm{d}y = \iint_{\Sigma} R(x,y,z)\cos\gamma \mathrm{d}S,$$

类似地可得

$$\iint_{\Sigma} P(x,y,z)\mathrm{d}y\mathrm{d}z = \iint_{\Sigma} P(x,y,z)\cos\alpha\,\mathrm{d}S, \tag{9-5-7}$$

$$\iint_{\Sigma} Q(x,y,z)\mathrm{d}z\mathrm{d}x = \iint_{\Sigma} Q(x,y,z)\cos\beta\,\mathrm{d}S. \tag{9-5-8}$$

将式 (9-5-6)、(9-5-7)、(9-5-8) 三式相加, 得**两类曲面积分有如下等量关系**:

$$\iint_{\Sigma} P\mathrm{d}y\mathrm{d}z + Q\mathrm{d}z\mathrm{d}x + R\mathrm{d}x\mathrm{d}y = \iint_{\Sigma} (P\cos\alpha + Q\cos\beta + R\cos\gamma)\mathrm{d}S. \tag{9-5-9}$$

两类曲面积分之间的联系也可写成如下的**向量形式**:

$$\iint_{\Sigma} \boldsymbol{A}\cdot\mathrm{d}\boldsymbol{S} = \iint_{\Sigma} \boldsymbol{A}\cdot\boldsymbol{n}\mathrm{d}S \quad 或 \quad \iint_{\Sigma} \boldsymbol{A}\cdot\mathrm{d}\boldsymbol{S} = \iint_{\Sigma} A_n\mathrm{d}S.$$

其中, $\boldsymbol{A}=(P,Q,R)$ 表示函数向量; $\boldsymbol{n}=(\cos\alpha,\cos\beta,\cos\gamma)$ 是有向曲面 Σ 上点 (x,y,z) 处指定侧的单位法向量; $\mathrm{d}\boldsymbol{S}=\boldsymbol{n}\mathrm{d}S$ 称为**有向曲面微元**; A_n 为函数向量 $\boldsymbol{A}$ 在向量 $\boldsymbol{n}$ 上的投影. 曲面积分的向量形式常见于物理学中.

根据两类曲面积分的关系, 我们可以推出下列对坐标的曲面积分的计算公式.

若有向曲面 Σ: $z=z(x,y)$, $(x,y)\in D_{xy}$, 其中 D_{xy} 为 Σ 在 xOy 面上的投影区域, 函数 $z=z(x,y)$ 在 D_{xy} 上具有一阶连续偏导数, 被积函数 $P(x,y,z)$, $Q(x,y,z)$, $R(x,y,z)$ 在 Σ 上连续. 由于

$$\mathrm{d}S = \sqrt{1+z_x^2+z_y^2}\mathrm{d}x\mathrm{d}y, \quad 即 \quad \mathrm{d}x\mathrm{d}y = \frac{\mathrm{d}S}{\sqrt{1+z_x^2+z_y^2}},$$

于是我们有

$$\cos\alpha\mathrm{d}S = -\frac{\partial z}{\partial x}\mathrm{d}x\mathrm{d}y, \quad \cos\beta\mathrm{d}S = -\frac{\partial z}{\partial y}\mathrm{d}x\mathrm{d}y, \quad \cos\gamma\mathrm{d}S = \mathrm{d}x\mathrm{d}y.$$

代入公式 (9-5-9) 可得

$$\iint_{\Sigma} P(x,y,z)\mathrm{d}y\mathrm{d}z + Q(x,y,z)\mathrm{d}z\mathrm{d}x + R(x,y,z)\mathrm{d}x\mathrm{d}y$$

$$=\pm\iint_{D_{xy}}\left[P(x,y,z(x,y))\left(-\frac{\partial z}{\partial x}\right)+Q(x,y,z(x,y))\left(-\frac{\partial z}{\partial y}\right)+R(x,y,z)\right]\mathrm{d}x\mathrm{d}y. \quad (9\text{-}5\text{-}10)$$

在公式 (9-5-10) 中, 当 Σ 取上侧时, 二重积分前的符号取 "+"; 当 Σ 取下侧时, 二重积分前的符号取 "−".

类似地, 若有向曲面 $\Sigma: x=x(y,z),(y,z)\in D_{yz}$, 其中 D_{yz} 为 Σ 在 yOz 面上的投影区域, 函数 $x=x(y,z)$ 在 D_{yz} 上具有一阶连续偏导数, 函数 $P(x,y,z)$, $Q(x,y,z)$, $R(x,y,z)$ 在 Σ 上连续, 则

$$\begin{aligned}&\iint_{\Sigma}P(x,y,z)\mathrm{d}y\mathrm{d}z+Q(x,y,z)\mathrm{d}z\mathrm{d}x+R(x,y,z)\mathrm{d}x\mathrm{d}y\\=&\iint_{D_{yz}}\left[P(x(y,z),y,z)+Q(x(y,z),y,z)\left(-\frac{\partial x}{\partial y}\right)+R(x,y,z)\left(-\frac{\partial x}{\partial z}\right)\right]\mathrm{d}y\mathrm{d}z,\end{aligned}$$

其中, 当 Σ 取前侧时, 二重积分前的符号取 "+"; 当 Σ 取后侧时, 二重积分前的符号取 "−".

若有向曲面 Σ: $y=y(z,x),(z,x)\in D_{zx}$, 其中 D_{zx} 为 Σ 在 zOx 面上的投影区域, 函数 $y=y(x,z)$ 在 D_{zx} 上具有一阶连续偏导数, 函数 $P(x,y,z)$, $Q(x,y,z)$, $R(x,y,z)$ 在 Σ 上连续, 则

$$\begin{aligned}&\iint_{\Sigma}P(x,y,z)\mathrm{d}y\mathrm{d}z+Q(x,y,z)\mathrm{d}z\mathrm{d}x+R(x,y,z)\mathrm{d}x\mathrm{d}y\\=&\iint_{D_{zx}}\left[P(x,y(z,x),z)\left(-\frac{\partial y}{\partial x}\right)+Q(x,y(z,x),z)+R(x,y,z)\left(-\frac{\partial y}{\partial z}\right)\right]\mathrm{d}z\mathrm{d}x.\end{aligned}$$

其中, 当 Σ 取右侧时, 二重积分前的符号取 "+"; 当 Σ 取左侧时, 二重积分前的符号取 "−".

例 5 计算 $\iint_{\Sigma}[f(x,y,z)+x]\mathrm{d}y\mathrm{d}z+[2f(x,y,z)+y]\mathrm{d}z\mathrm{d}x+[f(x,y,z)+z]\mathrm{d}x\mathrm{d}y$, 其中 $f(x,y,z)$ 为连续函数, Σ 是平面 $x-y+z=1$ 在第四卦限部分的上侧.

解 **解法一** 曲面 Σ 可表示为 $z=1-x+y$, $D_{xy}=\{(x,y)|0\leqslant x\leqslant 1, x-1\leqslant y\leqslant 0\}$, Σ 上侧的法向量为 $\boldsymbol{n}=(1,-1,1)$, 单位法向量为

$$(\cos\alpha,\cos\beta,\cos\gamma)=(\frac{1}{\sqrt{3}},-\frac{1}{\sqrt{3}},\frac{1}{\sqrt{3}}),$$

由两类曲面积分之间的联系可得

$$\begin{aligned}&\iint_{\Sigma}[f(x,y,z)+x]\mathrm{d}y\mathrm{d}z+[2f(x,y,z)+y]\mathrm{d}z\mathrm{d}x+[f(x,y,z)+z]\mathrm{d}x\mathrm{d}y\\=&\iint_{\Sigma}\{[f(x,y,z)+x]\cos\alpha+[2f(x,y,z)+y]\cos\beta+[f(x,y,z)+z]\cos\gamma\}\mathrm{d}S\\=&\iint_{\Sigma}\left\{[f(x,y,z)+x]\cdot\frac{1}{\sqrt{3}}+[2f(x,y,z)+y]\cdot\left(-\frac{1}{\sqrt{3}}\right)+[f(x,y,z)+z]\cdot\frac{1}{\sqrt{3}}\right\}\mathrm{d}S\\=&\frac{1}{\sqrt{3}}\iint_{\Sigma}(x-y+z)\mathrm{d}S=\frac{1}{\sqrt{3}}\iint_{\Sigma}\mathrm{d}S=\iint_{D_{xy}}\mathrm{d}x\mathrm{d}y=\frac{1}{2}.\end{aligned}$$

解法二　因为

$$\frac{\partial z}{\partial x}=-1,\quad \frac{\partial z}{\partial y}=1,$$

由公式 (9-5-10) 可得

$$\begin{aligned}&\iint_{\Sigma}[f(x,y,z)+x]\mathrm{d}y\mathrm{d}z+[2f(x,y,z)+y]\mathrm{d}z\mathrm{d}x+[f(x,y,z)+z]\mathrm{d}x\mathrm{d}y\\=&\iint_{D_{xy}}\{[f(x,y,1-x+y)+x]+[2f(x,y,1-x+y)+y](-1)\\&+[f(x,y,1-x+y)+1-x+y]\}\mathrm{d}S\\=&\iint_{D_{xy}}\mathrm{d}x\mathrm{d}y=\frac{1}{2}.\end{aligned}$$

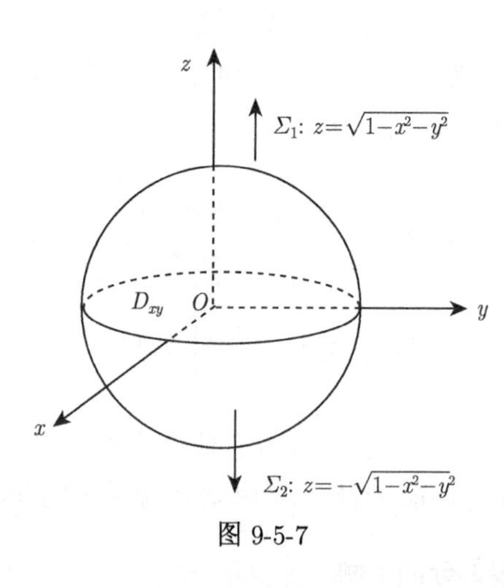

图 9-5-7

例 6　计算 $\oiint_{\Sigma} xz\mathrm{d}y\mathrm{d}z+yz\mathrm{d}z\mathrm{d}x+z\mathrm{d}x\mathrm{d}y$, 其中 Σ 是球面 $x^2+y^2+z^2=1$ 的外侧.

解　本题若化为二重积分计算, 既要考虑分别向三个坐标面投影, 又要考虑曲面的上下、左右及前后侧, 显然运算量较大, 下面将它化为对坐标 x,y 的同一形式曲面积分来计算.

易知球面 $x^2+y^2+z^2=1$ 上点 (x,y,z) 处的外法向量可取

$$\boldsymbol{n}=(x,y,z),$$

则 $\cos\alpha=x,\cos\beta=y,\cos\gamma=z$.

设上半球面为 Σ_1, 下半球面为 Σ_2(图 9-5-7), 它们在 xOy 面上的投影都为 D_{xy}, 从而有

$$\begin{aligned}&\oiint_{\Sigma} xz\mathrm{d}y\mathrm{d}z+yz\mathrm{d}z\mathrm{d}x+z\mathrm{d}x\mathrm{d}y\\=&\oiint_{\Sigma} xz\frac{\cos\alpha}{\cos\gamma}\mathrm{d}x\mathrm{d}y+yz\frac{\cos\beta}{\cos\gamma}\mathrm{d}x\mathrm{d}y+z\mathrm{d}x\mathrm{d}y\\=&\oiint_{\Sigma} xz\frac{x}{z}\mathrm{d}x\mathrm{d}y+yz\frac{y}{z}\mathrm{d}x\mathrm{d}y+z\mathrm{d}x\mathrm{d}y\\=&\iint_{\Sigma_1}(x^2+y^2+z)\mathrm{d}x\mathrm{d}y+\iint_{\Sigma_2}(x^2+y^2+z)\mathrm{d}x\mathrm{d}y\\=&\iint_{D_{xy}}(x^2+y^2+\sqrt{1-x^2-y^2})\mathrm{d}x\mathrm{d}y-\iint_{\Sigma_{xy}}(x^2+y^2-\sqrt{1-x^2-y^2})\mathrm{d}x\mathrm{d}y\\=&2\iint_{D_{xy}}\sqrt{1-x^2-y^2}\mathrm{d}x\mathrm{d}y\end{aligned}$$

$$=2\int_0^{2\pi}\mathrm{d}\theta\int_0^1\sqrt{1-\rho^2}\rho\mathrm{d}\rho=\frac{4\pi}{3}.$$

习　题　9-5

1. 当 Σ 为 xOy 面内的一个闭区域时, 曲面积分 $\iint\limits_{\Sigma}R(x,y,z)\mathrm{d}x\mathrm{d}y$ 与二重积分有什么关系?

2. 计算下列对坐标的曲面积分.

(1) $\iint\limits_{\Sigma}xz\mathrm{d}x\mathrm{d}y+xy\mathrm{d}y\mathrm{d}z+yz\mathrm{d}z\mathrm{d}x$, 其中 Σ 为平面 $x+y+z=1$ 在第一卦限部分的上侧;

(2) $\iint\limits_{\Sigma}x^2y^2z\mathrm{d}x\mathrm{d}y$, 其中 Σ 为上半球面 $z=\sqrt{R^2-x^2-y^2}$ 的上侧 $(R>0)$;

(3) $\iint\limits_{\Sigma}x^2\mathrm{d}y\mathrm{d}z+y^2\mathrm{d}z\mathrm{d}x+z^2\mathrm{d}x\mathrm{d}y$, 其中 Σ 为长方体 Ω 的整个表面的外侧, $\Omega=\{(x,y,z)|0\leqslant x\leqslant a,0\leqslant y\leqslant b,0\leqslant z\leqslant c\}$;

(4) $\iint\limits_{\Sigma}xy\mathrm{d}y\mathrm{d}z+z\mathrm{d}x\mathrm{d}y$, 其中 Σ 为曲面 $z=x^2+y^2(x\geqslant 0,y\geqslant 0,z\leqslant 1)$ 的上侧.

3. 利用两类曲面积分之间的联系, 计算 $\iint\limits_{\Sigma}(z^2+x)\mathrm{d}y\mathrm{d}z-z\mathrm{d}x\mathrm{d}y$, 其中 Σ 是曲面 $z=\frac{1}{2}(x^2+y^2)$ 介于平面 $z=0$ 及 $z=2$ 之间的部分的下侧.

4. 把对坐标的曲面积分 $\iint\limits_{\Sigma}P(x,y,z)\mathrm{d}y\mathrm{d}z+Q(x,y,z)\mathrm{d}z\mathrm{d}x+R(x,y,z)\mathrm{d}x\mathrm{d}y$ 化成对面积的曲面积分.

(1) Σ 为平面 $3x+2y+2\sqrt{3}z=6$ 在第一卦限的部分的上侧;

(2) Σ 是抛物面 $z=8-(x^2+y^2)$ 在 xOy 面上方的部分的上侧.

5. 计算 $\oiint\limits_{\Sigma}\frac{x\mathrm{d}y\mathrm{d}z+z^2\mathrm{d}x\mathrm{d}y}{x^2+y^2+z^2}$, 其中 Σ 是由曲面 $x^2+y^2=R^2$ 及两平面 $z=R,z=-R(R>0)$ 所围成的立体表面的外侧.

6. 计算 $\iint\limits_{\Sigma}xy\mathrm{d}z\mathrm{d}x$, 其中 Σ 是由 xOy 面上的曲线 $x=\mathrm{e}^{y^2}(0\leqslant y\leqslant a)$ 绕 x 轴旋转成的旋转曲面的外侧.

7. 计算 $\oiint\limits_{\Sigma}\frac{\mathrm{d}y\mathrm{d}z}{x}+\frac{\mathrm{d}z\mathrm{d}x}{y}+\frac{\mathrm{d}x\mathrm{d}y}{z}$, 其中 Σ 为椭球面 $\frac{x^2}{a^2}+\frac{y^2}{b^2}+\frac{z^2}{c^2}=1(a>0,b>0,c>0)$ 的外侧.

第六节　高斯公式　通量与散度

本章第四节中讨论的格林公式揭示了沿闭曲线的第二类曲线积分与曲线所围成的平面区域上的二重积分之间的关系, 本节将要讨论的高斯 (Gauss) 公式则建立了在封闭的曲面上的第二类曲面积分与曲面所围成的空间区域上三重积分之间的联系, 在一定意义上是格林公式的一个推广.

一、高斯公式

定理 1(高斯公式)　设空间闭区域 Ω 由光滑或分片光滑的闭曲面 Σ 所围成, 函数 $P(x,y,z)$,
$Q(x,y,z),R(x,y,z)$ 在 Ω 上具有一阶连续偏导数, 则

$$\begin{aligned}&\iiint\limits_{\Omega}\left(\frac{\partial P}{\partial x}+\frac{\partial Q}{\partial y}+\frac{\partial R}{\partial z}\right)\mathrm{d}v\\&=\oiint\limits_{\Sigma}P\mathrm{d}y\mathrm{d}z+Q\mathrm{d}z\mathrm{d}x+R\mathrm{d}x\mathrm{d}y\end{aligned}\tag{9-6-1(a)}$$

或

$$\begin{aligned}&\iiint\limits_{\Omega}\left(\frac{\partial P}{\partial x}+\frac{\partial Q}{\partial y}+\frac{\partial R}{\partial z}\right)\mathrm{d}v\\&=\oiint\limits_{\Sigma}(P\cos\alpha+Q\cos\beta+R\cos\gamma)\mathrm{d}S.\end{aligned}\tag{9-6-1(b)}$$

这里 Σ 是 Ω 的整个边界曲面的外侧, $\cos\alpha, \cos\beta, \cos\gamma$ 是 Σ 上点 (x, y, z) 处所指侧的法向量的方向余弦.

证　由两类曲面积分之间的联系知, 公式 (9-6-1(a)) 和 (9-6-1(b)) 是等价的, 这里仅证公式 (9-6-1(a)). 假设 Ω 是 xy-型区域, 如图 9-6-1 所示, 设 Ω 在 xOy 面上的投影区域为 D_{xy}, Ω 的上边界曲面为 $\Sigma_2: z=z_2(x,y)$, 取上侧; 下边界曲面为 $\Sigma_1: z=z_1(x,y)$, 取下侧; 侧柱面为 Σ_3, 取外侧, 记 $\Sigma=\Sigma_1+\Sigma_2+\Sigma_3$.

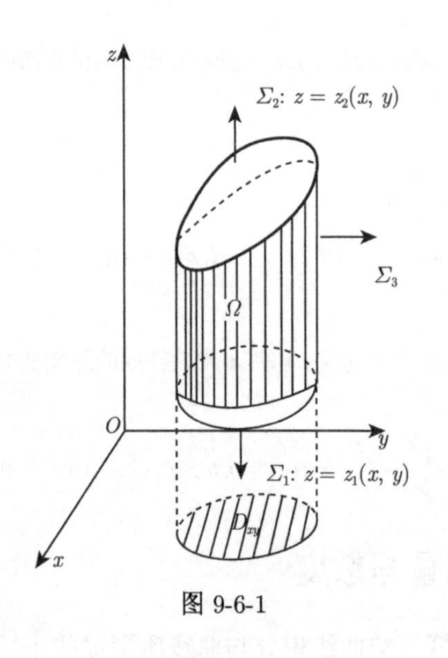

图 9-6-1

一方面, 根据三重积分的计算法, 有

$$\begin{aligned}\iiint\limits_{\Omega}\frac{\partial R}{\partial z}\mathrm{d}v&=\iint\limits_{D_{xy}}\mathrm{d}x\mathrm{d}y\int_{z_1(x,y)}^{z_2(x,y)}\frac{\partial R}{\partial z}\mathrm{d}z\\&=\iint\limits_{D_{xy}}\{R[x,y,z_2(x,y)]-R[x,y,z_1(x,y)]\}\mathrm{d}x\mathrm{d}y.\end{aligned}\tag{9-6-2}$$

另一方面, 根据曲面积分的计算法, 有

$$\iint\limits_{\Sigma_1}R(x,y,z)\mathrm{d}x\mathrm{d}y=-\iint\limits_{D_{xy}}R[x,y,z_1(x,y)]\mathrm{d}x\mathrm{d}y,$$

$$\iint\limits_{\Sigma_2}R(x,y,z)\mathrm{d}x\mathrm{d}y=\iint\limits_{D_{xy}}R[x,y,z_2(x,y)]\mathrm{d}x\mathrm{d}y,$$

$$\iint\limits_{\Sigma_3}R(x,y,z)\mathrm{d}x\mathrm{d}y=0.$$

将以上三个等式相加, 得

$$\oiint\limits_{\Sigma}R(x,y,z)\mathrm{d}x\mathrm{d}y=\iint\limits_{D_{xy}}\{R[x,y,z_2(x,y)]-R[x,y,z_1(x,y)]\}\mathrm{d}x\mathrm{d}y.\tag{9-6-3}$$

比较式 (9-6-2) 和式 (9-6-3), 得

$$\iiint\limits_{\Omega}\frac{\partial R}{\partial z}\mathrm{d}v=\oiint\limits_{\Sigma}R(x,y,z)\mathrm{d}x\mathrm{d}y.\tag{9-6-4}$$

类似地, 如果 Ω 为 yz-型区域, 则

$$\iiint\limits_{\Omega} \frac{\partial P}{\partial x}\mathrm{d}v = \oiint\limits_{\Sigma} P(x,y,z)\mathrm{d}y\mathrm{d}z, \tag{9-6-5}$$

如果 Ω 为 zx-型区域, 则

$$\iiint\limits_{\Omega} \frac{\partial Q}{\partial y}\mathrm{d}v = \oiint\limits_{\Sigma} Q(x,y,z)\mathrm{d}z\mathrm{d}x. \tag{9-6-6}$$

当 Ω 同时具备 xy-型、yz-型及 zx-型区域的条件时, 将式 (9-6-4)、(9-6-5)、(9-6-6) 三个等式两端分别相加, 即得公式 (9-6-1), 称其为高斯公式.

若 Ω 不同时具备 xy-型、yz-型及 zx-型区域的条件, 可作一些辅助曲面 (通常选择平行于坐标面的平面) 将 Ω 分为有限个同时满足三种空间简单区域条件的区域, 并注意到沿辅助曲面相反两侧的两个曲面积分和为零, 因此对于非空间简单区域公式 (9-6-1) 仍然成立.

利用高斯公式 (9-6-1), 我们可将第二类曲面积分的计算转换为三重积分的计算, 一般来说, 后者比前者简单. 值得注意的是, 高斯公式中的有向闭曲面 Σ 取外侧, 当 Σ 取内侧时, 需在公式的右边添加负号.

例 1 利用高斯公式计算 $I = \oiint\limits_{\Sigma} xy\mathrm{d}y\mathrm{d}z + yz\mathrm{d}z\mathrm{d}x + xz\mathrm{d}x\mathrm{d}y$, 其中 Σ 为由平面 $x=0$, $y=0$, $z=0$ 与 $x+y+z=1$ 所围成的空间闭区域的整个边界曲面的外侧 (图 9-6-2).

解 记 Σ 所包围的空间区域为 Ω, 设 $P=xy, Q=yz, R=xz$, 则 P,Q,R 在整个 Ω 上具有连续的一阶偏导数, 且

$$\frac{\partial P}{\partial x}=y,\quad \frac{\partial Q}{\partial y}=z,\quad \frac{\partial R}{\partial z}=x,$$

则由高斯公式 (9-6-1), 得

$$\begin{aligned}
I &= \iiint\limits_{\Omega}(x+y+z)\mathrm{d}x\mathrm{d}y\mathrm{d}z \\
&= \int_0^1 \mathrm{d}x\int_0^{1-x}\mathrm{d}y\int_0^{1-x-y}(x+y+z)\mathrm{d}z \\
&= \int_0^1 \mathrm{d}x\int_0^{1-x}\left[(x+y)(1-x-y)+\frac{1}{2}(1-x-y)^2\right]\mathrm{d}y \\
&= \int_0^1\left[\frac{1}{2}(1-x)^2-\frac{1}{6}(1-x)^3\right]\mathrm{d}x = \frac{1}{8}.
\end{aligned}$$

例 2 利用高斯公式计算 $I = \iint\limits_{\Sigma} x\mathrm{d}y\mathrm{d}z + y\mathrm{d}z\mathrm{d}x + z\mathrm{d}x\mathrm{d}y$, 其中 Σ 为球面 $(x-a)^2+(y-b)^2+(z-c)^2=R^2\ (R>0)$ 上半部分的上侧 (图 9-6-3).

解 由于 Σ 不是闭曲面, 不能直接用高斯公式, 故补充圆面

$$\Sigma_1:\begin{cases}(x-a)^2+(y-b)^2\leqslant R^2,\\ z=c,\end{cases}$$

并取下侧 (图 9-6-3 阴影部分), 记 Σ 与 Σ_1 所围闭区域为 Ω, 则

$$I = \oiint_{\Sigma+\Sigma_1} x\mathrm{d}y\mathrm{d}z + y\mathrm{d}z\mathrm{d}x + z\mathrm{d}x\mathrm{d}y - \iint_{\Sigma_1} x\mathrm{d}y\mathrm{d}z + y\mathrm{d}z\mathrm{d}x + z\mathrm{d}x\mathrm{d}y$$

$$= 3\iiint_{\Omega} \mathrm{d}V + \iint_{D_{xy}} c\mathrm{d}x\mathrm{d}y = 2\pi R^3 + c\pi R^2.$$

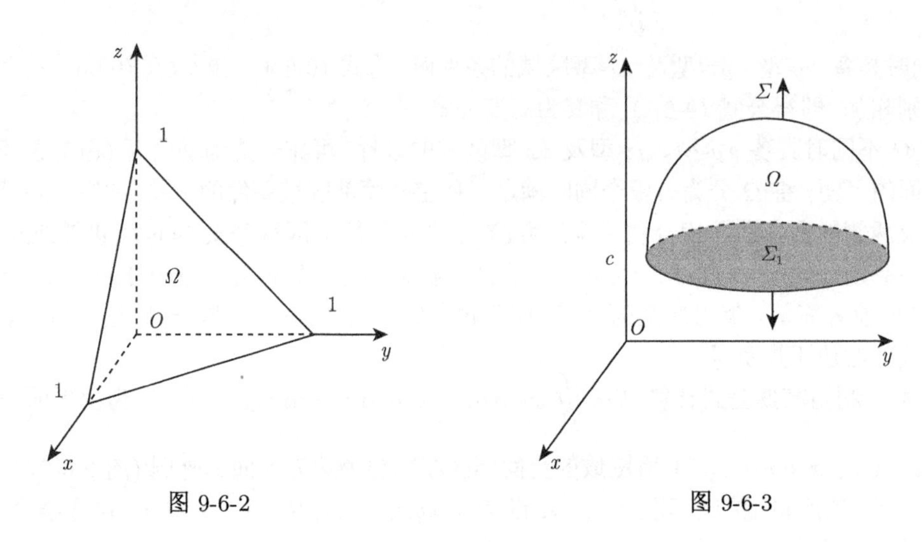

图 9-6-2　　　　图 9-6-3

例 3　利用高斯公式计算 $I = \iint_{\Sigma} (x^2\cos\alpha + y^2\cos\beta + z^2\cos\gamma)\mathrm{d}S$, 其中 Σ 为旋转抛物面 $z = x^2 + y^2$ 与平面 $z = 1$ 所围立体 Ω 的外侧, 其中 $\cos\alpha, \cos\beta, \cos\gamma$ 是 Σ 在点 (x, y, z) 处所指定侧的法向量的方向余弦.

解　如图 9-6-4 所示, 由公式 (9-6-1(b)) 得

$$I = 2\iiint_{\Omega} (x + y + z)\mathrm{d}v$$

$$= 2\int_0^{2\pi} \mathrm{d}\theta \int_0^1 \rho\mathrm{d}\rho \int_{\rho^2}^1 (\rho\cos\theta + \rho\sin\theta + z)\mathrm{d}z$$

$$= 2\int_0^{2\pi} \mathrm{d}\theta \int_0^1 \rho\mathrm{d}\rho \int_{\rho^2}^1 z\mathrm{d}z$$

$$= 2\pi \int_0^1 \rho(1 - \rho^4)\mathrm{d}\rho = \frac{2\pi}{3}.$$

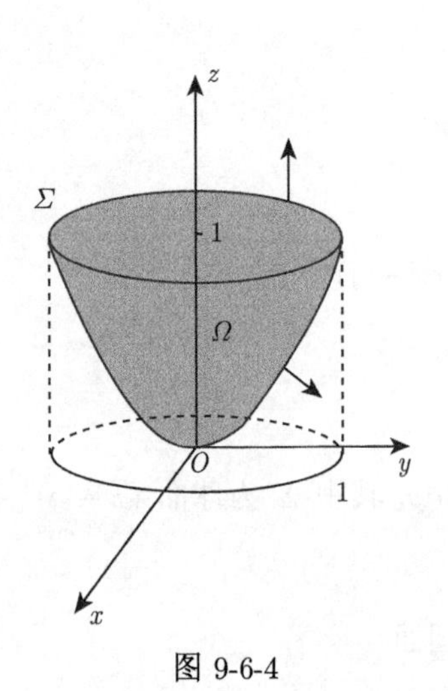

图 9-6-4

二、通量与散度

高斯公式简化了一些曲面积分的计算. 下面说明它的物理意义.

设稳定流动的不可压缩流体 (假定密度为 1) 的速度场由

$$\boldsymbol{v}(x,y,z)=P(x,y,z)\boldsymbol{i}+Q(x,y,z)\boldsymbol{j}+R(x,y,z)\boldsymbol{k}$$

给出, 其中 $P(x,y,z),Q(x,y,z),R(x,y,z)$ 具有一阶连续偏导数, Σ 是速度场中一片有向曲面, 又设

$$\boldsymbol{n}=(\cos\alpha,\cos\beta,\cos\gamma)$$

是 Σ 在点 (x,y,z) 处指定侧的单位法向量, 则由本章第五节的内容知, 单位时间内流体经过 Σ 流向指定侧的流体总质量可表示为

$$\begin{aligned}&\iint_{\Sigma}P\mathrm{d}y\mathrm{d}z+Q\mathrm{d}z\mathrm{d}x+R\mathrm{d}x\mathrm{d}y\\=&\iint_{\Sigma}(P\cos\alpha+Q\cos\beta+R\cos\gamma)\mathrm{d}S\\=&\iint_{\Sigma}\boldsymbol{v}\cdot\boldsymbol{n}\mathrm{d}S=\iint_{\Sigma}v_n\mathrm{d}S,\end{aligned}$$

其中

$$v_n=\boldsymbol{v}\cdot\boldsymbol{n}=P\cos\alpha+Q\cos\beta+R\cos\gamma.$$

表示流体的速度向量 $\boldsymbol{v}$ 在有向曲面 Σ 的法向量 $\boldsymbol{n}$ 上的投影. 若 Σ 是高斯公式 (9-6-1) 中闭区域 Ω 的边界曲面的外侧, 则公式 (9-6-1) 的右端的物理意义为单位时间内离开闭区域 Ω 的流体总质量. 由于流体是不可压缩的 (即稳定的), 因此在流体离开闭区域 Ω 的同时, Ω 内部产生同样多的流体进来补充. 故高斯公式 (9-6-1) 左端可解释为分布在 Ω 内的流体所产生的总质量. 即高斯公式

$$\iiint_{\Omega}\left(\frac{\partial P}{\partial x}+\frac{\partial Q}{\partial y}+\frac{\partial R}{\partial z}\right)\mathrm{d}v=\oiint_{\Sigma}(P\cos\alpha+Q\cos\beta+R\cos\gamma)\mathrm{d}S$$

可改写为

$$\iiint_{\Omega}\left(\frac{\partial P}{\partial x}+\frac{\partial Q}{\partial y}+\frac{\partial R}{\partial z}\right)\mathrm{d}v=\oiint_{\Sigma}v_n\mathrm{d}S.$$

设 Ω 的体积为 V, 上式两端同除以 V, 得

$$\frac{1}{V}\iiint_{\Omega}\left(\frac{\partial P}{\partial x}+\frac{\partial Q}{\partial y}+\frac{\partial R}{\partial z}\right)\mathrm{d}v=\frac{1}{V}\oiint_{\Sigma}v_n\mathrm{d}S,$$

上式左端表示 Ω 内流体在单位时间、单位体积内所产生的流体质量的平均值. 由积分中值定理, 存在一点 $(\xi,\eta,\zeta)\in\Omega$, 使得

$$\left.\left(\frac{\partial P}{\partial x}+\frac{\partial Q}{\partial y}+\frac{\partial R}{\partial z}\right)\right|_{(\xi,\eta,\zeta)}=\frac{1}{V}\oiint_{\Sigma}v_n\mathrm{d}S,$$

令 Ω 缩向一点 $M(x,y,z)$ 得

$$\frac{\partial P}{\partial x}+\frac{\partial Q}{\partial y}+\frac{\partial R}{\partial z}=\lim_{\Omega\to M}\frac{1}{V}\oiint_{\Sigma}v_n\mathrm{d}S,$$

上式左端称为 $\boldsymbol{v}$ 在点 M 的散度, 记为 $\mathrm{div}\boldsymbol{v}$, 即

$$\mathrm{div}\boldsymbol{v}=\frac{\partial P}{\partial x}+\frac{\partial Q}{\partial y}+\frac{\partial R}{\partial z},$$

这里散度 $\mathrm{div}\boldsymbol{v}$ 就是单位时间、单位体积内所产生的流体质量, 下面给出一般定义.

定义 1　设

$$\boldsymbol{A}(x,y,z)=P(x,y,z)\boldsymbol{i}+Q(x,y,z)\boldsymbol{j}+R(x,y,z)\boldsymbol{k},$$

其中 $P(x,y,z),Q(x,y,z),R(x,y,z)$ 具有一阶连续偏导数, Σ 是一片有向曲面, $\boldsymbol{n}=(\cos\alpha,\cos\beta,\cos\gamma)$ 是 Σ 上点 (x,y,z) 处指定侧的单位法向量, 则

$$\iint_{\Sigma}\boldsymbol{A}\cdot\boldsymbol{n}\mathrm{d}S=\iint_{\Sigma}(P\cos\alpha+Q\cos\beta+R\cos\gamma)\mathrm{d}S \tag{9-6-7}$$

称为 $\boldsymbol{A}$ 通过曲面 (Σ) 向着指定侧的通量 (或流量), 而 $\dfrac{\partial P}{\partial x}+\dfrac{\partial Q}{\partial y}+\dfrac{\partial R}{\partial z}$ 称为 $\boldsymbol{A}$ 的散度, 记作 $\mathrm{div}\boldsymbol{A}$, 即

$$\mathrm{div}\boldsymbol{A}=\frac{\partial P}{\partial x}+\frac{\partial Q}{\partial y}+\frac{\partial R}{\partial z}. \tag{9-6-8}$$

由此高斯公式可写成

$$\iiint_{\Omega}\mathrm{div}\boldsymbol{A}\mathrm{d}v=\oiint_{\Sigma}\boldsymbol{A}\cdot\boldsymbol{n}\mathrm{d}S,$$

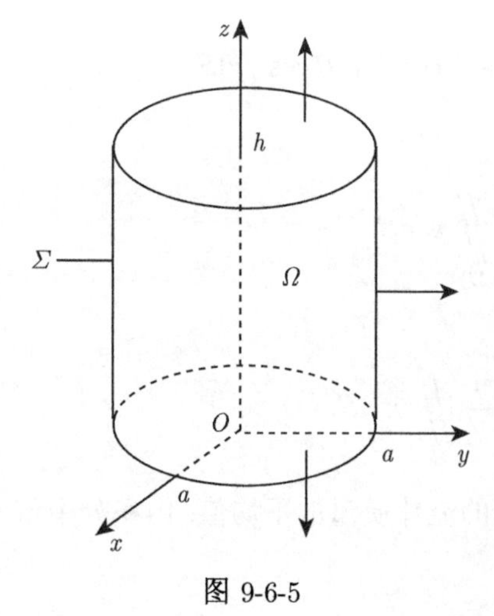

图 9-6-5

或

$$\iiint_{\Omega}\mathrm{div}\boldsymbol{A}\mathrm{d}v=\oiint_{\Sigma}A_n\mathrm{d}S,$$

其中 Σ 是空间闭区域 Ω 的边界曲面的外侧, 而

$$A_n=\boldsymbol{A}\cdot\boldsymbol{n}=P\cos\alpha+Q\cos\beta+R\cos\gamma$$

是向量 $\boldsymbol{A}$ 在曲面 Σ 的外侧法向量上的投影.

例 4　求向量$\boldsymbol{A}=yz\boldsymbol{i}+xz\boldsymbol{j}+xy\boldsymbol{k}$ 穿过曲面 Σ 流向指定侧的通量, 其中 Σ 为圆柱: $x^2+y^2\leqslant a^2(0\leqslant z\leqslant h)$ 的全表面的外侧 (图 9-6-5).

解　设 $P=yz,Q=xz,R=xy$, 则由公式 (9-6-7) 及公式 (9-6-1) 得通量

$$\begin{aligned}\varPhi&=\oiint_{\Sigma}\boldsymbol{A}\cdot\boldsymbol{n}\mathrm{d}S\\&=\oiint_{\Sigma}yz\mathrm{d}y\mathrm{d}z+xz\mathrm{d}z\mathrm{d}x+xy\mathrm{d}x\mathrm{d}y\end{aligned}$$

$$= \iiint\limits_{\Omega} \left(\frac{\partial(yz)}{\partial x} + \frac{\partial(xz)}{\partial y} + \frac{\partial(xy)}{\partial z} \right) \mathrm{d}v$$
$$= \iiint\limits_{\Omega} 0\mathrm{d}v = 0.$$

例 5 求向量 $\boldsymbol{A} = y^2\boldsymbol{i} + xy\boldsymbol{j} + xz\boldsymbol{k}$ 的散度.

解 设 $P = y^2, Q = xy, R = xz$, 由公式 (9-6-8) 得向量 $\boldsymbol{A}$ 的散度为

$$\mathrm{div}\boldsymbol{A} = \frac{\partial P}{\partial x} + \frac{\partial Q}{\partial y} + \frac{\partial R}{\partial z} = 0 + x + x = 2x.$$

习 题 9-6

1. 利用高斯公式计算下列曲面积分.

(1) $\displaystyle\oiint\limits_{\Sigma} (x-y)\mathrm{d}x\mathrm{d}y + (y-z)x\mathrm{d}y\mathrm{d}z$, 其中 Σ 为柱面 $x^2+y^2=1$ 及平面 $z=0, z=3$ 所围成的空间闭区域 Ω 的整个边界曲面的外侧;

(2) $\displaystyle\iint\limits_{\Sigma} (x^2\cos\alpha + y^2\cos\beta + z^2\cos\gamma)\mathrm{d}S$, 其中 Σ 为锥面 $x^2+y^2=z^2$ 介于平面 $z=0, z=h(h>0)$ 之间的部分的下侧, $\cos\alpha, \cos\beta, \cos\gamma$ 是 Σ 上点 (x,y,z) 处的法向量的方向余弦;

(3) $\displaystyle\oiint\limits_{\Sigma} xz^2\mathrm{d}y\mathrm{d}z + (x^2y - z^3)\mathrm{d}z\mathrm{d}x + (2xy + y^2z)\mathrm{d}x\mathrm{d}y$, 其中 Σ 为上半球体 $0 \leqslant z \leqslant \sqrt{a^2-x^2-y^2}$ $(a>0)$ 的全表面的外侧;

(4) $\displaystyle\oiint\limits_{\Sigma} 4xz\mathrm{d}y\mathrm{d}z - y^2\mathrm{d}z\mathrm{d}x + yz\mathrm{d}x\mathrm{d}y$, 其中 Σ 为由平面 $x=0, y=0, z=0$, $x=1, y=1, z=1$ 所围成的立体的全表面的外侧;

(5) $\displaystyle\oiint\limits_{\Sigma} 2xz\mathrm{d}y\mathrm{d}z + yz\mathrm{d}z\mathrm{d}x - z^2\mathrm{d}x\mathrm{d}y$, 其中 Σ 为曲面 $z=\sqrt{x^2+y^2}$ 与 $z=\sqrt{2-x^2-y^2}$ 所围立体的表面外侧.

2. 求下列向量 $\boldsymbol{A}$ 穿过曲面 Σ 流向指定侧的通量.

(1) $\boldsymbol{A} = (2x-z)\boldsymbol{i} + x^2y\boldsymbol{j} - xz^2\boldsymbol{k}$, Σ 为立方体 $0 \leqslant x \leqslant a, 0 \leqslant y \leqslant a, 0 \leqslant z \leqslant a$ 的全表面, 流向外侧;

(2) $\boldsymbol{A} = (2x+3z)\boldsymbol{i} - (xz+y)\boldsymbol{j} + (y^2+2z)\boldsymbol{k}$, Σ 是以点 $(3,-1,2)$ 为球心、半径为 3 的球面, 流向外侧.

3. 求下列向量 $\boldsymbol{A}$ 的散度.

(1) $\boldsymbol{A} = (x^2+yz)\boldsymbol{i} + (xz+y^2)\boldsymbol{j} + (z^2+xy)\boldsymbol{k}$;

(2) $\boldsymbol{A} = \mathrm{e}^{xy}\boldsymbol{i} + \cos(xy)\boldsymbol{j} + \cos(xz^2)\boldsymbol{k}$.

4. 计算曲面积分 $I = \displaystyle\iint\limits_{\Sigma} (\mathrm{e}^z + \cos x)\mathrm{d}y\mathrm{d}z + \frac{1}{y}\mathrm{d}z\mathrm{d}x + (\mathrm{e}^x + \cos z)\mathrm{d}x\mathrm{d}y$, 其中 Σ 是由 xOy 面上双曲线 $y^2 - x^2 = 9(3 \leqslant y \leqslant 5)$ 绕 y 轴旋转生成的旋转曲面, 其法向量与 y 轴正向成锐角.

5. 设立体 Ω 由曲面 $z = a^2 - x^2 - y^2(a>0)$ 与平面 $z=0$ 所围, Ω 的外侧表面为 Σ, Ω 的体积为 V, 证明: $\displaystyle\oiint\limits_{\Sigma} x^2yz^2\mathrm{d}y\mathrm{d}z - xy^2z^2\mathrm{d}z\mathrm{d}x + z(1+xyz)\mathrm{d}x\mathrm{d}y = V$.

6. 设函数 $u(x,y,z)$ 和 $v(x,y,z)$ 在闭区域 Ω 上具有一阶及二阶连续偏导数, 证明:

$$\iiint\limits_{\Omega} u\Delta v \mathrm{d}x\mathrm{d}y\mathrm{d}z = \oiint\limits_{\Sigma} u\frac{\partial v}{\partial n}\mathrm{d}S - \iiint\limits_{\Omega}\left(\frac{\partial u}{\partial x}\frac{\partial v}{\partial x}+\frac{\partial u}{\partial y}\frac{\partial v}{\partial y}+\frac{\partial u}{\partial z}\frac{\partial v}{\partial z}\right)\mathrm{d}x\mathrm{d}y\mathrm{d}z,$$

其中 Σ 是闭区域 Ω 的整个边界曲面, $\frac{\partial v}{\partial n}$ 为函数 $v(x,y,z)$ 沿 Σ 的外法线方向的方向导数, 符号 $\Delta = \frac{\partial^2}{\partial x^2}+\frac{\partial^2}{\partial y^2}+\frac{\partial^2}{\partial z^2}$ 称为**拉普拉斯算子**. 这个公式称为**格林第一公式**.

7. 设 $u(x,y,z), v(x,y,z)$ 是两个定义在闭区域 Ω 上的具有二阶连续偏导数的函数, $\frac{\partial u}{\partial \boldsymbol{n}}, \frac{\partial v}{\partial \boldsymbol{n}}$ 依次表示 $u(x,y,z), v(x,y,z)$ 沿 Σ 的外法线方向的方向导数. 证明:

$$\iiint\limits_{\Omega}(u\Delta v - v\Delta u)\mathrm{d}x\mathrm{d}y\mathrm{d}z = \oiint\limits_{\Sigma}\left(u\frac{\partial v}{\partial n} - v\frac{\partial u}{\partial n}\right)\mathrm{d}S,$$

其中 Σ 是空间闭区域 Ω 的整个边界曲面, 这个公式称为**格林第二公式**.

第七节 斯托克斯公式 环流量与旋度

格林公式揭示了平面闭区域上的二重积分与其边界曲线上的曲线积分间的联系. 本节所介绍的斯托克斯 (Stokes) 公式反映了曲面上的曲面积分与沿着曲面的边界曲线的曲线积分之间的联系, 它是格林公式的另一个推广形式. 下面讨论斯托克斯公式及其应用.

一、 斯托克斯公式

为了给出斯托克斯公式, 首先作如下规定:

定义 1 若空间闭曲线 Γ 所围成的曲面为 Σ. 我们规定, 由右手四指指向 Γ 的绕行方向时, 大姆指所指的方向与 Σ 上法向量的方向相同, 这时称 Γ 是有向曲面 Σ 的正向边界曲线. 通常将这一规定称为右手规则.

定理(斯托克斯公式) *设 Γ 为分段光滑的空间有向闭曲线, Σ 是以 Γ 为边界的分片光滑的有向曲面, Γ 的正向与 Σ 的侧符合右手规则, 函数 $P(x,y,z), Q(x,y,z), R(x,y,z)$ 在曲面 Σ(连同边界) 上具有一阶连续偏导数, 则有*

$$\iint\limits_{\Sigma}\left(\frac{\partial R}{\partial y}-\frac{\partial Q}{\partial z}\right)\mathrm{d}y\mathrm{d}z+\left(\frac{\partial P}{\partial z}-\frac{\partial R}{\partial x}\right)\mathrm{d}z\mathrm{d}x+\left(\frac{\partial Q}{\partial x}-\frac{\partial P}{\partial y}\right)\mathrm{d}x\mathrm{d}y = \oint_{\Gamma} P\mathrm{d}x + Q\mathrm{d}y + R\mathrm{d}z. \tag{9-7-1}$$

为了便于记忆, 通常利用行列式的记号, 将式 (9-7-1) 记为

$$\iint\limits_{\Sigma}\begin{vmatrix}\mathrm{d}y\mathrm{d}z & \mathrm{d}z\mathrm{d}x & \mathrm{d}x\mathrm{d}y\\ \dfrac{\partial}{\partial x} & \dfrac{\partial}{\partial y} & \dfrac{\partial}{\partial z}\\ P & Q & R\end{vmatrix} = \oint_{\Gamma} P\mathrm{d}x + Q\mathrm{d}y + R\mathrm{d}z, \tag{9-7-2}$$

或

$$\iint_{\Sigma}\begin{vmatrix}\cos\alpha & \cos\beta & \cos\gamma \\ \dfrac{\partial}{\partial x} & \dfrac{\partial}{\partial y} & \dfrac{\partial}{\partial z} \\ P & Q & R\end{vmatrix}\mathrm{d}S=\oint_{\Gamma}P\mathrm{d}x+Q\mathrm{d}y+R\mathrm{d}z, \tag{9-7-3}$$

其中 $\boldsymbol{n}=(\cos\alpha,\cos\beta,\cos\gamma)$ 为有向曲面 Σ 指定侧的单位法向量.

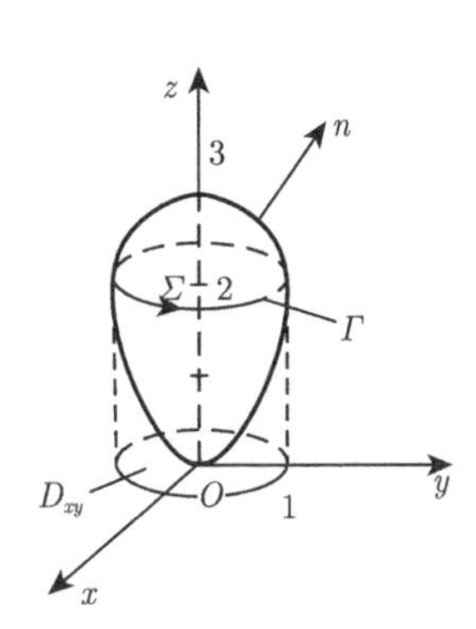

图 9-7-1

证　由两类曲面积分之间的联系知, 公式 (9-7-1) 与 (9-7-3) 是等价的, 下面证公式 (9-7-1). 先假定 Σ 与平行于 z 轴的直线相交不多于一点, 并设 Σ 为曲面 $z=f(x,y)$ 的上侧, Σ 的正向边界曲线 Γ 在 xOy 面上的投影为平面有向曲线 C, C 所围成的闭区域为 D_{xy}(图 9-7-1).

首先将曲面积分 $\iint\limits_{\Sigma}\dfrac{\partial P}{\partial z}\mathrm{d}z\mathrm{d}x-\dfrac{\partial P}{\partial y}\mathrm{d}x\mathrm{d}y$ 化为闭区域 D_{xy} 上的二重积分, 然后通过格林公式使它与曲线积分发生联系.

由两类曲面积分的联系知

$$\iint_{\Sigma}\frac{\partial P}{\partial z}\mathrm{d}z\mathrm{d}x-\frac{\partial P}{\partial y}\mathrm{d}x\mathrm{d}y=\iint_{\Sigma}\left(\frac{\partial P}{\partial z}\cos\beta-\frac{\partial P}{\partial y}\cos\gamma\right)\mathrm{d}S, \tag{9-7-4}$$

而 Σ 上法向量 $(-f_x,-f_y,1)$ 的方向余弦为

$$\cos\alpha=\frac{-f_x}{\sqrt{1+f_x^2+f_y^2}},\quad \cos\beta=\frac{-f_y}{\sqrt{1+f_x^2+f_y^2}},\quad \cos\gamma=\frac{1}{\sqrt{1+f_x^2+f_y^2}},$$

则 $\cos\beta=-f_y\cos\gamma$, 将此式代入式 (9-7-4) 得

$$\iint_{\Sigma}\frac{\partial P}{\partial z}\mathrm{d}z\mathrm{d}x-\frac{\partial P}{\partial y}\mathrm{d}x\mathrm{d}y=-\iint_{\Sigma}\left(\frac{\partial P}{\partial y}+\frac{\partial P}{\partial z}f_y\right)\cos\gamma\mathrm{d}S,$$

即

$$\iint_{\Sigma}\frac{\partial P}{\partial z}\mathrm{d}z\mathrm{d}x-\frac{\partial P}{\partial y}\mathrm{d}x\mathrm{d}y=-\iint_{\Sigma}\left(\frac{\partial P}{\partial y}+\frac{\partial P}{\partial z}f_y\right)\mathrm{d}x\mathrm{d}y, \tag{9-7-5}$$

又

$$\frac{\partial}{\partial y}P[x,y,f(x,y)]=\frac{\partial P}{\partial y}+\frac{\partial P}{\partial z}f_y,$$

故式 (9-7-5) 可表示为

$$\iint_{\Sigma}\frac{\partial P}{\partial z}\mathrm{d}z\mathrm{d}x-\frac{\partial P}{\partial y}\mathrm{d}x\mathrm{d}y=-\iint_{D_{xy}}\frac{\partial}{\partial y}P[x,y,f(x,y)]\mathrm{d}x\mathrm{d}y, \tag{9-7-6}$$

由格林公式, 式 (9-7-6) 右端的二重积分可化为沿闭区域 D_{xy} 的边界曲线 C 的曲线积分, 即

$$-\iint_{D_{xy}}\frac{\partial}{\partial y}P[x,y,f(x,y)]\mathrm{d}x\mathrm{d}y=\oint_{C}P[x,y,f(x,y)]\mathrm{d}x, \tag{9-7-7}$$

于是由 (9-7-6)、(9-7-7) 两式得

$$\iint\limits_{\Sigma} \frac{\partial P}{\partial z}\mathrm{d}z\mathrm{d}x - \frac{\partial P}{\partial y}\mathrm{d}x\mathrm{d}y = \oint_{C} P[x, y, f(x, y)]\mathrm{d}x. \tag{9-7-8}$$

因为函数 $P[x,y,f(x,y)]$ 在曲线 C 上的点 (x,y) 处的值与函数 $P(x,y,z)$ 在曲线 $\varGamma$ 上对应的点 (x,y,z) 处的值是相等的, 并且两曲线上的对应小弧段在 x 轴上的投影也相同, 由曲线积分的定义, 上式右端的曲线积分等于曲线 $\varGamma$ 上的曲线积分 $\oint_{\varGamma} P(x,y,z)\mathrm{d}x$, 因此,

$$\iint\limits_{\Sigma} \frac{\partial P}{\partial z}\mathrm{d}z\mathrm{d}x - \frac{\partial P}{\partial y}\mathrm{d}x\mathrm{d}y = \oint_{\varGamma} P(x, y, z)\mathrm{d}x. \tag{9-7-9}$$

若曲面 Σ 取下侧, $\varGamma$ 的方向也相应地改为相反的方向, 则式 (9-7-9) 两端同时改变符号, 故式 (9-7-9) 仍然成立.

若曲面 Σ 与平行于 z 轴的直线的交点多于一个, 则可用辅助曲线把曲面分成几个部分, 使每个部分曲面与平行于 z 轴的直线相交不多于一点, 再分别应用公式 (9-7-9) 并相加, 因沿辅助曲线而方向相反的两个曲线积分相加时和为零, 故对于这一类曲面的情形公式 (9-7-9) 亦成立.

同理可证

$$\iint\limits_{\Sigma} \frac{\partial Q}{\partial x}\mathrm{d}x\mathrm{d}y - \frac{\partial Q}{\partial z}\mathrm{d}y\mathrm{d}z = \oint_{\varGamma} Q(x, y, z)\mathrm{d}y, \tag{9-7-10}$$

$$\iint\limits_{\Sigma} \frac{\partial R}{\partial y}\mathrm{d}y\mathrm{d}z - \frac{\partial R}{\partial x}\mathrm{d}z\mathrm{d}x = \oint_{\varGamma} R(x, y, z)\mathrm{d}z. \tag{9-7-11}$$

将等式 (9-7-9)、(9-7-10)、(9-7-11) 左右分别相加即得公式 (9-7-1).

例 1 利用斯托克斯公式计算曲线积分 $\oint_{\varGamma} z^3\mathrm{d}x + x^3\mathrm{d}y + y^3\mathrm{d}z$, 其中 $\varGamma$ 为两抛物面 $z=2(x^2+y^2)$ 与 $z=3-x^2-y^2$ 的交线, 从 z 轴正向看去 $\varGamma$ 为逆时针方向一周.

解 如图 9-7-1 所示, 按斯托克斯公式, 取交线 $\varGamma$ 所围平面 $\Sigma: \begin{cases} z=2, \\ x^2+y^2 \leqslant 1, \end{cases}$ 取上侧, 它在 xOy 面上的投影为 D_{xy}, 则由公式 (9-7-1) 得

$$\oint_{\varGamma} z^3\mathrm{d}x + x^3\mathrm{d}y + y^3\mathrm{d}z = \iint\limits_{\Sigma} \begin{vmatrix} \mathrm{d}y\mathrm{d}z & \mathrm{d}z\mathrm{d}x & \mathrm{d}x\mathrm{d}y \\ \dfrac{\partial}{\partial x} & \dfrac{\partial}{\partial y} & \dfrac{\partial}{\partial z} \\ z^3 & x^3 & y^3 \end{vmatrix}$$

$$= \iint\limits_{\Sigma} 3y^2\mathrm{d}y\mathrm{d}z + 3z^2\mathrm{d}z\mathrm{d}x + 3x^2\mathrm{d}x\mathrm{d}y = \iint\limits_{\Sigma} 3x^2\mathrm{d}x\mathrm{d}y = 3\iint\limits_{D_{xy}} x^2\mathrm{d}x\mathrm{d}y$$

$$= \frac{3}{2}\iint\limits_{D_{xy}} (x^2+y^2)\mathrm{d}x\mathrm{d}y \text{(由投影区域的对称性)}$$

$$= \frac{3}{2}\int_0^{2\pi}\mathrm{d}\theta\int_0^1 \rho^3\mathrm{d}\rho = \frac{3}{4}\pi.$$

例 2　利用斯托克斯公式计算曲线积分 $I=\oint\limits_{\Gamma}(y^2-z^2)\mathrm{d}x+(z^2-x^2)\mathrm{d}y+(x^2-y^2)\mathrm{d}z$, 其中 Γ 是平面 $x+y+z=\dfrac{3}{2}$ 与立方体 $\{(x,y,z)|0\leqslant x\leqslant 1,0\leqslant y\leqslant 1,0\leqslant z\leqslant 1\}$的表面的交线, 且从 x 轴的正向看去为逆时针方向.

解　如图 9-7-2 所示, 取 Σ 为平面 $x+y+z=\dfrac{3}{2}$ 的上侧被 Γ 所围成的部分, Σ 的单位法向量$\boldsymbol{n}=\dfrac{1}{\sqrt{3}}(1,1,1)$, 即 $\cos\alpha=\cos\beta=\cos\gamma=\dfrac{1}{\sqrt{3}}$. 由斯托克斯公式有

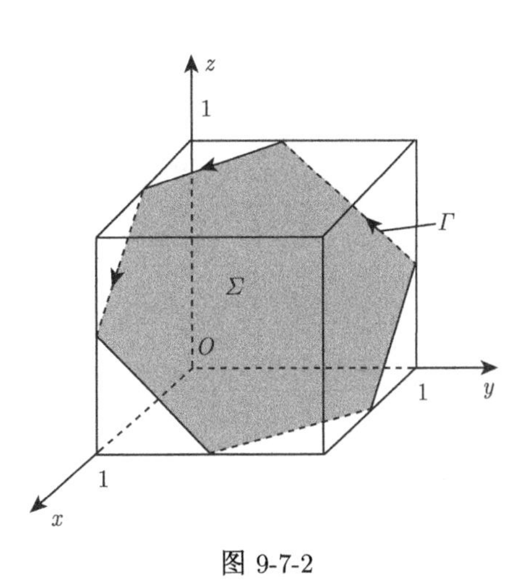

图 9-7-2

$$
\begin{aligned}
I&=\iint\limits_{\Sigma}\begin{vmatrix}\dfrac{1}{\sqrt{3}} & \dfrac{1}{\sqrt{3}} & \dfrac{1}{\sqrt{3}}\\ \dfrac{\partial}{\partial x} & \dfrac{\partial}{\partial y} & \dfrac{\partial}{\partial z}\\ y^2-x^2 & z^2-x^2 & x^2-y^2\end{vmatrix}\mathrm{d}S\\
&=-\frac{4}{\sqrt{3}}\iint\limits_{\Sigma}(x+y+z)\mathrm{d}S\\
&=-\frac{4}{\sqrt{3}}\cdot\frac{3}{2}\iint\limits_{\Sigma}\mathrm{d}S=-2\sqrt{3}\frac{\sqrt{3}}{4}=-\frac{9}{2},
\end{aligned}
$$

其中 $\iint\limits_{\Sigma}\mathrm{d}S=\dfrac{3\sqrt{3}}{4}$ 为正六边形 (阴影部分) 的面积.

最后指出斯托克斯公式的一个特殊情况: 当曲线 L 恰好是 xOy 平面上的一条平面曲线, L 所围成的曲面 Σ 恰好是 xOy 平面上的一个区域时, L 的切向量的第三个分量 $\mathrm{d}z=0$, $\mathrm{d}S$ 在 yOz 平面及 zOx 平面上的有向投影 $\mathrm{d}y\mathrm{d}z$ 与 $\mathrm{d}z\mathrm{d}x$ 也都等于 0, 这时斯托克斯公式简化为

$$\oint\limits_{L}P\mathrm{d}x+Q\mathrm{d}y=\iint\limits_{D}\left(\frac{\partial Q}{\partial x}-\frac{\partial P}{\partial y}\right)\mathrm{d}x\mathrm{d}y.$$

上式即为格林公式, 故格林公式看成斯托克斯公式的特例.

二、 环流量与旋度

下面我们讨论斯托克斯公式的物理意义, 并引入环流量与旋度的概念.

定义 2　设$\boldsymbol{A}(x,y,z)=P(x,y,z)\boldsymbol{i}+Q(x,y,z)\boldsymbol{j}+R(x,y,z)\boldsymbol{k}$, 其中函数 P,Q,R 具有一阶偏导数,$\left(\dfrac{\partial R}{\partial y}-\dfrac{\partial Q}{\partial z}\right)\boldsymbol{i}+\left(\dfrac{\partial P}{\partial z}-\dfrac{\partial R}{\partial x}\right)\boldsymbol{j}+\left(\dfrac{\partial Q}{\partial x}-\dfrac{\partial P}{\partial y}\right)\boldsymbol{k}$ 称为 $\boldsymbol{A}$ 的旋度, 记作$\mathbf{rot}\boldsymbol{A}$, 即

$$\mathbf{rot}\boldsymbol{A}=\left(\frac{\partial R}{\partial y}-\frac{\partial Q}{\partial z}\right)\boldsymbol{i}+\left(\frac{\partial P}{\partial z}-\frac{\partial R}{\partial x}\right)\boldsymbol{j}+\left(\frac{\partial Q}{\partial x}-\frac{\partial P}{\partial y}\right)\boldsymbol{k}. \tag{9-7-12(a)}$$

为了便于记忆, 利用行列式的记号, $\boldsymbol{A}$ 的旋度也简记作

$$\mathbf{rot}\boldsymbol{A}=\begin{vmatrix}\boldsymbol{i} & \boldsymbol{j} & \boldsymbol{k}\\ \dfrac{\partial}{\partial x} & \dfrac{\partial}{\partial y} & \dfrac{\partial}{\partial z}\\ P & Q & R\end{vmatrix}. \tag{9-7-12(b)}$$

这样斯托克斯公式

$$\iint_{\Sigma}\begin{vmatrix}\cos\alpha & \cos\beta & \cos\gamma\\ \dfrac{\partial}{\partial x} & \dfrac{\partial}{\partial y} & \dfrac{\partial}{\partial z}\\ P & Q & R\end{vmatrix}\mathrm{d}S=\oint_{\Gamma}P\mathrm{d}x+Q\mathrm{d}y+R\mathrm{d}z,$$

也可表示为向量形式

$$\iint_{\Sigma}\mathbf{rot}\boldsymbol{A}\cdot\boldsymbol{n}\mathrm{d}S=\oint_{\Gamma}\boldsymbol{A}\cdot\boldsymbol{\tau}\,\mathrm{d}s,$$

或

$$\iint_{\Sigma}(\mathbf{rot}\boldsymbol{A})_{\boldsymbol{n}}\mathrm{d}S=\oint_{\Gamma}A_{\tau}\,\mathrm{d}s.$$

其中, $\boldsymbol{n}$ 是曲面 Σ 上点 (x,y,z) 处的单位法向量; $(\mathbf{rot}\boldsymbol{A})_{\boldsymbol{n}}$ 为旋度 $\mathbf{rot}\boldsymbol{A}$ 在 $\boldsymbol{n}$ 上的投影, 当 $\boldsymbol{n}$ 与 $\boldsymbol{A}$ 的方向相同时, $(\mathbf{rot}\boldsymbol{A})_{\boldsymbol{n}}$ 达到最大值, 因此旋度 $\mathbf{rot}\boldsymbol{A}$ 是一个向量, 它的方向是 $\boldsymbol{A}$ 沿所有方向的旋转强度最大的方向, 它的模就是旋转强度的最大值; $\boldsymbol{\tau}$ 是 Σ 的正向边界曲线 Γ 上点 (x,y,z) 处的单位切向量; $A_{\tau}=\boldsymbol{A}\cdot\boldsymbol{\tau}$ 为向量 $\boldsymbol{A}$ 在切向量 $\boldsymbol{\tau}$ 上的投影. 从而曲线积分 $\oint_{\Gamma}A_{\tau}\,\mathrm{d}s$ 描述了向量 $\boldsymbol{A}$ 在 Γ 的切线方向投影的无限累加 .

定义 3 沿有向闭曲线 Γ 的曲线积分

$$\oint_{\Gamma}P\mathrm{d}x+Q\mathrm{d}y+R\mathrm{d}z=\oint_{\Gamma}A_{\tau}\,\mathrm{d}s \tag{9-7-13}$$

称为 $\boldsymbol{A}$ 沿有向闭曲线 Γ 的环流量.

由定义 2 与定义 3 知, 上述斯托克斯公式的物理意义为: 向量 $\boldsymbol{A}$ 沿有向闭曲线 Γ 的环流量等于向量 $\boldsymbol{A}$ 的旋度通过 Γ 所张的曲面 Σ 的通量 (其中 Γ 的正向与 Σ 的侧符合右手规则).

例 3 求 $\boldsymbol{A}=(y-2z)\boldsymbol{i}+(z-2x)\boldsymbol{j}+(x-2y)\boldsymbol{k}$ 沿曲线 Γ 的环流量, 其中 Γ 为曲面 $x^2+y^2+z^2=8+2xy$ 与平面 $x+y+z=2$ 的交线, 方向从 z 轴的正向看去为逆时针方向 (图 9-7-3).

解　取 Σ 为闭曲线 Γ 所围成的平面 $\begin{cases} x+y+z=2, \\ (x-1)^2+(y-1)^2 \leqslant 4 \end{cases}$ 的上侧, 它在 xOy 面上的投影

$$D_{xy}=\{(x,y)|(x-1)^2+(y-1)^2 \leqslant 4\},$$

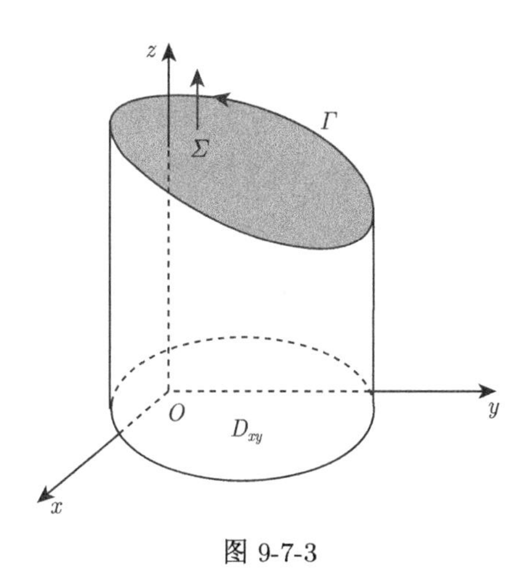

图 9-7-3

由公式 (9-7-13) 及公式 (9-7-1) 得环流量

$$\Phi=\oint_{\Gamma}(y-2z)\mathrm{d}x+(z-2x)\mathrm{d}y+(x-2y)\mathrm{d}z$$

$$=\iint_{\Sigma}\begin{vmatrix} \dfrac{1}{\sqrt{3}} & \dfrac{1}{\sqrt{3}} & \dfrac{1}{\sqrt{3}} \\ \dfrac{\partial}{\partial x} & \dfrac{\partial}{\partial y} & \dfrac{\partial}{\partial z} \\ y-2z & z-2x & x-2y \end{vmatrix}\mathrm{d}S$$

$$=\frac{1}{\sqrt{3}}\iint_{\Sigma}(-9)\mathrm{d}S=-3\sqrt{3}\iint_{D_{xy}}\sqrt{1+\left(\frac{\partial z}{\partial x}\right)^2+\left(\frac{\partial z}{\partial y}\right)^2}\mathrm{d}x\mathrm{d}y$$

$$=-3\sqrt{3}\iint_{D_{xy}}\sqrt{3}\mathrm{d}x\mathrm{d}y=-36\pi.$$

例 4　设有一刚体以角速度 $\boldsymbol{w}$ 绕 z 轴旋转, 角速度向量 $\boldsymbol{w}$ 方向沿着旋转轴, 其指向与旋转方向关系符合右手法则, 即右手拇指指向角速度 $\boldsymbol{w}$ 的方向, 其他四指指向旋转向方向, M 为刚体内任意一点, 求线速度 $\boldsymbol{v}$ 的旋度.

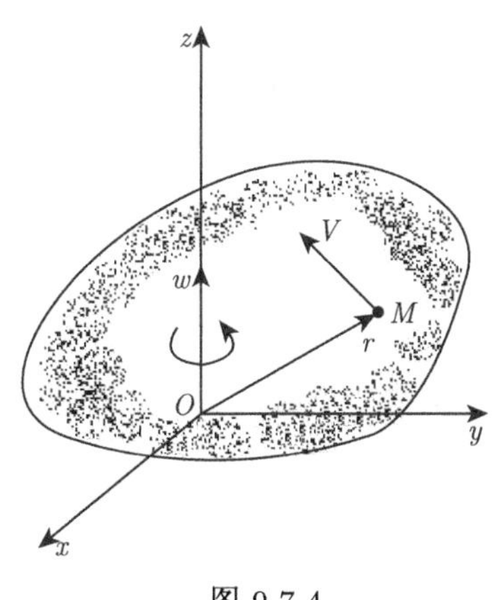

图 9-7-4

解　如图 9-7-4 所示, 设 $\overrightarrow{OM}=\boldsymbol{r}=(x,y,z)$, $\boldsymbol{w}=(0,0,w)$, 由物理知识知刚体上任一点 M 的线速度 $\boldsymbol{v}=\boldsymbol{w}\times\boldsymbol{r}$, 即

$$\boldsymbol{v}=\begin{vmatrix} \boldsymbol{i} & \boldsymbol{j} & \boldsymbol{k} \\ 0 & 0 & w \\ x & y & z \end{vmatrix}=(-wy,wx,0),$$

从而由公式 (9-7-12(b)) 得 $\boldsymbol{v}$ 的旋度

$$\mathbf{rot}\boldsymbol{v}=\begin{vmatrix} \boldsymbol{i} & \boldsymbol{j} & \boldsymbol{k} \\ \dfrac{\partial}{\partial x} & \dfrac{\partial}{\partial y} & \dfrac{\partial}{\partial z} \\ -wy & wx & 0 \end{vmatrix}=(0,0,2w)=2\boldsymbol{w}.$$

习 题 9-7

1. 利用斯托克斯公式, 计算下列曲线积分.

(1) $\oint_{\Gamma} z\mathrm{d}x + x\mathrm{d}y + y\mathrm{d}z$, 其中 Γ 是平面 $x+y+z=1$ 被三个坐标平面所截成的三角形的整个边界, 从 z 轴的正向看去为逆时针方向;

(2) $\oint_{\Gamma} (z-y)\mathrm{d}x + (x-z)\mathrm{d}y + (x-y)\mathrm{d}z$, 其中曲线 $\Gamma: \begin{cases} x^2+y^2=1, \\ x-y+z=2, \end{cases}$ 从 z 轴正向看去为逆时针方向;

(3) $\oint_{\Gamma} y\mathrm{d}x + z\mathrm{d}y + x\mathrm{d}z$, 其中 Γ 为圆周 $x^2+y^2+y^2=a^2\ (a>0), x+y+z=0$, 从 z 轴的正向看去为逆时针方向;

(4) $\oint_{\Gamma} x^2y\mathrm{d}x + (x^2+y^2)\mathrm{d}y + (x+y+z)\mathrm{d}z$, 其中曲线 $\Gamma: \begin{cases} x^2+y^2+z^2=11, \\ z=x^2+y^2+1, \end{cases}$ 从 z 轴的正向看去为逆时针方向.

2. 求下列向量 $\boldsymbol{A}$ 的旋度.

(1) $\boldsymbol{A}=(x+2z-3y)\boldsymbol{i}+(3x+y-z)\boldsymbol{j}+(-2x+y+z)\boldsymbol{k}$;

(2) $\boldsymbol{A}=(x^2\sin y)\boldsymbol{i}+(y^2\sin(xz))\boldsymbol{j}+(xy\sin(\cos z))\boldsymbol{k}$.

3. 求下列向量 $\boldsymbol{A}$ 沿闭曲线 Γ (从 z 轴正向看去为逆时针方向) 的环流量.

(1) $\boldsymbol{A}=-y\boldsymbol{i}+x\boldsymbol{j}+2\boldsymbol{k}$, Γ 为圆周 $\begin{cases} x^2+y^2=1, \\ z=0; \end{cases}$

(2) $\boldsymbol{A}=(x-z)\boldsymbol{i}+(x^3+yz)\boldsymbol{j}-3xy^2\boldsymbol{k}$, Γ 为曲线 $\begin{cases} z=2-\sqrt{x^2+y^2}, \\ z=0. \end{cases}$

4. 利用斯托克斯公式把曲面积分 $\iint_{\Sigma} \mathbf{rot}\boldsymbol{A}\cdot\boldsymbol{n}\mathrm{d}S$ 化为曲线积分, 并计算积分值, 其中$\boldsymbol{A}$, Σ 及$\boldsymbol{n}$分别如下:

(1) $\boldsymbol{A}=y^2\boldsymbol{i}+xy\boldsymbol{j}+xz\boldsymbol{k}$, Σ 为上半球面 $z=\sqrt{1-x^2-y^2}$ 的上侧, $\boldsymbol{n}$ 是 Σ 的单位法向量;

(2) $\boldsymbol{A}=(y-z)\boldsymbol{i}+yz\boldsymbol{j}-xz\boldsymbol{k}$, Σ 为立方体 $\{(x,y,z)|0\leqslant x\leqslant 2, 0\leqslant y\leqslant 2, 0\leqslant z\leqslant 2\}$ 的表面外侧去掉 xOy 面上的那个底面, $\boldsymbol{n}$ 是 Σ 的单位法向量.

5. 计算 $\oint_{\Gamma} (z+x+2y)\mathrm{d}x + (x+2y+2z)\mathrm{d}y + (y+z+2x)\mathrm{d}z$, 其中 Γ 为曲面 $z=\sqrt{x^2+y^2}$ 与 $z^2=2ax(a>0)$ 的交线, 从 z 轴正向看去为逆时针方向.

6. 计算 $\oint_{\Gamma} (y^2-z^2)\mathrm{d}x + (2z^2-x^2)\mathrm{d}y + (3x^2-y^2)\mathrm{d}z$, 其中 Γ 为平面 $x+y+z=2$ 与柱面 $|x|+|y|=1$ 的交线, 从 z 轴正向看去为逆时针方向.

*第八节 场 论 初 步

一、 区间上的向量函数

下面我们先来介绍向量函数的概念, 由此可以引入向量场的概念.

1. 区间上的向量函数的概念

定义 1　如果某区间 I 上的每一个数 t 都对应一个确定的向量 $\boldsymbol{r}$, 则称 $\boldsymbol{r}$ 是区间 I 上的**向量函数**, 简称为**向量函数**, 记为

$$\boldsymbol{r}=\boldsymbol{r}(t).$$

向量 $\boldsymbol{r}$ 可以是二维空间的向量, 三维空间的向量, $\cdots$, n 维空间的向量. 这里主要讨论三维空间的向量.

在空间直角坐标系中, $\boldsymbol{r}(t)$ 可以写成

$$\boldsymbol{r}(t)=x(t)\boldsymbol{i}+y(t)\boldsymbol{j}+z(t)\boldsymbol{k}=(x(t),y(t),z(t)),$$

其中, 分量 $x(t)$, $y(t)$, $z(t)$ 均是一元函数.

在物理学中, 自变量 t 表示时间, 在时间 t, 质点 M 的位置为 $(x(t),y(t),z(t))$, 则向量函数

$$\boldsymbol{r}(t)=x(t)\boldsymbol{i}+y(t)\boldsymbol{j}+z(t)\boldsymbol{k}$$

表示质点的向量 $\overrightarrow{OM}$, 当时间 t 变化时, 向量的端点 M 描绘出质点的运动轨迹.

例 1　设向量函数 $\boldsymbol{r}(t)=3t^2\boldsymbol{i}+2t^3\boldsymbol{j}+(2-t)\boldsymbol{k}$, 求 $\boldsymbol{r}(0)$ 和 $\boldsymbol{r}(2)$.

解　$\boldsymbol{r}(0)=0\boldsymbol{i}+0\boldsymbol{j}+2\boldsymbol{k}=2\boldsymbol{k}$, $\boldsymbol{r}(2)=12\boldsymbol{i}+16\boldsymbol{j}+0\boldsymbol{k}=12\boldsymbol{i}+16\boldsymbol{j}$.

2. 向量函数的极限与连续性

定义 2　设向量函数 $\boldsymbol{r}=\boldsymbol{r}(t)$ 在 t_0 点的某去心邻域内有定义, $\boldsymbol{r}_0$ 是一个常向量. 若对任意的正数 ε, 都存在一个正数 δ, 当 t 满足 $0<|t-t_0|<\delta$ 时, 都有

$$|\boldsymbol{r}(t)-\boldsymbol{r}_0|<\varepsilon$$

成立, 则称 $\boldsymbol{r}_0$ 是向量函数 $\boldsymbol{r}=\boldsymbol{r}(t)$ 在 $t\to t_0$ 时的**极限**, 记作

$$\lim_{t\to t_0}\boldsymbol{r}(t)=\boldsymbol{r}_0.$$

设 $\boldsymbol{r}(t)=x(t)\boldsymbol{i}+y(t)\boldsymbol{j}+z(t)\boldsymbol{k}$, $\boldsymbol{r}_0=x_0\boldsymbol{i}+y_0\boldsymbol{j}+z_0\boldsymbol{k}$, 则由

$$|\boldsymbol{r}(t)-\boldsymbol{r}_0|=\sqrt{(x(t)-x_0)^2+(y(t)-y_0)^2+(z(t)-z_0)^2}$$

可知 $\lim\limits_{t\to t_0}\boldsymbol{r}(t)=\boldsymbol{r}_0$ 当且仅当 $\lim\limits_{t\to t_0}x(t)=x_0$, $\lim\limits_{t\to t_0}y(t)=y_0$, $\lim\limits_{t\to t_0}z(t)=z_0$ 时成立. 所以

$$\lim_{t\to t_0}\boldsymbol{r}(t)=\lim_{t\to t_0}x(t)\boldsymbol{i}+\lim_{t\to t_0}y(t)\boldsymbol{j}+\lim_{t\to t_0}z(t)\boldsymbol{k}.$$

向量函数有下列极限运算法则: 若 $\lim\limits_{t\to t_0}f(t)$, $\lim\limits_{t\to t_0}\boldsymbol{u}(t)$, $\lim\limits_{t\to t_0}\boldsymbol{v}(t)$ 都存在, 则有

(1) $\lim\limits_{t\to t_0}f(t)\boldsymbol{u}(t)=\lim\limits_{t\to t_0}f(t)\lim\limits_{t\to t_0}\boldsymbol{u}(t)$($f(t)$ 是函数);

(2) $\lim\limits_{t\to t_0}[\boldsymbol{u}(t)\pm\boldsymbol{v}(t)]=\lim\limits_{t\to t_0}\boldsymbol{u}(t)\pm\lim\limits_{t\to t_0}\boldsymbol{v}(t)$(和、差的极限);

(3) $\lim\limits_{t\to t_0}[\boldsymbol{u}(t)\cdot\boldsymbol{v}(t)]=\lim\limits_{t\to t_0}\boldsymbol{u}(t)\cdot\lim\limits_{t\to t_0}\boldsymbol{v}(t)$(数量积的极限);

(4) $\lim\limits_{t\to t_0}[\boldsymbol{u}(t)\times\boldsymbol{v}(t)]=\lim\limits_{t\to t_0}\boldsymbol{u}(t)\times\lim\limits_{t\to t_0}\boldsymbol{v}(t)$(向量积的极限).

定义 3　设向量函数 $\boldsymbol{r}=\boldsymbol{r}(t)$ 在 t_0 的某邻域内有定义, 若

$$\lim_{t\to t_0}\boldsymbol{r}(t)=\boldsymbol{r}(t_0),$$

则称 $\boldsymbol{r}=\boldsymbol{r}(t)$ 在 $t=t_0$ 处连续.

若向量函数 $\boldsymbol{r}=\boldsymbol{r}(t)$ 在区间 I 上的每一点都连续, 则称 $\boldsymbol{r}=\boldsymbol{r}(t)$ 在区间 I 上连续, 或称 $\boldsymbol{r}=\boldsymbol{r}(t)$ 是区间 I 上的连续向量函数.

显然, $\boldsymbol{r}(t)=x(t)\boldsymbol{i}+y(t)\boldsymbol{j}+z(t)\boldsymbol{k}$ 在区间 I 上连续的充要条件是 $x(t),y(t),z(t)$ 在区间 I 上都是连续函数.

3. 向量函数的导数与积分

定义 4　设向量函数 $\boldsymbol{r}=\boldsymbol{r}(t)$ 在 t 的某邻域内有定义, 在 t 处取增量 $\Delta t(\Delta t\neq 0)$, 对应于向量函数 $\boldsymbol{r}=\boldsymbol{r}(t)$ 的增量为

$$\Delta\boldsymbol{r}(t)=\boldsymbol{r}(t+\Delta t)-\boldsymbol{r}(t).$$

如果极限

$$\lim_{\Delta t\to 0}\frac{\Delta\boldsymbol{r}(t)}{\Delta t}=\lim_{\Delta t\to 0}\frac{\boldsymbol{r}(t+\Delta t)-\boldsymbol{r}(t)}{\Delta t}$$

存在, 则称 $\boldsymbol{r}=\boldsymbol{r}(t)$ 在 t 处可导, 并称该极限为 $\boldsymbol{r}=\boldsymbol{r}(t)$ 在 t 处的导数, 记作 $\dfrac{\mathrm{d}\boldsymbol{r}}{\mathrm{d}t}$ 或 $\boldsymbol{r}'(t)$, 即

$$\frac{\mathrm{d}\boldsymbol{r}}{\mathrm{d}t}=\boldsymbol{r}'(t)=\lim_{\Delta t\to 0}\frac{\Delta\boldsymbol{r}(t)}{\Delta t}=\lim_{\Delta t\to 0}\frac{\boldsymbol{r}(t+\Delta t)-\boldsymbol{r}(t)}{\Delta t}.$$

由于 $\dfrac{\mathrm{d}\boldsymbol{r}}{\mathrm{d}t}$ 或 $\boldsymbol{r}'(t)$ 仍是一个向量, 所以 $\dfrac{\mathrm{d}\boldsymbol{r}}{\mathrm{d}t}$ 或 $\boldsymbol{r}'(t)$ 也称为**导向量**.

若 $\boldsymbol{r}(t)=x(t)\boldsymbol{i}+y(t)\boldsymbol{j}+z(t)\boldsymbol{k}$, 则 $\boldsymbol{r}=\boldsymbol{r}(t)$ 在 t 处可导的充要条件是 $x(t),y(t),z(t)$ 在 t 处都是可导的, 且

$$\boldsymbol{r}'(t)=x'(t)\boldsymbol{i}+y'(t)\boldsymbol{j}+z'(t)\boldsymbol{k},\tag{9-8-1}$$

类似地, 可以定义**向量函数的高阶导数**, 例如

$$\boldsymbol{r}''(t)=x''(t)\boldsymbol{i}+y''(t)\boldsymbol{j}+z''(t)\boldsymbol{k}$$

等.

例 2　设 $\boldsymbol{r}(t)=(t^2+1)\boldsymbol{i}+(t+\sin t)\boldsymbol{j}+\mathrm{e}^t\boldsymbol{k}$, 求 $\boldsymbol{r}'(t)$ 和 $\boldsymbol{r}''(t)$.

解　$\boldsymbol{r}'(t)=2t\boldsymbol{i}+(1+\cos t)\boldsymbol{j}+\mathrm{e}^t\boldsymbol{k}$, $\boldsymbol{r}''(t)=2\boldsymbol{i}-\sin t\boldsymbol{j}+\mathrm{e}^t\boldsymbol{k}$.

向量函数有下列求导法则: 设向量函数 $\boldsymbol{u}=\boldsymbol{u}(t),\boldsymbol{v}=\boldsymbol{v}(t)$ 及函数 $f(t)$ 可导,

$$\frac{\mathrm{d}}{\mathrm{d}t}\boldsymbol{C}=0(\boldsymbol{C}\text{为常向量}),\qquad \frac{\mathrm{d}}{\mathrm{d}t}(\boldsymbol{u}\pm\boldsymbol{v})=\frac{\mathrm{d}\boldsymbol{u}}{\mathrm{d}t}\pm\frac{\mathrm{d}\boldsymbol{v}}{\mathrm{d}t},$$

$$\frac{\mathrm{d}}{\mathrm{d}t}(k\boldsymbol{u})=k\frac{\mathrm{d}\boldsymbol{u}}{\mathrm{d}t}(k\text{为常数}),\qquad \frac{\mathrm{d}}{\mathrm{d}t}(f\boldsymbol{u})=\frac{\mathrm{d}f}{\mathrm{d}t}\boldsymbol{u}+f\frac{\mathrm{d}\boldsymbol{u}}{\mathrm{d}t},$$

$$\frac{\mathrm{d}}{\mathrm{d}t}(\boldsymbol{u}\cdot\boldsymbol{v})=\frac{\mathrm{d}\boldsymbol{u}}{\mathrm{d}t}\cdot\boldsymbol{v}+\boldsymbol{u}\cdot\frac{\mathrm{d}\boldsymbol{v}}{\mathrm{d}t},\qquad \frac{\mathrm{d}}{\mathrm{d}t}(\boldsymbol{u}\times\boldsymbol{v})=\frac{\mathrm{d}\boldsymbol{u}}{\mathrm{d}t}\times\boldsymbol{v}+\boldsymbol{u}\times\frac{\mathrm{d}\boldsymbol{v}}{\mathrm{d}t}.$$

若 $\boldsymbol{u}=\boldsymbol{u}(s), s=f(t)$, 则

$$\frac{\mathrm{d}\boldsymbol{u}}{\mathrm{d}t}=\frac{\mathrm{d}\boldsymbol{u}}{\mathrm{d}s}\cdot\frac{\mathrm{d}s}{\mathrm{d}t}.$$

例 3 证明: 若 $|\boldsymbol{r}(t)|$ 为常数, 则 $\boldsymbol{r}'(t)$ 与 $\boldsymbol{r}(t)$ 正交.

证 由假设

$$\boldsymbol{r}(t)\cdot\boldsymbol{r}(t)=|\boldsymbol{r}(t)|^2=C(\text{常数}),$$

等式两边对 t 求导, 得

$$\boldsymbol{r}'(t)\cdot\boldsymbol{r}(t)=0,$$

所以 $\boldsymbol{r}'(t)$ 与 $\boldsymbol{r}(t)$ 正交.

设向量函数 $\boldsymbol{r}=\boldsymbol{r}(t)$ 在区间 $[a,b]$ 上连续, 则 $\boldsymbol{r}=\boldsymbol{r}(t)$ 在区间 $[a,b]$ 上的定积分定义为

$$\int_a^b \boldsymbol{r}(t)\mathrm{d}t=\lim_{\lambda\to 0}\sum_{i=1}^{n} r(\tau_i)\Delta t_i.$$

其中, $a=t_0<t_1<t_2<\cdots<t_n=b$; $\tau_i\in[t_{i-1},t_i]$; $\Delta t_i=t_i-t_{i-1}$; $\lambda=\max\limits_{1\leqslant i\leqslant n}\{\lambda_i\}$.

若 $\boldsymbol{r}(t)=x(t)\boldsymbol{i}+y(t)\boldsymbol{j}+z(t)\boldsymbol{k}$, 则

$$\int_a^b \boldsymbol{r}(t)\mathrm{d}t=\left(\int_a^b x(t)\mathrm{d}t\right)\boldsymbol{i}+\left(\int_a^b y(t)\mathrm{d}t\right)\boldsymbol{j}+\left(\int_a^b z(t)\mathrm{d}t\right)\boldsymbol{k}.$$

例 4 设 $\boldsymbol{r}(t)=(1+\cos t)\boldsymbol{i}+(t-\sin t)\boldsymbol{j}+(\mathrm{e}^t-t)\boldsymbol{k}$, 求 $\int_0^{\pi}\boldsymbol{r}(t)\mathrm{d}t$.

解
$$\begin{aligned}\boldsymbol{r}(t)&=\int_0^{\pi}[(1+\cos t)\boldsymbol{i}+(t-\sin t)\boldsymbol{j}+(\mathrm{e}^t-t)\boldsymbol{k}]\mathrm{d}t\\&=\left(\int_0^{\pi}(1+\cos t)\mathrm{d}t\right)\boldsymbol{i}+\left(\int_0^{\pi}(t-\sin t)\mathrm{d}t\right)\boldsymbol{j}+\left(\int_0^{\pi}(\mathrm{e}^t-t)\mathrm{d}t\right)\boldsymbol{k}\\&=\pi\boldsymbol{i}+\left(\frac{\pi^2}{2}-2\right)\boldsymbol{j}+\left(\mathrm{e}^{\pi}-\frac{\pi^2}{2}-1\right)\boldsymbol{k}.\end{aligned}$$

二、向量场

上面我们介绍了区间上向量函数的概念, 把该概念推广到空间, 即下面我们要介绍的向量场.

1. 向量场的概念

在许多科学领域常常涉及向量场的概念, 例如风力场、力场、速度场、磁场等. 下面我们来介绍向量场的概念.

定义 5 设 G 是空间区域, 对 G 内任意一点 $M(x,y,z)$, 都对应着一个向量 $\boldsymbol{F}(M)$ 或 $\boldsymbol{F}(x,y,z)$, 则称 $\boldsymbol{F}(M)$ 或 $\boldsymbol{F}(x,y,z)$ 是定义在 G 内的一个**向量场或向量函数**, 也简称为**场**.

任何一个映射 $\boldsymbol{F}:G\to\boldsymbol{R}^3$ 都确定了 G 内的一个向量场. 对 $\forall M(x,y,z)\in G$, 有

$$\boldsymbol{F}(M)=P(M)\boldsymbol{i}+Q(M)\boldsymbol{j}+R(M)\boldsymbol{k},$$

或

$$\boldsymbol{F}(x,y,z)=P(x,y,z)\boldsymbol{i}+Q(x,y,z)\boldsymbol{j}+R(x,y,z)\boldsymbol{k}.$$

注 有的向量场 $\boldsymbol{F}(M)$ 或 $\boldsymbol{F}(x,y,z)$ 不但与点 $M(x,y,z)$ 的位置有关, 还与时间 t 有关 (例如在地球上每一点的风速都随时间而改变), 这样的向量场称为**不稳定向量场**; 与时间 t 无关的向量场称为**稳定向量场**. 这里只讨论稳定向量场.

2. 梯度场与势场

设 $f(M)$ 是定义在区域 G 上的函数, 在区域 G 上定义映射 $\boldsymbol{F}$ 如下: 对 $\forall M\in G$,

$$\boldsymbol{F}(M)=\mathbf{grad}\, f(M)$$

称为由函数 $f(M)$ 产生的**梯度场**. 即梯度场是由梯度给出的向量场.

引进符号向量

$$\nabla=\left(\frac{\partial}{\partial x},\frac{\partial}{\partial y},\frac{\partial}{\partial z}\right),$$

那么函数 $f(x,y,z)$ 的梯度可写作 $\mathbf{grad} f=\nabla f$, 且具有下列性质:

(1) 若 $u=u(x,y,z)$, $v=v(x,y,z)$ 均是可微函数, 则

$$\nabla(u+v)=\nabla u+\nabla v;$$

(2) 若 $u=u(x,y,z)$, $v=v(x,y,z)$ 均是可微函数, 则

$$\nabla(u\cdot v)=(\nabla u)\cdot v+u\cdot(\nabla v);$$

(3) 若 $f=f(u)$, $u=u(x,y,z)$ 均是可微函数, 则

$$\nabla f=f'(u)\cdot\nabla u;$$

(4) 若 $f=f(u_1,u_2,\cdots,u_n)$, $u_i=u_i(x,y,z)(i=1,2,\cdots,n)$ 均是可微函数, 则

$$\nabla f=\sum_{i=1}^{n}\frac{\partial f}{\partial u_i}\cdot\nabla u_i.$$

如果一个向量场 $\boldsymbol{F}(M)$ 是由某一个函数 $f(M)$ 产生的**梯度场**, 即 $\boldsymbol{F}(M)=\nabla f(M)=\mathbf{grad} f(M)$, 此时称 $\boldsymbol{F}(M)$ 为**势场**(也称**保守场或位场**), 函数 $f(M)$ 称为**势场**$\boldsymbol{F}(M)$ 的**势函数(或位函数)**.

但是, 并非任何向量场都是势场, 下面我们来讨论向量场是势场的条件.

若平面向量场 $\boldsymbol{F}(x,y)=P(x,y)\boldsymbol{i}+Q(x,y)\boldsymbol{j}$ 是势场, 则存在函数 $f(x,y)$, 使得 $\boldsymbol{F}(M)=\mathbf{grad} f(M)$ 即

$$\boldsymbol{F}(x,y)=P(x,y)\boldsymbol{i}+Q(x,y)\boldsymbol{j}=\frac{\partial f}{\partial x}i+\frac{\partial f}{\partial y}j,$$

所以

$$P(x,y)=\frac{\partial f}{\partial x},\quad Q(x,y)=\frac{\partial f}{\partial y}.$$

设函数 $f(x,y)$ 具有连续的二阶偏导数, 则

$$\frac{\partial Q}{\partial x}=\frac{\partial^2 f}{\partial x\partial y}=\frac{\partial^2 f}{\partial y\partial x}=\frac{\partial P}{\partial y},$$

即

$$\frac{\partial Q}{\partial x}=\frac{\partial P}{\partial y}. \tag{9-8-2}$$

反之, 若等式 (9-8-2) 成立, 则向量场

$$\boldsymbol{F}(x,y)=P(x,y)\boldsymbol{i}+Q(x,y)\boldsymbol{j}$$

是势场. 所以平面向量场 $\boldsymbol{F}(x,y)=P(x,y)\boldsymbol{i}+Q(x,y)\boldsymbol{j}$ 是势场的条件为等式 $\dfrac{\partial Q}{\partial x}=\dfrac{\partial P}{\partial y}$ 恒成立.

空间向量场

$$\boldsymbol{F}(M)=P(M)\boldsymbol{i}+Q(M)\boldsymbol{j}+R(M)\boldsymbol{k}$$

或

$$\boldsymbol{F}(x,y,z)=P(x,y,z)\boldsymbol{i}+Q(x,y,z)\boldsymbol{j}+R(x,y,z)\boldsymbol{k}$$

是势场的条件为等式

$$\frac{\partial R}{\partial y}=\frac{\partial Q}{\partial z},\quad \frac{\partial P}{\partial z}=\frac{\partial R}{\partial x},\quad \frac{\partial Q}{\partial x}=\frac{\partial P}{\partial y}$$

恒成立.

例 5 证明:

(1)$\boldsymbol{F}(x,y)=(x^2y+2)\boldsymbol{i}+[y+\sin(xy)]\boldsymbol{j}$ 不是势场;

(2)$\boldsymbol{F}(x,y)=(2xy+\cos x)\boldsymbol{i}+(x^2+2y^3)\boldsymbol{j}$ 是势场.

证 (1) 因为 $P(x,y)=x^2y+2$, $Q(x,y)=y+\sin xy$, 且

$$\frac{\partial P}{\partial y}(x,y)=x^2,\quad \frac{\partial Q}{\partial x}=y\cos xy.$$

所以, $\boldsymbol{F}(x,y)=(x^2y+2)\boldsymbol{i}+(y+\sin xy)\boldsymbol{j}$ 不是势场.

(2) 因为 $P(x,y)=2xy+\cos x$, $Q(x,y)=x^2+2y^3$, 且

$$\frac{\partial P}{\partial y}(x,y)=2x,\quad \frac{\partial Q}{\partial x}=2x.$$

所以, $\boldsymbol{F}(x,y)=(2xy+\cos x)\boldsymbol{i}+(x^2+2y^3)\boldsymbol{j}$ 是势场.

例 6 求位于原点 O 的质量为 M 的质点对位于点 $P(x,y,z)$ 的质量为 m 的质点的引力场, 并讨论它是否为势场.

解 根据万有引力定律, $\boldsymbol{F}=\dfrac{GMm}{r^2}\cdot\dfrac{\overrightarrow{PO}}{r}$, 其中 $r=\left|\overrightarrow{PO}\right|=\sqrt{x^2+y^2+z^2}$, G 是引力常数, 即

$$\boldsymbol{F}=\frac{GMm}{r^2}\cdot\frac{\overrightarrow{PO}}{r}=-\frac{GMm}{(x^2+y^2+z^2)^{\frac{3}{2}}}(x\boldsymbol{i}+y\boldsymbol{j}+z\boldsymbol{k}).$$

另一方面, 取函数 $f(x,y,z)=\dfrac{GMm}{\sqrt{x^2+y^2+z^2}}$, 由于

$$\mathbf{grad} f=-\frac{GMm}{(x^2+y^2+z^2)^{\frac{3}{2}}}(x\boldsymbol{i}+y\boldsymbol{j}+z\boldsymbol{k}),$$

所以引力场 $\boldsymbol{F}=\dfrac{GMm}{r^2}\cdot\dfrac{\overrightarrow{PO}}{r}=-\dfrac{GMm}{(x^2+y^2+z^2)^{\frac{3}{2}}}(x\boldsymbol{i}+y\boldsymbol{j}+z\boldsymbol{k})$ 是势场.

3. **散度场**

设 $\boldsymbol{A}(x,y,z)=(P(x,y,z),Q(x,y,z),R(x,y,z))$ 是定义在空间区域 V 上的向量场. 对 V 上的每一点 (x,y,z), 在本章第六节我们定义了 $\boldsymbol{A}(x,y,z)$ 的散度

$$\operatorname{div}\boldsymbol{A}(x,y,z)=\frac{\partial P}{\partial x}+\frac{\partial Q}{\partial y}+\frac{\partial R}{\partial z},$$

在此, 我们把向量场 $\boldsymbol{A}(x,y,z)$ 的散度称为散度场.

我们引进算符 ∇, 向量场 $\boldsymbol{A}(x,y,z)$ 的散度的形式为 $\operatorname{div}\boldsymbol{A}=\nabla\cdot\boldsymbol{A}$. 那么, 我们有下列性质:

(1) 若 $\boldsymbol{u},\boldsymbol{v}$ 是向量场, 则

$$\nabla\cdot(\boldsymbol{u}+\boldsymbol{v})=\nabla\cdot\boldsymbol{u}+\nabla\cdot\boldsymbol{v};$$

(2) 若 φ 是可微函数, $\boldsymbol{F}$ 为向量场, 则

$$\nabla\cdot(\varphi\boldsymbol{F})=\varphi\nabla\cdot\boldsymbol{F}+\boldsymbol{F}\nabla\varphi;$$

(3) 若 $\varphi=\varphi(x,y,z)$ 是具有二阶连续偏导数的函数, 则

$$\nabla\cdot\nabla\varphi=\frac{\partial^2\varphi}{\partial x^2}+\frac{\partial^2\varphi}{\partial y^2}+\frac{\partial^2\varphi}{\partial z^2},$$

记 $\nabla\cdot\nabla$ 为算符 Δ, 那么 $\Delta=\dfrac{\partial^2}{\partial x^2}+\dfrac{\partial^2}{\partial y^2}+\dfrac{\partial^2}{\partial z^2}$ 称为拉普拉斯算子, 于是有

$$\nabla\cdot\nabla\varphi=\nabla\varphi=\frac{\partial^2\varphi}{\partial x^2}+\frac{\partial^2\varphi}{\partial y^2}+\frac{\partial^2\varphi}{\partial z^2}.$$

例 7　求例 6 中引力场 $\boldsymbol{F}=-\dfrac{GMm}{(x^2+y^2+z^2)^{\frac{3}{2}}}(x\boldsymbol{i}+y\boldsymbol{j}+z\boldsymbol{k})$ 所产生的散度场.

解　$\nabla\cdot\boldsymbol{F}=-GMm\left(\dfrac{\partial}{\partial x}\cdot\dfrac{x}{(x^2+y^2+z^2)^{\frac{3}{2}}}+\dfrac{\partial}{\partial y}\cdot\dfrac{y}{(x^2+y^2+z^2)^{\frac{3}{2}}}\right.$

$$\left.+\frac{\partial}{\partial z}\cdot\frac{z}{(x^2+y^2+z^2)^{\frac{3}{2}}}\right)=0.$$

因此, 引力场除原点外在每一点的散度都为零.

4. 旋度场

设 $\boldsymbol{A}(x,y,z)=(P(x,y,z),Q(x,y,z),R(x,y,z))$ 是定义在空间区域 V 上的向量场. 对 V 上的每一点 (x,y,z), 在本章第七节我们定义了 $\boldsymbol{A}(x,y,z)$ 的旋度

$$\mathbf{rot}\boldsymbol{A}(x,y,z)=\left(\frac{\partial R}{\partial y}-\frac{\partial Q}{\partial z},\frac{\partial P}{\partial z}-\frac{\partial R}{\partial x},\frac{\partial Q}{\partial x}-\frac{\partial P}{\partial y}\right),$$

在此, 我们把向量场 $\boldsymbol{A}(x,y,z)$ 的旋度称为旋度场.

我们引进算符 ∇, 向量场 $\boldsymbol{A}(x,y,z)$ 的旋度的形式为 $\mathbf{rot}\boldsymbol{A}=\nabla\times\boldsymbol{A}$. 那么, 我们有下列性质:

(1) 若 $\boldsymbol{u},\boldsymbol{v}$ 是向量场, 则

$$\begin{aligned}
&\nabla\times(\boldsymbol{u}+\boldsymbol{v})=\nabla\times\boldsymbol{u}+\nabla\times\boldsymbol{v},\\
&\nabla(\boldsymbol{u}\cdot\boldsymbol{v})=\boldsymbol{u}\times(\nabla\times\boldsymbol{v})+\boldsymbol{v}\times(\nabla\times\boldsymbol{u})+(\boldsymbol{u}\cdot\nabla)\boldsymbol{v}+(\boldsymbol{v}\cdot\nabla)\boldsymbol{u},\\
&\nabla\cdot(\boldsymbol{u}\times\boldsymbol{v})=\boldsymbol{v}\cdot\nabla\times\boldsymbol{u}-\boldsymbol{u}\cdot\nabla\times\boldsymbol{v},\\
&\nabla\times(\boldsymbol{u}\times\boldsymbol{v})=(\boldsymbol{v}\cdot\nabla)\boldsymbol{u}-(\boldsymbol{u}\cdot\nabla)\boldsymbol{v}+(\nabla\cdot\boldsymbol{v})\boldsymbol{u}-(\nabla\cdot\boldsymbol{u})\boldsymbol{v};
\end{aligned}$$

(2) 若 φ 是可微函数, $\boldsymbol{F}$ 为向量场, 则

$$\nabla\times(\varphi\boldsymbol{F})=\varphi(\nabla\times\boldsymbol{F})+\nabla\varphi\times\boldsymbol{F};$$

(3) 若 φ 是具有二阶连续偏导数的函数, $\boldsymbol{F}$ 为向量场, 则

$$\begin{aligned}
&\nabla\cdot(\nabla\times\boldsymbol{F})=0,\\
&\nabla\times\nabla\varphi=0,\\
&\nabla\times(\nabla\times\boldsymbol{F})=\nabla(\nabla\cdot\boldsymbol{F})-\nabla^2\boldsymbol{F}=\nabla(\nabla\cdot\boldsymbol{F})-\Delta\boldsymbol{F}.
\end{aligned}$$

例 8 设向量场 $\boldsymbol{A}(x,y,z)=(y^2+z^2,z^2+x^2,x^2+y^2)$, 求 $\nabla\times\boldsymbol{A}$.

解 $\nabla\times\boldsymbol{A}=2(y-z,z-x,x-y)$.

习 题 9-8

1. 证明下列向量场是势场.

(1) $\boldsymbol{F}(x,y)=(y\cos x+2)\boldsymbol{i}+x\cos xy\boldsymbol{j}+(\sin z+1)\boldsymbol{k}$;

(2) $\boldsymbol{F}(x,y)=(2x\cos y-y^2\sin x+9)\boldsymbol{i}+2(y\cos x-x^2\sin y-3y^2)\boldsymbol{j}$.

2. 若 $r=\sqrt{x^2+y^2+z^2}$, 计算 ∇r, ∇r^2, $\nabla\dfrac{1}{r}$.

3. 计算下列向量场 $\boldsymbol{A}$ 的散度场 $\nabla\cdot\boldsymbol{A}$ 与旋度场 $\nabla\times\boldsymbol{A}$.

(1) $\boldsymbol{A}=(x^2yz,xy^2z,xyz^2)$;

(2) $\boldsymbol{A}=\left(\dfrac{x}{yz},\dfrac{y}{zx},\dfrac{z}{xy}\right)$.

总复习题九

1. 填空题.

(1) 设 L 是折线 $y=1-|1-x|$ 由点 $(0,0)$ 到点 $(2,0)$ 的一段, 则 $\int_L xy\mathrm{d}y=$____________.

(2) 设 Γ: $\begin{cases} x^2+y^2+z^2=5, \\ z=1, \end{cases}$, 则 $\oint_\Gamma \dfrac{1}{x^2+y^2+z^2}\mathrm{d}s=$____________.

(3) 已知椭球面 $\Sigma: \dfrac{x^2}{a^2}+\dfrac{y^2}{b^2}+\dfrac{z^2}{c^2}=1$ 的面积为 A, 则 $\oiint_\Sigma (bcx+cay+abz+abc)^2\mathrm{d}S=$____________.

(4) 两类曲面积分的关系式 $\iint_\Sigma P\mathrm{d}y\mathrm{d}z+Q\mathrm{d}z\mathrm{d}x+R\mathrm{d}x\mathrm{d}y = \iint_\Sigma (P\cos\alpha+Q\cos\beta+R\cos\gamma)\mathrm{d}S$ 中, $\cos\alpha, \cos\beta, \cos\gamma$ 表示有向曲面 Σ 在点 (x,y,z) 处的____________.

(5) 全微分方程 $(4x+y^2)\mathrm{d}y+4(y+\cos x)\mathrm{d}x=0$ 的通解为____________.

2. 选择题.

(1) 设曲线积分 $\int_L x\varphi(y)\mathrm{d}x+x^2y\mathrm{d}y$ 与路径无关, 其中 $\varphi(0)=0$, $\varphi(y)$ 有一阶连续导数, 则 $\int_{(0,1)}^{(1,2)} x\varphi(y)\mathrm{d}x+x^2y\mathrm{d}y=$(　　).

A. 2　　　B. 1　　　C. $\dfrac{1}{2}$　　　D. 3

(2) 求正数 a 的值, 使 $\int_L y^3\mathrm{d}x+(2x+y^2)\mathrm{d}y$ 的值最小, 其中 L 为沿曲线 $y=a\sin x$ 自点 $(0,0)$ 至点 $(\pi,0)$ 的弧段, 则 $a=$(　　).

A. 2　　　B. $\dfrac{1}{2}$　　　C. 3　　　D. 1

(3) 设曲面 Σ 是上半球面 $x^2+y^2+z^2=R^2(z\geqslant 0)$, 曲面 Σ_1 是曲面 Σ 在第一卦限中的部分, 则有(　　).

A. $\iint_\Sigma x\mathrm{d}S=4\iint_{\Sigma_1} x\mathrm{d}S$　　　B. $\iint_\Sigma y\mathrm{d}S=4\iint_{\Sigma_1} x\mathrm{d}S$

C. $\iint_\Sigma z\mathrm{d}S=4\iint_{\Sigma_1} x\mathrm{d}S$　　　D. $\iint_\Sigma xyz\mathrm{d}S=4\iint_{\Sigma_1} xyz\mathrm{d}S$

(4) 设 $u=x\mathrm{e}^{y^2+z^2}$, Σ 为上半球面 $z=\sqrt{R^2-x^2-y^2}$ 的上侧, Σ_1 为 Σ 上 $x\geqslant 0$ 的部分, Σ_2 为 Σ 上 $y\geqslant 0$ 的部分, Σ_3 为 Σ 上 $x\geqslant 0, y\geqslant 0$ 的部分, 则下列各式中正确的是(　　).

A. $\iint_\Sigma u\mathrm{d}y\mathrm{d}z=0$　　　B. $\iint_\Sigma u\mathrm{d}y\mathrm{d}z=2\iint_{\Sigma_1} u\mathrm{d}y\mathrm{d}z$

C. $\iint_\Sigma u^2\mathrm{d}x\mathrm{d}z=2\iint_{\Sigma_2} u^2\mathrm{d}x\mathrm{d}z$　　　D. $\iint_\Sigma u\mathrm{d}x\mathrm{d}y=4\iint_{\Sigma_3} u\mathrm{d}x\mathrm{d}y$

(5) Σ 是柱面 $x^2+y^2=1$ 及两平面 $z=0, z=2$ 所围立体的外侧, 则 $\oiint_\Sigma z\mathrm{d}x\mathrm{d}y=$(　　).

A.3π　　　B.π　　　C. −2π　　　D.2π

3. 计算下列曲线积分.

(1) $\oint_L \sqrt{x^2+y^2}\mathrm{d}s$, 其中 L 为圆周 $x^2+y^2=ax$;

(2) $\int_L (2a-y)\mathrm{d}x + x\mathrm{d}y$, 其中 L 为摆线 $x=a(t-\sin t), y=a(1-\cos t)$ 上对应 t 从 0 到 2π 的一段弧;

(3) $\int_L (\mathrm{e}^x \sin y - 2y)\mathrm{d}x + (\mathrm{e}^x \cos y - 2)\mathrm{d}y$, 其中 L 为上半圆周 $x^2+y^2=2ax$, $y>0$, 沿逆时针方向;

(4) $\oint_L y\mathrm{d}x + z\mathrm{d}y + x\mathrm{d}z$, 其中 Γ 是用平面 $x+y+z=0$ 截球面 $x^2+y^2+z^2=1$ 所得的截痕, 从 x 轴的正向看去, 沿顺时针方向.

4. 计算下列曲面积分.

(1) $\oiint_\Omega x^3\mathrm{d}y\mathrm{d}z + y^3\mathrm{d}z\mathrm{d}x + z^3\mathrm{d}x\mathrm{d}y$, 其中 Σ 为球面 $x^2+y^2+z^2=a^2$ 的外侧;

(2) $\iint_\Sigma (y^2-z)\mathrm{d}y\mathrm{d}z + (z^2-x)\mathrm{d}z\mathrm{d}x + (x^2-y)\mathrm{d}x\mathrm{d}y$, 其中 Σ 为锥面 $z=\sqrt{x^2+y^2}(0\leqslant z\leqslant h)$ 的外侧;

(3) $\iint_\Sigma x^2y^2z\mathrm{d}x\mathrm{d}y$, 其中 Σ 是上半球面 $z=\sqrt{R^2-x^2-y^2}$ 的上侧;

(4) $\iint_\Sigma \dfrac{x\mathrm{d}y\mathrm{d}z + y\mathrm{d}z\mathrm{d}x + z\mathrm{d}x\mathrm{d}y}{\sqrt{(x^2+y^2+z^2)^3}}$, 其中 Σ 为曲面 $1-\dfrac{z}{5}=\dfrac{(x-2)^2}{16}+\dfrac{(y-1)^2}{9}$ $(z\geqslant 0)$ 的上侧;

(5) $I=\iint_\Sigma (x^2\cos\alpha + y^2\cos\beta + z^2\cos\gamma)\mathrm{d}S$, 其中 Σ 为锥面 $x^2+y^2=z^2$ 与平面 $z=1$ 所围立体 Ω 的外侧, 其中 $\cos\alpha, \cos\beta, \cos\gamma$ 是 Σ 在点 (x,y,z) 处所指定侧的法向量的方向余弦.

5. 证明方程 $\dfrac{x\mathrm{d}x + y\mathrm{d}y}{x^2+y^2}=0$ 在整个 xOy 平面除去 y 的负半轴及原点的区域 G 内是全微分方程, 并求全微分方程的通解.

6. 设在半平面 $x>0$ 内有力 $\boldsymbol{F}=-\dfrac{k}{\rho^3}(x\boldsymbol{i}+y\boldsymbol{j})$ 构成力场, 其中 k 为常数, $\rho=\sqrt{x^2+y^2}$. 证明在此力场中场力所做的功与所取的路径无关.

7. 求均匀曲面 $z=\sqrt{a^2-x^2-y^2}$ 的质心 (形心) 的坐标.

8. 求面密度为 1 的均匀锥面 $\dfrac{x^2}{a^2}+\dfrac{y^2}{a^2}-\dfrac{z^2}{b^2}=0\,(0\leqslant z\leqslant b)$ 对直线 $\dfrac{x}{1}=\dfrac{y}{0}=\dfrac{z-b}{0}$ 的转动惯量.

9. 求向量 $\boldsymbol{A}=x\boldsymbol{i}+y\boldsymbol{j}+z\boldsymbol{k}$ 通过闭区域 $\Omega=\{(x,y,z)|0\leqslant x\leqslant 1, 0\leqslant y\leqslant 1, 0\leqslant z\leqslant 1\}$ 的边界曲面流向外侧的通量.

10. 设 Σ 是介于 $z=0, z=h$ 之间的柱面 $x^2+y^2=R^2$ 的外侧, 求流速场 $\boldsymbol{v}=x^2\boldsymbol{i}+y^3\boldsymbol{j}+z\boldsymbol{k}$ 在单位时间通过 Σ 的通量 Q.

11. 求力 $\boldsymbol{A}=x\boldsymbol{i}+y\boldsymbol{j}+z\boldsymbol{k}$ 沿有向闭曲线 Γ 所做的功, 其中 Γ 为平面 $x+y+z=1$ 被三个坐标面所截成的三角形的整个边界, 从 z 轴正向看去, 沿顺时针方向.

第九章参考答案

习题 9-1

1. $12a$.

2. (1) $\dfrac{1}{12}(5\sqrt{5}-1)$; (2) $\dfrac{1}{6}(5\sqrt{5}+7\sqrt{2}-1)$; (3)$\dfrac{1}{2}(\mathrm{e}^4-1)$; (4) $\dfrac{2}{3}\pi\sqrt{a^2+k^2}(3a^2+4\pi^2k^2)$;

(5) $\dfrac{\sqrt{3}}{2}(1-\mathrm{e}^{-2})$; (6) 9.

3. $\dfrac{2}{3}\pi a^3$.

4. $\sqrt{2}a^2$.

5. $\left(\dfrac{4a}{3\pi},\dfrac{4a}{3\pi},\dfrac{4a}{3\pi}\right)$.

6. (1) $\dfrac{3}{2}a$; (2) $\left(\dfrac{2}{5}a,\dfrac{2}{5}a\right)$; (3)$I_x=I_y=\dfrac{3a^3}{8}$.

7. (1) $2\pi a^2$; (2) $(0,0,0)$; (3) $I_x=\dfrac{3}{2}\pi a^4$, $I_y=\dfrac{3}{2}\pi a^4$, $I_z=\pi a^4$.

习题 9-2

1. $\displaystyle\iint\limits_{\Sigma} f(x,y,z)\mathrm{d}S=\iint\limits_{D_{xy}} f(x,y,0)\mathrm{d}x\mathrm{d}y$.

2. (1) $\dfrac{93}{10}\pi$; (2) $2\sqrt{2}+\dfrac{8}{3}$; (3) $12\sqrt{61}$; (4) $2\pi a\ln a$; (5) $\dfrac{1+\sqrt{2}}{2}\pi$; (6) $\dfrac{128}{15}\sqrt{2}a^4$.

3. $\dfrac{2}{3}\pi[1-(1+a^2)^{\frac{3}{2}}]$.

4. $\dfrac{125\sqrt{5}-1}{420}$.

5. $\dfrac{3\pi}{2}$.

6. $\dfrac{64}{15}\sqrt{2}a^4$.

7. (1) $(0,0,\pi)$; (2) $\dfrac{3\pi}{2}$.

8. $\left(\dfrac{4}{3}-\dfrac{5}{6}\sqrt{2}\right)\pi t^4$.

习题 9-3

1. (1) $-\dfrac{4}{3}a^3$; (2) 0.

2. (1) $-\dfrac{2}{3}$; (2) $-\dfrac{2}{3}$; (3) $-\dfrac{2}{3}$.

3. (1) $\dfrac{34}{3}$; (2) 14.

4. (1) $\dfrac{4}{5}$; (2) $-\dfrac{\pi}{2}$; (3) -2π; (4) $\dfrac{1}{2}$; (5)$\dfrac{\sqrt{2}}{16}\pi$.

5. (1) $\displaystyle\int_L \frac{P(x,y)+Q(x,y)}{\sqrt{2}}\mathrm{d}s$. (2) $\displaystyle\int_L [\sqrt{2x-x^2}P(x,y)+(1-x)Q(x,y)]\mathrm{d}s$.

6. $\displaystyle\int_\tau \frac{P+2xQ+3yR}{\sqrt{1+4x^2+9y^2}}\mathrm{d}s$.

7. 0.

8. $\dfrac{\sqrt{2}}{16}\pi$.

9. $y=\sin x\ (0\leqslant x\leqslant\pi)$.

10. 4.

习题 9-4

1. (1) πab; (2) πa^2.

2. (1) $\dfrac{1}{30}$; (2) 8.

3. (1) 0; (2)$-\pi$.

4. (1) $\dfrac{5}{2}$; (2) 236.

5. (1) $\dfrac{1}{2}(1-\mathrm{e}^{-1})$; (2) $\dfrac{25}{6}$; (3) 10; (4) $\sin 1+\mathrm{e}-1$.

6. 略.

7. 当 $R<1$ 时为 0; 当 $R>1$ 时为 π.

8. 0.

9. 提示：利用格林公式, 并注意到 D 关于 $y=x$ 对称, 利用坐标轮换对称性.

习题 9-5

1. $\iint\limits_{\Sigma} R(x,y,z)\mathrm{d}x\mathrm{d}y=\pm\iint\limits_{D_{xy}} R(x,y,0)\mathrm{d}x\mathrm{d}y$, 当 Σ 取上侧时为正号, Σ 取下侧时为负号.

2. (1) $\dfrac{1}{8}$; (2) $\dfrac{2}{105}\pi R^7$; (3) $(a+b+c)abc$; (4)$\dfrac{\pi}{8}-\dfrac{2}{15}$.

3. 8π.

4. (1) $\iint\limits_{\Sigma}\dfrac{1}{5}(3P+2Q+2\sqrt{3}R)\mathrm{d}S$; (2) $\iint\limits_{\Sigma}\dfrac{1}{\sqrt{1+4x^2+4y^2}}(2xP+2yQ+R)\mathrm{d}S$.

5. $\dfrac{\pi^2}{2}R$.

6. $\dfrac{\pi}{4}[(2a^2-1)\mathrm{e}^{2a^2}+1]$.

7. $4\left(\dfrac{1}{a^2}+\dfrac{1}{b^2}+\dfrac{1}{c^2}\right)\pi abc$.

习题 9-6

1. (1) $-\dfrac{9\pi}{2}$; (2)$-\dfrac{1}{2}\pi h^4$; (3) $\dfrac{2}{5}\pi a^5$; (4) $\dfrac{3}{2}$; (5)$\dfrac{\pi}{2}$.

2. (1) $a^3\left(2-\dfrac{a^2}{6}\right)$; (2) 108π.

3. (1) $\mathrm{div}\boldsymbol{A}=2(x+y+z)$; (2) $\mathrm{div}\boldsymbol{A}=y\mathrm{e}^{xy}-x\sin(xy)-2xz\sin(xz^2)$.

4. 4π

5. 提示：利用高斯公式.

6. 提示：利用高斯公式.

7. 提示：利用第 3 题结论.

习题 9-7

1. (1) $\dfrac{3}{2}$; (2)-2π; (3) $-\sqrt{3}\pi a^2$; (4) $-\pi$.

2. (1) $\mathbf{rot}\boldsymbol{A}=2\boldsymbol{i}+4\boldsymbol{j}+6\boldsymbol{k}$;

(2) $\mathbf{rot}\boldsymbol{A}=[x\sin(\cos z)-xy^2\cos(xz)]\boldsymbol{i}-y\sin(\cos z)\boldsymbol{j}+[y^2z\cos(xz)-x^2\cos y]\boldsymbol{k}$.

3. (1) 2π;　(2) 12π.

4. (1) 0;　(2) -4.

5. $\left(\frac{8}{3}-\pi\right)a^2$.

6. -24.

习题 9-8

1. 略.

2. $\frac{1}{r}(x,y,z)$, $2(x,y,z)$, $-\frac{1}{r^3}(x,y,z)$.

3. (1) $\nabla\cdot\boldsymbol{A}=6xyz$, $\nabla\times\boldsymbol{A}=(x(z^2-y^2),y(x^2-z^2),z(y^2-x^2))$;

(2) $\nabla\cdot\boldsymbol{A}=\frac{x+y+z}{xyz}$, $\nabla\times\boldsymbol{A}=\frac{1}{xyz}\left(\frac{y^2}{z}-\frac{z^2}{y},\frac{z^2}{x}-\frac{x^2}{z},\frac{x^2}{y}-\frac{y^2}{x}\right)$.

总复习题九

1. (1) $-\frac{1}{3}$;　(2) $\frac{4\pi}{5}$;　(3) $2a^2b^2c^2A$;　(4) 法向量的方向余弦;　(5)$4(xy+\sin x)+\frac{1}{3}y^3=C$.

2. (1) A ;　(2) D;　(3) C;　(4) B;　(5) D.

3. (1) $2a^2$;　(2) $-2\pi a^2$;　(3) πa^2;　(4) $\sqrt{3}\pi$.

4. (1) $\frac{12}{5}\pi a^5$;　(2) $\frac{\pi}{4}h^4$;　(3) $\frac{2}{105}\pi R^7$;　(4) 0;　(5)$\frac{\pi}{2}$.

5. $\ln(x^2+y^2)=C$ 或 $x^2+y^2=C$ (C 为常数).

6. 提示：场力沿路径 L 所做的功为 $W=\int_L -\frac{kx}{\rho^3}\mathrm{d}x-\frac{ky}{\rho^3}\mathrm{d}y$.

7. $\left(0,0,\frac{a}{2}\right)$.

8. $\frac{a\sqrt{a^2+b^2}}{12}(3a^2+2b^2)\pi$.

9. 3.

10. $\frac{3}{4}\pi R^4$.

11. $\frac{3}{2}$.

第十章　无 穷 级 数

无穷级数是数与函数的一种重要表示形式, 无论对数学理论本身还是在科学技术的应用中都是一种强有力的工具. 无穷级数的内容包括常数项级数和函数项级数两部分. 在本章中, 先讨论常数项级数的概念、性质及判别法, 然后讨论函数项级数的概念及两类重要的函数项级数 —— 幂级数及傅里叶级数. 它们在函数表示、研究函数性质及进行数值计算等方面都具有重要作用, 本章重点讨论如何将函数展开成幂级数问题.

第一节　常数项级数的概念和性质

一、 常数项级数的概念

人们认识事物在数量方面的特性, 往往有一个由近似到精确的过程, 在这种认识过程中, 会遇到由有限个数量相加到无穷多个数量相加的问题. 在公元 3 世纪, 我国古代数学家刘徽已经利用无穷级数的思想来计算圆的面积.

例 1　圆面积问题.

解　具体做法如下: 作圆的内接正六边形, 其面积记为 u_1, 它是圆面积 A 的一个近似值, 为了比较准确地计算出 A 的值, 我们以这个正六边形的每一边为底分别作一个顶点在圆周上的等腰三角形, 得内接正十二边形 (图 10-1-1), 算出这六个等腰三角形的面积之和 u_2. 那么 u_1+u_2(即内接正十二边形的面积) 即为 A 的一个较好的近似值, 其精确度比正六边形的高. 同样地, 在这个正十二边形的每一边上分别作一个顶点在圆周上的等腰三角形, 算出这十二个等腰三角形的面积之和 u_3, 那么 $u_1+u_2+u_3$(即内接正二十四边形的面积) 是 A 的一个更好的近似值, 其精确度比前面两个都要高.

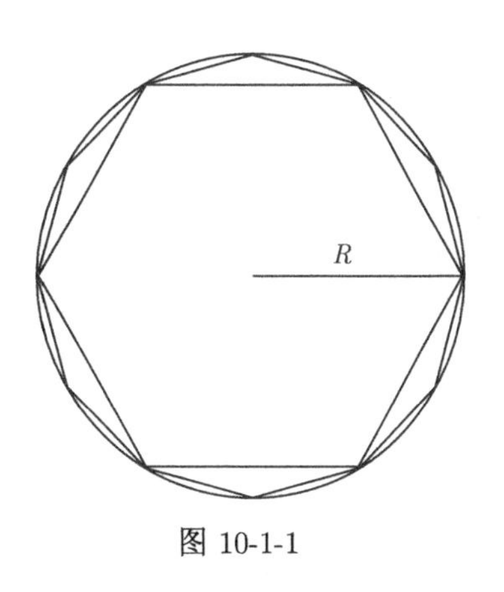

图 10-1-1

如此继续进行 n 次, 得圆的内接正 3×2^n 边形的面积为

$$u_1+u_2+\cdots+u_n.$$

如果内接正多边形的边数无限增多, 即 n 无限增大时, 则和 $u_1+u_2+\cdots+u_n$ 的极限就是所要求的圆面积 A. 这时和式中的项数无限增多, 于是出现无穷多个数依次相加的数学式子, 即

$$A=u_1+u_2+\cdots+u_n+\cdots.$$

对于这类无穷多个数的求和问题, 我们给出下面的定义:

定义 1　如果给定一个数列

$$u_1, u_2, \cdots, u_n, \cdots,$$

则表达式

$$u_1 + u_2 + \cdots + u_n + \cdots$$

称为 (常数项) 无穷级数, 简称 (常数项) 级数, 记为 $\sum\limits_{n=1}^{\infty} u_n$, 即

$$\sum_{n=1}^{\infty} u_n = u_1 + u_2 + \cdots + u_n + \cdots, \tag{10-1-1}$$

称 $u_1, u_2, \cdots, u_n$ 为这个级数的项, u_n 称为级数的一般项或通项.

例如

$$\sum_{n=1}^{\infty} \frac{1}{2^n} = \frac{1}{2} + \frac{1}{2^2} + \cdots + \frac{1}{2^n} + \cdots$$

是一个常数项级数, 其一般项为 $\frac{1}{2^n}$;

$$\sum_{n=1}^{\infty} \frac{1}{n(n+1)} = \frac{1}{1 \times 2} + \frac{1}{2 \times 3} + \cdots + \frac{1}{n(n+1)} + \cdots$$

是一个常数项级数, 其一般项为 $\frac{1}{n(n+1)}$.

上述所给的级数定义, 纯粹是形式上的定义, 它只指明级数是无穷多项的累加, 为赋予它数学上的严格定义, 结合例 1, 我们可以从有限项的和出发, 运用极限的方法来讨论无穷多项的和式.

用 s_n 表示级数 (10-1-1) 的前 n 项的和, 即

$$s_n = u_1 + u_2 + \cdots + u_n = \sum_{k=1}^{n} u_k. \tag{10-1-2}$$

称 s_n 为级数 (10-1-1) 的**部分和**, 并称数列 $\{s_n\}$ 为级数 (10-1-1) 的**部分和数列**. 这样, 就可以把无穷多项求和的问题归结为相应的部分和数列的极限问题.

定义 2　如果级数 $\sum\limits_{n=1}^{\infty} u_n$ 的部分和数列 $\{s_n\}$ 有极限 s, 即 $\lim\limits_{n \to \infty} s_n = s$, 则称级数 $\sum\limits_{n=1}^{\infty} u_n$ 收敛, 并称极限 s 为该级数的和, 记为 $\sum\limits_{n=1}^{\infty} u_n = s$. 如果部分和数列 $\{s_n\}$ 的极限不存在, 则称级数 $\sum\limits_{n=1}^{\infty} u_n$ 发散.

由定义 2 可知, 当级数 $\sum\limits_{n=1}^{\infty} u_n$ 收敛时, 其部分和 s_n 可作为级数和 s 的近似值, 它们之间的差值

$$r_n = s - s_n = u_{n+1} + u_{n+2} + \cdots$$

称为级数的余项, 如果用 s_n 作为 s 的近似值, 其误差可由 $|r_n|$ 去衡量, 由于 $\lim\limits_{n\to\infty} s_n = s$, 所以 $\lim\limits_{n\to\infty}|r_n| = 0$, 这表明 n 越大, 误差越小.

例 2　讨论等比级数 (也称几何级数)

$$\sum_{n=1}^{\infty} aq^{n-1} = a + aq + \cdots + aq^{n-1} + \cdots \tag{10-1-3}$$

的收敛性, 其中 $a \neq 0$, q 称为该级数的公比.

解　如果 $q \neq 1$, 则前 n 项的部分和

$$s_n = a + aq + \cdots + aq^{n-1} = a\frac{1-q^n}{1-q}.$$

当 $|q| < 1$ 时, 由于 $\lim\limits_{n\to\infty} q^n = 0$, 从而 $\lim\limits_{n\to\infty} s_n = \dfrac{a}{1-q}$, 此时级数 (10-1-3) 收敛于 $\dfrac{a}{1-q}$;

当 $|q| > 1$ 时, 由于 $\lim\limits_{n\to\infty} q^n = \infty$, 从而 $\lim\limits_{n\to\infty} s_n = \infty$, 此时级数 (10-1-3) 发散;

当 $|q| = 1$ 时, 如果 $q = 1$, $s_n = na \to \infty (n \to \infty)$, 此时级数 (10-1-3) 发散, 如果 $q = -1$, 级数 (10-1-3) 成为

$$a - a + a - \cdots + (-1)^{n-1}a + \cdots .$$

由于

$$s_n = \begin{cases} a, n\text{为奇数时}, \\ 0, n\text{为偶数时}, \end{cases}$$

从而 $\lim\limits_{n\to\infty} s_n$ 不存在, 所以级数 (10-1-3) 发散.

综合上述, 等比级数 $\sum\limits_{n=1}^{\infty} aq^{n-1} (a \neq 0)$, 当 $|q| < 1$ 时收敛, 其和为 $\dfrac{a}{1-q}$, 当 $|q| \geqslant 1$ 时发散.

例 3　考察级数 $\sum\limits_{n=1}^{\infty} \dfrac{1}{n(n+1)}$ 的收敛性, 若收敛, 求该级数的和.

解　部分和

$$\begin{aligned} s_n &= \frac{1}{1\times 2} + \frac{1}{2\times 3} + \cdots + \frac{1}{n\cdot(n+1)} \\ &= \left(1 - \frac{1}{2}\right) + \left(\frac{1}{2} - \frac{1}{3}\right) + \cdots + \left(\frac{1}{n} - \frac{1}{n+1}\right) = 1 - \frac{1}{n+1}, \end{aligned}$$

因为

$$\lim_{n\to\infty} s_n = \lim_{n\to\infty}\left(1 - \frac{1}{n+1}\right) = 1,$$

所以此级数收敛, 且其和为 $s = 1$.

例 4　讨论调和级数 $\sum\limits_{n=1}^{\infty} \dfrac{1}{n}$ 的收敛性.

解　由不等式

$$x > \ln(1+x) \quad (x > 0)$$

得级数 $\sum_{n=1}^{\infty}\frac{1}{n}$ 的前 n 项的部分和

$$
\begin{aligned}
s_n &= 1+\frac{1}{2}+\frac{1}{3}+\cdots+\frac{1}{n}\\
&> \ln(1+1)+\ln\left(1+\frac{1}{2}\right)+\ln\left(1+\frac{1}{3}\right)+\cdots+\ln\left(1+\frac{1}{n}\right)\\
&= \ln 2+\ln\frac{3}{2}+\ln\frac{4}{3}+\cdots+\ln\frac{n+1}{n}\\
&= \ln\left(2\times\frac{3}{2}\times\frac{4}{3}\times\cdots\times\frac{n+1}{n}\right)=\ln(n+1),
\end{aligned}
$$

即

$$s_n > \ln(n+1),$$

因为 $\lim_{n\to\infty}\ln(n+1)=+\infty$, 所以调和级数 $\sum_{n=1}^{\infty}\frac{1}{n}$ 发散.

二、收敛级数的基本性质

由于级数 $\sum_{n=1}^{\infty}u_n$ 的收敛性取决于相应的部分和数列 $\{s_n\}$ 的收敛性, 所以根据数列极限的运算性质, 可得出收敛级数的几个基本性质.

性质 1　若级数 $\sum_{n=1}^{\infty}u_n$ 收敛, k 是任一常数, 则级数 $\sum_{n=1}^{\infty}ku_n$ 也收敛, 且 $\sum_{n=1}^{\infty}ku_n = k\sum_{n=1}^{\infty}u_n$.

证　设级数 $\sum_{n=1}^{\infty}u_n=s$, 其部分和为 s_n, 则 $\sum_{n=1}^{\infty}ku_n$ 的部分和为 ks_n. 由于 $\lim_{n\to\infty}s_n=s$, 故

$$\lim_{n\to\infty}ks_n=k\lim_{n\to\infty}s_n=ks,$$

即

$$\sum_{n=1}^{\infty}ku_n=ks.$$

所以级数 $\sum_{n=1}^{\infty}ku_n$ 收敛, 且 $\sum_{n=1}^{\infty}ku_n=k\sum_{n=1}^{\infty}u_n$.

由极限的性质可知, 当 $k\neq 0$ 时, 极限 $\lim_{n\to\infty}(ks_n)$ 与 $\lim_{n\to\infty}s_n$ 同时存在或不存在, 因此我们可得如下结论: 当 $k\neq 0$ 时, $\sum_{n=1}^{\infty}u_n$ 与 $\sum_{n=1}^{\infty}ku_n$ 有相同的收敛性.

性质 2　若级数 $\sum_{n=1}^{\infty}u_n$, $\sum_{n=1}^{\infty}v_n$ 均收敛, 则 $\sum_{n=1}^{\infty}(u_n\pm v_n)$ 也收敛, 且

$$\sum_{n=1}^{\infty}(u_n\pm v_n)=\sum_{n=1}^{\infty}u_n\pm\sum_{n=1}^{\infty}v_n.$$

证　设级数 $\sum_{n=1}^{\infty} u_n = s$, 其部分和为 s_n, $\sum_{n=1}^{\infty} v_n = \sigma$, 其部分和为 σ_n, 则 $\sum_{n=1}^{\infty} (u_n \pm v_n)$ 的部分和为 $s_n \pm \sigma_n$, 由于 $\lim_{n\to\infty} s_n = s$, $\lim_{n\to\infty} \sigma_n = \sigma$, 故

$$\lim_{n\to\infty} (s_n \pm \sigma_n) = \lim_{n\to\infty} s_n \pm \lim_{n\to\infty} \sigma_n = s \pm \sigma,$$

即

$$\sum_{n=1}^{\infty} (u_n \pm v_n) = s \pm \sigma.$$

所以 $\sum_{n=1}^{\infty} (u_n \pm v_n)$ 也收敛, 且

$$\sum_{n=1}^{\infty} (u_n \pm v_n) = \sum_{n=1}^{\infty} u_n \pm \sum_{n=1}^{\infty} v_n.$$

性质 2 也表明, **两个收敛级数可以逐项相加或相减**.

性质 3　*在级数中去掉、加上或改变有限项, 不会改变级数的收敛性.*

证　我们只证明 "在级数的前面部分去掉或加上有限项, 不会改变级数的收敛性", 因为其他情形可以理解为在级数的前面部分先去掉有限项, 然后再加上有限项的结果.

设将级数

$$u_1 + u_2 + \cdots + u_k + u_{k+1} + \cdots + u_{k+n} + \cdots$$

的前 k 项去掉, 则得到级数

$$u_{k+1} + u_{k+2} + \cdots + u_{k+n} + \cdots,$$

于是新得的级数的部分和为

$$\sigma_n = u_{k+1} + u_{k+2} + \cdots + u_{k+n} = s_{k+n} - s_k,$$

其中, s_{k+n} 是原来级数的前 $k+n$ 项的和, 因为 s_k 是常数, 所以当 n 无限增大时, σ_n 与 s_{k+n} 或者同时具有极限, 或者同时没有极限.

类似地, 可以证明在级数的前面加上有限项, 不会改变级数的收敛性.

例如, 去掉 $\sum_{n=1}^{\infty} \frac{1}{n}$ 的前 100 项, 而新级数

$$\sum_{n=101}^{\infty} \frac{1}{n} = \frac{1}{101} + \frac{1}{102} + \cdots + \frac{1}{100+m} + \cdots$$

仍是发散的.

性质 4　*设级数 $\sum_{n=1}^{\infty} u_n$ 收敛, 若不改变它各项的次序, 则对这个级数的项任意添加括号后所得到的新级数仍收敛且其和不变.*

证 设级数 $\sum\limits_{n=1}^{\infty} u_n = s$, 部分和数列为 $\{s_n\}$, 在级数中任意加入括号, 所得新级数为

$$(u_1+u_2+\cdots+u_{n_1})+(u_{n_1+1}+u_{n_1+2}+\cdots+u_{n_2})+\cdots+(u_{n_{k-1}+1}+u_{n_{k-1}+2}+\cdots+u_{n_k})+\cdots.$$

记它的部分和数列为 $\{\sigma_k\}$, 则

$$\sigma_1 = s_{n_1},\quad \sigma_2 = s_{n_2},\ \cdots,\ \sigma_k = s_{n_k}, \cdots.$$

因此 $\{\sigma_k\}$ 为原级数部分和数列 $\{s_n\}$ 的一个子列 $\{s_{n_k}\}$, 从而有

$$\lim_{k\to\infty} \sigma_k = \lim_{n\to\infty} s_n = s,$$

即收敛级数任意加括号后仍收敛, 且其和不变.

注 性质 4 的逆命题不成立. 例如: 级数

$$(1-1)+(1-1)+\cdots+(1-1)+\cdots$$

是收敛的, 但不加括号的级数 $1-1+1-1+\cdots+1-1+\cdots$ 却发散.

根据性质 4 我们可得: 如果加括号后所成的级数发散, 则原来的级数也发散. 事实上, 若原级数收敛, 则根据性质 4 知道, 加括号的级数就应该收敛.

例 5 判别级数 $\sum\limits_{n=1}^{\infty} \dfrac{2+(-1)^{n-1}}{3^n}$ 是否收敛? 如果收敛, 求其和.

解 由例 2 可得

$$\sum_{n=1}^{\infty} \frac{1}{3^n} = \frac{\frac{1}{3}}{1-\frac{1}{3}} = \frac{1}{2},$$

$$\sum_{n=1}^{\infty} \frac{(-1)^{n-1}}{3^n} = \frac{\frac{1}{3}}{1+\frac{1}{3}} = \frac{1}{4}.$$

根据收敛级数的性质 1 和性质 2 可知, $\sum\limits_{n=1}^{\infty} \dfrac{2+(-1)^{n-1}}{3^n}$ 也收敛, 其和为

$$\begin{aligned}\sum_{n=1}^{\infty} \frac{2+(-1)^{n-1}}{3^n} &= \sum_{n=1}^{\infty} \frac{2}{3^n} + \sum_{n=1}^{\infty} \frac{(-1)^{n-1}}{3^n} \\ &= 2\sum_{n=1}^{\infty} \frac{1}{3^n} + \sum_{n=1}^{\infty} \frac{(-1)^{n-1}}{3^n} \\ &= 2\times\frac{1}{2}+\frac{1}{4} = \frac{5}{4}.\end{aligned}$$

性质 5 (级数收敛的必要条件) 若级数 $\sum\limits_{n=1}^{\infty} u_n$ 收敛, 则 $\lim\limits_{n\to\infty} u_n = 0$.

证　设级数 $\sum\limits_{n=1}^{\infty} u_n = s$, 其部分和数列为 $\{s_n\}$, 则

$$\lim_{n\to\infty} s_n = \lim_{n\to\infty} s_{n-1} = s,$$

从而

$$\lim_{n\to\infty} u_n = \lim_{n\to\infty}(s_n - s_{n-1}) = \lim_{n\to\infty} s_n - \lim_{n\to\infty} s_{n-1} = s - s = 0.$$

由性质 5 可知, **若通项不趋于零, 则级数一定发散**. 这个结论提供了判别级数发散的一种方法. 例如对于级数 $\sum\limits_{n=1}^{\infty}(-1)^n, \sum\limits_{n=1}^{\infty} n$ 都是发散的.

应当注意的是, $\lim\limits_{n\to\infty} u_n = 0$ 仅仅是级数收敛的必要条件, 而不是充分条件, 也就是说, 有些级数虽然通项的极限为零, 但它们是发散的. 例如, 例 4 中的调和级数 $\sum\limits_{n=1}^{\infty}\frac{1}{n}$, 其通项的极限为

$$\lim_{n\to\infty} u_n = \lim_{n\to\infty}\frac{1}{n} = 0,$$

但它是发散的.

*三、柯西判别原理

将判断数列收敛性的柯西收敛准则转化到级数中来, 就得到判断级数收敛性的一个基本定理.

定理 (柯西判别原理)　级数 $\sum\limits_{n=1}^{\infty} u_n$ 收敛的充分必要条件是: 对于任意给定的 $\varepsilon > 0$, 存在自然数 N, 使当 $n > N$ 时, 对于任意的自然数 p, 总有

$$\left|\sum_{k=n+1}^{n+p} u_n\right| = |u_{n+1} + u_{n+2} + \cdots + u_{n+p}| < \varepsilon.$$

例 6　判别级数 $\sum\limits_{n=1}^{\infty}\frac{1}{n^2}$ 的收敛性.

解　因为对任何自然数 p,

$$\begin{aligned}|u_{n+1} + u_{n+2} + \cdots + u_{n+p}| &= \frac{1}{(n+1)^2} + \frac{1}{(n+2)^2} + \cdots + \frac{1}{(n+p)^2}\\ &\leqslant \frac{1}{n(n+1)} + \frac{1}{(n+1)(n+2)} + \cdots + \frac{1}{(n+p-1)(n+p)}\\ &= \left(\frac{1}{n} - \frac{1}{n+1}\right) + \left(\frac{1}{n+1} - \frac{1}{n+2}\right) + \cdots + \left(\frac{1}{n+p-1} - \frac{1}{n+p}\right)\\ &= \frac{1}{n} - \frac{1}{n+p} < \frac{1}{n},\end{aligned}$$

所以, 对任意给定的 $\varepsilon > 0$, 取自然数 $N \geqslant \frac{1}{\varepsilon}$, 当 $n > N$ 时, 对任何自然数 p, 有

$$|u_{n+1} + u_{n+2} + \cdots + u_{n+p}| < \varepsilon$$

成立. 由柯西判别原理, 级数 $\sum_{n=1}^{\infty}\frac{1}{n^2}$ 收敛.

习 题 10-1

1. 写出下列级数的一般项.

(1) $\frac{2}{1}-\frac{3}{2}+\frac{4}{3}-\frac{5}{4}+\frac{6}{5}-\cdots$;

(2) $\frac{1}{2\ln 2}+\frac{1}{3\ln 3}+\frac{1}{4\ln 4}+\frac{1}{5\ln 5}+\cdots$;

(3) $1-\frac{1}{2!}+\frac{1}{4!}-\frac{1}{6!}+\cdots$;

(4) $\frac{\sqrt{x}}{2}+\frac{x}{2\times 4}+\frac{x\sqrt{x}}{2\times 4\times 6}+\frac{x^2}{2\times 4\times 6\times 8}+\cdots$;

(5) $\frac{a^2}{3}-\frac{a^3}{5}+\frac{a^4}{7}-\frac{a^5}{9}+\cdots$.

2. 根据级数收敛与发散的定义判别下列级数的收敛性, 若收敛求其和.

(1) $\sum_{n=1}^{\infty}\frac{1}{(n+2)n}$;

(2) $\sum_{n=1}^{\infty}\ln\frac{n+1}{n}$;

(3) $\sum_{n=1}^{\infty}(\sqrt{n}-\sqrt{n+1})$;

(4) $\sum_{n=1}^{\infty}\frac{2n-1}{2^n}$.

3. 判别下列级数的收敛性.

(1) $\sum_{n=1}^{\infty}\left(\frac{1}{2^n}-\frac{1}{3^n}\right)$;

(2) $\sum_{n=1}^{\infty}\left(\frac{1}{n}-\frac{1}{3^n}\right)$;

(3) $\sum_{n=1}^{\infty}\cos^2\frac{\pi}{n}$;

(4) $\sum_{n=1}^{\infty}\sqrt[n]{0.0001}$;

(5) $\sum_{n=1}^{\infty}\frac{2n}{2n-1}$;

(6) $\sum_{n=1}^{\infty}\frac{\ln^n 5}{3^n}$.

4. 判别下列级数的收敛性, 如果收敛求其和.

(1) $\sum_{n=2}^{\infty}\ln\left(1-\frac{1}{n^2}\right)$;

(2) $\sum_{n=1}^{\infty}(\sqrt{n+2}-2\sqrt{n+1}+\sqrt{n})$;

(3) $\sum_{n=1}^{\infty}\sin\frac{n}{2}\pi$;

(4) $\sum_{n=1}^{\infty}\frac{2n+1}{n^2(n+1)^2}$.

5. 设级数 $\sum_{n=1}^{\infty}u_n$ 发散, $\sum_{n=1}^{\infty}v_n$ 收敛, 证明级数 $\sum_{n=1}^{\infty}(u_n\pm v_n)$ 必发散. 若这两个级数都发散, 上述结论是否成立?

*6. 利用柯西判别原理判别下列级数的收敛性.

(1) $\sum_{n=1}^{\infty}\frac{1}{\sqrt{n}}$;

(2) $\sum_{n=1}^{\infty}\frac{\cos n}{n(n+1)}$.

第二节 常数项级数收敛的判别法

我们将介绍一些级数收敛的判别法, 首先介绍正项级数判别法, 这不仅是因为正项级数是实用中常见的一类级数, 而且因为有很多任意项级数的收敛性问题, 也可以利用正项级数的收敛性来进行讨论.

一、 正项级数的收敛判别法

正项级数就是每一项都不小于零的级数, 即当 $u_n \geqslant 0(n=1,2,\cdots)$ 时, $\sum\limits_{n=1}^{\infty} u_n$ 就称为**正项级数**.

正项级数有一个重要的特点：即由于 $u_n \geqslant 0$, 其部分和数列 $\{s_n\}$ 是单调增加的. 另一方面, 当单调递增数列 $\{s_n\}$ 有上界时, 它就有极限; 反之, 当 $\{s_n\}$ 有极限时, 它必有上界. 因此我们有如下重要结论.

定理 1 正项级数 $\sum\limits_{n=1}^{\infty} u_n$ 收敛的充要条件是它的部分和数列 $\{s_n\}$ 有界.

由定理 1 可知, 如果正项级数 $\sum\limits_{n=1}^{\infty} u_n$ 发散, 则它的部分和数列 $s_n \to +\infty\ (n \to \infty)$, 即

$$\sum_{n=1}^{\infty} u_n = +\infty.$$

根据定理 1, 我们可给出有关正项级数的比较判别法.

定理 2 (比较判别法) 设 $\sum\limits_{n=1}^{\infty} u_n$ 与 $\sum\limits_{n=1}^{\infty} v_n$ 均为正项级数, 且满足条件 $u_n \leqslant v_n(n=1,2,\cdots)$.

(1) 若 $\sum\limits_{n=1}^{\infty} v_n$ 收敛, 则 $\sum\limits_{n=1}^{\infty} u_n$ 也收敛;

(2) 若 $\sum\limits_{n=1}^{\infty} u_n$ 发散, 则 $\sum\limits_{n=1}^{\infty} v_n$ 也发散.

证 (1) 设 $\sum\limits_{n=1}^{\infty} u_n$ 与 $\sum\limits_{n=1}^{\infty} v_n$ 的部分和数列分别为 $\{s_n\}$ 和 $\{\sigma_n\}$, 由假设条件 $u_n \leqslant v_n$, 有 $0 \leqslant s_n \leqslant \sigma_n(n=1,2,\cdots)$, 若 $\sum\limits_{n=1}^{\infty} v_n$ 收敛, 则部分和数列 $\{\sigma_n\}$ 有界, 从而部分和数列 $\{s_n\}$ 有界, 由定理 1, 级数 $\sum\limits_{n=1}^{\infty} u_n$ 收敛.

(2) 用反证法. 设 $\sum\limits_{n=1}^{\infty} v_n$ 收敛, 则由 (1) 的结论可得 $\sum\limits_{n=1}^{\infty} u_n$ 也收敛, 与 (2) 的假定矛盾.

注意到去掉级数开头的有限项不会影响级数的收敛性. 因此, 比较判别法的条件 $u_n \leqslant v_n(n=1,2,\cdots)$ 可改为 $u_n \leqslant v_n(n>N$, 其中 N 为某一正整数).

比较判别法为我们提供了一个具体的判别正项级数收敛或发散的途径, 那就是用一个已知收敛 (或发散) 的级数与一个要讨论的级数进行比较, 从中得出结论.

例 1 证明 p-级数

$$\sum_{n=1}^{\infty} \frac{1}{n^p} = 1 + \frac{1}{2^p} + \frac{1}{3^p} + \frac{1}{4^p} + \cdots + \frac{1}{n^p} + \cdots$$

当 $p \leqslant 1$ 时发散, 当 $p > 1$ 时收敛.

证 当 $p \leqslant 1$ 时,

$$\frac{1}{n^p} \geqslant \frac{1}{n} \quad (n = 1, 2, \cdots),$$

而调和级数 $\sum\limits_{n=1}^{\infty} \frac{1}{n}$ 发散, 由比较判别法知, 当 $p \leqslant 1$ 时, 级数 $\sum\limits_{n=1}^{\infty} \frac{1}{n^p}$ 发散.

当 $p > 1$ 时, 对于 $k-1 \leqslant x \leqslant k$ (k 为大于 1 的自然数), 有 $\frac{1}{k^p} \leqslant \frac{1}{x^p} \leqslant \frac{1}{(k-1)^p}$, 所以

$$\frac{1}{k^p} = \int_{k-1}^{k} \frac{1}{k^p} \mathrm{d}x \leqslant \int_{k-1}^{k} \frac{1}{x^p} \mathrm{d}x,$$

因此

$$\begin{aligned}
s_n &= 1 + \frac{1}{2^p} + \frac{1}{3^p} + \cdots + \frac{1}{k^p} + \cdots + \frac{1}{n^p} \\
&\leqslant 1 + \int_1^2 \frac{1}{x^p} \mathrm{d}x + \int_2^3 \frac{1}{x^p} \mathrm{d}x + \cdots + \int_{k-1}^{k} \frac{1}{x^p} \mathrm{d}x + \cdots + \int_{n-1}^{n} \frac{1}{x^p} \mathrm{d}x \\
&= 1 + \int_1^n \frac{1}{x^p} \mathrm{d}x \\
&= 1 + \frac{1}{p-1} \left(1 - \frac{1}{n^{p-1}}\right) < 1 + \frac{1}{p-1}.
\end{aligned}$$

即部分和数列 $\{s_n\}$ 有界, 故 $\sum\limits_{n=1}^{\infty} \frac{1}{n^p}$ 收敛.

综上所述, p-级数 $\sum\limits_{n=1}^{\infty} \frac{1}{n^p}$ 当 $p \leqslant 1$ 时级数发散, 而 $p > 1$ 时级数收敛.

这一结论是今后经常要用到的基本事实. 由此立即可知级数 $\sum\limits_{n=1}^{\infty} \frac{1}{\sqrt{n}}$, $\sum\limits_{n=1}^{\infty} \frac{1}{\sqrt[3]{n}}$ 等发散, 而级数 $\sum\limits_{n=1}^{\infty} \frac{1}{n\sqrt{n}}$, $\sum\limits_{n=1}^{\infty} \frac{1}{n\sqrt[3]{n}}$ 等收敛.

例 2 用比较判别法讨论下列级数的收敛性.

(1) $\sum\limits_{n=1}^{\infty} \frac{1}{\sqrt{n(n+1)}}$; (2) $\sum\limits_{n=1}^{\infty} \frac{1}{\sqrt{n}} \ln\left(1 + \frac{1}{n}\right)$; (3) $\sum\limits_{n=1}^{\infty} \frac{\sqrt{n^2+1}}{n^3+2n}$.

解 (1) 对任意自然数 n,

$$\frac{1}{\sqrt{n(n+1)}} > \frac{1}{\sqrt{(n+1)^2}} = \frac{1}{n+1},$$

而级数

$$\sum_{n=1}^{\infty}\frac{1}{n+1}=\frac{1}{2}+\frac{1}{3}+\cdots+\frac{1}{n+1}+\cdots$$

是发散的, 根据比较判别法可知所给级数也是发散的.

(2) 当 $n\geqslant 1$ 时, 由于

$$0<\frac{1}{\sqrt{n}}\ln\left(1+\frac{1}{n}\right)<\frac{1}{\sqrt{n}}\cdot\frac{1}{n}=\frac{1}{n^{\frac{3}{2}}}\quad(n=1,2,\cdots),$$

并且级数 $\sum\limits_{n=1}^{\infty}\frac{1}{n^{\frac{3}{2}}}$ 收敛, 从而级数 $\sum\limits_{n=1}^{\infty}\frac{1}{\sqrt{n}}\ln\left(1+\frac{1}{n}\right)$ 收敛.

(3) 对任意自然数 n,

$$\frac{\sqrt{n^2+1}}{n^3+2n}=\frac{n}{n^3}\cdot\frac{\sqrt{1+\dfrac{1}{n^2}}}{\left(1+\dfrac{2}{n^2}\right)}\leqslant\frac{n}{n^3}\cdot 1=\frac{1}{n^2},$$

由级数 $\sum\limits_{n=1}^{\infty}\frac{1}{n^2}$ 的收敛性及比较判别法, 可得 $\sum\limits_{n=1}^{\infty}\frac{\sqrt{n^2+1}}{n^3+2n}$ 收敛.

利用比较判别法, 能判别相当一类级数的敛散性, 但有时用起来不大方便, 这是因为我们必须对所讨论的级数的通项与一个已知敛散性的级数的通项建立不等式关系, 然而, 这一点也并不容易. 为此我们给出比较判别法的极限形式, 以便于应用.

定理 3 (比较判别法的极限形式)　设 $\sum\limits_{n=1}^{\infty}u_n$ 与 $\sum\limits_{n=1}^{\infty}v_n$ 均为正项级数, 且 $\lim\limits_{n\to\infty}\frac{u_n}{v_n}=l$, 则

(1) 当 $0<l<+\infty$ 时, $\sum\limits_{n=1}^{\infty}u_n$ 与 $\sum\limits_{n=1}^{\infty}v_n$ 同时收敛或同时发散;

(2) 当 $l=0$ 且 $\sum\limits_{n=1}^{\infty}v_n$ 收敛时, $\sum\limits_{n=1}^{\infty}u_n$ 也收敛;

(3) 当 $l=+\infty$ 且 $\sum\limits_{n=1}^{\infty}v_n$ 发散时, $\sum\limits_{n=1}^{\infty}u_n$ 也发散.

证　(1) 由于 $\lim\limits_{n\to\infty}\frac{u_n}{v_n}=l$, 取 $\varepsilon=\frac{l}{2}$, 存在自然数 N, 当 $n>N$ 时, 有不等式

$$\left|\frac{u_n}{v_n}-l\right|<\frac{l}{2},$$

即

$$\frac{l}{2}<\frac{u_n}{v_n}<\frac{3}{2}l,$$

从而

$$\frac{l}{2}v_n<u_n<\frac{3}{2}lv_n.$$

再根据比较判别法, 即得所要证的结论.

(2) 当 $l=0$ 时, 取 $\varepsilon=1$, 存在自然数 N, 当 $n>N$ 时, 有不等式

$$\left|\frac{u_n}{v_n}-0\right|<1,$$

即

$$0<u_n<v_n,$$

当 $\sum\limits_{n=1}^{\infty}v_n$ 收敛时, $\sum\limits_{n=1}^{\infty}u_n$ 也收敛.

(3) 当 $l=+\infty$ 时, $\lim\limits_{n\to\infty}\frac{v_n}{u_n}=0$, 由反证法及 (2) 知结论成立.

例 3　用比较判别法的极限形式讨论下列级数的收敛性:

(1) $\sum\limits_{n=1}^{\infty}\frac{1}{n^2-2n+1}$;　　(2) $\sum\limits_{n=1}^{\infty}\frac{n+2}{\sqrt{n^3+n+1}}$;

(3) $\sum\limits_{n=1}^{\infty}\sin\frac{\pi}{2^n}$;　　(4) $\sum\limits_{n=2}^{\infty}\frac{1}{\ln n}$.

解　(1) 因为 $\lim\limits_{n\to\infty}\dfrac{\frac{1}{n^2-2n+1}}{\frac{1}{n^2}}=1$, 而级数 $\sum\limits_{n=1}^{\infty}\frac{1}{n^2}$ 收敛, 由比较判别法的极限形式知, 级数 $\sum\limits_{n=1}^{\infty}\frac{1}{n^2-2n+1}$ 收敛.

(2) 因为 $\lim\limits_{n\to\infty}\dfrac{\frac{n+2}{\sqrt{n^3+n+1}}}{\frac{1}{\sqrt{n}}}=1$, 而级数 $\sum\limits_{n=1}^{\infty}\frac{1}{\sqrt{n}}$ 发散, 由比较判别法的极限形式知, 级数 $\sum\limits_{n=1}^{\infty}\frac{n+2}{\sqrt{n^3+n+1}}$ 发散.

(3) 因为 $\lim\limits_{n\to\infty}\dfrac{\sin\frac{\pi}{2^n}}{\frac{\pi}{2^n}}=1$, 而级数 $\sum\limits_{n=1}^{\infty}\frac{\pi}{2^n}$ 收敛, 由比较判别法的极限形式可知, 级数 $\sum\limits_{n=1}^{\infty}\sin\frac{\pi}{2^n}$ 收敛.

(4) 因为 $\lim\limits_{n\to\infty}\dfrac{\frac{1}{\ln n}}{\frac{1}{n}}=\lim\limits_{n\to\infty}\frac{n}{\ln n}=+\infty$, 而级数 $\sum\limits_{n=1}^{\infty}\frac{1}{n}$ 发散, 由比较判别法的极限形式知, 级数 $\sum\limits_{n=2}^{\infty}\frac{1}{\ln n}$ 发散.

由例 3 可知, 利用比较判别法或比较判别法的极限形式判断级数的敛散性, 关键在于选择一个收敛性已知的级数作为比较时的参照级数. 常用来作参照的级数有等比级数与 p -级

数, 这种方法有时不大好用. 下面给出的两个判别法, 不必考虑另外的级数, 而只需考虑级数本身的项, 就能判别其敛散性.

定理 4 (达朗贝尔判别法或比值判别法)　设 $\sum_{n=1}^{\infty} u_n$ 为正项级数, 且极限

$$\lim_{n\to\infty} \frac{u_{n+1}}{u_n} = \rho,$$

则

(1) 当 $\rho < 1$ 时, 级数 $\sum_{n=1}^{\infty} u_n$ 收敛;

(2) 当 $\rho > 1$(或 $\rho = +\infty$) 时, 级数 $\sum_{n=1}^{\infty} u_n$ 发散;

(3) 当 $\rho = 1$ 时, 级数 $\sum_{n=1}^{\infty} u_n$ 可能收敛也可能发散.

证　(1) 当 $\rho < 1$ 时, 选取适当小的正数 ε, 使 $\rho + \varepsilon = \gamma < 1$, 根据极限定义, 必存在正整数 N, 当 $n > N$ 时有

$$\left|\frac{u_{n+1}}{u_n} - \rho\right| < \varepsilon,$$

从而

$$\frac{u_{n+1}}{u_n} < \rho + \varepsilon < \gamma(n = N+1, N+2, \cdots),$$

即

$$uN + k < \gamma u_{N+k-1} < \gamma^2 u_{N+k-2} < \cdots < \gamma^k uN,$$

由于正数 $\gamma < 1$, 且 u_N 是一固定的常数, 故级数 $\sum_{k=1}^{\infty} q^k u_N$ 是收敛的, 再由比较判别法, 上式左边各项所成级数

$$\sum_{k=1}^{\infty} u_{N+k}$$

是收敛的, 于是由级数的性质可知, 级数 $\sum_{n=1}^{\infty} u_n$ 收敛.

(2) 当 $\rho > 1$ 时, 这时存在 N, 当 $n \geqslant N$ 时

$$\frac{u_{n+1}}{u_n} > 1,$$

于是 $u_{n+1} > u_n(n \geqslant N)$, 这说明 $\{u_n\}$ 当 $n \geqslant N$ 时单调上升, 故当 $n \to \infty$ 时, u_n 不趋于零, 因而级数 $\sum_{n=1}^{\infty} u_n$ 发散.

(3) 当 $\rho = 1$ 时, 我们举例说明级数可能收敛, 也可能发散. 例如, 对于 p-级数 $\sum_{n=1}^{\infty} \frac{1}{n^p}$, 有

$$\rho = \lim_{n\to\infty} \frac{u_{n+1}}{u_n} = \lim_{n\to\infty} \left(\frac{n}{n+1}\right)^p = 1.$$

但 p-级数 $\sum\limits_{n=1}^{\infty}\frac{1}{n^p}$ 在 $p>1$ 时收敛, 在 $p\leqslant 1$ 时发散. 因而 $l=1$ 时不能断定级数的收敛性.

例 4 讨论下列级数的收敛性.

(1) $\sum\limits_{n=1}^{\infty}\frac{n}{3^{n-1}}$; (2) $\sum\limits_{n=1}^{\infty}\frac{n^n}{n!}$; (3) $\sum\limits_{n=1}^{\infty}\frac{b^n}{n^\alpha}$.

解 (1) 因为

$$\lim_{n\to\infty}\frac{u_{n+1}}{u_n}=\lim_{n\to\infty}\frac{\dfrac{n+1}{3^n}}{\dfrac{n}{3^{n-1}}}=\lim_{n\to\infty}\frac{n+1}{3n}=\frac{1}{3}<1,$$

由比值判别法知, 级数 $\sum\limits_{n=1}^{\infty}\frac{n}{3^{n-1}}$ 收敛.

(2) 因为

$$\lim_{n\to\infty}\frac{u_{n+1}}{u_n}=\lim_{n\to\infty}\frac{\dfrac{(n+1)^{n+1}}{(n+1)!}}{\dfrac{n^n}{n!}}=\lim_{n\to\infty}\left(\frac{n+1}{n}\right)^n=\mathrm{e}>1,$$

由比值判别法知, 级数 $\sum\limits_{n=1}^{\infty}\frac{n^n}{n!}$ 发散.

(3) 因为

$$\lim_{n\to\infty}\frac{u_{n+1}}{u_n}=\lim_{n\to\infty}b\left(\frac{n}{n+1}\right)^\alpha=b,$$

由比值判别法可知, 当 $b>1$ 时级数发散; 当 $b<1$ 时级数收敛. 当 $b=1$ 时级数为 p-级数 $\sum\limits_{n=1}^{\infty}\frac{1}{n^p}$, 故这时在 $\alpha>1$ 时收敛, 在 $\alpha\leqslant 1$ 时发散.

例 5 证明级数

$$1+\frac{1}{1}+\frac{1}{1\times 2}+\frac{1}{1\times 2\times 3}+\cdots+\frac{1}{1\times 2\times\cdots\times(n-1)}+\cdots$$

收敛, 并估计以级数的部分和 s_n 近似代替和 s 所产生的误差.

证 因为

$$\lim_{n\to\infty}\frac{u_{n+1}}{u_n}=\lim_{n\to\infty}\frac{\dfrac{1}{n!}}{\dfrac{1}{(n-1)!}}=\lim_{n\to\infty}\frac{1}{n}=0<1,$$

根据比值判别法可知所给级数收敛.

用该级数的部分和 s_n 近似代替和 s 时, 所产生的误差为

$$\begin{aligned}|r_n|&=\frac{1}{n!}+\frac{1}{(n+1)!}+\frac{1}{(n+2)!}+\cdots\\&=\frac{1}{n!}\left(1+\frac{1}{n+1}+\frac{1}{(n+1)(n+2)}+\cdots\right)\end{aligned}$$

$$\leqslant \frac{1}{n!}\left(1+\frac{1}{n}+\frac{1}{n^2}+\cdots\right)=\frac{1}{n!}\cdot\frac{1}{1-\frac{1}{n}}=\frac{1}{(n-1)(n-1)!}.$$

下面介绍的柯西判别法或根植判别法都是常用的方法.

定理 5 (柯西判别法或根值判别法)　若正项级数 $\sum\limits_{n=1}^{\infty} u_n$ 满足

$$\lim_{n\to\infty}\sqrt[n]{u_n}=\rho,$$

则

(1) 当 $\rho<1$ 时, 级数 $\sum\limits_{n=1}^{\infty} u_n$ 收敛;

(2) 当 $\rho>1$(或 $\rho=+\infty$) 时, 级数 $\sum\limits_{n=1}^{\infty} u_n$ 发散;

(3) 当 $\rho=1$ 时, 级数 $\sum\limits_{n=1}^{\infty} u_n$ 可能收敛也可能发散.

证　(1) 设 $\rho<1$ 时, 取定常数 $q:\rho<q<1$, 则存在 N, 使 $n\geqslant N$ 时有 $\sqrt[n]{u_n}<q$, 即

$$u_n<q^n\quad(n\geqslant N),$$

于是由等比级数 $\sum\limits_{n=1}^{\infty} q^n(q<1)$ 的收敛性即可推出级数 $\sum\limits_{n=1}^{\infty} u_n$ 的收敛性.

(2) 设 $\rho>1$ 时, 这时存在 $N>0$, 使 $n\geqslant N$ 时有 $\sqrt[n]{u_n}>1$, 即

$$u_n>1\quad(n\geqslant N),$$

于是当 $n\to\infty$ 时, u_n 不趋于零, 因而级数发散.

(3) 当 $\rho=1$ 时, 我们仍以 p-级数为例, 对任意的 p, 都有

$$\sqrt[n]{u_n}=\frac{1}{\sqrt[n]{n^p}}=\left(\frac{1}{\sqrt[n]{n}}\right)^p\to 1,$$

但 p-级数 $\sum\limits_{n=1}^{\infty}\frac{1}{n^p}$ 在 $p>1$ 时收敛, 在 $p\leqslant 1$ 时发散. 因而 $\rho=1$ 时级数的收敛性不定.

例 6　讨论下列级数的收敛性:

(1) $\sum\limits_{n=1}^{\infty}\left(\frac{n}{3n-1}\right)^n$; (2) $\sum\limits_{n=1}^{\infty}\frac{2+(-1)^n}{2^n}$; (3) $\sum\limits_{n=1}^{\infty}\left(\frac{x}{n}\right)^n(x>0)$.

解　(1) 因为

$$\lim_{n\to\infty}\sqrt[n]{u_n}=\lim_{n\to\infty}\frac{n}{3n-1}=\frac{1}{3}<1.$$

由根值判别法知, 级数 $\sum\limits_{n=1}^{\infty}\left(\frac{n}{3n-1}\right)^n$ 收敛.

(2) 因为

$$\lim_{n\to\infty}\sqrt[n]{u_n}=\lim_{n\to\infty}\frac{1}{2}\sqrt[n]{2+(-1)^n}=\frac{1}{2}<1,$$

由根值判别法知, 级数 $\sum\limits_{n=1}^{\infty}\dfrac{2+(-1)^n}{2^n}$ 收敛.

(3) 因为

$$\lim_{n\to\infty}\sqrt[n]{u_n}=\lim_{n\to\infty}\frac{x}{n}=0.$$

故对任意的 $x>0$, 级数 $\sum\limits_{n=1}^{\infty}\left(\dfrac{x}{n}\right)^n$ 收敛.

例 7 证明级数 $1+\dfrac{1}{2^2}+\dfrac{1}{3^3}+\cdots+\dfrac{1}{n^n}+\cdots$ 是收敛的, 并估计以该级数的部分和 s_n 近似代替和 s 所产生的误差.

解 因为

$$\lim_{n\to\infty}\sqrt[n]{u_n}=\lim_{n\to\infty}\sqrt[n]{\frac{1}{n^n}}=\lim_{n\to\infty}\frac{1}{n}=0,$$

由根值判别法可知该级数收敛.

用该级数的部分和 s_n 近似代替和 s 时, 所产生的误差为

$$\begin{aligned}|r_n|&=\frac{1}{(n+1)^{n+1}}+\frac{1}{(n+2)^{n+2}}+\frac{1}{(n+3)^{n+3}}+\cdots\\&<\frac{1}{(n+1)^{n+1}}+\frac{1}{(n+1)^{n+2}}+\frac{1}{(n+1)^{n+3}}+\cdots\\&=\frac{1}{(n+1)^{n+1}\left(1-\dfrac{1}{n+1}\right)}=\frac{1}{n(n+1)^n}.\end{aligned}$$

二、 交错级数及其判别法

所谓交错级数是指这样的级数, 它的项是一项为正、一项为负地交错着排列的, 即可写成下列形式:

$$\sum_{n=1}^{\infty}(-1)^{n-1}u_n=u_1-u_2+u_3-u_4+\cdots+(-1)^{n-1}u_n+\cdots \tag{10-2-1}$$

或

$$\sum_{n=1}^{\infty}(-1)^{n}u_n=-u_1+u_2-u_3+u_4+\cdots+(-1)^{n}u_n+\cdots. \tag{10-2-2}$$

其中, $u_n>0(n=1,2,\cdots)$.

由于级数 $\sum\limits_{n=1}^{\infty}(-1)^{n-1}u_n$ 和 $\sum\limits_{n=1}^{\infty}(-1)^{n}u_n$ 的收敛性相同, 下面仅讨论 $\sum\limits_{n=1}^{\infty}(-1)^{n-1}u_n$ 的情况.

定理 6 (莱布尼茨判别法) 如果交错级数 $\sum\limits_{n=1}^{\infty}(-1)^{n-1}u_n$, 满足下列条件:

(1) $u_n\geqslant u_{n+1}\ (n=1,2,\cdots)$,

(2) $\lim\limits_{n\to\infty}u_n=0$,

则级数 $\sum\limits_{n=1}^{\infty}(-1)^{n-1}u_n$ 收敛, 且其和 $s\leqslant u_1$, 其余项 r_n 的绝对值 $|r_n|\leqslant u_{n+1}$.

证　先证明部分和数列 $\{s_n\}$ 的子列 $\{s_{2n}\}$ 当 $n\to\infty$ 时有极限,

$$\begin{aligned}s_{2n}&=(u_1-u_2)+(u_3-u_4)+\cdots+(u_{2n-1}-u_{2n})\\&=u_1-(u_2-u_3)-\cdots-(u_{2n-2}-u_{2n-1})-u_{2n}\\&\leqslant u_1.\end{aligned}$$

根据条件 (1) 可知数列 $\{s_{2n}\}$ 递增且有上界, 因而必有极限, 设为 s, 即 $\lim\limits_{n\to\infty}s_{2n}=s$. 由于

$$s_{2n+1}=s_{2n}+u_{2n+1},$$

再根据条件 (2), $u_{2n+1}\to 0(n\to\infty)$, 故有

$$\lim_{n\to\infty}s_{2n+1}=\lim_{n\to\infty}s_{2n}+\lim_{n\to\infty}u_{2n+1}=s+0=s,$$

从而得 $\lim\limits_{n\to\infty}s_n=s$, 且其和 $s\leqslant u_1$.

其余项 r_n 可以写成

$$r_n=(-1)^n u_{n+1}+(-1)^{n+1}u_{n+2}+\cdots=(-1)^n(u_{n+1}-u_{n+2}+\cdots),$$

级数 $u_{n+1}-u_{n+2}+\cdots$ 仍是满足本定理条件的交错级数, 由上面已证得的结论可知

$$|r_n|=s-s_n=u_{n+1}-u_{n+2}+\cdots\leqslant u_{n+1}.$$

这个不等式可以用来估计交错级数余项的大小, 即用部分和近似替代级数和时的误差.

例 8　讨论下列级数的收敛性.

(1) $\sum\limits_{n=1}^{\infty}(-1)^{n-1}\dfrac{1}{n}$;　　　(2) $\sum\limits_{n=1}^{\infty}(-1)^n\dfrac{1}{n-\ln n}$.

解　(1) 所给级数为交错级数, 且满足

$$u_n=\frac{1}{n}>\frac{1}{n+1}=u_{n+1}\quad(n=1,2,\cdots),$$

$$\lim_{n\to\infty}u_n=\lim_{n\to\infty}\frac{1}{n}=0,$$

由莱布尼茨判别法可知级数 $\sum\limits_{n=1}^{\infty}(-1)^{n-1}\dfrac{1}{n}$ 收敛, 且其和 $s\leqslant u_1=1$, 余项的绝对值

$$|r_n|\leqslant u_{n+1}=\frac{1}{n+1}.$$

(2) 设 $u_n=\dfrac{1}{n-\ln n}$, 记 $f(x)=x-\ln x$, $f'(x)=1-\dfrac{1}{x}>0(x>1)$, 从而当 $x>1$ 时, $f(x)$ 单调增加. 故数列 $\{u_n\}$ 单调递减, 而

$$\lim_{n\to\infty}u_n=\lim_{n\to\infty}\frac{1}{n-\ln n}=\lim_{n\to\infty}\frac{\frac{1}{n}}{1-\frac{\ln n}{n}}=0,$$

所以由莱布尼茨判别法知级数 $\sum\limits_{n=1}^{\infty}(-1)^n\dfrac{1}{n-\ln n}$ 收敛.

三、绝对收敛与条件收敛

我们先介绍一类收敛性较强的级数, 即被称作绝对收敛的级数. 为此, 先给出下列结论:

定理 7 对于任意项级数

$$\sum_{n=1}^{\infty} u_n,$$

若其各项取绝对值后所成的正项级数 $\sum\limits_{n=1}^{\infty} |u_n|$ 收敛, 则级数 $\sum\limits_{n=1}^{\infty} u_n$ 收敛.

证 因为 $0 \leqslant u_n + |u_n| \leqslant 2|u_n|$, 且级数 $\sum\limits_{n=1}^{\infty} 2|u_n|$ 收敛, 根据比较判别法可知, 级数 $\sum\limits_{n=1}^{\infty} (u_n + |u_n|)$ 收敛. 又因为

$$u_n = (u_n + |u_n|) - |u_n|,$$

所以级数 $\sum\limits_{n=1}^{\infty} u_n$ 收敛.

显然, 级数 $\sum\limits_{n=1}^{\infty} u_n$ 收敛, 并不一定能推出级数 $\sum\limits_{n=1}^{\infty} |u_n|$ 收敛. 例如, 交错级数 $\sum\limits_{n=1}^{\infty} (-1)^{n-1}\dfrac{1}{n}$ 收敛, 但 $\sum\limits_{n=1}^{\infty} \dfrac{1}{n}$ 是发散的.

这样, 我们可将收敛级数分作两类. 一类是不仅本身收敛, 而且逐项加绝对值后依然收敛; 另一类则是本身收敛, 但逐项加绝对值后发散. 我们将前者称作绝对收敛, 而将后者称作条件收敛.

我们有下列定义:

定义 1 若正项级数 $\sum\limits_{n=1}^{\infty} |u_n|$ 收敛, 则称级数 $\sum\limits_{n=1}^{\infty} u_n$ 绝对收敛; 若级数 $\sum\limits_{n=1}^{\infty} |u_n|$ 发散, 而 $\sum\limits_{n=1}^{\infty} u_n$ 收敛, 则称级数 $\sum\limits_{n=1}^{\infty} u_n$ 条件收敛.

容易看出, 级数 $\sum\limits_{n=1}^{\infty} (-1)^{n-1}\dfrac{1}{n^2}$ 是绝对收敛的, 而级数 $\sum\limits_{n=1}^{\infty} (-1)^{n-1}\dfrac{1}{n}$ 是条件收敛的.

一般来说, 对任一给定的级数 $\sum\limits_{n=1}^{\infty} u_n$, 可先用正项级数判别法来判别级数 $\sum\limits_{n=1}^{\infty} |u_n|$ 是否收敛, 若 $\sum\limits_{n=1}^{\infty} |u_n|$ 收敛, 则 $\sum\limits_{n=1}^{\infty} u_n$ 必收敛, 这一方法对判别绝对收敛的级数是有效的.

例 9 讨论下列级数的收敛性, 若收敛, 指出是绝对收敛还是条件收敛:

(1) $\sum\limits_{n=1}^{\infty} (-1)^{n-1}\dfrac{1}{n^p}$;　　(2) $\sum\limits_{n=1}^{\infty} \dfrac{\sin(n\alpha)}{(\ln 10)^n}$($\alpha$ 为常数).

解 (1) $\sum\limits_{n=1}^{\infty} \left|(-1)^{n-1}\dfrac{1}{n^p}\right| = \sum\limits_{n=1}^{\infty} \dfrac{1}{n^p}$, 当 $p>1$ 时级数 $\sum\limits_{n=1}^{\infty} \dfrac{1}{\mathrm{n}^p}$ 收敛, 因此当 $p>1$ 时所给级数绝对收敛.

当 $0<p\leqslant 1$ 时, $\sum\limits_{n=1}^{\infty}\left|(-1)^{n-1}\dfrac{1}{n^p}\right|=\sum\limits_{n=1}^{\infty}\dfrac{1}{n^p}$ 是发散的, 但 $\dfrac{1}{n^p}$ 随 n 增大而单调递减, 且 $\lim\limits_{n\to\infty}\dfrac{1}{n^p}=0$, 由莱布尼茨判别法可知级数 $\sum\limits_{n=1}^{\infty}(-1)^{n-1}\dfrac{1}{n^p}$ 收敛, 因此 $\sum\limits_{n=1}^{\infty}(-1)^{n-1}\dfrac{1}{n^p}$ 条件收敛.

当 $p\leqslant 0$ 时, 显然 $\lim\limits_{n\to\infty}(-1)^{n-1}\dfrac{1}{n^p}\neq 0$, 故原级数发散.

综上所述, $\sum\limits_{n=1}^{\infty}(-1)^{n-1}\dfrac{1}{n^p}$ 当 $p>1$ 时绝对收敛, 当 $0<p\leqslant 1$ 时条件收敛, 当 $p\leqslant 0$ 时发散.

(2) 因为

$$\left|\frac{\sin(n\alpha)}{(\ln 10)^n}\right|\leqslant\frac{1}{(\ln 10)^n}\leqslant\frac{1}{2^n},$$

由于级数 $\sum\limits_{n=1}^{\infty}\dfrac{1}{2^n}$ 是收敛的, 由正项级数的比较判别法知 $\sum\limits_{n=1}^{\infty}\left|\dfrac{\sin(n\alpha)}{(\ln 10)^n}\right|$ 收敛. 因此原级数绝对收敛.

例 10　讨论级数 $\sum\limits_{n=1}^{\infty}(-1)^{n-1}\dfrac{a^n}{n}$ 的收敛性.

解　由 $|u_n|=\dfrac{|a|^n}{n}$, 有

$$\lim_{n\to\infty}\frac{|u_{n+1}|}{|u_n|}=\lim_{n\to\infty}\left(\frac{|a|^{n+1}}{n+1}\cdot\frac{n}{|a|^n}\right)=\lim_{n\to\infty}\left(\frac{n}{n+1}\cdot|a|\right)=|a|,$$

于是, 当 $|a|<1$ 时, 级数 $\sum\limits_{n=1}^{\infty}|u_n|$ 收敛, 故原级数绝对收敛; 当 $|a|>1$ 时, 可知 $\lim\limits_{n\to\infty}u_n\neq 0$, 从而原级数发散; 当 $a=1$ 时, 级数为 $\sum\limits_{n=1}^{\infty}(-1)^{n-1}\dfrac{1}{n}$ 是条件收敛的; 当 $a=-1$ 时, 级数为 $\sum\limits_{n=1}^{\infty}(-1)^{n-1}\dfrac{(-1)^n}{n}=-\sum\limits_{n=1}^{\infty}\dfrac{1}{n}$ 是发散的.

收敛级数是无限和, 绝对收敛的级数与条件收敛的级数在许多基本性质上也有原则之差. 绝对收敛的级数经过任意重新排列其中的项后, 其和保持不变. 但条件收敛的级数则不然, 例如, 已知交错级数 $\sum\limits_{n=1}^{\infty}(-1)^{n-1}\dfrac{1}{n}$ 收敛, 设其和为 A, 即

$$A=1-\frac{1}{2}+\frac{1}{3}-\frac{1}{4}+\frac{1}{5}-\frac{1}{6}+\cdots+\frac{(-1)^{n-1}}{n}+\cdots.$$

如果将其项作如下交换：按此级数原有的正项和负项的顺序, 一项正两项负交替排列, 即

$$1-\frac{1}{2}-\frac{1}{4}+\frac{1}{3}-\frac{1}{6}-\frac{1}{8}+\frac{1}{5}-\frac{1}{10}-\frac{1}{12}+\cdots.$$

将此级数作如下结合：

$$\left(1-\frac{1}{2}\right)-\frac{1}{4}+\left(\frac{1}{3}-\frac{1}{6}\right)-\frac{1}{8}+\left(\frac{1}{5}-\frac{1}{10}\right)-\frac{1}{12}+\cdots$$

$$=\frac{1}{2}-\frac{1}{4}+\frac{1}{6}-\frac{1}{8}+\frac{1}{10}-\frac{1}{12}+\cdots$$
$$=\frac{1}{2}\left(1-\frac{1}{2}+\frac{1}{3}-\frac{1}{4}+\frac{1}{5}-\frac{1}{6}+\cdots\right)=\frac{1}{2}A,$$

即交换其项之后的新级数, 其和却是 $\frac{1}{2}A$. 由此可见, 收敛级数不满足交换律, 这是有限和与无限和 (收敛级数) 的区别之一. 交错级数 $\sum\limits_{n=1}^{\infty}(-1)^{n-1}\frac{1}{n}$ 不满足交换律, 因为它是条件收敛的.

由此可见, 虽然级数的条件收敛与绝对收敛都是收敛, 但是二者收敛的机制是不同的, 条件收敛之所以收敛, 是由于按原有级数的各项顺序, 正项与负项互相抵消, 从而使它的部分和数列收敛与项的位置有关. 因此, 条件收敛不满足交换律. 绝对收敛级数之所以收敛, 是由于其项的绝对值趋近于 0 的速度达到了收敛的要求, 从而使它的部分和数列收敛与项的位置无关, 因此, 绝对收敛级数满足交换律和分配律. 换句话说, 绝对收敛级数这种无限和具有与有限和类似的运算性质.

下面的定理指出绝对收敛级数满足交换律.

***定理 8** 若级数 $\sum\limits_{n=1}^{\infty}u_n$ 绝对收敛, 其和为 s, 则任意交换级数 $\sum\limits_{n=1}^{\infty}u_n$ 的项, 得到的新级数 $\sum\limits_{k=1}^{\infty}u_{n_k}$ 也绝对收敛, 其和也是 s(即绝对收敛级数具有可交换性).

***定理 9** (绝对收敛级数的乘法) 设级数 $\sum\limits_{n=1}^{\infty}u_n$ 和 $\sum\limits_{n=1}^{\infty}v_n$ 都绝对收敛, 其和分别为 s 和 σ, 则它们的乘积级数

$$u_1v_1+(u_1v_2+u_2v_1)+\cdots+(u_1v_n+u_2v_{n-1}+\cdots+u_nv_1)+\cdots$$

也是绝对收敛的, 且其和为 $s\cdot\sigma$.

这两个定理证明略.

*四、狄利克雷判别法和阿贝尔判别法

现在, 我们来介绍关于任意项级数的两个收敛判别法: 狄利克雷判别法和阿贝尔判别法. 一般来说, 它们在常见的变号级数的收敛性判别中是很有效的, 而且对以后要讲的函数项级数也是如此.

这两个判别法的基础是关于阿贝尔变换的一个引理. 因此我们先介绍阿贝尔变换.

引理 (阿贝尔变换) 设 a_k 与 $b_k(k=1,2,\cdots,n)$ 是两组数, 若

(1) $a_1\geqslant a_2\geqslant\cdots\geqslant a_n\geqslant 0$;

(2) 存在 $M>0$, $|B_m|=\left|\sum\limits_{k=1}^{m}b_k\right|\leqslant M(m=1,2,3,\cdots,n)$, 则

$$|a_1b_1+a_2b_2+\cdots+a_nb_n|=\left|\sum_{k=1}^{n}a_kb_k\right|\leqslant a_1M.$$

证 已知 $b_1 = B_n, b_2 = B_2 - B_1, \cdots, b_n = B_n - B_{n-1}$, 令 $B_0 = 0$, 有

$$|a_1b_1 + a_2b_2 + \cdots + a_nb_n| = \left|\sum_{k=1}^{n} a_kb_k\right| = \left|\sum_{k=1}^{n} a_k(B_k - B_{k-1})\right| \quad (\text{令 } B_0 = 0)$$
$$= |a_1(B_1 - B_0) + a_2(B_2 - B_1) + \cdots + a_n(B_n - B_{n-1})|$$
$$= |B_1(a_1 - a_2) + B_2(a_2 - a_3) + \cdots + B_{n-1}(a_{n-1} - a_n) + a_nB_n|$$
$$\leqslant |B_1|(a_1 - a_2) + |B_2|(a_2 - a_3) + \cdots + |B_{n-1}|(a_{n-1} - a_n) + |B_n|\, a_n$$
$$\leqslant M(a_1 - a_2 + a_2 - a_3 + \cdots + a_{n-1} - a_n + a_n) = a_1M.$$

定理 10 (狄利克雷判别法) 若级数 $\sum\limits_{n=1}^{\infty} a_nb_n$ 满足下列条件:

(1) 数列 $\{a_n\}$ 单调减少, 且 $\lim\limits_{n\to\infty} a_n = 0$;

(2) 级数 $\sum\limits_{n=1}^{\infty} b_n$ 的部分和数列 $\{B_n\}$ 有界, 即存在 $M > 0$, 对任意的自然数 n, 有

$$|B_n| = |b_1 + b_2 + \cdots + b_n| \leqslant M,$$

则级数 $\sum\limits_{k=1}^{\infty} a_nb_n$ 收敛.

证 对任意的自然数 n, p, 有

$$|b_{n+1} + b_{n+2} + \cdots + b_{n+p}| = |B_{n+p} - B_n| \leqslant |B_{n+p}| + |B_n| \leqslant 2M,$$

根据阿贝尔变换, 有

$$|a_{n+1}b_{n+1} + a_{n+2}b_{n+2} + \cdots + a_{n+p}b_{n+p}| \leqslant a_{n+1} \cdot 2M.$$

已知 $\lim\limits_{n\to\infty} a_n = 0$, 即对任意的 $\varepsilon > 0$, 存在自然数 N, 对任意的 $n > N$, 有 $|a_{n+1}| \leqslant \varepsilon$, 于是

$$|a_{n+1}b_{n+1} + a_{n+2}b_{n+2} + \cdots + a_{n+p}b_{n+p}| \leqslant a_{n+1} \cdot 2M < 2M\varepsilon,$$

根据柯西收敛原理, 级数 $\sum\limits_{k=1}^{\infty} a_nb_n$ 收敛.

不难看出, 判别交错级数 $\sum\limits_{n=1}^{\infty} (-1)^{n-1}u_n(u_n > 0)$ 收敛的莱布尼茨判别法只是狄利克雷判别法的特殊情况. 事实上, 只要将定理 6 中的 u_n 视作 a_n, 而将 $(-1)^{n-1}$ 视作 b_n, 即可将定理 6 归为定理 10 的特例.

定理 11 (阿贝尔判别法) 若级数 $\sum\limits_{n=1}^{\infty} a_nb_n$ 满足下列条件:

(1) 数列 $\{a_n\}$ 单调有界,

(2) 级数 $\sum\limits_{n=1}^{\infty} b_n$ 收敛,

则级数 $\sum\limits_{k=1}^{\infty} a_n b_n$ 收敛.

证 由所设条件可知 $\lim\limits_{n\to\infty} a_n$ 存在, 设 $\lim\limits_{n\to\infty} a_n = a$, 则数列 $\{a_n - a\}$ 单调, 且 $\lim\limits_{n\to\infty}(a_n - a) = 0$. 又因级数 $\sum\limits_{n=1}^{\infty} b_n$ 收敛, 其部分和数列必有界. 根据定理 10, 级数 $\sum\limits_{n=1}^{\infty}(a_n - a)b_n$, 已知级数 $\sum\limits_{n=1}^{\infty} ab_n$ 收敛, 故级数

$$\sum_{n=1}^{\infty} a_n b_n = \sum_{n=1}^{\infty}(a_n - a)b_n + \sum_{n=1}^{\infty} ab_n$$

收敛.

以上两个判别法的条件互有强弱, 狄利克雷判别法中 $\{a_n\}$ 单调减少, 且 $\lim\limits_{n\to\infty} a_n = 0$ 的条件比阿贝尔判别法中 $\{a_n\}$ 单调有界的条件强, 而 $B_n = \sum\limits_{n=1}^{n} b_k$ 有界的条件则弱于阿贝尔判别法中 $\sum\limits_{n=1}^{\infty} b_n$ 收敛的条件. 因此, 在使用中用哪个判别法好, 要对具体问题作具体分析.

例 11 设数列 $\{a_n\}$ 单调减少, 且 $\lim\limits_{n\to\infty} a_n = 0$, 讨论级数 $\sum\limits_{n=1}^{\infty} a_n \cos(nx)$ 的敛散性.

解 当 $x = 2k\pi$(k 为整数) 时, 有 $\cos(nx) = 1$, 这时级数变为 $\sum\limits_{k=1}^{\infty} a_n$, 于是 $\sum\limits_{n=1}^{\infty} a_n \cos(nx)$ 与 $\sum\limits_{n=1}^{\infty} a_n$ 同时收敛, 同时发散.

当 $x \neq 2k\pi$ 时, 令 $b_n = \cos(nx)$, 级数 $\sum\limits_{n=1}^{\infty} \cos(nx)$ 的部分和

$$B_n = \sum_{k=1}^{n} \cos(kx) = \frac{\sin\left[\left(n + \frac{1}{2}\right)x\right] - \sin\left(\frac{1}{2}x\right)}{2\sin\left(\frac{1}{2}x\right)},$$

可见

$$|B_n| \leqslant \frac{1}{2\left|\sin\frac{1}{2}x\right|} \cdot 2 = \frac{1}{\left|\sin\frac{1}{2}x\right|} \quad (n = 1, 2, \cdots),$$

即 $\{B_n\}$ 有界, 由狄利克雷判别法, 级数 $\sum\limits_{n=1}^{\infty} a_n \cos(nx)$ 收敛.

从这些讨论中可看出, 当 $x \neq 2k\pi$(k 为整数) 时, 级数 $\sum\limits_{n=1}^{\infty} \frac{\cos(nx)}{n}$ 与 $\sum\limits_{n=1}^{\infty} \frac{\cos(nx)}{\sqrt{n}}$ 是收敛的, 而级数 $\sum\limits_{n=1}^{\infty} \frac{\sin(nx)}{n}$ 与 $\sum\limits_{n=1}^{\infty} \frac{\sin(nx)}{\sqrt{n}}$ 对一切 x 都收敛. 我们自然关心这些级数是否是绝

对收敛的. 对大多数 x 值而言, 回答是否定的.

例 12　级数 $\sum\limits_{n=1}^{\infty}\dfrac{\sin(nx)}{\sqrt{n}}$ 是否绝对收敛?

解　当 $x=m\pi$(m 为整数) 时 $\sin(nx)=0$, 级数绝对收敛. 当 $x\neq m\pi$ 时, 因为 $|\sin(nx)|\geqslant\sin^2(nx)$, 所以

$$\left|\frac{\sin(nx)}{\sqrt{n}}\right|\geqslant\frac{\sin^2(nx)}{\sqrt{n}}=\frac{1-\cos(2nx)}{2\sqrt{n}}=\frac{1}{2\sqrt{n}}-\frac{\cos(2nx)}{2\sqrt{n}}.$$

由以上讨论可知, 级数 $\sum\limits_{n=1}^{\infty}\dfrac{\cos(2nx)}{2\sqrt{n}}$ 收敛, 而级数 $\sum\limits_{n=1}^{\infty}\dfrac{1}{2\sqrt{n}}$ 发散, 于是级数 $\sum\limits_{n=1}^{\infty}\dfrac{\sin^2(nx)}{\sqrt{n}}$ 发散, 由正项级数比较判别法, 级数 $\sum\limits_{n=1}^{\infty}\left|\dfrac{\sin(nx)}{\sqrt{n}}\right|$ 发散, 因而 $\sum\limits_{n=1}^{\infty}\dfrac{\sin(nx)}{\sqrt{n}}$ 当 $x\neq m\pi$(m 为整数) 时不绝对收敛而只是条件收敛.

这就告诉我们, 狄利克雷判别法或阿贝尔判别法可以判别条件收敛的级数, 它们的作用不可能由正项级数的比较判别法替代.

习　题　10-2

1. 用比较判别法或其极限形式讨论下列级数的收敛性.

(1) $1+\dfrac{1}{3}+\dfrac{1}{5}+\cdots+\dfrac{1}{(2n-1)}+\cdots$;

(2) $\dfrac{1}{2\times5}+\dfrac{1}{3\times6}+\cdots+\dfrac{1}{(n+1)(n+4)}+\cdots$;

(3) $\sum\limits_{n=1}^{\infty}\dfrac{1}{n\sqrt{n+1}}$;

(4) $\sum\limits_{n=1}^{\infty}\dfrac{1}{1+a^n}(a\geqslant0)$;

(5) $\sum\limits_{n=1}^{\infty}\dfrac{1}{n}\sin\dfrac{1}{\sqrt{n}}$;

(6) $\sum\limits_{n=1}^{\infty}\ln(1+\dfrac{1}{n^2})$.

2. 用比值判别法或根值判别法讨论下列级数的收敛性.

(1) $\sum\limits_{n=1}^{\infty}\dfrac{n^2+1}{2^n}$;

(2) $\sum\limits_{n=1}^{\infty}\dfrac{n!}{\ln^n 3}$;

(3) $\sum\limits_{n=1}^{\infty}\dfrac{2^n}{n^{\frac{n}{2}}}$;

(4) $\sum\limits_{n=1}^{\infty}\left(a+\dfrac{1}{n}\right)^n\quad(a\geqslant0)$;

(5) $\sum\limits_{n=1}^{\infty}\dfrac{3^n\cdot n!}{n^n}$;

(6) $\sum\limits_{n=1}^{\infty}n\sin\dfrac{\pi}{3^{n+1}}$;

(7) $\sum\limits_{n=1}^{\infty}\left(\dfrac{n-1}{3n+1}\right)^n$;

(8) $\sum\limits_{n=1}^{\infty}(\sqrt[n]{n}-1)^n$.

3. 用适当的方法讨论下列级数的收敛性:

(1) $\sum\limits_{n=1}^{\infty}\dfrac{1}{\sqrt{n}}\ln\dfrac{n+1}{n-1}$;

(2) $\sum\limits_{n=1}^{\infty}\dfrac{n!}{(2n)!}$;

(3) $\sum\limits_{n=1}^{\infty}\dfrac{1}{n\sqrt[n]{n}}$;

(4) $\sum\limits_{n=1}^{\infty}\dfrac{\sqrt{n}}{n^2-\ln n}$;

(5) $\sum\limits_{n=1}^{\infty} \dfrac{4^n}{5^n - 3^n}$; (6) $\sum\limits_{n=1}^{\infty} \left(1 - \cos\dfrac{\pi}{n}\right)$.

4. 讨论下列级数的收敛性, 若收敛, 指出是绝对收敛还是条件收敛.

(1) $\sum\limits_{n=1}^{\infty} (-1)^{n-1} \dfrac{n}{3^{n-1}}$; (2) $\sum\limits_{n=1}^{\infty} \dfrac{(-1)^{n-1}}{\ln(n+1)}$;

(3) $\sum\limits_{n=1}^{\infty} (-1)^{n+1} \dfrac{2^{n^2}}{n!}$; (4) $\sum\limits_{n=1}^{\infty} (-1)^{n+1}(\sqrt{n+1} - \sqrt{n})$.

5. 设级数 $\sum\limits_{n=1}^{\infty} a_n$ 收敛, 下列级数是否收敛? 为什么?

(1) $\sum\limits_{n=1}^{\infty} a_n^2$; (2) $\sum\limits_{n=1}^{\infty} \dfrac{a_n + a_{n+1}}{2}$;

(3) $\sum\limits_{n=1}^{\infty} \sqrt{a_n} (a_n > 0)$; (4) $\sum\limits_{n=1}^{\infty} \sqrt{a_n a_{n+1}}$.

6. 证明: 若 $\lim\limits_{n\to\infty}(nu_n) = a > 0$, 则 $\sum\limits_{n=1}^{\infty} u_n$ 发散.

7. 设级数 $\sum\limits_{n=1}^{\infty} a_n^2$ 与 $\sum\limits_{n=1}^{\infty} b_n^2$ 都收敛, 证明: $\sum\limits_{n=1}^{\infty} |a_n b_n|$, $\sum\limits_{n=1}^{\infty} (a_n + b_n)^2$ 及 $\sum\limits_{n=1}^{\infty} \dfrac{|a_n|}{n}$ 都收敛.

*8 判别下列级数是绝对收敛还是条件收敛.

(1) $\sum\limits_{n=1}^{\infty} (-1)^n \dfrac{n+1}{n+2} \cdot \dfrac{1}{\sqrt[3]{n}}$; (2) $\sum\limits_{n=1}^{\infty} \dfrac{\sin(nx)}{n^p}$ (p 是参数, $p > 0, 0 < x < \pi$).

第三节 函数项级数

前面我们讨论的是数项级数, 即级数的每一项都是常数, 本节我们将讨论函数项级数, 即级数的每一项都是 x 的函数.

一、函数项级数的概念

定义 1 设 $u_1(x), u_2(x), \cdots, u_n(x), \cdots$ 是定义在区间 I 上的函数列, 称表达式

$$u_1(x) + u_2(x) + \cdots + u_n(x) + \cdots$$

为定义在区间 I 上的函数项级数, 简称为函数级数, 记为 $\sum\limits_{n=1}^{\infty} u_n(x)$, $u_n(x)$ 称为它的一般项式通项, 即

$$\sum_{n=1}^{\infty} u_n(x) = u_1(x) + u_2(x) + \cdots + u_n(x) + \cdots. \tag{10-3-1}$$

在区间 I 上任取一点 x_0, 则函数项级数 $\sum\limits_{n=1}^{\infty} u_n(x)$ 就成为常数项级数

$$\sum_{n=1}^{\infty} u_n(x_0) = u_1(x_0) + u_2(x_0) + \cdots + u_n(x_0) + \cdots.$$

定义 2　若 $x_0 \in I$, 且常数项级数 $\sum\limits_{n=1}^{\infty} u_n(x_0)$ 收敛, 则称 x_0 为函数项级数 $\sum\limits_{n=1}^{\infty} u_n(x)$ 的收敛点; 若 $x_0 \in I$, 且 $\sum\limits_{n=1}^{\infty} u_n(x_0)$ 发散, 则称 x_0 为函数项级数 $\sum\limits_{n=1}^{\infty} u_n(x)$ 的发散点. 由收敛点的全体所构成的集合称为级数 $\sum\limits_{n=1}^{\infty} u_n(x)$ 的收敛域, 由发散点的全体所构成的集合称为其发散域. 在收敛域上, 函数项级数 $\sum\limits_{n=1}^{\infty} u_n(x)$ 的和是 x 的函数 $s(x)$, 称 $s(x)$ 为函数项级数 $\sum\limits_{n=1}^{\infty} u_n(x)$ 的和函数, 并写成

$$s(x) = u_1(x) + u_2(x) + \cdots + u_n(x) + \cdots. \tag{10-3-2}$$

用 $s_n(x)$ 表示函数项级数前 n 项的部分和

$$s_n(x) = u_1(x) + u_2(x) + \cdots + u_n(x),$$

则在收敛域内, 有

$$\lim_{n\to\infty} s_n(x) = s(x).$$

如用 $r_n(x)$ 表示函数项级数 $\sum\limits_{n=1}^{\infty} u_n(x)$ 的余项, 即 $r_n(x) = s(x) - s_n(x) = \sum\limits_{k=n+1}^{\infty} u_k(x)$, 则在收敛域内, 有

$$\lim_{n\to\infty} r_n(x) = 0.$$

例 1　讨论函数项级数 $\sum\limits_{n=0}^{\infty} x^n$ 的收敛域.

解　函数级数 $\sum\limits_{n=0}^{\infty} x^n$ 是几何级数, 公比是 x, 已知当 $|x| \geqslant 1$ 时, 函数级数 $\sum\limits_{n=0}^{\infty} x^n$ 发散; 当 $|x| < 1$, 函数级数 $\sum\limits_{n=0}^{\infty} x^n$ 收敛, 和函数 $s(x) = \dfrac{1}{1-x}$, 即

$$\frac{1}{1-x} = 1 + x + \cdots + x^{n-1} + \cdots.$$

于是, 它的收敛域是收敛区间 $(-1, 1)$.

例 2　讨论函数级数 $\sum\limits_{n=1}^{\infty} \dfrac{\sin^n x}{n^2}$ 的收敛域.

解　对任意的 $x \in \mathbf{R}$, 有

$$\left|\frac{\sin^n x}{n^2}\right| \leqslant \frac{1}{n^2},$$

已知级数 $\sum\limits_{n=1}^{\infty} \dfrac{1}{n^2}$ 收敛, 由比较判别法, 对任意的 $x \in \mathbf{R}$, 函数级数 $\sum\limits_{n=1}^{\infty} \dfrac{\sin^n x}{n^2}$ 都收敛, 它的收

敛域是实数集 $\mathbf{R}$.

例 3　讨论函数级数 $\sum\limits_{n=1}^{\infty}\frac{\cos(nx)}{n}$ 的收敛域.

解　由狄利克雷判别法, 当 $x\neq 2k\pi(k\in\mathbf{Z})$, 函数级数 $\sum\limits_{n=1}^{\infty}\frac{\cos(nx)}{n}$ 收敛; 当 $x=2k\pi(k\in\mathbf{Z})$, 函数级数 $\sum\limits_{n=1}^{\infty}\frac{\cos(nx)}{n}=\sum\limits_{n=1}^{\infty}\frac{1}{n}$ 发散. 于是它的收敛域是 $\mathbf{R}-\{2k\pi|k\in\mathbf{Z}\}$.

从以上例子我们可以看出, 级数的收敛域可能不同于函数项级数中每一项的定义域.

*二、一致收敛的概念

设函数级数 $\sum\limits_{n=1}^{\infty}u_n(x)$ 在收敛区间 I 的和函数是 $s(x)$, 即

$$s(x)=\sum_{n=1}^{\infty}u_n(x)\ (x\in I).$$

我们将通过函数级数的每一项所具有的连续性、可微性与可积性相应地讨论和函数的连续性、可微性与可积性.

一般来说, 函数级数 $\sum\limits_{n=1}^{\infty}u_n(x)$ 的每一项 $u_n(x)$(n 是正整数) 在收敛区间 I 连续, 它的和函数 $s(x)$ 在区间 I 可能不连续. 例如, 函数级数

$$\frac{x}{1+x}+\frac{x}{(1+x)^2}+\cdots+\frac{x}{(1+x)^n}+\cdots$$

的每一项 $\frac{x}{(1+x)^n}$(n 是正整数) 在区间 $[0,1]$ 都连续, 而它的和函数 $s(x)$ 在区间 $[0,1]$ 却不连续.

事实上, 函数级数 $\sum\limits_{n=1}^{\infty}\frac{x}{(1+x)^n}$ 是首项为 $\frac{x}{1+x}$、公比为 $\frac{1}{1+x}$ 的几何级数, 对任意的 $x>0$, $\frac{1}{1+x}<1$, 有

$$S(x)=\sum_{n=1}^{\infty}\frac{x}{(1+x)^n}=\frac{\frac{x}{1+x}}{1-\frac{1}{1+x}}=1.$$

$x=0$, 函数级数每项都是 0, 有 $s(0)=0$, 显然, 和函数

$$s(x)=\begin{cases}1, 0<x\leqslant 1,\\ 0, x=0\end{cases}$$

在 $[0,1]$ 不连续.

一般来说, 函数级数 $\sum\limits_{n=1}^{\infty}u_n(x)$ 的每一项 $u_n(x)$ 在区间 $[a,b]$ 可积, 其和函数 $s(x)$ 在区间 $[a,b]$ 不一定可积, 即和函数 $s(x)$ 在区间 $[a,b]$ 可积, 而每项积分之和不一定等于和函数的积

分, 即

$$\int_a^b s(x)\mathrm{d}x \neq \sum_{n=1}^{\infty} \int_a^b u_n(x)\mathrm{d}x.$$

对可导也有类似的情况, 那么, 在什么条件下, 函数级数每一项所具有的分析性质, 其和函数也具有同样的分析性质, 且函数级数的每项积分与导数之和等于和函数的积分与导数呢? 为此我们引入一致收敛.

设函数级数 $\sum\limits_{n=1}^{\infty} u_n(x)$ 在区间 I 收敛, 和函数是 $s(x)$, 即对任意的 $x \in I$,

$$s(x) = \sum_{n=1}^{\infty} u_n(x).$$

如果 $\alpha \in I$, 则数项级数 $\sum\limits_{n=1}^{\infty} u_n(\alpha)$ 收敛, 有

$$S(\alpha) = u_1(\alpha) + u_2(\alpha) + \cdots + u_n(\alpha) + \cdots, \tag{10-3-3}$$

即对任意给定的 $\varepsilon > 0$, 存在自然数 N_α(取最小者), 使当 $n > N_\alpha$ 时, 有

$$|s(\alpha) - s_n(\alpha)| = |r_n(\alpha)| < \varepsilon. \tag{10-3-4}$$

如果 $\beta \in I$, 且 $\beta \neq \alpha$, 则数项级数 $\sum\limits_{n=1}^{\infty} u_n(\beta)$ 收敛, 有

$$s(\beta) = u_1(\beta) + u_2(\beta) + \cdots + u_n(\beta) + \cdots, \tag{10-3-5}$$

即对上述同样的 $\varepsilon > 0$, 存在自然数 N_β(取最小者), 使当 $n > N_\beta$ 时, 有

$$|s(\beta) - s_n(\beta)| = |r_n(\beta)| < \varepsilon. \tag{10-3-6}$$

数项级数 (10-3-3) 与 (10-3-5) 是不相同的, 它们的收敛速度是不同的, 对同样的 ε, 不等式 (10-3-4) 与 (10-3-6) 成立的正整数 N_α 与 N_β 是不相等的. 因此, 对任意给定的 $\varepsilon > 0$, 对区间 I 不同的点 x, 各自存在相应的正整数 N_x(取最小者), 使当 $n > N_x$ 时, 有

$$|s(x) - s_n(x)| = |r_n(x)| < \varepsilon.$$

区间 I 有无限多个点 x, 因而对应着无限多个正整数 N_x, 当 $n > N_x$ 时, 对任意的 $x \in I$, 有 $|r_n(x)| < \varepsilon$. 我们有没有一种办法选取 N 使之只依赖于 ε 而与点 x 无关呢? 即这无限多个正整数 N_x 中是否存在一个 "通用" 的正整数 N, 对任意给定的 $\varepsilon > 0$, 对任意的 $x \in I$, 当 $n > N$ 时, 有 $|r_n(x)| < \varepsilon$? 事实上, 有的函数数列在区间 I 存在着通用的正整数 N, 有的函数级数在区间 I 不存在通用的正整数 N. 若函数级数在某个区间不存在通用 N, 就是非一致收敛 N.

定义 3　设函数级数 $\sum\limits_{n=1}^{\infty} u_n(x)$ 在区间 I 收敛于和函数 $s(x)$. 对任意给定的 $\varepsilon > 0$, 存在自然数 N, 当 $n > N$ 时, 对任意的 $x \in I$, 有

$$|s(x) - s_n(x)| = |r_n(x)| < \varepsilon, \tag{10-3-7}$$

则称函数级数 $\sum_{n=1}^{\infty} u_n(x)$ 在区间 I 一致收敛于和函数 $s(x)$.

不等式 (10-3-7) 可改写成

$$s(x)-\varepsilon < s_n(x) < s(x)+\varepsilon.$$

如果和函数 $s(x)$ 在区间 I 的图形是一条连续曲线, 则函数级数 $\sum_{n=1}^{\infty} u_n(x)$ 在区间 I 一致收敛于和函数 $s(x)$ 的几何意义是, 不论给定的以曲线 $s(x)-\varepsilon$ 与 $s(x)+\varepsilon$ 为边界的带形区域有多窄, 当 n 充分大时, $s_n(x)$ 的图形都整个落在这个带形区域之内.

我们应该强调, 函数级数的一致收敛性是相对于某个给定的收敛区域而言的. 若函数级数在某个区间不存在通用的 N, 就是非一致收敛.

例 4 证明: 函数级数 $\sum_{n=1}^{\infty} x^n$

(1) 在区间 $[0,1-\delta](0<\delta<1)$ 一致收敛;

(2) 在区间 $(-1,1)$ 非一致收敛.

证 对任意的 $x\in(0,1)$, 有

$$|s(x)-s_n(x)|=|r_n(x)|=\left|x^n+x^{n+1}+\cdots\right|=\left|\frac{x^n}{1-x}\right|=\frac{x^n}{1-x}.$$

对任意的 $x\in[0,1-\delta](0<\delta<1)$, 对任意给定的 $\varepsilon>0$, 要使

$$|s(x)-s_n(x)|=|r_n(x)|=\frac{x^n}{1-x}\leqslant\frac{(1-\delta)^n}{\delta}<\varepsilon$$

成立, 取正整数 $N=\left[\dfrac{\ln(\varepsilon\delta)}{\ln(1-\delta)}\right]$, 当 $n>N$ 时, 对任意的 $x\in[0,1-\delta](0<\delta<1)$, 有

$$|s(x)-s_n(x)|<\varepsilon$$

成立, 即函数级数 $\sum_{n=1}^{\infty} x^n$ 在区间 $[0,1-\delta](0<\delta<1)$ 一致收敛.

取 $\varepsilon_0=1$, 对任意的自然数 N, 当 $n_0>N$ 时, 存在 $x_0=1-\dfrac{1}{n_0}\in(-1,1)$, 有

$$|s(x_0)-s_{n_0}(x_0)|=|r_{n_0}(x_0)|=\frac{\left(1-\dfrac{1}{n_0}\right)^{n_0}}{\dfrac{1}{n_0}}=n_0\left(1-\frac{1}{n_0}\right)^{n_0}\geqslant 1.$$

因为 $\lim\limits_{n\to\infty}\left(1-\dfrac{1}{n}\right)^n=\dfrac{1}{\mathrm{e}}$, 所以存在正整数 n_0, 使得 $n_0\left(1-\dfrac{1}{n_0}\right)^{n_0}\geqslant 1$. 因此函数级数 $\sum_{n=1}^{\infty} x^n$ 在区间 $(-1,1)$ 非一致收敛.

显然, 若函数级数 $\sum_{n=1}^{\infty} u_n(x)$ 在区间 I 上一致收敛, 则它在区间 I 上是收敛的. 但是反过来不一定成立. 例如, 函数级数 $\sum_{n=1}^{\infty} x^n$ 在区间 $(-1,1)$ 收敛, 但在区间 $(-1,1)$ 非一致收敛.

*三、一致收敛的判别法

讨论和函数的分析性质经常要判别级数的一致收敛性, 如果函数级数的和函数与余项的和容易求得, 判别它的一致收敛可应用上述一致收敛的定义. 有时虽然知道函数级数在区间 I 上收敛, 但很难求得它的和函数与余项的和, 这时要判别此函数级数在区间 I 上的一致收敛性就需要根据函数级数自身的结构, 找到判别一致收敛的判别法.

定理 1 (一致收敛的柯西准则) 函数级数 $\sum\limits_{n=1}^{\infty} u_n(x)$ 在区间 I 上一致收敛的充要条件是: 对于任意给定的 $\varepsilon > 0$, 存在自然数 N, 使当 $n > N$ 时, 对于任意的自然数 p, 对任意的 $x \in I$, 有

$$|s_{n+p}(x) - s_n(x)| = |u_{n+1}(x) + u_{n+2}(x) + \cdots + u_{n+p}(x)| < \varepsilon.$$

证 必要性 已知函数级数 $\sum\limits_{n=1}^{\infty} u_n(x)$ 在区间 I 上一致收敛, 设其和函数是 $s(x)$, 即任意给定 $\varepsilon > 0$, 存在自然数 N, 当 $n > N$ 时, 对任意的自然数 p, 任意的 $x \in I$, 有

$$|s(x) - s_n(x)| < \frac{\varepsilon}{2},$$

也有

$$|s(x) - s_{n+p}(x)| < \frac{\varepsilon}{2},$$

于是

$$\begin{aligned}
&|u_{n+1}(x) + u_{n+2}(x) + \cdots + u_{n+p}(x)| \\
=&|s_{n+p}(x) - s_n(x)| = |s_{n+p}(x) - s(x) + s(x) - s_n(x)| \\
\leqslant&|s(x) - s_{n+p}(x)| + |s(x) - s_n(x)| < \frac{\varepsilon}{2} + \frac{\varepsilon}{2} = \varepsilon.
\end{aligned}$$

故函数级数 $\sum\limits_{n=1}^{\infty} u_n(x)$ 在区间 I 一致收敛于和函数 $S(x)$.

充分性 对任意给定的 $\varepsilon > 0$, 存在自然数 N, 当 $n > N$ 时, 对任意的自然数 p, 任意的 $x \in I$, 有

$$|u_{n+1}(x) + u_{n+2}(x) + \cdots + u_{n+p}(x)| = |s_{n+p}(x) - s_n(x)| < \frac{\varepsilon}{2}.$$

从而函数级数 $\sum\limits_{n=1}^{\infty} u_n(x)$ 在区间 I 收敛, 设其和函数是 $s(x)$, 因为 p 是任意的自然数, 所以 p 趋于无穷大时, 上述不等式有

$$|S(x) - S_n(x)| \leqslant \frac{\varepsilon}{2} < \varepsilon,$$

即函数级数 $\sum\limits_{n=1}^{\infty} u_n(x)$ 在区间 I 一致收敛.

这个定理虽然给出了函数级数一致收敛的充要条件, 但是对于判别级数一致收敛而言不便于直接应用, 下面我们给出较常用的一种判别法.

定理 2 (M 判别法) 设函数级数 $\sum_{n=1}^{\infty} u_n(x)$, I 是区间, 且正项级数 $\sum_{n=1}^{\infty} a_n$ 是收敛的, 对任意的自然数 n, 任意的 $x \in I$, 有

$$|u_n(x)| \leqslant a_n,$$

则函数级数 $\sum_{n=1}^{\infty} u_n(x)$ 在区间 I 一致收敛.

证 已知正项级数 $\sum_{n=1}^{\infty} a_n$ 收敛, 根据柯西收敛准则, 即对任意给定的 $\varepsilon > 0$, 存在自然数 N, 当 $n > N$ 时, 对任意的自然数 p, 有

$$a_{n+1} + a_{n+2} + \cdots + a_{n+p} < \frac{\varepsilon}{2},$$

由题设条件, 对任意的 $x \in I$, 有

$$\begin{aligned}
&|u_{n+1}(x) + u_{n+2}(x) + \cdots + u_{n+p}(x)| \\
< &|u_{n+1}(x)| + |u_{n+2}(x)| + \cdots + |u_{n+p}(x)| \\
\leqslant &a_{n+1} + a_{n+2} + \cdots + a_{n+p} < \varepsilon,
\end{aligned}$$

令 $p \to \infty$, 则由上式得 $|Y_n(x)| \leqslant \frac{\varepsilon}{2} < \varepsilon$, 因此函数级数 $\sum_{n=1}^{\infty} u_n(x)$ 在区间 I 一致收敛.

定理 2 中的级数 $\sum_{n=1}^{\infty} a_n$ 称为 $\sum_{n=1}^{\infty} u_n(x)$ 的强级数. 上述判别法也称作维尔斯特拉斯判别法, 或强级数判别法. 凡能用 M 判别法判别函数级数一致收敛, 此函数级数必然是绝对收敛; 如果函数级数是一致收敛, 而非绝对收敛, 即条件收敛, 那么就不能使用 M 判别法.

例 5 讨论函数级数 $\sum_{n=1}^{\infty} \left(\frac{x^n}{n} - \frac{x^{n+1}}{n+1}\right)$ 在区间 $[-1,1]$ 的一致收敛性.

解 对任意的 $x \in [-1,1]$, 即 $|x| \leqslant 1$, 对任意给定的 $\varepsilon > 0$, 任意的自然数 p, 要使不等式

$$\begin{aligned}
|s_{n+p}(x) - s_n(x)| &= \left|\left(\frac{x^{n+1}}{n+1} - \frac{x^{n+2}}{n+2}\right) + \left(\frac{x^{n+2}}{n+2} - \frac{x^{n+3}}{n+3}\right) + \cdots + \left(\frac{x^{n+p}}{n+p} - \frac{x^{n+p+1}}{n+p+1}\right)\right| \\
&= \left|\frac{x^{n+1}}{n+1} - \frac{x^{n+p+1}}{n+p+1}\right| \leqslant \frac{|x|^{n+1}}{n+1} + \frac{|x|^{n+p+1}}{n+p+1} \\
&\leqslant \frac{1}{n+1} + \frac{1}{n+p+1} < \frac{2}{n+1} < \varepsilon
\end{aligned}$$

成立, 取 $N = \left[\frac{2}{\varepsilon} - 1\right]$, 当 $n > N$ 时, 对一切 $x \in [-1,1]$, 对任何自然数 p, 有

$$|s_{n+p}(x) - s_n(x)| < \varepsilon,$$

故函数级数 $\sum_{n=1}^{\infty} \left(\frac{x^n}{n} - \frac{x^{n+1}}{n+1}\right)$ 在区间 $[-1,1]$ 一致收敛.

例 6 证明:

(1) $\sum\limits_{n=1}^{\infty}\frac{x^n}{n!}$ 在区间 $[-a,a](a>0)$ 一致收敛;

(2) $\sum\limits_{n=1}^{\infty}\frac{x}{1+n^4x^2}$ 在 $\mathbf{R}$ 一致收敛.

证　(1) 对任意的 $x\in[-a,a]$, 即 $|x|\leqslant a$, 有

$$\left|\frac{x^n}{n!}\right|=\frac{|x|^n}{n!}\leqslant\frac{a^n}{n!},$$

已知级数 $\sum\limits_{n=1}^{\infty}\frac{a^n}{n!}$ 收敛, 根据定理 2, 函数级数 $\sum\limits_{n=1}^{\infty}\frac{x^n}{n!}$ 在区间 $[-a,a]$ 一致收敛.

(2) 对任意的 $x\in\mathbf{R}$, 有

$$\left|\frac{x}{1+n^4x^2}\right|=\left|\frac{2n^2x}{1+n^4x^2}\cdot\frac{1}{2n^2}\right|\leqslant\frac{1}{2n^2},$$

已知级数 $\sum\limits_{n=1}^{\infty}\frac{1}{2n^2}$ 收敛, 根据定理 2, 函数级数 $\sum\limits_{n=1}^{\infty}\frac{x}{1+n^4x^2}$ 在 $\mathbf{R}$ 一致收敛.

四、和函数的分析性质

定理 3　若函数级数 $\sum\limits_{n=1}^{\infty}u_n(x)$ 在区间 I 一致收敛于和函数 $s(x)$, 且对任意的自然数 n, $u_n(x)$ 在区间 I 上连续, 则和函数 $s(x)$ 在区间 I 也连续.

证　对任意的 $x_0\in I$, 函数级数 $\sum\limits_{n=1}^{\infty}u_n(x)$ 在区间 I 一致收敛于和函数 $s(x)$, 对任意的 $\varepsilon>0$, 存在自然数 N, 当 $n>N$ 时, 对任意的 $x\in I$, 有

$$|s(x)-s_n(x)|<\frac{\varepsilon}{3}.$$

取定正整数 $m>N$, 对任意的 $x\in I$, 有

$$|s(x)-s_m(x)|<\frac{\varepsilon}{3}$$

与

$$|s(x_0)-s_n(x_0)|<\frac{\varepsilon}{3}.$$

已知部分和函数 $s_m(x)$ 在区间 I 连续, 从而在 x_0 必连续, 即对上述同样的 $\varepsilon>0$, 存在 $\delta>0$, 对任意的 $x\in I$: $|x-x_0|<\delta$, 有

$$|s_m(x)-s_m(x_0)|<\frac{\varepsilon}{3},$$

于是,

$$\begin{aligned}&|s(x)-s(x_0)|\\=&|s(x)-s_m(x)+s_m(x)-s_m(x_0)+s_m(x_0)-s(x_0)|\end{aligned}$$

$$\leqslant |s(x)-s_m(x)|+|s_m(x)-s_m(x_0)|+|s_m(x_0)-s(x_0)|$$
$$<\frac{\varepsilon}{3}+\frac{\varepsilon}{3}+\frac{\varepsilon}{3}=\varepsilon,$$

即和函数 $s(x)$ 在 x_0 连续, 从而和函数 $S(x)$ 在区间 I 也连续.

定理 3 指出, 在函数级数一致收敛的条件下, 极限运算与无限和运算可以交换次序. 即对任意的 $x_0\in I$, 有

$$\lim_{x\to x_0}\sum_{n=1}^{\infty}u_n(x)=\lim_{x\to x_0}s(x)=s(x_0)=\sum_{n=1}^{\infty}u_n(x_0)=\sum_{n=1}^{\infty}\lim_{x\to x_0}u_n(x).$$

定理 4　若函数级数 $\sum\limits_{n=1}^{\infty}u_n(x)$ 在区间 $[a,b]$ 一致收敛于和函数 $s(x)$, 且对任意的自然数 n, $u_n(x)$ 在区间 $[a,b]$ 上连续, 则和函数 $s(x)$ 在区间 $[a,b]$ 可积, 且

$$\int_a^b s(x)\mathrm{d}x=\sum_{n=1}^{\infty}\int_a^b u_n(x)\mathrm{d}x,$$

简称逐项积分.

证　根据定理 3, 和函数 $s(x)$ 在 $[a,b]$ 连续, 从而和函数 $s(x)$ 在 $[a,b]$ 可积. 已知函数级数 $\sum\limits_{n=1}^{\infty}u_n(x)$ 在区间 $[a,b]$ 一致收敛于和函数 $s(x)$, 即对任意的 $\varepsilon>0$, 存在自然数 N, 当 $n>N$ 时, 对任意的 $x\in[a,b]$, 有

$$|s(x)-s_n(x)|<\frac{\varepsilon}{b-a},$$

于是

$$\left|\int_a^b s(x)\mathrm{d}x-\int_a^b s_n(x)\mathrm{d}x\right|=\left|\int_a^b [s(x)-s_n(x)]\mathrm{d}x\right|\leqslant\int_a^b |s(x)-s_n(x)|\mathrm{d}x$$
$$<\frac{\varepsilon}{b-a}\int_a^b \mathrm{d}x=\varepsilon.$$

即

$$\int_a^b s(x)\mathrm{d}x=\lim_{n\to\infty}\int_a^b s_n(x)\mathrm{d}x=\sum_{n=1}^{\infty}\int_a^b u_n(x)\mathrm{d}x.$$

定理 4 指出, 在函数级数一致收敛的条件下, 定积分运算与无限和运算可以交换次序. 即

$$\int_a^b\left[\sum_{n=1}^{\infty}u_n(x)\right]\mathrm{d}x=\sum_{n=1}^{\infty}\int_a^b u_n(x)\mathrm{d}x.$$

定理 5　若函数级数 $\sum\limits_{n=1}^{\infty}u_n(x)$ 在区间 I 满足下列条件:

(1) 收敛于和函数 $s(x)$, 对任意的 $x\in I$, 有 $s(x)=\sum\limits_{n=1}^{\infty}u_n(x)$,

(2) 对任意的自然数 n, $u_n(x)$ 有连续的导函数,

(3) 导函数的函数级数 $\sum\limits_{n=1}^{\infty} u_n'(x)$ 一致收敛,

则和函数 $s(x)$ 在区间 I 有连续导函数, 且 $s'(x)=\sum\limits_{n=1}^{\infty} u_n'(x)$. 简称逐项积分.

证　已知函数级数 $\sum\limits_{n=1}^{\infty} u_n'(x)$ 在区间 I 满足定理 3 的条件, 设它的和函数是 $p(x)$, 即对任意的 $x\in I$, 有 $p(x)=\sum\limits_{n=1}^{\infty} u_n'(x)$ 在区间 I 连续. 任意取定 $a\in I$, 对任意的 $a\in I$, 根据定理 4, 有

$$\begin{aligned}\int_a^x p(t)\mathrm{d}t&=\sum_{n=1}^{\infty}\int_a^x u_n'(t)\mathrm{d}t=\sum_{n=1}^{\infty}u_n(t)\Big|_a^x\\&=\sum_{n=1}^{\infty}[u_n(x)-u(a)]=\sum_{n=1}^{\infty}u_n(x)-\sum_{n=1}^{\infty}u_n(a)\\&=s(x)-s(a).\end{aligned}$$

对上述等式的两端对 x 求导数, 有 $p(x)=s'(x)$, 即和函数 $s(x)$ 在区间 I 有连续导函数, 且 $s'(x)=\sum\limits_{n=1}^{\infty} u_n'(x)$.

定理 5 指出, 在 $\sum\limits_{n=1}^{\infty} u_n'(x)$ 一致收敛的条件下, 求导运算和无限和运算可以交换次序. 即

$$\frac{\mathrm{d}}{\mathrm{d}x}\left[\sum_{n=1}^{\infty}u_n(x)\right]=\sum_{n=1}^{\infty}\frac{\mathrm{d}u_n(x)}{\mathrm{d}x}.$$

以上三个定理告诉我们, 收敛的函数级数每项具有的分析性质, 在一致收敛的条件下, 其和函数也保持同样的分析性质 (连续、可积性、可微性), 但是一致收敛仅是和函数保持同样的分析性质的充分条件, 而非必要条件. 实例从略.

习　题　10-3

1. 求下列级数的收敛域:

(1) $\sum\limits_{n=1}^{\infty}(\ln x)^n$;　　(2) $\sum\limits_{n=1}^{\infty}\dfrac{1}{2n-1}\left(\dfrac{1-x}{1+x}\right)^n$;　　(3) $\sum\limits_{n=1}^{\infty}\dfrac{1}{x^n}\sin\dfrac{\pi}{3^n}$.

2. 求级数

$$x+(x^2-x)+(x^3-x^2)+\cdots+(x^{n+1}-x^n)+\cdots$$

的收敛域与和函数.

*3. 判别下列函数级数在指定区间上的一致收敛性.

(1) $\sum\limits_{n=1}^{\infty}\dfrac{1}{x^2+2^n}$ 在 $\mathbf{R}$ 上;　　(2) $\sum\limits_{n=1}^{\infty}\dfrac{(-1)^n}{x+2^n}$ 在 $\mathbf{R}$ 上;

(3) $\sum\limits_{n=1}^{\infty}\dfrac{nx}{1+n^5x^2}$ 在 $\mathbf{R}$ 上;　　(4) $\sum\limits_{n=1}^{\infty}\dfrac{n^2x}{1+n^2x}$在$(0<x<1)$ 上;

(5) $\sum_{n=1}^{\infty} 2^n \sin \frac{1}{3^n x}$ 在 $(0,+\infty)$ 上; (6) $\sum_{n=1}^{\infty} \frac{\sin(nx)}{\sqrt[3]{n^4+x^4}}$ 在 $\mathbf{R}$ 上.

*4. 证明: 若函数级数 $\sum_{n=1}^{\infty} |f_n(x)|$ 在区间 I 一致收敛, 则函数级数 $\sum_{n=1}^{\infty} f_n(x)$ 在区间 I 一致收敛, 反之是否成立? 考虑函数级数

$$\sum_{n=1}^{\infty} (-1)^n (1-x) x^n \quad (x \in [0,1]).$$

*5. 证明: 若函数级数 $\sum_{n=1}^{\infty} f_n(x)$ 与 $\sum_{n=1}^{\infty} g_n(x)$ 在区间 I 都一致收敛, 则函数级数 $\sum_{n=1}^{\infty} af_n(x)+bg_n(x)$ 在区间 I 也一致收敛, 其中 a, b 是常数.

6. 证明: 函数 $g(x) = \sum_{n=1}^{\infty} n\mathrm{e}^{-nx}$ 在区间 $(0,+\infty)$ 连续.

7. 设函数 $f(x) = \sum_{n=0}^{\infty} \frac{x^n}{3^n} \cos(n\pi x^2)$, 求 $\lim_{x\to 1} f(x)$.

8. 设函数 $\varphi(x) = \sum_{n=1}^{\infty} \frac{\cos(nx)}{n^2}$, 求 $\int_0^{\pi} \varphi(x)\mathrm{d}x$.

9. 设函数 $h(x) = \sum_{n=1}^{\infty} \frac{1}{n^3+n^4x^3}$, 求 $h'(x)$.

10. 证明: 函数 $f(x) = \sum_{n=1}^{\infty} \frac{\sin(nx)}{n^4}$ 在 $\mathbf{R}$ 上有连续二阶导函数, 并求 $f''(x)$.

第四节 幂 级 数

本节我们讨论一类特殊的函数级数项级数——幂级数. 幂级数是一类结构很简单、应用很广泛的级数, 它的部分和是多项式. 因此, 幂级数可以看作多项式的一种推广. 比起一般函数项级数, 它有许多独特的性质.

一、 幂级数的收敛半径

定义 1 形如

$$\sum_{n=0}^{\infty} a_n x^n = a_0 + a_1 x + a_2 x^2 + \cdots + a_n x^n + \cdots \tag{10-4-1}$$

或

$$\sum_{n=0}^{\infty} a_n (x-x_0)^n = a_0 + a_1(x-x_0) + a_2(x-x_0)^2 + \cdots + a_n(x-x_0)^n + \cdots \tag{10-4-2}$$

的函数项级数称为**幂级数**, 其中 $a_0, a_1, \cdots, a_n, \cdots$ 称作**幂级数的系数**.

幂级数的特点之一在于: $\sum_{n=0}^{\infty} a_n(x-x_0)^n$ 的收敛域要么是一个点 $\{x_0\}$, 要么是以 x_0 为中心的一个区间 (可能是开区间、闭区间或半开半闭的区间), 该区间长度之半称为收敛半径.

为了简单起见, 我们只讨论形如

$$\sum_{n=0}^{\infty} a_n x^n = a_0 + a_1 x + a_2 x^2 + \cdots + a_n x^n + \cdots$$

的级数, 而一般形式的幂级数 $\sum\limits_{n=0}^{\infty} a_n (x - x_0)^n$ 通过一个简单的变量替换 $t = x - x_0$ 换成 $\sum\limits_{n=0}^{\infty} a_n t^n$. 显然, 我们若证明了幂级数 $\sum\limits_{n=0}^{\infty} a_n t^n$ 在一个以 $t = 0$ 为中心的某个区间 (可能退化成一个点) 中收敛, 那么 $\sum\limits_{n=0}^{\infty} a_n (x - x_0)^n$ 一定在以 x_0 为中心的同样长度的区间中收敛. 总之, $\sum\limits_{n=0}^{\infty} a_n t^n$ 与 $\sum\limits_{n=0}^{\infty} a_n (x - x_0)^n$ 有相同的收敛半径, 所不同的只是收敛区间的中心.

定理 1 (阿贝尔 (Abel) 定理) 对于幂级数 $\sum\limits_{n=0}^{\infty} a_n x^n$, 有下列命题成立:

(1) 若幂级数 $\sum\limits_{n=0}^{\infty} a_n x^n$ 在点 $x_1 (x_1 \neq 0)$ 处收敛, 则对于满足不等式 $|x| < |x_1|$ 的一切 x, 幂级数 $\sum\limits_{n=0}^{\infty} a_n x^n$ 在点 x 处都绝对收敛;

(2) 若幂级数 $\sum\limits_{n=0}^{\infty} a_n x^n$ 在点 $x_2 (x_2 \neq 0)$ 处发散, 则对于满足不等式 $|x| > |x_2|$ 的一切点 x, 幂级数 $\sum\limits_{n=0}^{\infty} a_n x^n$ 都发散.

证 (1) 设 $\sum\limits_{n=0}^{\infty} a_n x_1^n$ 收敛, 根据级数收敛的必要条件, 有 $\lim\limits_{n \to \infty} a_n x_1^n = 0$, 从而存在正常数 M, 使得 $|a_n x_1^n| \leqslant M (n = 1, 2, \cdots)$, 所以有

$$|a_n x^n| = \left| a_n x_1^n \cdot \frac{x^n}{x_1^n} \right| = |a_n x_1^n| \cdot \left| \frac{x}{x_1} \right|^n \leqslant M \cdot \left| \frac{x}{x_1} \right|^n.$$

因为当 $|x| < |x_1|$ 时, 等比级数 $\sum\limits_{n=0}^{\infty} M \cdot |\frac{x}{x_1}|^n$ 收敛, 所以级数 $\sum\limits_{n=0}^{\infty} |a_n x^n|$ 收敛, 也就是级数 $\sum\limits_{n=0}^{\infty} a_n x^n$ 绝对收敛.

(2) 用反证法. 若有一点 x_3, 满足 $|x_3| > |x_2|$, 而使级数 $\sum\limits_{n=0}^{\infty} a_n x_3^n$ 收敛, 则由 (1), 级数 $\sum\limits_{n=0}^{\infty} a_n x_2^n$ 绝对收敛, 这与假设矛盾. 定理得证.

由定理 1 可以看出, 若幂级数 $\sum\limits_{n=0}^{\infty} a_n x^n$ 在点 x_1(不妨假设 $x_1 > 0$) 处收敛, 则区间 $(-x_1, x_1)$ 属于收敛域, 而若幂级数 $\sum\limits_{n=0}^{\infty} a_n x^n$ 在点 x_2(不妨假设 $x_2 > 0$) 处发散, 则两个区间

$(-\infty, -x_2)$ 与 $[x_2, -\infty)$ 都属于发散域.

对于幂级数 $\sum_{n=0}^{\infty} a_n x^n$, 它的收敛性有以下三种情形:

(1) 当幂级数 $\sum_{n=0}^{\infty} a_n x^n$ 只在 $x=0$ 处收敛, 而在任意 $x \neq 0$, 级数 $\sum_{n=0}^{\infty} a_n x^n$ 都不收敛, 这时该级数的收敛域只有一个点 $x=0$.

(2) 对所有 $x \in (-\infty, +\infty)$, 级数 $\sum_{n=0}^{\infty} a_n x^n$ 都收敛, 这时该级数的收敛域是 $(-\infty, +\infty)$.

(3) 幂级数 $\sum_{n=0}^{\infty} a_n x^n$ 的收敛域既不是一点 $x=0$, 也不是在全数轴, 则必存在正数 R, 使得当 $|x|<R$ 时该幂级数绝对收敛; 当 $|x|>R$ 时幂级数发散. 此时的正数 R 称为幂级数 $\sum_{n=0}^{\infty} a_n x^n$ 的**收敛半径**. 对于情形 (1), (2), 可以规定幂级数的收敛半径分别是 $R=0$ 和 $R=+\infty$. 开区间 $(-R, R)$ 又称为级数 $\sum_{n=0}^{\infty} a_n x^n$ 的**收敛区间**.

由以上分析可知, 对于幂级数 $\sum_{n=0}^{\infty} a_n x^n$, 只要知道了它的收敛半径 R, 也就知道了它的收敛区间 $(-R, R)$, 再加上对其端点 $x= \pm R$ 处收敛性的判别, 就确定了幂级数的收敛域. 那么, 如何求幂级数 $\sum_{n=0}^{\infty} a_n x^n$ 的收敛半径呢? 我们有下述定理.

定理 2　对于幂级数 $\sum_{n=0}^{\infty} a_n x^n$, 如果 $\lim_{n \to \infty}\left|\frac{a_{n+1}}{a_n}\right|=\rho$, 其中 a_n, a_{n+1} 是幂级数的相邻两项的系数, 或 $\lim_{n \to \infty} \sqrt[n]{|a_n|}=\rho$, 则

(1) 当 $0<\rho<+\infty$ 时, 收敛半径 $R=\frac{1}{\rho}$;

(2) 当 $\rho=0$ 时, 收敛半径 $R=+\infty$;

(3) 当 $\rho=+\infty$ 时, 收敛半径 $R=0$.

证　考察幂级数 $\sum_{n=0}^{\infty} a_n x^n$, 由于

$$
\lim_{n \to \infty}\left|\frac{a_{n+1} x^{n+1}}{a_n x^n}\right|=\lim_{n \to \infty}\left|\frac{a_{n+1}}{a_n}\right| \cdot|x|=\rho|x|,
$$

(1) 当 $0<\rho<+\infty$ 时, 根据比值判别法, 当 $\rho|x|<1$, 即 $|x|<\frac{1}{\rho}$ 时级数 $\sum_{n=0}^{\infty} a_n x^n$ 绝对收敛; 而当 $\rho|x|>1$, 即 $|x|>\frac{1}{\rho}$ 时级数 $\sum_{n=0}^{\infty}|a_n x^n|$ 发散, 因而收敛半径为 $R=\frac{1}{\rho}$.

(2) 当 $\rho=0$ 时, 对任意 $x \in(-\infty,+\infty)$ 都有 $\rho|x|=0<1$, 则级数 $\sum_{n=0}^{\infty} a_n x^n$ 绝对收敛, 因此收敛半径 $R=+\infty$.

(3) 当 $\rho=+\infty$ 时, 对任意 $x\neq 0$ 时, 级数 $\sum\limits_{n=0}^{\infty}a_nx^n$ 的一般项 a_nx^n 趋向于无穷, 因而发散, 于是收敛半径 $R=0$.

例 1 求幂级数

$$1+x+\frac{x^2}{2!}+\cdots+\frac{x^n}{n!}+\cdots$$

的收敛半径和收敛域.

解 由于

$$\rho=\lim_{n\to\infty}\left|\frac{a_{n+1}}{a_n}\right|=\lim_{n\to\infty}\frac{\dfrac{1}{(n+1)!}}{\dfrac{1}{n!}}=\lim_{n\to\infty}\frac{n!}{(n+1)!}=0,$$

所以收敛半径为 $R=+\infty$, 从而收敛域为 $(-\infty,+\infty)$.

例 2 求幂级数 $\sum\limits_{n=0}^{\infty}n!x^n$ 的收敛半径.

解 由于

$$\rho=\lim_{n\to\infty}\left|\frac{a_{n+1}}{a_n}\right|=\lim_{n\to\infty}\frac{(n+1)!}{n!}=+\infty,$$

所以收敛半径为 $R=0$, 即级数仅在 $x=0$ 处收敛.

例 3 求幂级数

$$x-\frac{x^2}{2}+\frac{x^3}{3}-\frac{x^4}{4}+\cdots+(-1)^{n-1}\frac{x^n}{n}+\cdots$$

的收敛半径和收敛域.

解 由于

$$\rho=\lim_{n\to\infty}|\frac{a_{n+1}}{a_n}|=\lim_{n\to\infty}\frac{\dfrac{1}{n+1}}{\dfrac{1}{n}}=1,$$

所以收敛半径为 $R=\dfrac{1}{\rho}=1$.

当 $x=1$ 时, 幂级数成为 $\sum\limits_{n=1}^{\infty}(-1)^{n-1}\dfrac{1}{n}$, 是收敛的; 当 $x=-1$ 时, 幂级数成为 $-\sum\limits_{n=1}^{\infty}\dfrac{1}{n}$, 是发散的. 因此, 收敛域为 $(-1,1]$.

例 4 求幂级数 $\sum\limits_{n=0}^{\infty}(-1)^n\dfrac{1}{(2n+1)!}x^{2n+1}$ 的收敛域.

解 该级数中有很多项的系数为 0, 只有奇数项, 缺少偶次幂的项, 这类级数称为**缺项幂级数**. 对缺项幂级数不能应用定理 2 的公式来求收敛半径, 但这时可直接利用比值判别法.

设 $u_n(x)=(-1)^n\dfrac{1}{(2n+1)!}x^{2n+1}$, 因为

$$\lim_{n\to\infty}\left|\frac{u_n(x)}{u_{n-1}(x)}\right|=\lim_{n\to\infty}\left|\frac{\dfrac{x^{2n+1}}{(2n+1)!}}{\dfrac{x^{2n-1}}{(2n-1)!}}\right|=|x|^2\lim_{n\to\infty}\frac{1}{2n(2n+1)}=0\ (x\text{ 为任意实数}),$$

由比值判别法可知, 所给级数的收敛域为 $(-\infty,+\infty)$.

例 5 求幂级数 $\sum_{n=0}^{\infty}\frac{2^n}{n+1}x^{2n}$ 的收敛域.

解 这是缺项幂级数, 由于

$$\lim_{n\to\infty}\left|\frac{u_{n+1}(x)}{u_n(x)}\right|\lim_{n\to\infty}\left|\frac{\frac{2^{n+1}}{(n+1)+1}x^{2(n+1)}}{\frac{2^n}{n+1}x^{2n}}\right|=|x^2|\lim_{n\to\infty}\frac{2(n+1)}{n+2}=2|x|^2,$$

根据比值判别法, 当 $2|x^2|<1$, 即 $|x|<\frac{1}{\sqrt{2}}$ 时, 级数收敛; 当 $|x|>\frac{1}{\sqrt{2}}$ 时, 级数发散; 而当 $x=\pm\frac{1}{\sqrt{2}}$ 时, 级数成为 $\sum_{n=0}^{\infty}\frac{1}{n+1}$, 也发散, 所以级数的收敛域为 $\left(-\frac{1}{\sqrt{2}},\frac{1}{\sqrt{2}}\right)$.

例 6 求幂级数 $\sum_{n=1}^{\infty}\frac{3^n(x-1)^n}{\sqrt{n}}$ 的收敛域.

解 令 $t=x-1$, 上述级数变为 $\sum_{n=1}^{\infty}\frac{3^nt^n}{\sqrt{n}}$, 有

$$\rho=\lim_{n\to\infty}\left|\frac{a_{n+1}}{a_n}\right|=\lim_{n\to\infty}\frac{3^{n+1}}{\sqrt{n+1}}\cdot\frac{\sqrt{n}}{3^n}=3,$$

所以收敛半径 $R=\frac{1}{3}$.

当 $t=\frac{1}{3}$ 时, 级数成为 $\sum_{n=1}^{\infty}\frac{1}{\sqrt{n}}$, 此级数发散; 当 $t=-\frac{1}{3}$ 时, 级数成为 $\sum_{n=1}^{\infty}\frac{(-1)^n}{\sqrt{n}}$, 此级数收敛. 因此级数 $\sum_{n=1}^{\infty}\frac{3^nt^n}{\sqrt{n}}$ 的收敛域为 $\left[-\frac{1}{3},\frac{1}{3}\right)$, 即当 $-\frac{1}{3}\leqslant x-1<\frac{1}{3}$ 时, 级数 $\sum_{n=1}^{\infty}\frac{3^n(x-1)^n}{\sqrt{n}}$ 收敛, 所以原幂级数的收敛域为 $\left[\frac{2}{3},\frac{4}{3}\right)$.

二、 幂级数的性质

幂级数在其收敛区间内有一些很好的性质, 或者说在一定条件下, 它具有多项式的一些性质. 首先我们给出幂级数的四则运算. 设两个幂级数 $\sum_{n=0}^{\infty}a_nx^n$ 与 $\sum_{n=0}^{\infty}b_nx^n$, 由级数收敛的定义及绝对收敛级数的性质, 有

定理 3 设幂级数 $\sum_{n=0}^{\infty}a_nx^n$ 与 $\sum_{n=0}^{\infty}b_nx^n$ 的收敛半径分别为 R_1 与 R_2, 令 $R=\min(R_1,R_2)$, 则在区间 $(-R,R)$ 内, 有

(1) 它们相加后的幂级数收敛, 并且

$$\sum_{n=0}^{\infty}a_nx^n+\sum_{n=0}^{\infty}b_nx^n=\sum_{n=0}^{\infty}(a_n+b_n)x^n;$$

(2) 它们相乘后的幂级数收敛, 并且

$$\left(\sum_{n=0}^{\infty} a_n x^n\right) \cdot \left(\sum_{n=0}^{\infty} b_n x^n\right) = \sum_{n=0}^{\infty} (a_0 b_n + a_1 b_{n-1} + \cdots + a_n b_0) x^n.$$

证明略. (1) 的证明可直接从常数项级数的收敛性质 2 得到. (2) 之所以能做这样的乘法运算是基于它在收敛区间内绝对收敛.

两个幂级数 $\sum\limits_{n=0}^{\infty} a_n x^n$ 与 $\sum\limits_{n=0}^{\infty} b_n x^n$ 可相除, 当 $b_0 \neq 0$ 时, 且 $|x|$ 充分小时, 它们的商也是幂级数:

$$\frac{\sum\limits_{n=0}^{\infty} a_n x^n}{\sum\limits_{n=0}^{\infty} b_n x^n} = c_0 + c_1 x + c_2 x^2 + \cdots + c_n x^n + \cdots,$$

其中, $c_0, c_1, c_2, \cdots, c_n, \cdots$ 可由关系式

$$\sum_{n=0}^{\infty} b_n x^n \cdot \sum_{n=0}^{\infty} c_n x^n = \sum_{n=0}^{\infty} a_n x^n$$

所推出的一系列等式

$$\begin{aligned} &b_0 c_0 = a_0, \\ &b_1 c_0 + b_0 c_1 = a_1, \\ &\qquad\vdots \\ &b_n c_0 + b_{n-1} c_1 + \cdots + b_0 c_n = a_n \end{aligned}$$

递推确定, 只是商级数的收敛半径很难确定, 一般来说比 R_1, R_2 小得多.

关于幂级数的和函数有下列重要性质.

定理 4 设幂级数 $\sum\limits_{n=0}^{\infty} a_n x^n$ 的和函数为 $s(x)$, 收敛半径 $R > 0$, 收敛域为 I, 则

(1) $s(x)$ 在收敛域 I 上连续;

(2) $s(x)$ 在收敛区间 $(-R, R)$ 内可导, 且有逐项求导公式, 当 $|x| < R$ 时, 有

$$s'(x) = \left(\sum_{n=0}^{\infty} a_n x^n\right)' = \sum_{n=0}^{\infty} (a_n x^n)' = \sum_{n=1}^{\infty} n a_n x^{n-1};$$

(3) $s(x)$ 在收敛域 I 上可积, 且有逐项积分公式, 即当 $x \in I$ 时, 有

$$\int_0^x S(x) \mathrm{d}x = \int_0^x \left(\sum_{n=0}^{\infty} a_n x^n\right) \mathrm{d}x = \sum_{n=0}^{\infty} \int_0^x a_n x^n \mathrm{d}x = \sum_{n=0}^{\infty} \frac{a_n}{n+1} x^{n+1}.$$

注 上面定理中的逐项求导和逐项求积分后所得的幂级数的收敛半径仍为 R, 但在收敛区间端点处的收敛性有可能改变. 反复应用逐项求导结论可得: 幂级数的和函数 $s(x)$ 在其收敛区间 $(-R,R)$ 内有任意阶导数.

利用定理 4 可以求一些简单幂级数的和函数.

例 7 求幂级数 $\sum\limits_{n=0}^{\infty}\frac{1}{n+1}x^n$ 的和函数.

解 先求收敛域. 由于

$$\rho=\lim_{n\to\infty}\left|\frac{a_{n+1}}{a_n}\right|=\lim_{n\to\infty}\frac{n+1}{n+2}=1,$$

故收敛半径为 $R=1$.

在端点 $x=-1$ 处, 幂级数成为 $\sum\limits_{n=0}^{\infty}\frac{(-1)^n}{n+1}$, 它是收敛的; 在端点 $x=1$ 处, 幂级数成为 $\sum\limits_{n=0}^{\infty}\frac{1}{n+1}$, 它是发散的. 因此该级数的收敛域为 $I=[-1,1)$.

设和函数为 $s(x)$, 即

$$s(x)=\sum_{n=0}^{\infty}\frac{1}{n+1}x^n\quad(x\in[-1,1)),$$

于是

$$xs(x)=\sum_{n=0}^{\infty}\frac{1}{n+1}x^{n+1},$$

对上式两边求导得

$$[xs(x)]'=\sum_{n=0}^{\infty}\left(\frac{1}{n+1}x^{n+1}\right)'=\sum_{n=0}^{\infty}x^n=\frac{1}{1-x}\quad(x\in(-1,1)).$$

对上式从 0 到 x 积分, 得

$$xs(x)=\int_0^x\frac{1}{1-x}\mathrm{d}x=-\ln(1-x).$$

于是, 当 $x\neq0$ 时, 有 $s(x)=-\frac{1}{x}\ln(1-x)$. 又 $s(0)=1$, 从而

$$s(x)=\begin{cases}-\frac{1}{x}\ln(1-x),0<|x|<1,\\1,x=0,\end{cases}.$$

由和函数在收敛域上的连续性, $s(-1)=\lim\limits_{x\to-1^+}s(x)=\ln2$.

综上所述, 得

$$s(x)=\begin{cases}-\frac{1}{x}\ln(1-x),x\in[-1,0)\cup(0,1),\\1,x=0.\end{cases}.$$

例 8 求幂级数 $\sum_{n=1}^{\infty}(-1)^{n-1}nx^{n-1}$ 的和函数, 并求级数 $\sum_{n=1}^{\infty}\frac{n}{2^n}$ 的和.

解 由于

$$\rho=\lim_{n\to\infty}\left|\frac{a_{n+1}}{a_n}\right|=\lim_{n\to\infty}\frac{n+1}{n}=1,$$

故收敛半径 $R=1$. 容易看出幂级数收敛域为 $I=(-1,1)$.

设和函数为 $s(x)$, 即

$$s(x)=\sum_{n=1}^{\infty}(-1)^{n-1}nx^{n-1}\quad(x\in(-1,1)),$$

对上式两边积分, 得

$$\begin{aligned}\int_0^x s(x)\mathrm{d}x&=\int_0^x\left[\sum_{n=1}^{\infty}(-1)^{n-1}nx^{n-1}\right]\mathrm{d}x=\sum_{n=1}^{\infty}\int_0^x(-1)^{n-1}nx^{n-1}\mathrm{d}x\\&=\sum_{n=1}^{\infty}(-1)^{n-1}x^n=\frac{x}{1+x}\quad(x\in(-1,1)),\end{aligned}$$

再对上式两端求导, 得

$$s(x)=\left(\int_0^x s(x)\mathrm{d}x\right)'=\left(\frac{x}{1+x}\right)'=\frac{1}{(1+x)^2}\quad(x\in(-1,1)).$$

因为 $x=-\frac{1}{2}\in(-1,1)$, 在幂级数中令 $x=-\frac{1}{2}$, 即得

$$\sum_{n=1}^{\infty}\frac{n}{2^n}=\frac{1}{2}s\left(-\frac{1}{2}\right)=2.$$

例 9 求幂级数 $\sum_{n=0}^{\infty}(-1)^n\frac{x^{2n+1}}{2n+1}$ 的和函数, 并求级数 $\sum_{n=0}^{\infty}(-1)^n\frac{1}{2n+1}$ 的和.

解 不难算出级数 $\sum_{n=0}^{\infty}(-1)^n\frac{x^{2n+1}}{2n+1}$ 的收敛域为 $[-1,1]$. 设

$$s(x)=\sum_{n=0}^{\infty}(-1)^n\frac{x^{2n+1}}{2n+1}\quad(x\in[-1,1]).$$

在 $(-1,1)$ 上对此级数逐项求导得

$$s'(x)=\sum_{n=0}^{\infty}(-1)^n x^{2n}=\frac{1}{1+x^2}\quad(x\in(-1,1)),$$

两边求积并注意 $s(0)=0$, 得

$$\begin{aligned}s(x)&=\int_0^x s'(x)\mathrm{d}x=\int_0^x\frac{1}{1+x^2}\mathrm{d}x\\&=\arctan x\quad(x\in(-1,1)).\end{aligned}$$

由级数 $\sum_{n=0}^{\infty}(-1)^n\frac{x^{2n+1}}{2n+1}$ 在 $x=\pm 1$ 处收敛, 可知 $s(x)$ 在闭区间 $[-1,1]$ 上连续, 于是可将上式延拓到闭区间上, 即

$$s(x)=\arctan x \quad (x\in[-1,1]),$$

亦即

$$\sum_{n=0}^{\infty}(-1)^n\frac{1}{2n+1}x^{2n+1}=\arctan x \quad (x\in[-1,1]).$$

特别地,

$$\sum_{n=0}^{\infty}(-1)^n\frac{1}{2n+1}=\arctan 1=\frac{\pi}{4}.$$

习　题　10-4

1. 求下列幂级数的收敛半径和收敛域:

(1) $1-x+\frac{x^2}{2^2}+\cdots+(-1)^n\frac{x^n}{n^2}+\cdots$;

(2) $x+2^2x^2+3^2x^3+\cdots+n^2x^n+\cdots$;

(3) $\frac{x}{1}+\frac{x^2}{1\times 3}+\frac{x^3}{1\times 3\times 5}+\cdots+\frac{x^n}{1\times 3\times\cdots\times(2n-1)}+\cdots$;

(4) $\frac{2}{2}x+\frac{2^2}{5}x^2+\frac{2^3}{10}x^3+\cdots+\frac{2^n}{n^2+1}x^n+\cdots$;

(5) $\frac{x}{3}+\frac{1}{2}\left(\frac{x}{3}\right)^2+\frac{1}{3}\left(\frac{x}{3}\right)^3+\cdots+\frac{1}{n}\left(\frac{x}{3}\right)^n+\cdots$;

(6) $\sum_{n=0}^{\infty}\frac{(-1)^n x^{2n}}{(2n)!}$;

(7) $\sum_{n=1}^{\infty}\frac{2n-1}{2^n}x^{2n-1}$;

(8) $\sum_{n=1}^{\infty}\frac{(x-1)^n}{2^n n}$.

2. 求下列幂级数在收敛域内的和函数:

(1) $\sum_{n=1}^{\infty}nx^{n-1}$;

(2) $\sum_{n=1}^{\infty}\frac{x^{4n+1}}{4n+1}$;

(3) $\sum_{n=0}^{\infty}\frac{x^{2n+1}}{2n+1}$;

(4) $\sum_{n=0}^{\infty}2^n(2n+1)x^{2n}$.

3. 求幂级数 $\sum_{n=1}^{\infty}\frac{2n-1}{2^n}x^{2n-2}$ 的和函数, 并求数项级数 $\sum_{n=1}^{\infty}\frac{2n-1}{2^n}$ 的和.

4. 求下列数项级数的和:

(1) $\sum_{n=1}^{\infty}\frac{1}{(n+1)2^n}$;

(2) $\sum_{n=1}^{\infty}(-1)^{n+1}\frac{n(n+1)}{2^n}$.

5. 设幂级数 $\sum_{n=0}^{\infty}a_nx^n$ 在 $x=3$ 处条件收敛, 求 $\sum_{n=1}^{\infty}na_n(x-1)^{n+1}$ 的收敛区间.

6. 证明 $y=\sum_{n=0}^{\infty}\frac{x^n}{(n!)^2}$ 满足等式 $xy''+y'-y=0$.

第五节　函数展开成幂级数

在上一节中, 我们讨论了幂级数的收敛域, 以及在收敛域内幂级数的和函数的性质. 现在我们研究相反的问题：已知一个函数 $f(x)$, 是否能找到一个幂级数, 这个幂级数的和函数在某一点附近正好是事先给定的函数 $f(x)$? 这就是所谓的幂级数的展开问题.

一、 泰勒级数

如果对于给定的函数 $f(x)$ 可确定一个幂级数, 在这个幂级数的收敛区间内, 幂级数的和函数就是 $f(x)$, 则称**函数 $f(x)$ 在该区间能展开成幂级数**.

在第三章第三节中, 我们得到当函数 $f(x)$ 在点 x_0 的某一邻域内具有直到 $n+1$ 阶的导数时, 在该邻域内 $f(x)$ 的 n 阶泰勒公式成立:

$$f(x)=f(x_0)+f'(x_0)(x-x_0)+\frac{f''(x_0)}{2!}(x-x_0)^2+\cdots+\frac{f^{(n)}(x_0)}{n!}(x-x_0)^n+R_n(x) \quad (10\text{-}5\text{-}1)$$

其中, $R_n(x)$ 为拉格朗日型余项：

$$R_n(x)=\frac{f^{(n+1)}(\xi)}{(n+1)!}(x-x_0)^{n+1} \quad (\xi \text{ 介于 } x \text{ 与 } x_0 \text{ 之间}).$$

由泰勒公式知, 在该领域内函数 $f(x)$ 可用 n 次多项式

$$p_n(x)=f(x_0)+f'(x_0)(x-x_0)+\frac{f''(x_0)}{2!}(x-x_0)^2+\cdots+\frac{f^{(n)}(x_0)}{n!}(x-x_0)^n$$

来近似表示, 且误差是其余项的绝对值 $|R_n(x)|$. 如果 $|R_n(x)|$ 随着 n 的增大而减小, 则可以用增加多项式 $p_n(x)$ 的次数的方法来提高精确度.

如果 $f(x)$ 在点 x_0 的某一邻域内具有任意阶的导数 $f'(x),f''(x),\cdots,f^{(n)}(x),\cdots$, 则让多项式 $p_n(x)$ 中项数趋于无穷而成为幂级数

$$\begin{aligned}\sum_{n=0}^{\infty}\frac{f^{(n)}(x_0)}{n!}(x-x_0)^n=&f(x_0)+f'(x_0)(x-x_0)+\frac{f''(x_0)}{2!}(x-x_0)^2+\\&+\frac{f'''(x_0)}{3!}(x-x_0)^3+\cdots+\frac{f^{(n)}(x_0)}{n!}(x-x_0)^n+\cdots,\end{aligned} \quad (10\text{-}5\text{-}2)$$

称此幂级数为函数 $f(x)$ 的**泰勒级数**.

显然, 当 $x=x_0$ 时, $f(x)$ 的泰勒级数收敛于 $f(x_0)$. 那么除了 $x=x_0$ 外, $f(x)$ 的泰勒级数是否收敛? 如果收敛, 它是否一定收敛于 $f(x)$? 下面的定理给出函数能展开成幂级数的充分必要条件.

定理 1　设函数 $f(x)$ 在点 x_0 的某一邻域 $U(x_0)$ 内具有任意阶导数, 则 $f(x)$ 在该邻域内能展开成泰勒级数的充分必要条件是, $f(x)$ 的泰勒公式中的余项 $R_n(x)$ 当 $n\to\infty$ 时的极限为零, 即

$$\lim_{n\to\infty}R_n(x)=0 \quad (x\in U(x_0)).$$

证 必要性 设 $f(x)$ 在 $U(x_0)$ 内能展开为泰勒级数, 即

$$f(x)=f(x_0)+f'(x_0)(x-x_0)+\frac{f''(x_0)}{2!}(x-x_0)^2+\cdots+\frac{f^{(n)}(x_0)}{n!}(x-x_0)^n+\cdots \quad (10\text{-}5\text{-}3)$$

对一切 $x\in U(x_0)$ 成立.

假设 $s_{n+1}(x)$ 是 $f(x)$ 泰勒级数的前 $n+1$ 项的和, 则在 $U(x_0)$ 内

$$\lim_{n\to\infty}s_{n+1}(x)=f(x),$$

而 $f(x)$ 的 n 阶泰勒公式可写成

$$f(x)=s_{n+1}(x)+R_n(x),$$

于是

$$\lim_{n\to\infty}R_n(x)=\lim_{n\to\infty}[f(x)-s_{n+1}(x)]=f(x)-f(x)=0.$$

所以定理 1 的必要性得证.

充分性 设 $\lim\limits_{n\to\infty}R_n(x)=0$ 对一切 $x\in U(x_0)$ 成立. 由 $f(x)$ 的 n 阶泰勒公式可得

$$s_{n+1}(x)=f(x)-R_n(x),$$

对上式取极限, 得

$$\lim_{n\to\infty}s_{n+1}(x)=\lim_{n\to\infty}[f(x)-R_n(x)]=f(x),$$

则函数 $f(x)$ 的泰勒级数 (10-5-2) 在 $U(x_0)$ 内收敛, 且收敛于 $f(x)$. 定理 1 的充分性得证.

特别地, 当 $x_0=0$ 时, 级数形如

$$f(0)+f'(0)x+\frac{f''(0)}{2!}x^2+\cdots+\frac{f^{(n)}(0)}{n!}x^n+\cdots, \quad (10\text{-}5\text{-}4)$$

称式 (10-5-4) 为 $f(x)$ 的**麦克劳林级数**.

由定理 1 可知, 在点 $x_0=0$ 的某一邻域内, 若 $\lim\limits_{n\to\infty}R_n(x)=0$, 则有

$$f(x)=f(0)+f'(0)x+\frac{f''(0)}{2!}x^2+\cdots+\frac{f^{(n)}(0)}{n!}x^n+\cdots, \quad (10\text{-}5\text{-}5)$$

即函数 $f(x)$ 可以展开成 x 的幂级数.

下面给出当函数能展开成 x 的幂级数时, 它的系数与麦克劳林级数的系数之间的关系.

定理 2 如果函数 $f(x)$ 在点 $x_0=0$ 某邻域 $(-R,R)(R>0)$ 内, 可以展开成 x 的幂级数, 即

$$f(x)=a_0+a_1x+a_2x^2+\cdots+a_nx^n+\cdots, \quad (10\text{-}5\text{-}6)$$

那么系数 a_n 满足

$$a_n=\frac{f^{(n)}(0)}{n!}\quad (n=0,1,2,\cdots).$$

证　由式 (10-5-6) 可知, 函数 $f(x)$ 在 $(-R,R)$ 内具有任意阶导数, 由于

$$f(x)=a_0+a_1x+a_2x^2+\cdots+a_nx^n+\cdots$$

在收敛区间内逐项求导, 得

$$\begin{aligned}
f'(x)&=a_1+2a_2x+\cdots+na_nx^{n-1}+\cdots,\\
f''(x)&=2!a_2+3\cdot 2a_3x+\cdots+n(n-1)a_nx^{n-2}+\cdots,\\
f'''(x)&=3!a_3+\cdots+n(n-1)(n-2)a_nx^{n-3}+\cdots,\\
&\vdots\\
f^{(n)}(x)&=n!a_n+(n+1)n(n-1)\cdots 2a_{n+1}x+\cdots.
\end{aligned}$$

把 $x=0$ 代入以上各式, 得

$$a_0=f(0),\quad a_1=f'(0),\quad a_2=\frac{f''(0)}{2!},\ \cdots\ ,a_n=\frac{f^{(n)}(0)}{n!},\cdots$$

即

$$a_n=\frac{f^{(n)}(0)}{n!}\quad (n=0,1,2,\cdots).$$

定理 2 说明, 对于给定的函数 $f(x)$, 如果有一个幂级数能收敛到 $f(x)$, 那么这个幂级数的系数是被 $f(x)$ 唯一确定的, 因此该幂级数的展开式是唯一的, 这一性质称为幂级数展开式的唯一性. 那么下面我们详细讨论若干基本初等函数的幂级数的展开式.

二、 函数展开为幂级数

1. 直接展开法

将函数 $f(x)$ 展开成麦克劳林级数, 可按下面的步骤进行:

(1) 求出 $f(x)$ 的各阶导数 $f'(x),f''(x),\cdots,f^{(n)}(x),\cdots$, 并求出函数在 $x=0$ 处的函数值 $f(0)$ 与各阶导数值: $f'(0),f''(0),\cdots,f^{(n)}(0),\cdots$;

(2) 写出幂级数

$$f(0)+f'(0)x+\frac{f''(0)}{2!}x^2+\cdots+\frac{f^{(n)}(0)}{n!}x^n+\cdots,$$

并求出其收敛半径 R;

(3) 考察当 $x\in(-R,R)$ 时极限

$$\lim_{n\to\infty}R_n(x)=\lim_{n\to\infty}\frac{f^{(n+1)}(\xi)}{(n+1)!}x^{n+1}=0\quad (\xi \text{ 在 } 0 \text{ 与 } x \text{ 之间})$$

是否成立. 如果成立, 则函数 $f(x)$ 在区间 $(-R,R)$ 内的幂级数展开式为

$$f(x)=f(0)+f'(0)x+\frac{f''(0)}{2!}x^2+\cdots+\frac{f^{(n)}(0)}{n!}x^n+\cdots.$$

例 1 将函数 $f(x)=\mathrm{e}^x$ 展开成 x 的幂级数.

解 所给函数的各阶导数为

$$f^{(n)}(x)=\mathrm{e}^x \quad (n=0,1,2,\cdots),$$

因此 $f^{(n)}(0)=1(n=0,1,2,\cdots)$, 于是得到函数的麦克劳林级数

$$1+x+\frac{1}{2!}x^2+\cdots+\frac{1}{n!}x^n+\cdots,$$

它的收敛半径 $R=+\infty$.

对于任何有限的数 x,ξ(ξ 在 0 与 x 之间), 余项的绝对值为

$$|R_n(x)|=\left|\frac{\mathrm{e}^{\xi}}{(n+1)!}x^{n+1}\right|<\mathrm{e}^{|x|}\cdot\frac{|x|^{n+1}}{(n+1)!},$$

因 $\mathrm{e}^{|x|}$ 有限, 而级数 $\sum\limits_{n=1}^{\infty}\frac{|x|^{n+1}}{(n+1)!}$ 是收敛级数, 它的一般项 $\frac{|x|^{n+1}}{(n+1)!}\to 0(n\to\infty)$, 所以 $\lim\limits_{n\to\infty}|R_n(x)|=0$, 于是展开式为

$$\mathrm{e}^x=1+x+\frac{1}{2!}x^2+\cdots+\frac{1}{n!}x^n+\cdots \quad (-\infty<x<+\infty).$$

例 2 将函数 $f(x)=\sin x$ 展开成 x 的幂级数.

解 由于所给函数的各阶导数为

$$f^{(n)}(x)=\sin\left(x+n\cdot\frac{\pi}{2}\right) \quad (n=0,1,2,\cdots),$$

所以

$$f(0)=0,\ f'(0)=1,\ f''(0)=0,\ f'''(0)=-1,\ f^{(4)}(0)=0,\ \cdots,$$
$$f^{(2n-1)}(0)=(-1)^{n-1},\ f^{(2n)}(0)=0,\ \cdots,$$

于是有级数

$$x-\frac{x^3}{3!}+\frac{x^5}{5!}-\cdots+(-1)^{n-1}\frac{x^{2n-1}}{(2n-1)!}+\cdots,$$

它的收敛半径为 $R=+\infty$.

对于任何有限的数 x, ξ(ξ 在 0 与 x 之间),

$$|R_n(x)|=\left|\frac{\sin\left[\xi+\frac{(n+1)\pi}{2}\right]}{(n+1)!}x^{n+1}\right|\leqslant\frac{|x|^{n+1}}{(n+1)!}\to 0 \quad (n\to\infty).$$

因此得展开式

$$\sin x=x-\frac{x^3}{3!}+\frac{x^5}{5!}-\cdots+(-1)^{n-1}\frac{x^{2n-1}}{(2n-1)!}+\cdots \quad (-\infty<x<+\infty).$$

从以上例子可看出, 这种直接展开的方法对基本的初等函数如 $\sin x, \cos x$ 及 e^x 才能做到, 先按公式 $a_n = \dfrac{f^{(n)}(0)}{n!}$ 计算幂级数的系数, 然后考察余项 $R_n(x)$ 是否趋于 0. 但是对于 $\arctan x, \ln(1+x)$ 等函数, 用拉格朗日余项则不易证明余项 $R_n(x)$ 都趋于 0, 因而必须用其他方法或其他形式的余项公式来解决问题. 因此, 下面我们讨论间接展开的方法.

2. 间接展开法

根据函数展开为幂级数的唯一性, 根据某些已知的函数的幂级数展开式, 利用幂级数的四则运算, 逐项求导、逐项求积分及变量代换等, 将所给函数展开成幂级数. 称这种方法为间接展开法, 它是求函数的幂级数展开式的常用方法. 该方法不仅计算简单, 而且可避免讨论余项.

例 3　将函数 $f(x) = \cos x$ 展开成 x 的幂级数.

解　由例 2 知:

$$\sin x = x - \frac{x^3}{3!} + \frac{x^5}{5!} - \cdots + (-1)^n \frac{x^{2n+1}}{(2n+1)!} + \cdots \quad (-\infty < x < +\infty),$$

对上式两边逐项求导得

$$\cos x = 1 - \frac{x^2}{2!} + \frac{x^4}{4!} - \cdots + (-1)^n \frac{x^{2n}}{(2n)!} + \cdots \quad (-\infty < x < +\infty).$$

例 4　将函数 $f(x) = \ln(1+x)$ 展开成 x 的幂级数.

解　因为 $f'(x) = \dfrac{1}{1+x}$, 而且当 $-1 < x < 1$ 时,

$$\frac{1}{1+x} = 1 - x + x^2 - \cdots + (-1)^n x^n + \cdots,$$

对上式两端积分, 得

$$\int_0^x \frac{1}{1+x}\mathrm{d}x = \int_0^x \left[1 - x + x^2 - \cdots + (-1)^n x^n + \cdots\right]\mathrm{d}x,$$

即

$$\ln(1+x) = x - \frac{x^2}{2} + \frac{x^3}{3} - \frac{x^4}{4} + \cdots + (-1)^n \frac{x^{n+1}}{n+1} + \cdots \quad (-1 < x \leqslant 1).$$

上面的展开式当 $x = 1$ 时也成立, 这是因为上式右端的幂级数当 $x = 1$ 时收敛, 而 $\ln(1+x)$ 在 $x = 1$ 处有定义且连续.

例 5　将函数 $f(x) = (1+x)^\alpha$ 展开成 x 的幂级数, 其中 α 为任意常数.

解　为了避免讨论余项 $R_n(x)$, 我们采用以下步骤进行: 先求出 $(1+x)^\alpha$ 的麦克劳林级数, 并求出收敛区间, 再设在收敛区间上该麦克劳林级数的和函数为 $\varphi(x)$, 然后再证明 $\varphi(x) = (1+x)^\alpha$.

由于 $f(x)=(1+x)^\alpha$ 的各阶导数为

$$\begin{aligned} f'(x) &= \alpha(1+x)^{\alpha-1}, \\ f''(x) &= \alpha(\alpha-1)(1+x)^{\alpha-2}, \\ &\vdots \\ f^{(n)}(x) &= \alpha(\alpha-1)(\alpha-2)\cdots(\alpha-n+1)(1+x)^{\alpha-n}, \end{aligned}$$

所以

$$f(0)=1, f'(0)=\alpha, f''(0)=\alpha(\alpha-1),\cdots, f^{(n)}(0)=\alpha(\alpha-1)(\alpha-2)\cdots(\alpha-n+1),\cdots,$$

对 $f(0)=1$, 于是得麦克劳林级数

$$1+\alpha x+\frac{\alpha(\alpha-1)}{2!}x^2+\cdots+\frac{\alpha(\alpha-1)\cdots(\alpha-n+1)}{n!}x^n+\cdots.$$

此级数相邻两项的系数之比的绝对值

$$\left|\frac{a_{n+1}}{a_n}\right|=\left|\frac{\alpha-n}{n+1}\right|=1 \quad (n\to\infty),$$

故收敛半径 $R=1$, 收敛区间为 $(-1,1)$.

假设在 $(-1,1)$ 内它的和函数为 $\varphi(x)$, 即

$$\varphi(x)=1+\alpha x+\frac{\alpha(\alpha-1)}{2!}x^2+\cdots+\frac{\alpha(\alpha-1)\cdots(\alpha-n+1)}{n!}x^n+\cdots \quad (x\in(-1,1)),$$

则

$$\begin{aligned} \varphi'(x) &= \alpha+\frac{\alpha(\alpha-1)}{1}x+\cdots+\frac{\alpha(\alpha-1)\cdots(\alpha-n+1)}{(n-1)!}x^{n-1}+\cdots \\ &= \alpha\left[1+\frac{\alpha-1}{1}x+\cdots+\frac{(\alpha-1)\cdots(\alpha-n+1)}{(n-1)!}x^{n-1}+\cdots\right], \end{aligned}$$

从而

$$\begin{aligned} (1+x)\varphi'(x) &= \alpha\left\{1+[(\alpha-1)+1]\,x+\cdots+\left[\frac{(\alpha-1)\cdots(\alpha-n+1)}{(n-1)!}+\frac{(\alpha-1)\cdots(\alpha-n)}{n!}\right]x^n+\cdots\right\} \\ &= \alpha\left[1+\alpha x+\cdots+\frac{(\alpha-1)\cdots(\alpha-n+1)}{n!}x^n+\cdots\right] \\ &= \alpha\varphi(x) \quad (-1<x<1), \end{aligned}$$

所以 $\varphi(x)$ 满足一阶微分方程

$$\frac{\varphi'(x)}{\varphi(x)}=\frac{\alpha}{1+x}, \text{ 且 } \varphi(0)=1.$$

解得

$$\varphi(x)=(1+x)^{\alpha},$$

所以在区间 $(-1,1)$ 我们有展开式

$$(1+x)^{\alpha}=1+\frac{\alpha}{1!}x+\frac{\alpha(\alpha-1)}{2!}x^2+\cdots+\frac{\alpha(\alpha-1)\cdots(\alpha-n+1)}{n!}x^n+\cdots\quad(-1<x<1),\tag{10-5-7}$$

在区间 $(-1,1)$ 的端点处, 展开式是否收敛需要视 α 的值而定.

公式 (10-5-7) 称为二项式展开公式. 特别地, 当 α 是正整数时, 它就是通常的二项式公式. 在二项式展式中, 取 α 为不同的实数值, 可得到不同的幂函数展开式, 例如取 $\alpha=\frac{1}{2}$, $\alpha=-\frac{1}{2}$, 分别得

$$\sqrt{1+x}=1+\frac{1}{2}x-\frac{1}{2\times4}x^2+\frac{1\times3}{2\times4\times6}x^3+\frac{1\times3\times5}{2\times4\times6\times8}x^4+\cdots\quad(-1\leqslant x\leqslant1),$$

$$\frac{1}{\sqrt{1+x}}=1-\frac{1}{2}x+\frac{1\times3}{2\times4}x^2-\frac{1\times3\times5}{2\times4\times6}x^3+\frac{1\times3\times5\times7}{2\times4\times6\times8}x^4+\cdots\quad(-1<x\leqslant1).$$

关于函数 $\frac{1}{1-x}$, e^x, $\sin x$, $\cos x$, $\ln(1+x)$ 及 $(1+x)^{\alpha}$ 的幂级数展开式, 以后可以直接引用, 读者要熟记.

例 6　将函数 $\frac{1}{(1-x)(2-x)}$ 展开成 x 的幂级数.

解　因为

$$\frac{1}{(1-x)(2-x)}=\frac{1}{1-x}-\frac{1}{2-x},$$

而

$$\frac{1}{1-x}=\sum_{n=0}^{\infty}x^n\quad(-1<x<1),$$

$$\frac{1}{2-x}=\frac{1}{2}\cdot\frac{1}{1-\frac{x}{2}}=\frac{1}{2}\sum_{n=0}^{\infty}\left(\frac{x}{2}\right)^n\quad(-2<x<2),$$

因此, 当 $-1<x<1$ 时, 有

$$\frac{1}{(1-x)(2-x)}=\sum_{n=0}^{\infty}x^n-\frac{1}{2}\sum_{n=0}^{\infty}\left(\frac{x}{2}\right)^n=\sum_{n=0}^{\infty}\left(1-\frac{1}{2^{n+1}}\right)x^n.$$

例 7　将函数 $f(x)=\arctan x$ 展开成 x 的幂级数.

解　因为

$$f'(x)=\frac{1}{1+x^2}=\sum_{n=0}^{\infty}(-1)^n x^{2n}\quad(-1<x<1),$$

两边积分, 得

$$
\begin{aligned}
f(x)=\arctan x&=\int_0^x\sum_{n=0}^{\infty}(-1)^n x^{2n}\mathrm{d}x\\
&=\sum_{n=0}^{\infty}(-1)^n\int_0^x x^{2n}\mathrm{d}x=\sum_{n=0}^{\infty}(-1)^n\frac{1}{2n+1}x^{2n+1}\quad(-1<x<1).
\end{aligned}
$$

例 8 将函数 $\ln x$ 展开成 $x-3$ 的幂级数.

解 由于

$$
\ln x=\ln[3+(x-3)]=\ln 3+\ln\left(1+\frac{x-3}{3}\right),
$$

当 $-1<x\leqslant 1$ 时, 有

$$
\ln(1+x)=\sum_{n=1}^{\infty}(-1)^{n-1}\frac{x^n}{n},
$$

所以, 当 $-1<\dfrac{x-3}{3}\leqslant 1$, 即 $0<x\leqslant 6$ 时, 有

$$
\ln x=\ln 3+\sum_{n=1}^{\infty}\frac{(-1)^{n-1}}{3^n n}(x-3)^n.
$$

例 9 将函数 $f(x)=\dfrac{1}{(x-1)(x+3)}$ 展开成 $x-2$ 的幂级数.

解 令 $t=x-2$, 即 $x=t+2$,

$$
\begin{aligned}
f(x)=g(t)&=\frac{1}{(t+1)(t+5)}\\
&=\frac{1}{4}\left(\frac{1}{1+t}-\frac{1}{5+t}\right)=\frac{1}{4}\left[\frac{1}{1+t}-\frac{1}{5\left(1+\frac{t}{5}\right)}\right]\\
&=\frac{1}{4}\left[\sum_{n=0}^{\infty}(-1)^n t^n-\frac{1}{5}(-1)^n\left(\frac{t}{5}\right)^n\right]\\
&=\frac{1}{4}\sum_{n=0}^{\infty}(-1)^n\left(1-\frac{1}{5^{n+1}}\right)t^n\quad(-1<t<1)\\
&=\frac{1}{4}\sum_{n=0}^{\infty}(-1)^n\left(1-\frac{1}{5^{n+1}}\right)(x-2)^n\quad(1<x<3),
\end{aligned}
$$

得展开式

$$
f(x)=\frac{1}{(x-1)(x+3)}=\frac{1}{4}\sum_{n=0}^{\infty}(-1)^n\left(1-\frac{1}{5^{n+1}}\right)(x-2)^n\quad(1<x<3).
$$

三、函数的幂级数展开式的应用

幂级数的应用比较广泛, 这里我们只给出幂级数近似计算中的应用, 现举例来说明.

例 10　计算 $\ln 2$ 的近似值, 使误差不超过 10^{-4}.

解　对数函数 $\ln(1+x)$ 的幂级数展开式是

$$\ln(1+x)=x-\frac{x^2}{2}+\frac{x^3}{3}-\frac{x^4}{4}+\cdots+(-1)^n\frac{x^{n+1}}{n+1}+\cdots\quad(-1<x\leqslant 1),$$

令 $x=1$ 可得

$$\ln 2=1-\frac{1}{2}+\frac{1}{3}-\frac{1}{4}+\cdots+(-1)^{n-1}\frac{1}{n}+\cdots.$$

应用该级数计算自然对数的近似值的缺点是 x 的变化范围小且收敛速度太慢, 为使绝对误差小于 10^{-4}, 我们取此级数前 10000 项的和作为 $\ln 2$ 的近似值, 计算量太大. 为此我们在此基础上构造一个新级数, 既扩大了 x 的变化范围, 又可提高收敛速度. 具体做法如下:

在 $\ln(1+x)$ 展开式中以 $-x$ 代替 $x(-1<x<1)$, 有

$$\ln(1-x)=-x-\frac{x^2}{2}-\frac{x^3}{3}-\frac{x^4}{4}-\cdots-\frac{x^{n+1}}{n+1}-\cdots,$$

两式相减, 得到不含偶次幂的展开式:

$$\ln\frac{1+x}{1-x}=\ln(1+x)-\ln(1-x)=2\left(x+\frac{x^3}{3}+\frac{x^5}{5}+\cdots+\frac{x^{2n-1}}{2n-1}+\cdots\right)\quad(-1<x<1).$$

令 $\dfrac{1+x}{1-x}=2$, 则 $x=\dfrac{1}{3}$, 代入上式得

$$\ln 2=2\left[\frac{1}{3}+\frac{1}{3}\left(\frac{1}{3}\right)^3+\frac{1}{5}\left(\frac{1}{3}\right)^5+\cdots+\frac{1}{2n-1}\left(\frac{1}{3}\right)^{2n-1}+\cdots\right],$$

取 $n=4$, 则误差为

$$|r_4|=2\left(\frac{1}{9}\times\frac{1}{3^9}+\frac{1}{11}\times\frac{1}{3^{11}}+\frac{1}{13}\times\frac{1}{3^{13}}+\cdots\right)<\frac{2}{3^{11}}\left[1+\frac{1}{9}+\left(\frac{1}{9}\right)^2+\cdots\right]$$

$$=\frac{2}{3^{11}}\times\frac{1}{1-\dfrac{1}{9}}=\frac{1}{4\times 3^9}<\frac{1}{70000},$$

于是

$$\ln 2\approx 2\left(\frac{1}{3}+\frac{1}{3}\times\frac{1}{3^3}+\frac{1}{5}\times\frac{1}{3^5}+\frac{1}{7}\times\frac{1}{3^7}\right)\approx 0.6931.$$

例 11　计算积分 $\dfrac{2}{\sqrt{\pi}}\displaystyle\int_0^{\frac{1}{2}}\mathrm{e}^{-x^2}\mathrm{d}x$ 的近似值, 要求误差不超过 $10^{-4}\left(\text{取 }\dfrac{1}{\sqrt{\pi}}\approx 0.56419\right)$.

解 由于 e^{-x^2} 的原函数不是初等函数, 所以只能用近似计算来求此定积分. 将 e^x 的幂级数展开式中 x 换成 $-x^2$, 就得到被积函数 e^{-x^2} 幂级数展开式

$$\begin{aligned}\mathrm{e}^{-x^2} &= 1+\frac{(-x^2)}{1!}+\frac{(-x^2)^2}{2!}+\frac{(-x^2)^3}{3!}+\cdots+\frac{(-x^2)^n}{n!}+\cdots\\ &=\sum_{n=0}^{\infty}(-1)^n\frac{x^{2n}}{n!}\quad(-\infty<x<\infty),\end{aligned}$$

由幂级数在收敛区间内逐项积分,

$$\begin{aligned}\frac{2}{\sqrt{\pi}}\int_0^{\frac12}\mathrm{e}^{-x^2}\mathrm{d}x &= \frac{2}{\sqrt{\pi}}\int_0^{\frac12}\sum_{n=0}^{\infty}(-1)^n\frac{x^{2n}}{n!}\mathrm{d}x\\ &=\frac{2}{\sqrt{\pi}}\sum_{n=0}^{\infty}\frac{(-1)^n}{n!}\int_0^{\frac12}x^{2n}\mathrm{d}x\\ &=\frac{1}{\sqrt{\pi}}\left(1-\frac{1}{2^2\times 3}+\frac{1}{2^4\times 5\times 2!}-\frac{1}{2^6\times 7\times 3!}+\cdots\right).\end{aligned}$$

取前四项的和作为近似值, 其误差为

$$|r_4|\leqslant\frac{1}{\sqrt{\pi}}\cdot\frac{1}{2^8\times 9\times 4!}<\frac{1}{90000},$$

所以

$$\frac{2}{\sqrt{\pi}}\int_0^{\frac12}\mathrm{e}^{-x^2}\mathrm{d}x\approx\frac{1}{\sqrt{\pi}}\left(1-\frac{1}{2^2\times 3}+\frac{1}{2^4\times 5\times 2!}-\frac{1}{2^6\times 7\times 3!}\right)\approx 0.5205.$$

最后利用幂级数展开的方法可导出欧拉 (Euler) 公式.

类似于实数项级数的收敛性, 我们可定义复数项级数

$$\sum_{n=1}^{\infty}(u_n+\mathrm{i}v_n)=(u_1+\mathrm{i}v_1)+(u_2+\mathrm{i}v_2)+\cdots+(u_n+\mathrm{i}v_n)+\cdots$$

的收敛性, 其中 $u_n, v_n(n=1,2,\cdots)$ 为实数或实函数. 如果实部所成的级数 $\sum\limits_{n=1}^{\infty}u_n$ 收敛于和 u, 且虚部所成的级数 $\sum\limits_{n=1}^{\infty}v_n$ 收敛于和 v, 则称复数项级数 $\sum\limits_{n=1}^{\infty}(u_n+\mathrm{i}v_n)$ 收敛于和 $u+\mathrm{i}v$.

如果由复数项级数 $\sum\limits_{n=1}^{\infty}(u_n+\mathrm{i}v_n)$ 各项的模所构成的级数 $\sum\limits_{n=1}^{\infty}\sqrt{u_n^2+v_n^2}$ 收敛, 则称级数 $\sum\limits_{n=1}^{\infty}(u_n+\mathrm{i}v_n)$ 绝对收敛.

考察复数项级数

$$1+z+\frac{1}{2!}z^2+\cdots+\frac{1}{n!}z^n+\cdots\quad(z=x+\mathrm{i}y),$$

可以证明此级数在复平面上是绝对收敛的, 在 x 轴上 $(z=x)$ 它表示指数函数 e^x, 在复平面上我们用它来定义复变量指数函数, 记为 e^z. 即

$$\mathrm{e}^z=1+z+\frac{1}{2!}z^2+\cdots+\frac{1}{n!}z^n+\cdots\quad(|z|<\infty).$$

当 $x=0$ 时, 复数 z 为纯虚数 $\mathrm{i}y$, 有

$$\begin{aligned}
\mathrm{e}^{\mathrm{i}y} &= 1+\mathrm{i}y+\frac{1}{2!}(\mathrm{i}y)^2+\cdots+\frac{1}{n!}(\mathrm{i}y)^n+\cdots \\
&= 1+\mathrm{i}y-\frac{1}{2!}y^2-\mathrm{i}\frac{1}{3!}y^3+\frac{1}{4!}y^4+\mathrm{i}\frac{1}{5!}y^5-\cdots \\
&= \left(1-\frac{1}{2!}y^2+\frac{1}{4!}y^4-\cdots\right)+\mathrm{i}\left(y-\frac{1}{3!}y^3+\frac{1}{5!}y^5-\cdots\right) \\
&= \cos y+\mathrm{i}\sin y.
\end{aligned}$$

将 y 换成 x, 上式变为

$$\mathrm{e}^{\mathrm{i}x}=\cos x+\mathrm{i}\sin x,$$

称该公式为**欧拉公式**.

在欧拉公式中, 以 $-x$ 代 x, 得

$$\mathrm{e}^{-\mathrm{i}x}=\cos x-\mathrm{i}\sin x,$$

由此得

$$\begin{aligned}
\cos x &= \frac{1}{2}(\mathrm{e}^{\mathrm{i}x}+\mathrm{e}^{-\mathrm{i}x}), \\
\sin x &= \frac{1}{2\mathrm{i}}(\mathrm{e}^{\mathrm{i}x}-\mathrm{e}^{-\mathrm{i}x}).
\end{aligned}$$

以上两式也称为欧拉公式, 这些公式揭示了三角函数与复变量指数函数之间的联系.

习　题　10-5

1. 将下列函数展开成 x 的幂级数, 并求出其收敛域.

(1) $x\mathrm{e}^{-x^3}$;　　(2) $\sin\left(\frac{\pi}{4}+x\right)$;

(3) a^x;　　(4) $\frac{1}{3+2x}$;

(5) $(1+x)\ln(1+x)$;　　(6) $\arcsin x$;

(7) $\arctan\frac{2x}{1-x^2}$;　　(8) $\int_0^x\frac{\sin t}{t}\mathrm{d}t$.

2. 将函数 $f(x)=\sin x$ 展开成 $x-\frac{\pi}{4}$ 的幂级数.

3. 将函数 $f(x)=\frac{1}{x^2+4x+3}$ 展开成 $x-1$ 的幂级数.

4. 利用函数的幂级数展开式求下列各数的近似值 (误差不超过 10^{-4}):

(1) $\sqrt[5]{245}$;　　(2) $\cos 2^\circ$.

5. 将下列函数展开成 x 的幂级数, 并求出其收敛域.

(1) $\ln(1-x-2x^2)$;　　(2) $\frac{1}{4}\ln\frac{1+x}{1-x}+\frac{1}{2}\arctan x-x$;

(3) $\frac{x}{2+x-x^2}$;　　(4) $\frac{5x-12}{x^2+5x-6}$.

6. 将 $f(x)=\frac{x-1}{4-x}$ 在点 $x_0=1$ 处展开成幂级数, 并求 $f^{(n)}(1)$.

7. 证明级数 $\sum_{n=0}^{\infty}\frac{x^n}{(n+1)!}=\frac{1}{x}(\mathrm{e}^x-1)(x\neq 0)$, 并证明 $\sum_{n=0}^{\infty}\frac{n}{(n+1)!}=1$.

8 计算积分 $\int_0^2\frac{\sin x}{x}\mathrm{d}x$ 的近似值, 要求误差不超过 10^{-3}.

总复习题十

1. 填空题.

(1) 对级数 $\sum_{n=1}^{\infty}u_n$, $\lim_{n\to\infty}u_n=0$ 是它收敛的 ________ 条件, 不是它收敛的 ________ 条件;

(2) 若级数 $\sum_{n=1}^{\infty}\frac{(-1)^{n-1}}{n^p}$ 发散, 则 p________;

(3) 函数 $y=\frac{1}{x}$ 在 $x=3$ 处的幂级数展开式为 ________;

(4) 若级数 $\sum_{n=1}^{\infty}u_n$ 绝对收敛, 则级数 $\sum_{n=1}^{\infty}u_n$ 必定 ________; 若级数 $\sum_{n=1}^{\infty}u_n$ 条件收敛, 则级数 $\sum_{n=1}^{\infty}|u_n|$ 必定 ________.

2. 选择题.

(1) 设有以下命题:

① 若级数 $\sum_{n=1}^{\infty}(u_{2n-1}+u_{2n})$ 收敛, 则级数 $\sum_{n=1}^{\infty}u_n$ 收敛.

② 若级数 $\sum_{n=1}^{\infty}u_n$ 收敛, 则级数 $\sum_{n=1}^{\infty}u_{n+1000}$ 收敛.

③ 若 $\lim_{x\to 0}\frac{u_{n+1}}{u_n}=\rho>1$, 则级数 $\sum_{n=1}^{\infty}u_n$ 发散.

④ 若级数 $\sum_{n=1}^{\infty}(u_n+v_n)$ 收敛, 则级数 $\sum_{n=1}^{\infty}u_n$ 和 $\sum_{n=1}^{\infty}v_n$ 都收敛.

则以上命题中正确的是 ( ).

A. ①② B. ②③ C. ③④ D. ①④

(2) 设 α 是常数, 则级数 $\sum_{n=1}^{\infty}\left(\frac{\cos(n\alpha)}{n^3}-\frac{1}{n}\right)$( ).

A. 绝对收敛 B. 条件收敛

C. 发散 D. 收敛与否与 α 有关

(3) 设 $u_n>0(n=1,2,\cdots)$, 若 $\lim_{n\to\infty}n^2u_n=\rho(0<\rho<+\infty)$, 则级数 $\sum_{n=1}^{\infty}(-1)^n u_n$( ).

A. 绝对收敛 B. 条件收敛

C. 发散 D. 不能确定其收敛性

(4) 若级数 $\sum_{n=1}^{\infty}(-1)^{n-1}\frac{x-a}{n}$ 在 $x>0$ 处发散, 而在 $x=0$ 处收敛, 则常数 $a=$( ).

A. 1 B. -1 C. 2 D. -2

(5) 将函数 $f(x)=\mathrm{e}^{-x^2}$ 展开成 x 的幂级数得到 (　　).

A. $\sum\limits_{n=0}^{\infty}\dfrac{x^n}{n!}$　　B. $\sum\limits_{n=0}^{\infty}\dfrac{x^{2n}}{n!}$　　C. $\sum\limits_{n=0}^{\infty}\dfrac{(-1)^n x^{2n}}{n!}$　　D. $\sum\limits_{n=0}^{\infty}\dfrac{(-1)^n x^n}{n!}$

(6) 下列级数中, 属于条件收敛的是 (　　).

A. $\sum\limits_{n=1}^{\infty}\dfrac{(-1)^n(n+1)}{n}$　　B. $\sum\limits_{n=1}^{\infty}\dfrac{(-1)^n\sin\frac{\pi}{n}}{n^n}$　　C. $\sum\limits_{n=1}^{\infty}\dfrac{(-1)^n}{n^2}$　　D. $\sum\limits_{n=1}^{\infty}\dfrac{(-1)^n}{3n+1}$

3. 讨论下列级数的收敛性:

(1) $\sum\limits_{n=1}^{\infty}\dfrac{\ln n}{n+1}$;　　(2) $\sum\limits_{n=1}^{\infty}\dfrac{(n!)^2}{2n^2}$;

(3) $\sum\limits_{n=1}^{\infty}(n+1)^2\sin\dfrac{\pi}{2^n}$;　　(4) $\sum\limits_{n=1}^{\infty}\left[1+(-1)^{n-1}\right]\dfrac{1}{n}\sin\dfrac{1}{n}$.

4. 讨论下列级数的绝对收敛性与条件收敛性:

(1) $\sum\limits_{n=1}^{\infty}(-1)^n\dfrac{\ln n}{\sqrt[3]{n}}$;　　(2) $\sum\limits_{n=1}^{\infty}\dfrac{1}{n^2}\sin\dfrac{n\pi}{4}$;

(3) $\sum\limits_{n=1}^{\infty}(-1)^{n-1}\dfrac{2\times4\times6\times\cdots\times(2n)}{1\times3\times5\times\cdots\times(2n-1)}$;　　(4) $\sum\limits_{n=1}^{\infty}(-1)^n\dfrac{(n+1)!}{n^{n+1}}$.

5. 设 $\sum\limits_{n=1}^{\infty}u_n$ 收敛, $u_n\geqslant 0\ (n=1,2,\cdots)$, 证明:(1)$\sum\limits_{n=1}^{\infty}u_n^3$ 收敛; (2)$\sum\limits_{n=1}^{\infty}\dfrac{\sqrt{u_n}}{n}$ 收敛.

6. 设 $\lim\limits_{n\to\infty}nu_n=0$, 且级数 $\sum\limits_{n=2}^{\infty}n(u_n-u_{n-1})$ 收敛, 证明级数 $\sum\limits_{n=1}^{\infty}u_n$ 也收敛.

7. 设数列 $\{a_n\}$: $a_1=1,\ a_2=2,\ a_3=5,\cdots,a_{n+1}=3a_n-a_{n-1}\ (n=2,3,\cdots)$, 记 $x_n=\dfrac{1}{a_n}$, 讨论级数 $\sum\limits_{n=1}^{\infty}x_n$ 的收敛性.

8. 求下列幂级数的收敛域:

(1) $\sum\limits_{n=1}^{\infty}\dfrac{3^n+4^n}{n}x^n$;　　(2) $\sum\limits_{n=1}^{\infty}(1+\dfrac{1}{n})^{n^2}x^n$;

(3) $\sum\limits_{n=1}^{\infty}(\sqrt{n+1}-\sqrt{n})2^n x^{2n}$;　　(4) $\sum\limits_{n=1}^{\infty}\dfrac{(x+2)^n}{\sqrt{n}}$.

9. 求下列幂级数的和函数:

(1) $\sum\limits_{n=1}^{\infty}\dfrac{(-1)^{n-1}}{2n-1}x^{2n-1}$;　　(2) $\sum\limits_{n=1}^{\infty}\dfrac{n^2+1}{n}x^n$;

(3) $\sum\limits_{n=1}^{\infty}n(x-1)^n$;　　(4) $\sum\limits_{n=1}^{\infty}\dfrac{x^{n+2}}{(n+1)(n+2)}$.

10. 将函数 $f(x)=\ln(1-x-2x^2)$ 展开成 x 的幂级数, 并指出其收敛域.

11. 将函数 $f(x)=\ln\dfrac{x}{1+x}$ 展开成 $x-1$ 的幂级数, 并指出其收敛域.

12. 求幂级数 $\sum\limits_{n=1}^{\infty}(-1)^{n+1}n(n+1)x^n$ 的和函数 $s(x)$, 并求级数 $\sum\limits_{n=1}^{\infty}(-1)^{n+1}\dfrac{n(n+1)}{2^n}$ 的和.

13. 将函数 $f(x)=\arctan\dfrac{1-2x}{1+2x}$ 展开成 x 的幂级数, 并求级数 $\sum\limits_{n=1}^{\infty}\dfrac{(-1)^n}{2n+1}$ 的和.

第十章参考答案

习题 10-1

1. (1) $(-1)^{n-1}\dfrac{n+1}{n}$;　(2) $\dfrac{1}{(n+1)\ln(n+1)}$;　(3) $\dfrac{(-1)^{n-1}}{[2(n-1)]!}$;

(4) $\dfrac{x^{\frac{n}{2}}}{2\times4\times6\times\cdots\times(2n)}$;　(5) $(-1)^{n-1}\dfrac{a^{n+1}}{2n+1}$.

2. (1) 收敛, $\dfrac{3}{4}$;　(2) 发散;　(3) 发散;　(4) 收敛, 3.

3. (1) 收敛;　(2) 发散;　(3) 发散;　(4) 发散;　(5) 发散;　(6) 收敛.

4. (1) 收敛, $-\ln2$;　(2) 收敛, $1-\sqrt{2}$;　(3) 发散;　(4) 收敛, 1.

5. 略.

*6. (1) 发散;　(2) 收敛.

习题 10-2

1. (1) 发散;　(2) 收敛;　(3) 收敛;　(4) 当 $a>1$ 时收敛, 当 $0<a\leqslant1$ 时发散;
(5) 收敛;　(6) 收敛.

2. (1) 收敛;　(2) 发散;　(3) 收敛;　(4) 当 $0\leqslant a<1$ 时收敛, 当 $a\geqslant1$ 时发散;
(5) 发散;　(6) 收敛;　(7) 收敛;　(8) 收敛.

3. (1) 收敛;　(2) 收敛;　(3) 发散;　(4) 收敛;　(5) 收敛;　(6) 收敛.

4. (1) 绝对收敛;　(2) 条件收敛;　(3) 发散;　(4) 条件收敛.

5. (1) 不一定收敛, 例如, $\sum\limits_{n=1}^{\infty}\dfrac{(-1)^{n-1}}{\sqrt{n}}$;　(2) 收敛;　(3) 不一定收敛, 例如, $\sum\limits_{n=1}^{\infty}\dfrac{1}{n^2}$;

(4) 收敛, $\sqrt{a_na_{n+1}}\leqslant\dfrac{a_n+a_{n+1}}{2}$.

6. 略.

7. 略.

*8. (1) 条件收敛;　(2) $p>1$ 绝对收敛, $0<p\leqslant1$ 条件收敛.

习题 10-3

1. (1) $\left(\dfrac{1}{\mathrm{e}},\mathrm{e}\right)$;　(2) $(0,+\infty)$;　(3) $\left(-\infty,-\dfrac{1}{3}\right)\cup\left(\dfrac{1}{3},+\infty\right)$.

2. 收敛域 $(-1,1]$, 和函数 $s(x)=\begin{cases}0, -1<x<1,\\ 1, x=1.\end{cases}$

3. (1) 一致收敛;　(2) 一致收敛;　(3) 一致收敛;　(4) 非一致收敛;
(5) 非一致收敛;　(6) 一致收敛.

*4. 略.

*5. 略.

6. 略.

7. $\dfrac{3}{4}$.

8. 0.

9. $h'(x)=-2x\sum\limits_{n=1}^{\infty}\dfrac{1}{n^2(1+nx^2)^2}$.

10. $f''(x)=-\sum\limits_{n=1}^{\infty}\dfrac{\sin(nx)}{n^2}$.

习题 10-4

1. (1) 1, $[-1,1]$; (2) 1, $(-1,1)$; (3) $+\infty$, $(-\infty,+\infty)$; (4) $\dfrac{1}{2}$, $\left[-\dfrac{1}{2},\dfrac{1}{2}\right]$;

(5) 3, $[-3,3)$; (6) $+\infty$, $(-\infty,+\infty)$; (7) $\sqrt{2}, (-\sqrt{2},\sqrt{2})$; (8)2, $[-1,3)$.

2. (1) $\dfrac{1}{(1-x)^2}$ $(-1<x<1)$; (2) $\dfrac{1}{4}\ln\dfrac{1+x}{1-x}+\dfrac{1}{2}\arctan x-x$ $(-1<x<1)$;

(3) $\dfrac{1}{2}\ln\dfrac{1+x}{1-x}$ $(-1<x<1)$; (4) $\dfrac{1+2x^2}{(1-2x^2)^2}$ $\left(-\dfrac{1}{\sqrt{2}}<x<\dfrac{1}{\sqrt{2}}\right)$.

3. $\dfrac{2+x^2}{(2-x^2)^2}$ $(-\sqrt{2}<x<\sqrt{2})$, 3.

4. (1) $2\ln 2-1$; (2) $\dfrac{8}{27}$.

5. $(-2,4)$.

6. 略.

习题 10-5

1. (1) $\sum\limits_{n=0}^{\infty}(-1)^n\dfrac{x^{3n+1}}{n!}$, $(-\infty,+\infty)$; (2) $\dfrac{\sqrt{2}}{2}\sum\limits_{n=0}^{\infty}(-1)^n\left[\dfrac{x^{2n}}{(2n)!}+\dfrac{x^{2n+1}}{(2n+1)!}\right]$, $(-\infty,+\infty)$;

(3) $\sum\limits_{n=0}^{\infty}\dfrac{(\ln a)^n}{n!}x^n$, $(-\infty,+\infty)$; (4)$\sum\limits_{n=0}^{\infty}(-1)^n\dfrac{2^n}{3^{n+1}}x^n$, $\left(-\dfrac{3}{2},\dfrac{3}{2}\right)$;

(5) $x+\sum\limits_{n=1}^{\infty}\dfrac{(-1)^{n-1}}{n(n+1)}x^{n+1}$, $(-1,1]$; (6) $x+\sum\limits_{n=1}^{\infty}\dfrac{1\cdot 3\cdot\ \cdots\ \cdot(2n-1)}{2^n(n!)}\dfrac{x^{2n+1}}{2n+1}$, $(-1,1)$;

(7) $2\sum\limits_{n=0}^{\infty}\dfrac{(-1)^n x^{2n+1}}{2n+1}$, $(-1,1)$; (8) $\sum\limits_{n=0}^{\infty}\dfrac{(-1)^n}{(2n+1)!(2n+1)}x^{2n+1}$, $(-\infty,+\infty)$.

2. $\dfrac{\sqrt{2}}{2}\left[1+\left(x-\dfrac{\pi}{4}\right)-\dfrac{1}{2!}\left(x-\dfrac{\pi}{4}\right)^2-\dfrac{1}{3!}\left(x-\dfrac{\pi}{4}\right)^3+\cdots\right]$,$(-\infty<x<+\infty)$.

3. $\sum\limits_{n=0}^{\infty}(-1)^n\left(\dfrac{1}{2^{n+2}}-\dfrac{1}{2^{n+3}}\right)(x-1)^n$, $x\in(-1,3)$.

4. (1) 3.0049; (2) 0.9994.

5. (1) $\sum\limits_{n=1}^{\infty}\dfrac{(-1)^n-2^n}{n}x^n$, $\left[-\dfrac{1}{2},\dfrac{1}{2}\right)$; (2) $\sum\limits_{n=1}^{\infty}\dfrac{x^{4n+1}}{4n+1}$, $(-1,1)$;

(3) $\dfrac{1}{3}\sum\limits_{n=0}^{\infty}\left[(-1)^n+\dfrac{1}{2^{n+1}}\right]x^{n+1}$, $(-1,1)$; (4) $\sum\limits_{n=0}^{\infty}\left[1+\dfrac{(-1)^n}{6^n}\right]x^n$,$(-1,1)$.

6. $\sum\limits_{n=0}^{\infty}\dfrac{1}{3^{n+1}}(x-1)^{n+1}, x\in(-2,4)$, $f^{(n)}(1)=\dfrac{n!}{3^n}(n=1,2,3,\cdots)$.

7. 略.

8. 1.605.

总复习题十

1. (1) 必要充分; (2) $\leqslant 0$; (3) $\frac{1}{3}\sum_{n=0}^{\infty}(-1)^n\frac{(x-3)^n}{3^n}(0<x<6)$; (4) 收敛发散.

2. (1) B; (2) C; (3) A; (4) B; (5) C; (6) D.

3. (1) 发散; (2) 发散; (3) 收敛; (4) 收敛.

4 . (1) 条件收敛; (2) 绝对收敛; (3) 发散; (4) 绝对收敛.

5. 略.

6. 略.

7. 收敛.

8. (1) $\left[-\frac{1}{4},\frac{1}{4}\right)$; (2) $\left(-\frac{1}{\mathrm{e}},\frac{1}{\mathrm{e}}\right)$; (3) $\left(-\frac{1}{\sqrt{2}},\frac{1}{\sqrt{2}}\right)$; (4) $[-3,-1]$.

9. (1) $s(x)=\arctan x\ (-1\leqslant x\leqslant 1)$; (2)$s(x)=\frac{x}{(1-x)^2}-\ln(1-x)\ (-1<x<1)$;

(3) $s(x)=\frac{x-1}{(2-x)^2}\ (0<x<2)$; (4)$s(x)=x-\frac{x^2}{2}+(1-x)\ln(1-x)\ \ (-1<x<1)$.

10. $\sum_{n=1}^{\infty}\frac{(-1)^{n-1}-2^n}{n}x^n$, $\left[-\frac{1}{2},\frac{1}{2}\right)$.

11. $-\ln 2+\sum_{n=1}^{\infty}\frac{(-1)^{n+1}}{n}\left(1-\frac{1}{2^n}\right)(x-1)^n$, $(0,2]$.

12. $s(x)=\frac{2x}{(1+x)^3}(-1<x<1)$, $\frac{8}{27}$.

13. $\frac{\pi}{4}-2\sum_{n=0}^{\infty}\frac{(-1)^n4^n}{2n+1}x^{2n+1}\left(-\frac{1}{2}<x\leqslant\frac{1}{2}\right)$, $\frac{\pi}{4}$.

第十一章 傅里叶级数

傅里叶级数是函数项级数的特殊情况，即一般项为三角函数，它在数学与工程技术中具有广泛的应用. 本章先讨论了以 2π 为周期的特殊函数展开为傅里叶级数的问题，然后介绍了以 $2l$ 为周期的一般函数展开为傅里叶级数的方法，最后给出了傅里叶级数的收敛定理.

第一节 周期为 2π 的傅里叶级数

本节我们讨论把一个以 2π 为周期的特殊函数展开成三角级数的问题. 这一问题不仅在理论研究中有重要的价值，而且在工程技术上以及其他学科中具有广泛的应用.

一、 三角级数的概念

在科学实验与工程技术的某些现象中，经常会遇到一种周期运动，例如单摆的摆动、弹簧的振动、交流电的电压和电流强度的变化都是周而复始的运动. 这种周期现象可用周期函数来描述，它们都具有周期性，于是人们会考虑到用无穷多个周期函数之和来近似逼近它们.

在所有周期现象中，最简单的是简谐振动，其质点离开平衡位置 $(y=0)$ 的位移可以用一个正弦函数

$$y = A\sin(\omega t+\varphi)$$

来表示. 其中，A 称为振幅，ω 称为角频率，φ 称为初位相. 它的周期是 $T=\dfrac{2\pi}{\omega}$.

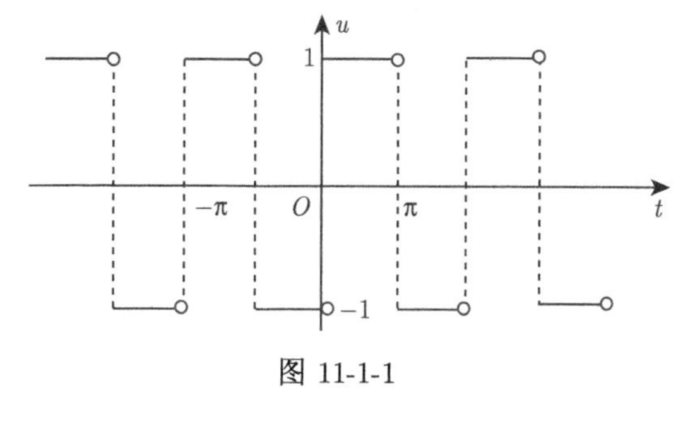

图 11-1-1

在实际问题中，除了正弦函数外，还会遇到非正弦的周期函数. 它们反映了较复杂的周期运动. 例如电子技术中常用的周期为 2π 的矩形波 (图 11-1-1) 就是一个非正弦周期函数. 对于这些周期函数，能否像前一节讨论的函数展开为幂级数一样，把它们表示为不同频率的正弦函数之和呢? 如果能把复杂的非正弦周期函数展开为一系列正弦函数之和，那么它的物理意义是很明显的，即把一个比较复杂的周期运动分解成许多简单的简谐振动的叠加，这样可以通过简谐振动来研究复杂的周期运动. 用数学语言来描述，即要研究如何将一个周期函数 $f(t)$ 展开为一系列正弦函数 $A_n\sin(n\omega t+\varphi_n)$ $(n=1,2,\cdots)$ 的和，即

$$f(t) = A_0+\sum_{n=1}^{\infty}A_n\sin(n\omega t+\varphi_n). \tag{11-1-1}$$

其中，$A_0, A_n, \varphi_n (n=1,2,\cdots)$ 都是常数.

将周期函数 $f(t)$ 按式 (11-1-1) 展开, 在工程技术中, 称其为**谐波分析**. 为了讨论方便, 将 $A_n \sin(n\omega t+\varphi_n)$ $(n=1,2,\cdots)$ 变形为

$$A_n \sin(n\omega t+\varphi_n)=A_n \cos(n\omega t)\cdot\sin\varphi_n+A_n\sin(n\omega t)\cdot\cos\varphi_n,$$

并且令 $A_0=\dfrac{a_0}{2}, A_n\sin\varphi_n=a_n, A_n\cos\varphi_n=b_n, \omega t=x$, 则式 (11-1-1) 右端的级数变为

$$\frac{a_0}{2}+\sum_{n=1}^{\infty}[a_n\cos(nx)+b_n\sin(nx)], \tag{11-1-2}$$

形如式 (11-1-2) 的级数叫作**三角级数**.

容易验证: 若三角级数 (11-1-2) 收敛, 则它的和函数一定是一个以 2π 为周期的函数. 关于三角级数 (11-1-2) 的收敛性, 我们有如下定理:

定理 1　*若级数*

$$\frac{|a_0|}{2}+\sum_{n=1}^{\infty}(|a_n|+|b_n|)$$

收敛, 则三角级数在 $(-\infty,+\infty)$ *上绝对收敛且一致收敛.*

证　对 $\forall x\in(-\infty,+\infty)$, 由于

$$|a_n\cos(nx)+b_n\sin(nx)|\leqslant(|a_n|+|b_n|),$$

则由 M 判别法可推得本定理的结论.

为了进一步研究三角级数 (11-1-2) 的收敛性, 我们先探讨下列函数系

$$\{1,\cos x,\sin x,\cos(2x),\sin(2x),\cdots,\cos(nx),\sin(nx),\cdots\} \tag{11-1-3}$$

具有哪些特性, 该函数系通常称为**三角函数系**.

首先, 三角函数系 (11-1-3) 中所有函数都具有共同的周期 2π.

其次, 在三角函数系中, 任何两个不同函数的乘积在区间 $[-\pi,\pi]$ 上的积分等于零, 即

$$\int_{-\pi}^{\pi}1\cdot\cos(nx)\mathrm{d}x=0\quad(n=1,2,\cdots),$$

$$\int_{-\pi}^{\pi}1\cdot\sin(nx)\mathrm{d}x=0\quad(n=1,2,\cdots),$$

$$\int_{-\pi}^{\pi}\sin(kx)\cos(nx)\mathrm{d}x=0\quad(n,k=1,2,\cdots),$$

$$\int_{-\pi}^{\pi}\cos(kx)\cos(nx)\mathrm{d}x=0\quad(n,k=1,2,\cdots;k\neq n),$$

$$\int_{-\pi}^{\pi}\sin(kx)\sin(nx)\mathrm{d}x=0\quad(n,k=1,2,\cdots;k\neq n).$$

对于以上等式, 可以通过计算直接验证. 例如验证第五式:

由积化和差公式, 得

$$\sin(kx)\sin(nx)=\frac{1}{2}\{\cos[(k-n)x]-\cos[(k+n)x]\}.$$

当 $k \neq n$ 时, 有

$$\begin{aligned}\int_{-\pi}^{\pi} \sin(kx)\sin(nx)\mathrm{d}x &= \frac{1}{2}\int_{-\pi}^{\pi}\{\cos[(k-n)x]-\cos[(k+n)x]\}\,\mathrm{d}x\\&=\frac{1}{2}\left[\frac{\sin(k-n)x}{k-n}-\frac{\sin(k+n)x}{k+n}\right]_{-\pi}^{\pi}\\&=0\quad(n,k=1,2,\cdots,k\neq n).\end{aligned}$$

其余等式请读者自证.

函数系中任一个函数的平方在 $[-\pi,\pi]$ 上的积分都不等于零, 即对任意的自然数 n,

$$\int_{-\pi}^{\pi} 1^2\mathrm{d}x = 2\pi,$$

$$\int_{-\pi}^{\pi} \sin^2(nx)\mathrm{d}x = \int_{-\pi}^{\pi}\frac{1-\cos(2nx)}{2}\mathrm{d}x = \pi \quad (n=1,2,\cdots),$$

$$\int_{-\pi}^{\pi} \cos^2(nx)\mathrm{d}x = \int_{-\pi}^{\pi}\frac{1+\cos(2nx)}{2}\mathrm{d}x = \pi \quad (n=1,2,\cdots).$$

设函数 $\varphi(x),\psi(x)$ 在区间 $[a,b]$ 上可积, 且满足

$$\int_a^b \varphi(x)\psi(x)\mathrm{d}x = 0,$$

则称函数 $\varphi(x),\psi(x)$ 在区间 $[a,b]$ 上是正交的. 由此可见, 三角函数系 (11-1-3) 在 $[-\pi,\pi]$ 上具有正交性, 或称 (11-1-3) 是正交函数系.

二、 周期为 2π 的函数展开成傅里叶级数

应用三角函数系 (11-1-3) 的正交性, 我们讨论三角级数 (11-1-2) 的和函数 $f(x)$ 与三角级数中的系数 $a_0,a_n,b_n(n=1,2,\cdots)$ 之间的关系.

定理 2 若三角级数 (11-1-2) 在 $(-\infty,+\infty)$ 上一致收敛于和函数 $f(x)$, 即

$$f(x) = \frac{a_0}{2}+\sum_{n=1}^{\infty}[a_n\cos(nx)+b_n\sin(nx)], \tag{11-1-4}$$

则有如下关系式:

$$a_n = \frac{1}{\pi}\int_{-\pi}^{\pi} f(x)\cos(nx)\mathrm{d}x \quad (n=0,1,2,\cdots),$$

$$b_n = \frac{1}{\pi}\int_{-\pi}^{\pi} f(x)\sin(nx)\mathrm{d}x \quad (n=1,2,\cdots).$$

证 由定理的条件可知, 函数 $f(x)$ 在 $[-\pi,\pi]$ 上连续, 故可积. 对式 (11-1-4) 逐项积分可得

$$\int_{-\pi}^{\pi} f(x)\mathrm{d}x = \frac{a_0}{2}\cdot 2\pi = a_0\pi,$$

从而

$$a_0 = \frac{1}{\pi}\int_{-\pi}^{\pi} f(x)\mathrm{d}x.$$

式 (11-1-4) 两端同乘以 $\cos(nx)(n=1,2,\cdots)$ 后在 $[-\pi,\pi]$ 上积分, 并利用逐项积分, 得

$$\begin{aligned}\int_{-\pi}^{\pi} f(x)\cos(nx)\mathrm{d}x &= \int_{-\pi}^{\pi}\frac{a_0}{2}\cos(nx)\mathrm{d}x\\ &\quad+\sum_{k=1}^{\infty}\left[a_k\int_{-\pi}^{\pi}\cos(kx)\cos(nx)\mathrm{d}x + b_k\int_{-\pi}^{\pi}\sin(kx)\cos(nx)\mathrm{d}x\right],\end{aligned}$$

即

$$\int_{-\pi}^{\pi} f(x)\cos(nx)\mathrm{d}x == a_n\int_{-\pi}^{\pi}\cos^2(nx)\mathrm{d}x = a_n\pi,$$

从而

$$a_n = \frac{1}{\pi}\int_{-\pi}^{\pi} f(x)\cos(nx)\mathrm{d}x \quad (n=1,2,\cdots).$$

类似地, 用 $\sin(nx)(n=1,2,\cdots)$ 同乘以式 (11-1-4) 两端, 并在 $[-\pi,\pi]$ 上逐项积分可得

$$b_n = \frac{1}{\pi}\int_{-\pi}^{\pi} f(x)\sin(nx)\mathrm{d}x \quad (n=1,2,\cdots).$$

上述结果可合并写成

$$\begin{cases} a_n = \dfrac{1}{\pi}\displaystyle\int_{-\pi}^{\pi} f(x)\cos(nx)\mathrm{d}x \quad (n=0,1,2,\cdots),\\ b_n = \dfrac{1}{\pi}\displaystyle\int_{-\pi}^{\pi} f(x)\sin(nx)\mathrm{d}x \quad (n=1,2,\cdots),\end{cases} \tag{11-1-5}$$

公式 (11-1-5) 称为**欧拉–傅里叶 (Euler-Fourie) 公式**.

一般地, 若 $f(x)$ 是以 2π 为周期且在 $[-\pi,\pi]$ 上可积的函数, 则按公式 (11-1-5) 可计算出 $a_0, a_1, b_1, \cdots$ 它们称为函数 $f(x)$ 的傅里叶 (Fourier) 系数, 以 $f(x)$ 的傅里叶系数为系数的三角级数 $\dfrac{a_0}{2}+\displaystyle\sum_{n=1}^{\infty}[a_n\cos(nx)+b_n\sin(nx)]$ 称为 $f(x)$ 的傅里叶级数, 记为

$$f(x) \sim \frac{a_0}{2}+\sum_{n=1}^{\infty}[a_n\cos(nx)+b_n\sin(nx)]. \tag{11-1-6}$$

如果周期函数 $f(x)$ 在 $[-\pi,\pi]$ 上有界可积, 就可以按公式 (11-1-5) 计算出傅里叶级数 $a_0, a_1, b_1, \cdots$ 从而得到 $f(x)$ 的傅里叶级数. 但是 $f(x)$ 的傅里叶级数不一定收敛于 $f(x)$. 事实上, 函数 $f(x)$ 的傅里叶级数在 $[-\pi,\pi]$ 上不一定收敛, 即使收敛, 也不一定收敛于 $f(x)$. 因而 $f(x)$ 与其傅里叶级数之间的关系用 “$\sim$” 表示, 即

$$f(x) \sim \frac{a_0}{2}+\sum_{n=1}^{\infty}[a_n\cos(nx)+b_n\sin(nx)],$$

以表示两者不一定相等, 对于何时可以换成 “$=$”, 下面给出一个应用比较广泛的充分条件, 其证明比较复杂, 证明过程从略.

定理 3 (收敛定理, 狄利克雷 (Dirichlet) 充分条件)　设 $f(x)$ 是以 2π 为周期的函数, 如果它在 $[-\pi,\pi]$ 上满足:

(1) 连续或只有有限个第一类间断点,

(2) 至多有有限个极值点,

则 $f(x)$ 的傅里叶级数收敛, 并且

当 x 是 $f(x)$ 的连续点时, 级数收敛于 $f(x)$;

当 x 是 $f(x)$ 的间断点时, 级数收敛于 $\frac{1}{2}[f(x^-)+f(x^+)]$.

这个定理表明: 一个分段连续且分段单调的函数, 在其连续点处, 其傅里叶级数收敛到该点的函数值, 这时我们称函数在该点可以展开成傅里叶级数. 应该注意, 在函数的间断点, 傅里叶级数不一定收敛于其函数值, 而是收敛于函数在该点的左右极限的平均值. 这一结论也适用于 $[-\pi,\pi]$ 的端点, 由函数的周期性, 在定理 3 的条件下, 傅里叶级数在 $x=\pm\pi$ 处的值, 等于函数在 $-\pi$ 处的右极限与在 π 处的左极限的平均值.

例 1　设 $f(x)$ 是周期为 2π 的周期函数, 它在 $[-\pi,\pi)$ 上的表达式为

$$f(x)=\begin{cases}-1, -\pi\leqslant x<0,\\ 1, 0\leqslant x<\pi.\end{cases}$$

求 $f(x)$ 的傅里叶级数及其和函数.

解　由傅里叶系数公式 (11-1-4) 得

$$\begin{aligned}a_n&=\frac{1}{\pi}\int_{-\pi}^{\pi}f(x)\cos(nx)\mathrm{d}x\\&=\frac{1}{\pi}\int_{-\pi}^{0}(-1)\cos(nx)\mathrm{d}x+\frac{1}{\pi}\int_{0}^{\pi}1\cdot\cos(nx)\mathrm{d}x=0\quad(n=0,1,2,\cdots)\\b_n&=\frac{1}{\pi}\int_{-\pi}^{\pi}f(x)\sin(nx)\mathrm{d}x=\frac{1}{\pi}\int_{-\pi}^{0}(-1)\sin(nx)\mathrm{d}x+\frac{1}{\pi}\int_{0}^{\pi}1\cdot\sin(nx)\mathrm{d}x\\&=\frac{1}{\pi}\left[\frac{\cos(nx)}{n}\right]_{-\pi}^{0}+\frac{1}{\pi}\left[-\frac{\cos(nx)}{n}\right]_{0}^{\pi}\\&=\frac{1}{n\pi}[1-\cos(n\pi)-\cos(n\pi)+1]\\&=\frac{2}{n\pi}[1-(-1)^n]=\begin{cases}\frac{4}{n\pi}, n=1,3,5,\cdots,\\ 0, n=2,4,6,\cdots.\end{cases}\end{aligned}$$

故有

$$f(x)\sim\frac{4}{\pi}\left[\sin x+\frac{1}{3}\sin(3x)+\cdots+\frac{1}{2n-1}\sin(2n-1)x+\cdots\right].$$

由于函数 $f(x)$ 满足收敛定理的条件, 故其傅里叶级数在 $(-\infty,+\infty)$ 上点点收敛, 在 $f(x)$ 的连续点处收敛到 $f(x)$, 在 $f(x)$ 的间断点处收敛到左右极限之平均值. 于是有

$$\frac{4}{\pi}\left[\sin x+\frac{1}{3}\sin(3x)+\cdots+\frac{1}{2n-1}\sin(2n-1)x+\cdots\right]$$

$$=\begin{cases} f(x),(k-1)\pi < x < k\pi \\ 0, x=0,\pm\pi,\pm 2\pi,\cdots \pm k\pi,\cdots \end{cases} \quad (k=0,\pm 1,\pm 2,\cdots),$$

和函数的图形如图 11-1-2 所示.

例 2 设 $f(x)$ 是以 2π 为周期的周期函数, 它在 $(-\pi,\pi]$ 上的表达式为

$$f(x)=\begin{cases} 0, -\pi < x < 0, \\ x, 0 \leqslant x \leqslant \pi, \end{cases}$$

将 $f(x)$ 展开成傅里叶级数.

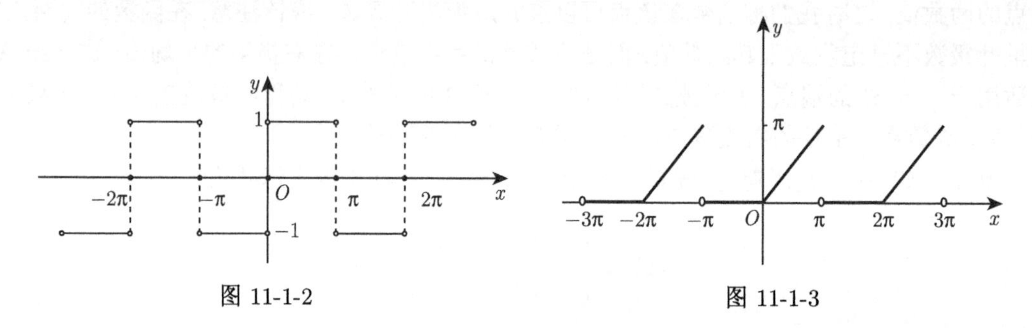

图 11-1-2　　图 11-1-3

解 函数 $f(x)$ 的图形如图 11-1-3 所示. 先计算傅里叶系数如下:

$$a_0=\frac{1}{\pi}\int_{-\pi}^{\pi} f(x)\mathrm{d}x=\frac{1}{\pi}\int_0^{\pi} x\mathrm{d}x=\frac{\pi}{2},$$

$$a_n=\frac{1}{\pi}\int_{-\pi}^{\pi} f(x)\cos(nx)\mathrm{d}x=\frac{1}{\pi}\int_0^{x} x\cos(nx)\mathrm{d}x=\frac{1}{\pi}\left[\frac{x\sin(nx)}{n}+\frac{\cos(nx)}{n^2}\right]_0^{\pi}$$

$$=\frac{1}{n^2\pi}[\cos(n\pi)-1]=\begin{cases} -\dfrac{2}{n^2\pi}, & n=1,3,5,\cdots, \\ 0, & n=2,4,6,\cdots, \end{cases}$$

$$b_n=\frac{1}{\pi}\int_{-\pi}^{\pi} f(x)\sin(nx)\mathrm{d}x=\frac{1}{\pi}\int_0^{\pi} x\sin(nx)\mathrm{d}x=\frac{1}{\pi}\left[-\frac{x\cos(nx)}{n}+\frac{\sin(nx)}{n^2}\right]_0^{\pi}$$

$$=\frac{\cos(n\pi)}{n}=\frac{(-1)^{n+1}}{n},$$

于是得 $f(x)$ 的傅里叶级数

$$f(x)\sim\frac{\pi}{4}-\sum_{n=1}^{\infty}\left[\frac{2}{(2n-1)^2\pi}\cos[(2n-1)x]+\frac{(-1)^{n+1}}{n}\sin(nx)\right].$$

显然, $f(x)$ 满足收敛定理条件, 因此, 根据狄利克雷收敛定理, 在间断点 $x=(2k+1)\pi$ $(k=0,\pm 1,\pm 2,\cdots)$ 处, 级数收敛于

$$\frac{1}{2}[f(x^-)+f(x^+)]=\frac{1}{2}(\pi+0)=\frac{\pi}{2}.$$

而在连续点 $x \neq (2k+1)\pi\ (k=0,\pm1,\pm2,\cdots)$ 处, 级数收敛于 $f(x)$, 即有

$$\frac{\pi}{4}-\sum_{n=1}^{\infty}\left[\frac{2}{(2n-1)^2\pi}\cos(2n-1)x+\frac{(-1)^{n+1}}{n}\sin(nx)\right]$$

$$=\begin{cases} f(x),(2k-1)\pi<x<(2k+1)\pi, \\ \dfrac{\pi}{2},x=(2k+1)\pi. \end{cases} \quad (k=0,\pm1,\pm2,\cdots)$$

上面讨论的函数都是以 2π 为周期的周期函数, 如果函数 $f(x)$ 只在 $[-\pi,\pi]$ 上有定义, 且满足收敛定理的条件, 则我们可以在 $(-\pi,\pi]$ 或 $[-\pi,\pi)$ 外补充函数 $f(x)$ 的定义, 使它拓广成周期为 2π 的周期函数 $F(x)$, 在 $(-\pi,\pi)$ 内, $F(x)=f(x)$. 通常把按这种方式拓广函数的定义域的过程称为周期性延拓. 由于在 $(-\pi,\pi)$ 内 $f(x)\equiv F(x)$, 因此将 $F(x)$ 展开为傅里叶级数后, 其傅里叶系数为

$$a_n=\frac{1}{\pi}\int_{-\pi}^{\pi}F(x)\cos(nx)\mathrm{d}x=\frac{1}{\pi}\int_{-\pi}^{\pi}f(x)\cos(nx)\mathrm{d}x \quad (n=0,1,2,\cdots),$$

$$b_n=\frac{1}{\pi}\int_{-\pi}^{\pi}F(x)\sin(nx)\mathrm{d}x=\frac{1}{\pi}\int_{-\pi}^{\pi}f(x)\sin(nx)\mathrm{d}x \quad (n=1,2,\cdots),$$

当 $F(x)$ 展开为傅里叶级数后, 若将 $F(x)$ 的傅里叶展开式限制在 $(-\pi,\pi)$ 上, 即得函数 $f(x)$的傅里叶展开式. 由收敛定理, 在区间端点 $x=\pm\pi$ 处, 此级数收敛于 $\dfrac{1}{2}[f(\pi^-)+f(-\pi^+)]$.

三、 正弦级数和余弦级数

1. 奇函数和偶函数的傅里叶级数

以下设函数 $f(x)$ 以 2π 为周期, 在 $[-\pi,\pi]$ 上有界可积, 现在我们讨论 $f(x)$ 为奇函数或偶函数时的傅里叶级数.

(1) 当 $f(x)$ 为偶函数时, $f(x)\cos(nx)$ 是偶函数, $f(x)\sin(nx)$ 是奇函数, 其傅里叶系数为

$$a_n=\frac{1}{\pi}\int_{-\pi}^{\pi}f(x)\cos(nx)\mathrm{d}x=\frac{2}{\pi}\int_{0}^{\pi}f(x)\cos(nx)\mathrm{d}x \quad (n=0,1,2,\cdots),$$

$$b_n=\frac{1}{\pi}\int_{-\pi}^{\pi}f(x)\sin(nx)\mathrm{d}x=0 \quad (n=1,2,\cdots).$$

这时, $f(x)$ 的傅里叶级数是只含有常数项和余弦函数的项:

$$f(x)\sim\frac{a_0}{2}+\sum_{n=1}^{\infty}a_n\cos(nx),$$

称这样的级数为余弦级数.

(2) 当 $f(x)$ 为奇函数时, 其傅里叶系数:

$$a_n=0 \quad (n=0,1,2,\cdots),$$
$$b_n=\frac{2}{\pi}\int_{0}^{\pi}f(x)\sin(nx)\mathrm{d}x \quad (n=1,2,\cdots).$$

这时 $f(x)$ 的傅里叶级数是只含有正弦函数的项,

$$f(x) \sim \sum_{n=1}^{\infty} b_n \sin(nx).$$

称这样的级数为正弦级数.

例 3　设 $f(x)$ 是周期为 2π 的周期函数, 它在 $[-\pi, \pi)$ 上的表达式为 $f(x) = x$, 求 $f(x)$ 的傅里叶级数及其和函数.

解　因为 $f(x)$ 是周期为 2π 的奇函数, 所以

$$\begin{aligned}
a_n &= 0 \quad (n = 0, 1, 2, \cdots), \\
b_n &= \frac{2}{\pi}\int_0^{\pi} f(x)\sin(nx)\mathrm{d}x = \frac{2}{\pi}\int_0^{\pi} x\sin(nx)\mathrm{d}x \\
&= \frac{2}{\pi}\left[-\frac{x\cos(nx)}{n} + \frac{\sin(nx)}{n^2}\right]_0^{\pi} \\
&= -\frac{2}{n}\cos(n\pi) = \frac{2}{n}(-1)^{n+1} \quad (n = 1, 2, \cdots),
\end{aligned}$$

于是

$$f(x) \sim 2\left[\sin x - \frac{1}{2}\sin(2x) + \frac{1}{3}\sin(3x) - \cdots + (-1)^{n+1}\frac{1}{n}\sin(nx) + \cdots\right].$$

由于 $f(x)$ 满足收敛定理条件, 因此, 根据收敛定理, 在间断点 $x = (2k+1)\pi$ $(k = 0, \pm 1, \pm 2, \cdots)$ 处, 级数收敛于

$$\frac{1}{2}[f(x^-) + f(x^+)] = \frac{\pi + (-\pi)}{2} = 0,$$

而在连续点 $x \neq (2k+1)\pi$ $(k = 0, \pm 1, \pm 2, \cdots)$ 处, 级数收敛于 $f(x)$, 即有 $f(x)$ 的傅里叶级数展开

$$\begin{aligned}
&2\left[\sin x - \frac{1}{2}\sin(2x) + \frac{1}{3}\sin(3x) - \cdots + (-1)^{n+1}\frac{1}{n}\sin(nx) + \cdots\right] \\
&= \begin{cases} f(x), (2k-1)\pi < x < (2k+1)\pi, \\ 0, x = (2k+1)\pi, \end{cases} \quad (k = 0, \pm 1, \pm 2, \cdots)
\end{aligned}$$

该级数的和函数的图形如图 11-1-4 所示.

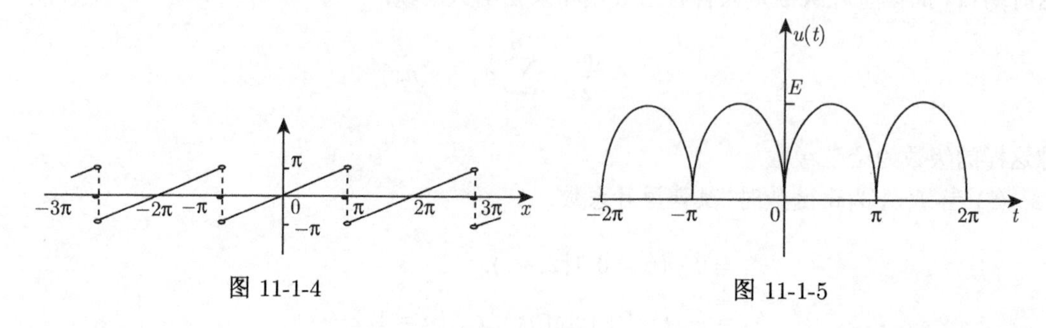

图 11-1-4　　　　图 11-1-5

例 4 将周期函数 $u(t)=|E\sin t|$ 展开成傅里叶级数 (图 11-1-5), 其中 E 是正的常数.

解 因为 $u(t)$ 为偶函数, 故

$$
\begin{aligned}
b_n &= 0 \quad (n=1,2,\cdots),\\
a_0 &= \frac{2}{\pi}\int_0^{\pi} u(t)\mathrm{d}t\\
&= \frac{2}{\pi}\int_0^{\pi} E\sin t\mathrm{d}t=\frac{4E}{\pi},\\
a_n &= \frac{2}{\pi}\int_0^{\pi} u(t)\cos(nt)\mathrm{d}t\\
&= \frac{2}{\pi}\int_0^{\pi} E\sin t\cos(nt)\mathrm{d}t\\
&= \frac{E}{\pi}\int_0^{\pi}\{\sin[(n+1)t]-\sin[(n-1)t]\}\mathrm{d}t\\
&= \frac{E}{\pi}\left[-\frac{\cos[(n+1)t]}{n+1}+\frac{\cos[(n-1)t]}{n-1}\right]_0^{\pi} \quad (n\neq 1)\\
&= \begin{cases} -\dfrac{4E}{[(2k)^2-1]\pi}, n=2k, \\ 0, n=2k+1. \end{cases} \quad (k=1,2,\cdots)
\end{aligned}
$$

再计算 a_1,

$$
a_1=\frac{2}{\pi}\int_0^{\pi} u(t)\cos t\mathrm{d}t=\frac{2}{\pi}\int_0^{\pi} E\sin t\cos t\mathrm{d}t=0.
$$

由于函数在整个数轴上连续, 故根据收敛定理得

$$
u(t)=\frac{4E}{\pi}\left[\frac{1}{2}-\frac{1}{3}\cos(2t)-\frac{1}{15}\cos(4t)-\frac{1}{35}\cos(6t)-\cdots-\frac{1}{4k^2-1}\cos(2kt)-\cdots\right] \quad (-\infty<t<+\infty).
$$

2. 函数展开成正弦级数或余弦级数

在实际应用中, 有时也需要把定义在 $[0,\pi]$ 上、满足收敛定理条件的 $f(x)$ 展开成正弦级数或余弦级数. 为此, 首先要在 $[-\pi,0)$ 上补充定义, 得到一个定义在 $[-\pi,\pi]$ 上的函数 $F(x)$, 使得 $F(x)$ 在 $[-\pi,\pi]$ 上是奇函数或偶函数, 在 $[0,\pi]$ 上等于 $f(x)$, 且满足狄利克雷条件. 采用这种方式拓广函数定义域的过程称为**奇延拓或偶延拓**. 如果我们将奇延拓或偶延拓后的函数 $F(x)$ 在 $[-\pi,\pi]$ 上展开为傅里叶级数, 再将其限制在 $[0,\pi]$ 上, 那么就得到 $f(x)$ 在 $[0,\pi]$ 上的正弦级数或余弦级数. 而此时的傅里叶系数只需在 $[0,\pi]$ 上求积分便得, 无需在 $[-\pi,\pi]$ 上进行积分. 因此, 在计算展开式的系数时, 只要用到 $f(x)$ 在 $[0,\pi]$ 上的值, 不需要具体作出辅助函数 $F(x)$, 只要指明采用哪一种延拓方式即可.

例 5 将函数 $f(x)=x+1$ $(0\leqslant x\leqslant\pi)$ 分别展开成正弦级数和余弦级数.

解　先求正弦级数. 为此对函数 $f(x)$ 进行奇延拓, 见图 11-1-6. 有

$$\begin{aligned} b_n &= \frac{2}{\pi}\int_0^{\pi} f(x)\sin(nx)\mathrm{d}x \\ &= \frac{2}{\pi}\int_0^{\pi}(x+1)\sin(nx)\mathrm{d}x \\ &= \frac{2}{\pi}\left[-\frac{x\cos(nx)}{n}+\frac{\sin(nx)}{n^2}-\frac{\cos(nx)}{n}\right]_0^{\pi} \\ &= \frac{2}{n\pi}[1-\pi\cos(n\pi)-\cos(n\pi)] \\ &= \begin{cases} \dfrac{2}{\pi}\cdot\dfrac{\pi+2}{n}, n=1,3,5,\cdots, \\ -\dfrac{2}{n\pi}, n=2,4,6,\cdots, \end{cases} \end{aligned}$$

函数的正弦级数展开式为

$$x+1=\frac{2}{\pi}\left[(\pi+2)\sin x-\frac{\pi}{2}\sin(2x)+\frac{1}{3}(\pi+2)\sin(3x)-\frac{\pi}{4}\sin(4x)+\cdots\right]\quad(0<x<\pi).$$

在端点 $x=0$ 及 $x=\pi$ 处, 级数的和显然为零, 它不代表原来函数 $f(x)$ 的值.

再求余弦级数. 为此对 $f(x)$ 进行偶延拓, 见图 11-1-7. 有

$$a_0=\frac{2}{\pi}\int_0^{\pi}(x+1)\mathrm{d}x=\frac{2}{\pi}\left[\frac{x^2}{2}+x\right]_0^{\pi}=\pi+2,$$

$$\begin{aligned} a_n &= \frac{2}{\pi}\int_0^{\pi} f(x)\cos(nx)\mathrm{d}x=\frac{2}{\pi}\int_0^{\pi}(x+1)\cos(nx)\mathrm{d}x \\ &= \frac{2}{\pi}\left[\frac{x\sin(nx)}{n}+\frac{\cos(nx)}{n^2}+\frac{\sin nx}{n}\right]_0^{\pi} \\ &= \frac{2}{n^2\pi}[\cos(n\pi)-1]=\begin{cases} 0, n=2,4,6,\cdots, \\ -\dfrac{4}{n^2\pi}, n=1,3,5,\cdots. \end{cases} \end{aligned}$$

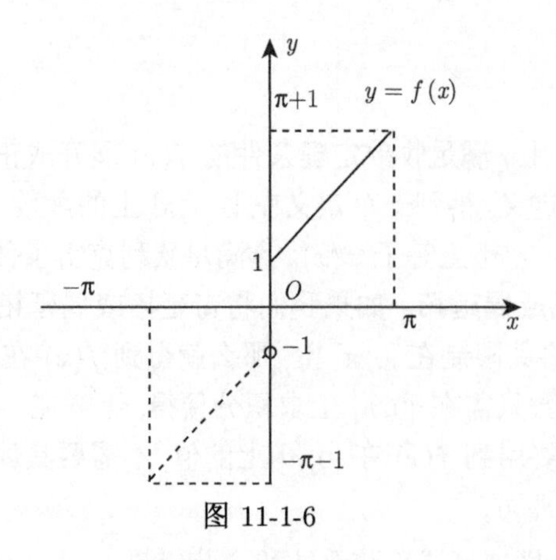

图 11-1-6

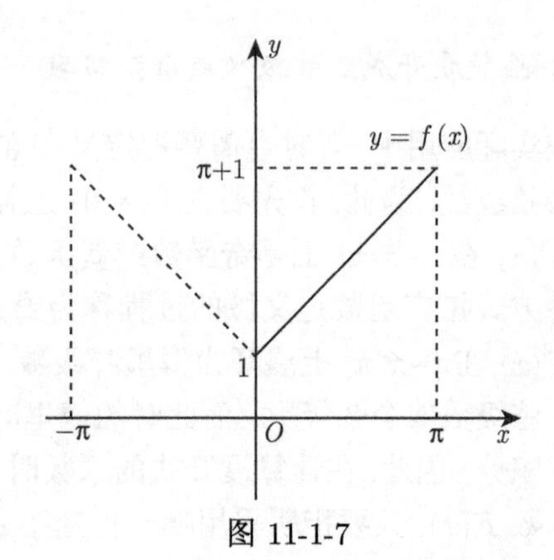

图 11-1-7

函数的余弦级数展开式为

$$x+1=\frac{\pi}{2}+1-\frac{4}{\pi}\left[\cos x+\frac{1}{3^2}\cos(3x)+\frac{1}{5^2}\cos(5x)+\cdots\right]\quad(0\leqslant x\leqslant\pi).$$

习　题　11-1

1. 下列周期函数 $f(x)$ 的周期为 2π, 试将 $f(x)$ 展开成傅里叶级数, $f(x)$ 在 $[-\pi,\pi)$ 上的表达式为

(1) $f(x)=\begin{cases}-\dfrac{\pi}{4},-\pi\leqslant x<0,\\ \dfrac{\pi}{4},0\leqslant x<\pi;\end{cases}$

(2) $f(x)=\begin{cases}x,-\pi\leqslant x<0,\\ x+1,0\leqslant x<\pi;\end{cases}$

(3) $f(x)=\mathrm{e}^x+1,-\pi\leqslant x<\pi;$

(4) $f(x)=\begin{cases}0,-\pi\leqslant x<0,\\ \sin x,0\leqslant x<\pi;\end{cases}$

(5) $f(x)=\begin{cases}-\dfrac{\pi}{2},-\pi\leqslant x<-\dfrac{\pi}{2},\\ x,-\dfrac{\pi}{2}\leqslant x<\dfrac{\pi}{2},\\ \dfrac{\pi}{2},\dfrac{\pi}{2}\leqslant x<\pi.\end{cases}$

2. 设周期函数 $f(x)$ 的周期为 2π, 证明 $f(x)$ 的傅里叶系数为

$$a_n=\frac{1}{\pi}\int_0^{2\pi}f(x)\cos(nx)\mathrm{d}x\quad(n=0,1,2,\cdots),$$

$$b_n=\frac{1}{\pi}\int_0^{2\pi}f(x)\sin(nx)\mathrm{d}x\quad(n=1,2,\cdots).$$

3. 设函数 $f(x)=x^2(0<x<2\pi)$, 将函数 $f(x)$ 展开成傅里叶级数, 并求 $\sum\limits_{n=1}^{\infty}\dfrac{1}{(2n-1)^2}$ 的和.

4. 将函数 $f(x)=\dfrac{\pi}{4}-\dfrac{x}{2}(0<x<\pi)$ 展开成正弦级数.

5. 将函数 $f(x)=2x+3(0\leqslant x\leqslant\pi)$ 展开成余弦级数.

第二节　周期为 $2l$ 的周期函数的傅里叶级数

在上一节中, 所讨论的周期函数都是以 2π 为周期的. 在实际应用中, 还经常会遇到周期不是 2π 的周期函数要展开成傅里叶级数的问题. 下面就来讨论怎样把周期为 $2l$ 的周期函数展开成傅里叶级数.

一、周期为 $2l$ 的函数展开为傅里叶级数

设 $f(x)$ 是周期为 $2l$ 的函数, $f(x)$ 满足狄利克雷条件. 为了求得它的傅里叶展开式, 作变量代换 $t=\dfrac{\pi}{l}x$, 得到函数

$$g(t)=f\left(\frac{l}{\pi}t\right),$$

这时 $F(t)$ 是以 2π 为周期的函数, 事实上,

$$g(t+2\pi)=f\left(\frac{l}{\pi}(t+2\pi)\right)=f\left(\frac{l}{\pi}t+2l\right)=f\left(\frac{l}{\pi}t\right)=g(t).$$

现在我们假定

$$g(t)\sim\frac{a_0}{2}+\sum_{n=1}^{\infty}[a_n\cos(nt)+b_n\sin(nt)],$$

其中

$$a_n=\frac{1}{\pi}\int_{-\pi}^{\pi}g(t)\cos nt\mathrm{d}t\quad(n=0,1,2,\cdots),$$

$$b_n=\frac{1}{\pi}\int_{-\pi}^{\pi}g(t)\sin nt\mathrm{d}t\quad(n=1,2,\cdots).$$

这里的 a_n,b_n 可由 $f(x)$ 表示, 事实上, 在上述积分中令 $t=\frac{\pi}{l}x$ 即可:

$$\frac{a_0}{2}+\sum_{n=1}^{\infty}\left[a_n\cos\left(\frac{n\pi}{l}x\right)+b_n\sin\left(\frac{n\pi}{l}x\right)\right],$$

其中

$$a_n=\frac{1}{\pi}\int_{-\pi}^{\pi}g(t)\cos(nt)\mathrm{d}t=\frac{1}{l}\int_{-l}^{l}f(x)\cos\left(\frac{n\pi}{l}x\right)\mathrm{d}x\quad(n=0,1,2,\cdots),$$

$$b_n=\frac{1}{\pi}\int_{-\pi}^{\pi}g(t)\sin(nt)\mathrm{d}t=\frac{1}{l}\int_{-l}^{l}f(x)\sin\left(\frac{n\pi}{l}x\right)\mathrm{d}x\quad(n=1,2,\cdots).$$

前面关于以 2π 为周期的傅里叶级数的收敛性定理很自然地可以推广到以 $2l$ 为周期的函数上.

定理 1 设周期为 $2l$ 的周期函数 $f(x)$ 满足收敛定理的条件, 则它的傅里叶级数为

$$\frac{a_0}{2}+\sum_{n=1}^{\infty}\left(a_n\cos\frac{n\pi x}{l}+b_n\sin\frac{n\pi x}{l}\right),\tag{11-2-1}$$

其中

$$a_n=\frac{1}{l}\int_{-l}^{l}f(x)\cos\frac{n\pi x}{l}\mathrm{d}x\quad(n=0,1,2,\cdots),$$

$$b_n=\frac{1}{l}\int_{-l}^{l}f(x)\sin\frac{n\pi x}{l}\mathrm{d}x\quad(n=1,2,\cdots).$$

在 $f(x)$ 的连续点处, 级数 (11-2-1) 收敛于 $f(x)$; 在 $f(x)$ 的间断点处, 级数 (11-2-1) 收敛于 $f(x)$ 在该点的左极限与右极限的算术平均值 $\frac{1}{2}[f(x^-)+f(x^+)]$.

如果 $f(x)$ 为奇函数, 则它的傅里叶级数是正弦级数, 因此, 若 x 为函数 $f(x)$ 的连续点, 有

$$f(x)=\sum_{n=1}^{\infty}b_n\sin\frac{n\pi x}{l},$$

其中

$$b_n=\frac{2}{l}\int_0^l f(x)\sin\frac{n\pi x}{l}\mathrm{d}x\quad(n=1,2,\cdots).$$

如果 $f(x)$ 为偶函数, 则它的傅里叶级数是余弦级数, 因此, 若 x 为函数 $f(x)$ 的连续点, 有

$$f(x)=\frac{a_0}{2}+\sum_{n=1}^{\infty}a_n\cos\frac{n\pi x}{l},$$

其中

$$a_n=\frac{2}{l}\int_0^l f(x)\cos\frac{n\pi x}{l}\mathrm{d}x\quad(n=0,1,2,\cdots).$$

类似于上节中的延拓方法, 只需对函数 $f(x)$ 进行相应的周期延拓或奇偶延拓. 定义在 $[-l,l]$ 上的函数 $f(x)$ 也可以展开成傅里叶级数, 定义在 $[0,l]$ 上的函数 $f(x)$ 也可展开成正弦级数或余弦级数.

例 1　设 $f(x)$ 是周期为 2 的周期函数, 它在 $[-1,1)$ 上的表达式为

$$f(x)=\begin{cases}0, -1\leqslant x<0,\\ x, 0\leqslant x<1.\end{cases}$$

将 $f(x)$ 展开成傅里叶级数.

解　这里 $l=1$.

$$a_0=\frac{1}{1}\int_{-1}^{1}f(x)\mathrm{d}x=\int_0^1 x\mathrm{d}x=\frac{1}{2},$$

$$a_n=\frac{1}{1}\int_{-1}^{1}f(x)\cos(n\pi x)\mathrm{d}x=\int_0^1 x\cos(n\pi x)\mathrm{d}x=\frac{(-1)^n-1}{n^2\pi^2}\quad(n=1,2,\cdots),$$

$$b_n=\frac{1}{1}\int_{-1}^{1}f(x)\sin(n\pi x)\mathrm{d}x=\int_0^1 x\sin(n\pi x)\mathrm{d}x=\frac{(-1)^{n+1}}{n\pi}\quad(n=1,2,\cdots).$$

于是,

$$f(x)\sim\frac{1}{4}+\sum_{n=1}^{\infty}\frac{1}{n\pi}\left[\frac{(-1)^n-1}{n\pi}\cos(n\pi x)+(-1)^{n+1}\sin(n\pi x)\right].$$

函数 $f(x)$ 满足收敛定理的条件, 它在点 $x=2k+1\ (k=0,\pm1,\pm2,\cdots)$ 处不连续, 在其他点处连续, 从而由定理知道 $f(x)$ 的傅里叶级数收敛, 并且当 $x=2k+1\ (k=0,\pm1,\pm2,\cdots)$ 时收敛于

$$\frac{1}{2}[f(x^-)+f(x^+)]=\frac{1}{2}(1+0)=\frac{1}{2},$$

当 $x\neq 2k+1\ (k=0,\pm1,\pm2,\cdots)$ 时级数收敛于 $f(x)$.

于是 $f(x)$ 的傅里叶级数展开式为

$$f(x)=\frac{1}{4}+\sum_{n=1}^{\infty}\frac{1}{n\pi}\left[\frac{(-1)^n-1}{n\pi}\cos(n\pi x)+(-1)^{n+1}\sin(n\pi x)\right]\quad(-\infty<x<+\infty,x\neq\pm1,\pm3,\cdots).$$

例 2　将函数 $f(x)=\dfrac{2-x}{2}$ 在 $[0,2]$ 上展开成以 4 为周期的正弦级数.

解　对函数 $f(x)$ 进行奇延拓, 这里 $l=2$. 因此有

$$a_n=0\quad(n=0,1,2,\cdots),$$

$$b_n=\frac{2}{l}\int_0^l f(x)\sin\frac{n\pi x}{l}\mathrm{d}x=\int_0^2\frac{2-x}{2}\sin\frac{n\pi x}{2}\mathrm{d}x=\frac{2}{n\pi}\quad(n=1,2,\cdots).$$

于是

$$\frac{2-x}{2}=\sum_{n=1}^{\infty}\frac{2}{n\pi}\sin\frac{n\pi x}{2}\quad(0<x\leqslant 2),$$

当 $x=0$ 时, $f(x)$ 的傅里叶级数收敛于 0.

*二、傅里叶级数的复数形式

在讨论交流电和频谱分析等问题时, 为了方便分析、计算, 经常采用复数形式的傅里叶级数.

设 $f(x)$ 是周期为 $2l$ 的周期函数, 它的傅里叶级数为

$$\frac{a_0}{2}+\sum_{n=1}^{\infty}\left(a_n\cos\frac{n\pi x}{l}+b_n\sin\frac{n\pi x}{l}\right),\tag{11-2-2}$$

其中

$$a_n=\frac{1}{l}\int_{-l}^{l}f(x)\cos\frac{n\pi x}{l}\mathrm{d}x\quad(n=0,1,2,\cdots),\tag{11-2-3}$$

$$b_n=\frac{1}{l}\int_{-l}^{l}f(x)\sin\frac{n\pi x}{l}\mathrm{d}x\quad(n=1,2,\cdots).\tag{11-2-4}$$

将欧拉公式

$$\cos x=\frac{1}{2}(\mathrm{e}^{\mathrm{i}x}+\mathrm{e}^{-\mathrm{i}x}),\quad \sin x=\frac{1}{2\mathrm{i}}(\mathrm{e}^{\mathrm{i}x}-\mathrm{e}^{-\mathrm{i}x})$$

代入式 (11-2-2), 得

$$\frac{a_0}{2}+\sum_{n=1}^{\infty}\left[\frac{a_n}{2}\left(\mathrm{e}^{\mathrm{i}\frac{n\pi x}{l}}+\mathrm{e}^{-\mathrm{i}\frac{n\pi x}{l}}\right)+\frac{b_n}{2\mathrm{i}}\left(\mathrm{e}^{\mathrm{i}\frac{n\pi x}{l}}-\mathrm{e}^{-\mathrm{i}\frac{n\pi x}{l}}\right)\right]$$

$$=\frac{a_0}{2}+\sum_{n=1}^{\infty}\left(\frac{a_n-\mathrm{i}b_n}{2}\mathrm{e}^{\mathrm{i}\frac{n\pi x}{l}}+\frac{a_n+\mathrm{i}b_n}{2}\mathrm{e}^{-\mathrm{i}\frac{n\pi x}{l}}\right),\tag{11-2-5}$$

若设

$$\frac{a_0}{2}=c_0,\quad \frac{a_n-\mathrm{i}b_n}{2}=c_n,\quad \frac{a_n+\mathrm{i}b_n}{2}=c_{-n}\quad (n=1,2,\cdots),\tag{11-2-6}$$

则式 (11-2-5) 可表示为

$$c_0+\sum_{n=1}^{\infty}\left(c_n\mathrm{e}^{\mathrm{i}\frac{n\pi x}{l}}+c_{-n}\mathrm{e}^{-\mathrm{i}\frac{n\pi x}{l}}\right)=\sum_{n=-\infty}^{\infty}c_n\mathrm{e}^{\mathrm{i}\frac{n\pi x}{l}},\tag{11-2-7}$$

称式 (11-2-7) 为 $f(x)$ 的**傅里叶级数的复数形式**.

为求出系数 c_n 的表达式, 把式 (11-2-3), (11-2-4) 代入式 (11-2-6), 得

$$\begin{aligned}
c_0&=\frac{a_0}{2}=\frac{1}{2l}\int_{-l}^{l}f(x)\mathrm{d}x,\\
c_n&=\frac{a_n-\mathrm{i}b_n}{2}=\frac{1}{2}\left[\frac{1}{l}\int_{-l}^{l}f(x)\cos\frac{n\pi x}{l}\mathrm{d}x-\frac{\mathrm{i}}{l}\int_{-l}^{l}f(x)\sin\frac{n\pi x}{l}\mathrm{d}x\right]\\
&=\frac{1}{2l}\int_{-l}^{l}f(x)\left(\cos\frac{n\pi x}{l}-\mathrm{i}\sin\frac{n\pi x}{l}\right)\mathrm{d}x\\
&=\frac{1}{2l}\int_{-l}^{l}f(x)\mathrm{e}^{-\mathrm{i}\frac{n\pi x}{l}}\mathrm{d}x\quad (n=1,2,\cdots).
\end{aligned}$$

同理可得

$$c_{-n}=\frac{a_n+\mathrm{i}b_n}{2}=\frac{1}{2l}\int_{-l}^{l}f(x)\mathrm{e}^{\mathrm{i}\frac{n\pi x}{l}}\mathrm{d}x\quad (n=1,2,\cdots),$$

将上面的结果合并为

$$c_n=\frac{1}{2l}\int_{-l}^{l}f(x)\mathrm{e}^{-\mathrm{i}\frac{n\pi x}{l}}\mathrm{d}x\quad (n=0,\pm1,\pm2,\cdots),\tag{11-2-8}$$

式 (11-2-8) 为 $f(x)$ 的**傅里叶系数的复数形式**.

傅里叶级数的两种形式没有本质上的差异, 但由于复数形式比较简洁, 且只用一个公式计算系数, 在应用上更为方便.

例 3　设 $f(x)$ 是周期为 $2l$ 的周期函数, 它在 $[-l,l)$ 上的表达式为

$$f(x)=\begin{cases}0,-l\leqslant x<\dfrac{\tau}{2},\\ h,-\dfrac{\tau}{2}\leqslant x<\dfrac{\tau}{2},\\ 0,\dfrac{\tau}{2}\leqslant x<l.\end{cases}$$

将 $f(x)$ 展开成复数形式的傅里叶级数.

解 先计算系数如下：

$$c_n = \frac{1}{2l}\int_{-l}^{l} f(x)\mathrm{e}^{-\mathrm{i}\frac{n\pi x}{l}}\mathrm{d}x = \frac{1}{2l}\int_{-\frac{\tau}{2}}^{\frac{\tau}{2}} h\mathrm{e}^{-\mathrm{i}\frac{n\pi x}{l}}\mathrm{d}x$$

$$= -\frac{h}{2l}\left[\frac{l}{\mathrm{i}n\pi}\mathrm{e}^{-\mathrm{i}\frac{n\pi x}{l}}\right]_{-\frac{\tau}{2}}^{\frac{\tau}{2}} = \frac{h}{n\pi}\sin\frac{n\tau\pi}{2l} \quad (n = \pm 1, \pm 2, \cdots),$$

$$c_0 = \frac{1}{2l}\int_{-l}^{l} f(x)\mathrm{d}x = \frac{1}{2l}\int_{-\frac{\tau}{2}}^{\frac{\tau}{2}} h\mathrm{d}x = \frac{h\tau}{2l},$$

因此, 有

$$f(x) = \frac{h\tau}{2l} + \frac{h}{\pi}\sum_{\substack{n=-\infty \\ n\neq 0}}^{\infty}\frac{1}{n}\sin\frac{n\tau\pi}{2l}\mathrm{e}^{\mathrm{i}\frac{n\pi x}{l}} \quad \left(-\infty < x < +\infty, x \neq 2kl \pm \frac{\tau}{2}, k\text{ 为整数}\right).$$

习 题 11-2

1. 将下列各周期函数展开成傅里叶级数, 函数在一个周期内的表达式为

(1) $f(x) = \begin{cases} 2x+1, -3 \leqslant x < 0, \\ 1, 0 \leqslant x < 3; \end{cases}$

(2) $f(x) = \begin{cases} x, -1 \leqslant x < 0, \\ 1, 0 \leqslant x < \frac{1}{2}, \\ -1, \frac{1}{2} \leqslant x < 1. \end{cases}$

2. 将下列函数分别展开成正弦级数和余弦级数.

(1) $f(x) = x + 1, \quad 0 \leqslant x \leqslant 2$;

(2) $f(x) = \begin{cases} x, & 0 \leqslant x < \frac{l}{2}, \\ l - x, & \frac{l}{2} \leqslant x \leqslant l. \end{cases}$

*3. 设 $f(x)$ 是周期为 2 的周期函数, 它在 $[-1, 1)$ 上的表达式为 $f(x) = \mathrm{e}^{-x}$, 将其展开成复数形式的傅里叶级数.

4. 将函数 $f(x) = \cos x \left(0 \leqslant x < \frac{\pi}{2}\right)$ 展开成周期为 π 的正弦级数.

5. 将函数 $f(x) = x + |x|$ 在区间 $[-l, l]$ 上展开成傅里叶级数, 并作出该级数的和函数 $s(x)$ 的图形.

* 第三节 贝塞尔不等式与帕斯瓦尔等式

作为傅里叶级数的进一步讨论, 我们来介绍与傅里叶级数有关的贝塞尔不等式与帕斯瓦尔等式.

定理 1 (贝塞尔不等式) *若函数 $f(x)$ 在 $[-\pi, \pi]$ 上可积, 则有如下不等式*

$$\frac{a_0^2}{2} + \sum_{n=1}^{\infty}(a_n^2 + b_n^2) \leqslant \frac{1}{\pi}\int_{-\pi}^{\pi} f^2(x)\mathrm{d}x, \tag{11-3-1}$$

其中 $a_0, a_n, b_n (n=1,2,\cdots)$ 为 $f(x)$ 的傅里叶系数, 上述不等式称为 $f(x)$ 的**贝塞尔不等式.**

证 令

$$S_m(x)=\frac{a_0}{2}+\sum_{n=1}^{m}[(a_n\cos(nx)+b_n\sin(nx)],$$

考虑积分

$$\begin{aligned}&\int_{-\pi}^{\pi}[f(x)-S_m(x)]^2\mathrm{d}x\\=&\int_{-\pi}^{\pi}[f^2(x)-2f(x)S_m(x)+S_m^2(x)]\mathrm{d}x\\=&\int_{-\pi}^{\pi}f^2(x)\mathrm{d}x-2\int_{-\pi}^{\pi}f(x)S_m(x)\mathrm{d}x+\int_{-\pi}^{\pi}S_m^2(x)\mathrm{d}x.\end{aligned}$$

根据傅里叶系数的计算公式可得

$$\begin{aligned}&\int_{-\pi}^{\pi}f(x)S_m(x)\mathrm{d}x\\=&\frac{a_0}{2}\int_{-\pi}^{\pi}f(x)\mathrm{d}x+\sum_{n=1}^{m}\left[a_n\int_{-\pi}^{\pi}f(x)\cos(nx)\mathrm{d}x+b_n\int_{-\pi}^{\pi}f(x)\sin(nx)\mathrm{d}x\right]\\=&\frac{\pi}{2}a_0^2+\pi\sum_{n=1}^{m}(a_n^2+b_n^2);\end{aligned}$$

根据三角函数系的正交性可得

$$\begin{aligned}&\int_{-\pi}^{\pi}S_m^2(x)\mathrm{d}x=\int_{-\pi}^{\pi}\left\{\frac{a_0}{2}+\sum_{n=1}^{m}[a_n\cos(nx)+b_n\sin(nx)]\right\}^2\mathrm{d}x\\=&\frac{a_0^2}{4}\int_{-\pi}^{\pi}\mathrm{d}x+\sum_{n=1}^{m}\left[a_n^2\int_{-\pi}^{\pi}\cos^2(nx)\mathrm{d}x+b_n^2\int_{-\pi}^{\pi}\sin^2(nx)\mathrm{d}x\right]\\=&\frac{\pi a_0^2}{2}+\pi\sum_{n=1}^{m}(a_n^2+b_n^2).\end{aligned}$$

于是我们有

$$\begin{aligned}0\leqslant&\int_{-\pi}^{\pi}[f(x)-S_m(x)]^2\mathrm{d}x\\=&\int_{-\pi}^{\pi}f^2(x)\mathrm{d}x-\frac{\pi a_0^2}{2}-\pi\sum_{n=1}^{m}(a_n^2+b_n^2),\end{aligned}$$

从而可得

$$\frac{a_0^2}{2}+\sum_{n=1}^{m}(a_n^2+b_n^2)\leqslant\frac{1}{\pi}\int_{-\pi}^{\pi}f^2(x)\mathrm{d}x.$$

由于上式对任意自然数 m 都成立, $\frac{1}{\pi}\int_{-\pi}^{\pi} f^2(x)\mathrm{d}x$ 是有限值, 所以正项级数 $\frac{a_0^2}{2}+\sum_{n=1}^{m}(a_n^2+b_n^2)$ 收敛, 故令 $m\to\infty$ 可得不等式

$$\frac{a_0^2}{2}+\sum_{n=1}^{\infty}(a_n^2+b_n^2)\leqslant\frac{1}{\pi}\int_{-\pi}^{\pi} f^2(x)\mathrm{d}x.$$

推论 1 若 $f(x)$ 为可积函数, 则

$$\lim_{n\to\infty}\int_{-\pi}^{\pi} f(x)\cos(nx)\mathrm{d}x=0,\quad \lim_{n\to\infty}\int_{-\pi}^{\pi} f(x)\sin(nx)\mathrm{d}x=0. \tag{11-3-2}$$

证 因为式 (11-3-1) 的左边级数收敛, 所以当 $n\to\infty$ 时, 一般项 $a_n^2+b_n^2\to 0$, 从而有 $a_n\to 0$ 与 $b_n\to 0$, 即

$$\lim_{n\to\infty}\int_{-\pi}^{\pi} f(x)\cos(nx)\mathrm{d}x=0,\quad \lim_{n\to\infty}\int_{-\pi}^{\pi} f(x)\sin(nx)\mathrm{d}x=0.$$

推论 2 若 $f(x)$ 为可积函数, 则

$$\lim_{n\to\infty}\int_{0}^{\pi} f(x)\sin\left[\left(n+\frac{1}{2}\right)x\right]\mathrm{d}x=0,\quad \lim_{n\to\infty}\int_{-\pi}^{0} f(x)\sin\left[\left(n+\frac{1}{2}\right)\right]x\mathrm{d}x=0. \tag{11-3-3}$$

证 先证 $\lim_{n\to\infty}\int_{0}^{\pi} f(x)\sin\left[\left(n+\frac{1}{2}\right)x\mathrm{d}x\right]=0$. 因为

$$\sin\left[\left(n+\frac{1}{2}\right)x\right]=\cos\frac{x}{2}\sin(nx)+\sin\frac{x}{2}\cos(nx),$$

令

$$F_1(x)=\begin{cases} f(x)\cos\dfrac{x}{2}, 0\leqslant x\leqslant\pi, \\ 0, -\pi\leqslant x<0, \end{cases}$$

$$F_2(x)=\begin{cases} f(x)\sin\dfrac{x}{2}, 0\leqslant x\leqslant\pi, \\ 0, -\pi\leqslant x<0, \end{cases}$$

则 $F_1(x)$ 与 $F_2(x)$ 在 $[-\pi,\pi]$ 上可积, 于是由推论 1 可得

$$\begin{aligned}
&\lim_{n\to\infty}\int_{0}^{\pi} f(x)\sin\left[\left(n+\frac{1}{2}\right)x\right]\mathrm{d}x \\
&=\lim_{n\to\infty}\left\{\int_{0}^{\pi}\left[f(x)\cos\frac{x}{2}\right]\sin(nx)\mathrm{d}x+\int_{0}^{\pi}\left[f(x)\sin\frac{x}{2}\right]\cos(nx)\mathrm{d}x\right\} \\
&=\lim_{n\to\infty}\left[\int_{-\pi}^{\pi} F_1(x)\sin(nx)\mathrm{d}x+\int_{-\pi}^{\pi} F_2(x)\cos(nx)\mathrm{d}x\right]=0.
\end{aligned}$$

同理可证

$$\lim_{n\to\infty}\int_{-\pi}^{0} f(x)\sin\left[\left(n+\frac{1}{2}\right)x\right]\mathrm{d}x=0.$$

需要考虑的问题是：定理 1 的结论在什么情况下等式成立呢？下面的回答是肯定的，由于证明较复杂，我们给出结论而略去证明.

定理 2 若函数 $f(x)$ 在 $[-\pi,\pi]$ 上有界可积，将 $f(x)$ 的傅里叶级数的部分和记为 $S_n(x)$，即

$$S_n(x)=\frac{a_0}{2}+\sum_{k=1}^{n}[a_k\cos(kx)+b_k\sin(kx)],$$

则有

$$\lim_{n\to\infty}\int_{-\pi}^{\pi}[f(x)-S_n(x)]^2\mathrm{d}x=0.$$

根据定理 1 的推导过程与定理 2，我们有下面的帕斯瓦尔等式：

推论 3 (帕斯瓦尔等式) 若函数 $f(x)$ 在 $[-\pi,\pi]$ 上有界可积，则有帕斯瓦尔等式

$$\frac{a_0^2}{2}+\sum_{n=1}^{\infty}(a_n^2+b_n^2)=\frac{1}{\pi}\int_{-\pi}^{\pi}f^2(x)\mathrm{d}x.$$

例 1 求函数

$$f(x)=\begin{cases}1, |x|<1,\\ 0, 1\leqslant |x|\leqslant \pi\end{cases}$$

的傅里叶系数，并利用帕斯瓦尔等式求级数 $\sum\limits_{n=1}^{\infty}\frac{\sin^2 n}{n^2}$ 的和.

解 由于 $f(x)$ 是偶函数，所以 $b_n=0(n=1,2,\cdots)$. 又

$$a_0=\frac{2}{\pi}\int_0^1\mathrm{d}x=\frac{2}{\pi},$$

$$a_n=\frac{2}{\pi}\int_0^1\cos(nx)\mathrm{d}x=\frac{2\sin n}{n\pi}\quad (n=1,2,\cdots),$$

且

$$\frac{1}{\pi}\int_{-\pi}^{\pi}f^2(x)\mathrm{d}x=\frac{2}{\pi}\int_0^1\mathrm{d}x=\frac{2}{\pi}.$$

由帕斯瓦尔等式，有

$$\frac{1}{2}\left(\frac{2}{\pi}\right)^2+\sum_{n=1}^{\infty}\frac{4\sin^2 n}{n^2\pi^2}=\frac{2}{\pi}.$$

由此可推得

$$\sum_{n=1}^{\infty}\frac{\sin^2 n}{n^2}=\frac{\pi-1}{2}.$$

下面给出傅里叶级数部分和的另一种表达式.

定理 3　*若 $f(x)$ 是以 2π 为周期的可积函数, 则 $f(x)$ 的傅里叶级数部分和 $S_n(x)$ 可表示为*

$$S_n(x)=\frac{1}{\pi}\int_{-\pi}^{\pi}f(x+t)\frac{\sin\left[\left(n+\frac{1}{2}\right)t\right]}{2\sin\frac{t}{2}}\mathrm{d}t.$$

当 $t=0$ 时, 被积函数中的不定式由极限 $\lim\limits_{t\to0}\dfrac{\sin\left[\left(n+\frac{1}{2}\right)t\right]}{2\sin\frac{t}{2}}=n+\dfrac{1}{2}$ 来确定.

证　由三角函数的积化和差可知

$$\begin{aligned}&2\sin\frac{t}{2}\left[\frac{1}{2}+\sum_{k=1}^{n}\cos(kt)\right]\\&=\sin\frac{t}{2}+\left(\sin\frac{3}{2}t-\sin\frac{t}{2}\right)+\cdots+\left\{\sin\left[\left(n+\frac{1}{2}\right)t\right]-\sin\left[\left(n-\frac{1}{2}\right)t\right]\right\}\\&=\sin\left[\left(n+\frac{1}{2}\right)t\right],\end{aligned}$$

即

$$\frac{1}{2}+\sum_{k=1}^{n}\cos(kt)=\frac{\sin\left[\left(n+\frac{1}{2}\right)t\right]}{2\sin\frac{t}{2}},$$

根据傅里叶系数的计算公式可得

$$\begin{aligned}S_n(x)&=\frac{a_0}{2}+\sum_{k=1}^{n}[a_k\cos(kx)+b_k\sin(kx)]\\&=\frac{1}{2\pi}\int_{-\pi}^{\pi}f(u)\mathrm{d}u+\frac{1}{\pi}\sum_{k=1}^{n}\left\{\left[\int_{-\pi}^{\pi}f(u)\cos(ku)\mathrm{d}u\right]\cos(kx)+\left[\int_{-\pi}^{\pi}f(u)\sin(ku)\mathrm{d}u\right]\sin(kx)\right\}\\&=\frac{1}{\pi}\int_{-\pi}^{\pi}f(u)\left[\frac{1}{2}+\sum_{k=1}^{n}\cos(ku)\cos(kx)+\sin(ku)\sin(kx)\right]\mathrm{d}u\\&=\frac{1}{\pi}\int_{-\pi}^{\pi}f(u)\left\{\frac{1}{2}+\sum_{k=1}^{n}\cos[k(u-x)]\right\}\mathrm{d}u,\end{aligned}$$

令 $u=x+t$, 则有

$$S_n(x)=\frac{1}{\pi}\int_{-\pi-x}^{\pi-x}f(x+t)\left[\frac{1}{2}+\sum_{k=1}^{n}\cos(kt)\right]\mathrm{d}t.$$

由于被积函数是以 2π 为周期的周期函数, 根据周期函数的积分性质可知: 在 $[-\pi-x,\pi-x]$ 上的积分等于在 $[-\pi,\pi]$ 上的积分, 所以

$$\begin{aligned}S_n(x)&=\frac{1}{\pi}\int_{-\pi-x}^{\pi-x}f(x+t)\left[\frac{1}{2}+\sum_{k=1}^{n}\cos(kt)\right]\mathrm{d}t\\&=\frac{1}{\pi}\int_{-\pi}^{\pi}f(x+t)\left[\frac{1}{2}+\sum_{k=1}^{n}\cos(kt)\right]\mathrm{d}t\\&=\frac{1}{\pi}\int_{-\pi}^{\pi}f(x+t)\frac{\sin\left[\left(n+\dfrac{1}{2}\right)t\right]}{2\sin\dfrac{t}{2}}\mathrm{d}t.\end{aligned}$$

习 题 11-3

1. 利用函数 $f(x)=|x|\,(-\pi\leqslant x\leqslant\pi)$ 的傅里叶系数求级数 $\displaystyle\sum_{n=1}^{\infty}\frac{1}{(2n-1)^4}$ 的和.

2. 利用函数 $f(x)=\begin{cases}1,0\leqslant x\leqslant 1,\\-1,-1\leqslant x<0,\\0,1<|x|\leqslant\pi\end{cases}$ 的傅里叶系数求级数 $\displaystyle\sum_{n=1}^{\infty}\frac{\cos n}{n^2}$ 的和.

总复习题十一

1. 填空题.

(1) 设周期函数在一个周期内的表达式为 $f(x)=\begin{cases}-1,-\pi<x\leqslant 0,\\1+x^2,0<x\leqslant\pi,\end{cases}$ 则 $f(x)$ 的傅里叶级数在 $x=\pi$ 处收敛于 ________.

(2) 设 $f(x)=x^2(0\leqslant x\leqslant 1)$, $s(x)=\displaystyle\sum_{n=1}^{\infty}b_n\sin(n\pi x)$, 其中 $b_n=2\displaystyle\int_0^1 f(x)\sin(n\pi x)\mathrm{d}x$, $n=0,1,2\cdots$, 那么, $s\left(-\dfrac{7}{2}\right)=$ ________.

(3) 设 $f(x)=\begin{cases}x^2,-\pi<x\leqslant 0,\\-5,0<x\leqslant\pi,\end{cases}$ 则其以 2π 为周期的傅里叶级数在点 $x=\pi$ 处收敛于 ________.

(4) 设 $f(x)$ 是以 2 为周期的函数, 在 $(-1,1]$ 上的表达式为 $f(x)=\begin{cases}x^2,-1<x<0,\\x,0\leqslant x\leqslant 1,\end{cases}$ 那么 $f(x)$ 的傅里叶级数在点 $x=3$ 处收敛于 ________.

2. 选择题.

(1) 设 $f(x)$ 是以 2π 为周期的函数, 且 $f(x)=\begin{cases}-1,-\pi\leqslant x\leqslant 0,\\x+1,0<x\leqslant\pi,\end{cases}$ $s(x)$ 为 $f(x)$ 展成的傅里叶级数, 则 $s(1)$ 等于 ( ).

A. -1　　B. 1　　C. 2　　D. 0

(2) 设 $f(x)$ 是周期为 2π 的周期函数, 它在 $[-\pi,\pi)$ 上的表达式为 $f(x)=x$, 则 $f(x)$ 的傅里叶级数在点 $x=-\pi$ 处收敛于 ( ).

A. 0　　B. π　　C. $-\pi$　　D. 2π

(3) $f(x)$ 是以 2π 为周期的函数, 在 $(-\pi,\pi]$ 上的表达式为 $f(x)=\begin{cases}0,-\pi<x<0,\\ \pi,0\leqslant x\leqslant\pi,\end{cases}$ 则 $f(x)$ 的傅里叶级数在点 $x=\pi$ 处收敛于 (　　).

A. $\dfrac{\pi}{6}$　　B. $\dfrac{\pi}{4}$　　C. $\dfrac{\pi}{3}$　　D. $\dfrac{\pi}{2}$

(4) 已知函数 $y=x^2$ 在 $[-1\ ,\ 1]$ 上的傅里叶级数是 $\dfrac{1}{3}+\dfrac{4}{\pi^2}\sum\limits_{n=1}^{\infty}\dfrac{(-1)^n}{n^2}\cos(n\pi x)$, 该级数的和函数是 $s(x)$, 则 (　　).

A. $s(1)=1,\ s(2)=4$　　B. $s(1)=\dfrac{1}{2},\ s(2)=4$

C. $s(1)=\dfrac{1}{2},\ s(2)=0$　　D. $s(1)=1,\ s(2)=0$

(5) 设 $f(x)=\begin{cases}x,0\leqslant x\leqslant 1,\\ 1,1<x\leqslant\pi\end{cases}$ 的正弦级数为 $\sum\limits_{n=1}^{\infty}b_n\sin(nx)$, 则 $f(x)=\sum\limits_{n=1}^{\infty}b_n\sin(nx)$ 成立的区间为 (　　).

A. $[0,\ \pi]$　　B. $[0,\ \pi)$　　C. $(0,\ \pi]$　　D. $(0,\ \pi)$

3. 设 $f(x)$ 是周期为 2π 的函数, 它在 $[-\pi,\pi)$ 上的表达式为

$$f(x)=\begin{cases}0,x\in[-\pi,0),\\ \mathrm{e}^x,x\in[0,\pi),\end{cases}$$

将 $f(x)$ 展开成傅里叶级数.

4. 将函数 $f(x)=x-1\ \ (0\leqslant x\leqslant 2)$ 展开成周期为 4 的余弦级数.

5. 试求三角多项式

$$T_n(x)=\frac{a_0}{2}+\sum_{k=1}^{n}[a_k\cos(kx)+b_k\sin(kx)]$$

的傅里叶级数展开式.

6. 将函数 $f(x)=\begin{cases}x,0\leqslant x<\dfrac{\pi}{2},\\ 0,\dfrac{\pi}{2}\leqslant x<\pi\end{cases}$ 在 $(0,\pi)$ 上分别展开成以 2π 为周期的正弦级数和余弦级数, 并求其相应的和函数 $S(x)$ 在 $x=-\dfrac{3}{2}\pi,\ x=\dfrac{5}{4}\pi$ 处的值.

7. 设函数为 $f(x)=\dfrac{\pi}{2}\cdot\dfrac{\mathrm{e}^x+\mathrm{e}^{-x}}{\mathrm{e}^{\pi}-\mathrm{e}^{-\pi}}$,

(1) 在 $[-\pi,\pi]$ 上将 $f(x)$ 展开成傅里叶级数;

(2) 求级数 $\sum\limits_{n=1}^{\infty}\dfrac{(-1)^n}{1+(2n)^2}$ 的和.

8. 求函数

$$f(x)=\pi^2-x^2\quad(-\pi\leqslant x\leqslant\pi)$$

在 $[-\pi,\pi]$ 上的傅里叶级数.

9. 把定义在 $[0,\pi]$ 上的函数

$$f(x)=\begin{cases}1,0\leqslant x<h,\\ \dfrac{1}{2},x=h,\\ 0,h<x\leqslant\pi\end{cases}$$

(其中 $0<h<\pi$) 展开成正弦级数.

*10. 设 $f(x)$ 为 $[-\pi,\pi]$ 上的可积函数, a_0, a_k, $b_k(k=1,2,\cdots,n)$ 为 $f(x)$ 的傅里叶系数, 令

$$T_n(x)=\frac{a_0}{2}+\sum_{k=1}^{n}[a_k\cos(kx)+b_k\sin(kx)].$$

证明: 积分 $\int_{-\pi}^{\pi}[f(x)-T_n(x)]^2\mathrm{d}x$ 有最小值, 且最小值为

$$\int_{-\pi}^{\pi}f^2(x)\mathrm{d}x-\pi\left[\frac{a_0^2}{2}+\sum_{k=1}^{n}(a_k^2+b_k^2)\right].$$

*11. 设 $f(x)$, $g(x)$ 是以 2π 为周期的函数且在 $[-\pi,\pi]$ 上可积. 令

$$f(x)\sim\frac{a_0}{2}+\sum_{n=1}^{\infty}[a_n\cos(nx)+b_n\sin(nx)],$$

$$g(x)\sim\frac{\alpha_0}{2}+\sum_{n=1}^{\infty}[\alpha_n\cos(nx)+\beta_n\sin(nx)],$$

证明:

$$\int_{-\pi}^{\pi}f(x)g(x)\mathrm{d}x=\frac{a_0\alpha_0}{2}+\sum_{n=1}^{\infty}(a_n\alpha_n+b_n\beta_n).$$

第十一章参考答案

习题 11-1

1. (1) $f(x)=\sum_{n=1}^{\infty}\frac{1}{2n-1}\sin[(2n-1)x]\ (-\infty<x<+\infty,x\neq 0,\pm\pi,\pm2\pi,\cdots)$;

(2) $f(x)=\frac{1}{2}+\frac{2(\pi+1)}{\pi}\sin x-\frac{2}{3}\sin(2x)+\frac{2(\pi+1)}{\pi}\sin(3x)-\cdots$
$(-\infty<x<+\infty,x\neq 0,\pm\pi,\pm2\pi,\cdots)$;

(3) $f(x)=\frac{\mathrm{e}^{\pi}-\mathrm{e}^{-\pi}+2\pi}{2\pi}+\frac{\mathrm{e}^{\pi}-\mathrm{e}^{-\pi}}{\pi}\sum_{n=1}^{\infty}\frac{(-1)^n}{n^2+1}[\cos(nx)-n\sin(nx)]$

$(-\infty<x<+\infty;\ x\neq\pm\pi,\ \pm3\pi,\cdots)$;

(4) $f(x)=\frac{1}{\pi}+\frac{1}{2}\sin x+\frac{2}{\pi}\sum_{n=1}^{\infty}\frac{\cos(2nx)}{1-4n^2}\quad(-\infty<x<+\infty)$;

(5) $f(x)=\sum_{n=1}^{\infty}\left[\frac{(-1)^{n+1}}{n}+\frac{2}{n^2\pi}\sin\frac{n\pi}{2}\right]\sin(nx)\quad(-\infty<x<+\infty;\ x\neq\pm\pi,\ \pm3\pi,\cdots)$.

2. 略.

3. $f(x)=\frac{4}{3}\pi^2+4\sum_{n=1}^{\infty}\left[\frac{1}{n^2}\cos(nx)-\frac{\pi}{n}\sin(nx)\right]\quad(0<x<2\pi)$, $\frac{\pi^2}{8}$.

4. $f(x)=\sum_{n=1}^{\infty}\frac{\sin(2nx)}{2n}\quad(0<x<\pi)$.

5. $f(x)=\pi+3-\dfrac{8}{\pi}\sum\limits_{n=1}^{\infty}\dfrac{1}{(2n-1)^2}\cos[(2n-1)x]\quad(0\leqslant x\leqslant\pi)$.

习题 11-2

1. (1) $f(x)=-\dfrac{1}{2}+\dfrac{12}{\pi^2}\sum\limits_{n=1}^{\infty}\dfrac{1}{(2n-1)^2}\cos\dfrac{(2n-1)\pi x}{3}+\dfrac{6}{\pi}\sum\dfrac{(-1)^{n+1}}{n}\sin\dfrac{n\pi x}{3}$

$(-\infty<x<+\infty, x\neq 3(2k+1), k$ 为整数$)$;

(2) $f(x)=-\dfrac{1}{4}+\sum\limits_{n=1}^{\infty}\left\{\left[\dfrac{1-(-1)^n}{n^2\pi^2}+\dfrac{2\sin\frac{n\pi}{2}}{n\pi}\right]\cos(n\pi x)+\dfrac{1-2\cos\frac{n\pi}{2}}{n\pi}\sin(n\pi x)\right\}$

$\left(-\infty<x<+\infty, x\neq 2k, x\neq 2k+\dfrac{1}{2}, k\text{为整数}\right)$.

2. (1) $f(x)=\dfrac{2}{\pi}\sum\limits_{n=1}^{\infty}\dfrac{1-3(-1)^n}{n}\sin\left(\dfrac{n\pi}{2}x\right)\quad(0<x<2)$,

$$f(x)=2-\frac{8}{\pi^2}\sum_{n=1}^{\infty}\frac{1}{(2n-1)^2}\cos\left(\frac{2n-1}{2}\pi x\right)\quad(0\leqslant x\leqslant 2);$$

(2) $f(x)=\dfrac{4l}{\pi^2}\sum\limits_{n=1}^{\infty}\dfrac{1}{n^2}\sin\dfrac{n\pi}{2}\sin\dfrac{n\pi x}{l}\quad(x\in[0,l])$,

$$f(x)=\frac{l}{4}+\frac{2l}{\pi^2}\sum_{n=1}^{\infty}\frac{1}{n^2}\left[2\cos\frac{n\pi}{2}-1-(-1)^n\right]\cos\frac{n\pi x}{l}\quad(x\in[0,l]).$$

*3. $f(x)=\sum\limits_{n=-\infty}^{+\infty}(-1)^n\dfrac{1-\mathrm{i}n\pi}{1+n^2\pi^2}\sinh 1\cdot\mathrm{e}^{\mathrm{i}n\pi x}\quad(x\neq 2k+1, k=0,\pm1,\pm2,\cdots)$.

4. $f(x)=\dfrac{8}{\pi}\sum\limits_{n=1}^{\infty}\dfrac{n}{(2n-1)(2n+1)}\sin(2nx)\quad\left(0<x<\dfrac{\pi}{2}\right)$.

5. $f(x)=\dfrac{l}{2}-\dfrac{2l}{\pi}\sum\limits_{n=1}^{\infty}\left[\dfrac{(-1)^n-1}{n^2\pi}\cos\dfrac{n\pi x}{l}-\dfrac{(-1)^n}{n}\sin\dfrac{n\pi x}{l}\right]\quad(-l<x<l)$.

习题 11-3

1. $\dfrac{\pi^4}{96}$.

2. $\dfrac{2\pi^2-6\pi+3}{12}$.

总复习题十一

1. (1) $\dfrac{\pi^2}{2}$;　(2) $\dfrac{1}{4}$;　(3) $\dfrac{\pi^2-5}{2}$;　(4) 1.

2. (1) C;　(2) A;　(3) D;　(4) D;　(5) B.

3. $f(x)=\dfrac{\mathrm{e}^{\pi}-1}{2\pi}+\sum\limits_{n=1}^{\infty}\dfrac{(-1)^n\mathrm{e}^{\pi}-1}{(n^2+1)\pi}[\cos(nx)-n\sin x]\ (-\infty<x<+\infty, x\neq k\pi, k=0,\pm1,\pm2,\cdots)$.

4. $f(x)=\dfrac{4}{\pi^2}\sum\limits_{n=1}^{\infty}\dfrac{(-1)^n-1}{n^2}\cos\left(\dfrac{n\pi}{2}x\right)\quad(0\leqslant x\leqslant 2)$.

5. $T_n(x)=\dfrac{a_0}{2}+\sum\limits_{k=1}^{n}[a_k\cos(kx)+b_k\sin(kx)]$.

6. $f(x)=\sum\limits_{n=1}^{\infty}\left(\dfrac{2}{\pi n^2}\sin\dfrac{n\pi}{2}-\dfrac{1}{n}\cos\dfrac{n\pi}{2}\right)\sin(nx)\quad\left(x\in(0,\pi),x\neq\dfrac{\pi}{2}\right)$,

$s\left(-\dfrac{3}{2}\pi\right)=\dfrac{\pi}{4}, s\left(\dfrac{5}{4}\pi\right)=0$;

$f(x)=\dfrac{\pi}{8}+\sum\limits_{n=1}^{\infty}\left[\dfrac{1}{n}\sin\dfrac{n\pi}{2}+\dfrac{2}{n^2\pi}\left(\cos\dfrac{n\pi}{2}-1\right)\right]\cos nx\quad\left(x\in(0,\pi),x\neq\dfrac{\pi}{2}\right)$,

$s\left(-\dfrac{3}{2}\pi\right)=\dfrac{\pi}{4}, s\left(\dfrac{5}{4}\pi\right)=0$.

7. (1) $f(x)=\dfrac{1}{2}\sum\limits_{n=1}^{\infty}\dfrac{(-1)^n}{1+n^2}\cos(nx)\quad(-\pi<x<\pi)$; (2)$\dfrac{\pi}{2}\cdot\dfrac{e^{\frac{\pi}{2}}+e^{-\frac{\pi}{2}}}{e^{\pi}-e^{-\pi}}-\dfrac{1}{2}$.

8. $f(x)=\pi^2-x^2=\dfrac{2}{3}\pi^2+4\sum\limits_{n=1}^{\infty}\dfrac{(-1)^{n-1}}{n^2}\cos(nx)\quad(-\pi\leqslant x\leqslant\pi)$.

9. $f(x)=\dfrac{2}{\pi}\sum\limits_{n=1}^{\infty}\dfrac{1-\cos(nh)}{n}\sin(nx)(0<x<h,h<x<\pi)$, 当 $x=0,\pi$ 时级数收敛于 0, 当 $x=h$ 时级数收敛于 $\dfrac{1}{2}$.

*10. 提示: 参考贝塞尔不等式的证明, 证明略.

*11. 提示: 利用 $f(x)-g(x)$ 的帕斯瓦尔等式证明, 证明略.

第十二章 微分方程

在许多学科领域问题的研究中，不能直接找到所研究的那些变量之间的规律，但可以建立起这些变量和它们的导数或微分之间的关系，这样我们就得到含导数或微分的未知函数的方程，即微分方程. 微分方程涉及许多学科领域，是研究科学技术中解决实际问题不可缺少的有力工具. 本章以求微分方程的解为目的，讨论的内容主要有：微分方程的一些基本概念，几类一阶微分方程的求解，特别是一阶线性微分方程的求解，可降阶微分方程的求解，线性微分方程解的结构，根据线性微分方程解的结构重点讨论了二阶常系数线性微分方程的求解；最后还介绍了微分方程的幂级数解法以及常系数线性微分方程组及其求解等.

第一节 微分方程的基本概念

在介绍微分方程的基本概念之前，我们先来看两个例子.

例 1 一曲线通过点 $(0,1)$，且在该曲线上任一点 $P(x,y)$ 处的切线的斜率等于其横坐标与纵坐标之积的两倍，试建立该曲线满足的关系式.

解 设所求曲线的方程为 $y=y(x)$，根据导数的几何意义，依题意可建立 $y=y(x)$ 满足的关系式

$$\frac{\mathrm{d}y}{\mathrm{d}x}=2xy, \tag{12-1-1}$$

根据题意，$y=y(x)$ 还需满足条件

$$y|_{x=0}=1. \tag{12-1-2}$$

例 2 设一质量为 m 的物体只受重力的作用由静止开始自由垂直降落，试建立物体下落的距离 x 与时间 t 的关系式.

解 若取物体降落的铅垂线为 x 轴，其正向朝下，物体下落的起点为原点，并设开始下落的时间是 $t=0$，则依题意可建立起函数 $x(t)$ 满足的关系式

$$\frac{\mathrm{d}^2x}{\mathrm{d}t^2}=g, \tag{12-1-3}$$

其中，g 为重力加速度常数. 这就是自由落体运动的数学模型.

根据题意，$x=x(t)$ 还需满足条件

$$x(0)=0,\quad \left.\frac{\mathrm{d}x}{\mathrm{d}t}\right|_{t=0}=0. \tag{12-1-4}$$

上述两个例子中的关系式 (12-1-1) 和 (12-1-3) 都是含有未知函数导数的方程.

我们把含有自变量、未知函数以及未知函数的导数或微分的方程称为**微分方程**. 未知函数是一元函数的微分方程称为**常微分方程**，未知函数是多元函数的微分方程称为**偏微分方程**. 本章只讨论常微分方程，简称其为微分方程.

微分方程中所出现的未知函数的最高阶导数的阶数, 称为**该微分方程的阶**. 例如, 方程 (12-1-1) 是一阶常微分方程; 方程 (12-1-3) 是二阶常微分方程. 又如, 方程

$$y^{(4)} - 2y''' + 5y'' = 0$$

是四阶常微分方程.

n 阶微分方程的一般形式是

$$F(x, y, y', \cdots, y^{(n)}) = 0, \tag{12-1-5}$$

其中, x 为自变量, $y = y(x)$ 为未知函数.

注　在方程 (12-1-5) 中 $y^{(n)}$ 必须出现, 而其余的 $x, y, y', \cdots, y^{(n-1)}$ 等变量可以不出现. 例如 $3y^{(n)} - 5 = 0$ 是 n 阶常微分方程.

如果从方程 (12-1-5) 中解出最高阶导数, 得

$$y^{(n)} = f(x, y, y', \cdots, y^{(n-1)}), \tag{12-1-6}$$

称为 n 阶显示微分方程. 本章将重点讨论这种形式的微分方程.

设函数 $y = y(x)$ 在区间 I 上具有 n 阶连续导数, 且在区间 I 上恒满足方程

$$F[x, y(x), y'(x), \cdots, y^{(n)}(x)] \equiv 0, \quad 或 \quad y^{(n)}(x) \equiv f(x, y(x), y'(x), \cdots, y^{(n-1)}(x)),$$

则称函数, $y = y(x)$ 为**微分方程 (12-1-5) 或 (12-1-6) 在区间I上的解**.

例如, 可以验证函数 $y = \mathrm{e}^{x^2}$ 和 $y = C\mathrm{e}^{x^2}$(其中 C 为任意常数) 都是微分方程 (12-1-1) 的解.

函数$x = \frac{1}{2}gt^2$, $x = \frac{1}{2}gt^2 + 3t + C$(其中 C 为任意常数) 和 $x = \frac{1}{2}gt^2 + C_1t + C_2$(其中 C_1, C_2 均为任意常数) 都是微分方程 (12-1-3) 的解.

由此可见, 微分方程的解有的含有任意常数, 有的不含任意常数; 有的含有的任意常数的个数与方程的阶数相同, 有的含有的任意常数的个数与方程的阶数不相同. 我们把含有相互独立的任意常数且任意常数的个数与微分方程的阶数相等的解称为**微分方程的通解**. 微分方程的通解中任意常数被确定后得到的解, 即不含任意常数的解称为**微分方程的特解**.

如 $y = C\mathrm{e}^{x^2}$ 是微分方程 (12-1-1)的通解 (其中 C 为任意常数), $y = \mathrm{e}^{x^2}$ 是微分方程 (12-1-1) 的特解; $x = \frac{1}{2}gt^2 + C_1t + C_2$ 是微分方程 (12-1-3) 的通解 (其中 C_1, C_2 均为任意常数), $x = \frac{1}{2}gt^2$ 是微分方程 (12-1-3) 的特解, 而$x = \frac{1}{2}gt^2 + 3t + C$ 是微分方程 (12-1-3) 的解 (其中 C 为任意常数), 但既不是特解也不是通解. 在本章我们主要考虑的是通解和特解.

在实际问题中, 未知函数除了满足微分方程外, 还会要求满足一些特定的条件, 如例 1 中的条件 (12-1-2), 例 2 中的条件 (12-1-4), 这种条件称为**微分方程的初始条件**(**定解条件**), 满足初始条件且不含任意常数的解就是微分方程的特解.

注　初始条件的个数等于微分方程的阶数.

例如, 函数 $y = \mathrm{e}^{x^2}$ 是微分方程 (12-1-1) 满足初始条件 (12-1-2) 的特解, 函数 $x = \frac{1}{2}gt^2$ 是微分方程 (12-1-3) 满足初始条件 (12-1-4) 的特解.

一阶微分方程的初始条件为当 $x = x_0$ 时, $y = y_0$, 常记作

$$y\,|_{x=x_0} = y_0 \quad \text{或} \quad y(x_0) = y_0.$$

二阶微分方程的初始条件为当 $x = x_0$ 时, $y = y_0$, $y' = y'_0$, 常记作

$$y\,|_{x=x_0} = y_0, \quad y'\,|_{x=x_0} = y'_0 \quad \text{或} \quad y(x_0) = y_0, \quad y'(x_0) = y'_0.$$

在初始条件下求微分方程的解的问题称为**微分方程的初值问题**.

求一阶微分方程 $y' = f(x, y)$ 满足初始条件 $y|_{x=x_0} = y_0$ 的特解问题, 称为**一阶微分方程的初值问题**, 记作

$$\begin{cases} y' = f(x, y), \\ y|_{x=x_0} = y_0. \end{cases} \tag{12-1-7}$$

微分方程特解的图形是一条曲线, 称为该**微分方程的积分曲线**, 微分方程通解的图形是曲线族, 称为该**微分方程的积分曲线族**. 初值问题 (12-1-7) 的几何意义是求微分方程的通过点 (x_0, y_0) 的那条积分曲线.

二阶微分方程 $y'' = f(x, y, y')$ 的初值问题

$$\begin{cases} y'' = f(x, y, y'), \\ y|_{x=x_0} = y_0, y'|_{x=x_0} = y'_0 \end{cases} \tag{12-1-8}$$

的几何意义是求微分方程中通过点 (x_0, y_0) 且在该点处的切线斜率为 y'_0 的那条积分曲线.

求微分方程的解的过程称为**解微分方程**.

例 3 验证函数 $y = (x^2 + C)\sin x$(C 为任意常数) 是方程

$$\frac{\mathrm{d}y}{\mathrm{d}x} - y\cot x - 2x\sin x = 0$$

的通解, 并求满足初始条件 $y\left(\dfrac{\pi}{2}\right) = 0$ 的特解.

解 函数 $y = (x^2 + C)\sin x$ 含有一个任意常数, 其个数与方程的阶数相等. 对函数求导, 得

$$\frac{\mathrm{d}y}{\mathrm{d}x} = 2x\sin x + (x^2 + C)\cos x,$$

把 y 和 $\dfrac{\mathrm{d}y}{\mathrm{d}x}$ 代入方程左端, 得

$$\begin{aligned} &\frac{\mathrm{d}y}{\mathrm{d}x} - y\cot x - 2x\sin x \\ =&[2x\sin x + (x^2 + C)\cos x] - [(x^2 + C)\sin x]\cot x - 2x\sin x \equiv 0. \end{aligned}$$

所以, 函数

$$y = (x^2 + C)\sin x$$

是该微分方程的通解.

将初始条件 $y\left(\frac{\pi}{2}\right)=0$ 代入通解 $y=(x^2+C)\sin x$ 中, 得 $C=-\frac{\pi^2}{4}$, 故所求特解为

$$y=\left(x^2-\frac{\pi^2}{4}\right)\sin x.$$

例 4　求下列曲线族所满足的微分方程.

(1) $y=C_1\mathrm{e}^x+C_2\mathrm{e}^{-x}$, 其中 C_1, C_2 为任意常数;

(2) $y=C_1+C_2\mathrm{e}^{-2x}-\frac{1}{8}\cos(2x)+\frac{x}{4}$, 其中 C_1, C_2 为任意常数.

解　欲求曲线族所满足的微分方程, 其方法是曲线族方程两边对 x 求导, 两边对 x 求导的次数与任意常数的个数相同, 然后将其与原曲线族联立起来并消去任意常数, 即得所求的微分方程.

(1) 由于曲线族中含有两个任意常数, 曲线族方程两边对 x 求导两次得

$$y'=C_1\mathrm{e}^x-C_2\mathrm{e}^{-x},$$

$$y''=C_1\mathrm{e}^x+C_2\mathrm{e}^{-x}.$$

与原方程

$$y=C_1\mathrm{e}^x+C_2\mathrm{e}^{-x}$$

联立, 并消去 C_1, C_2 得

$$y''-y=0,$$

为所求的微分方程.

(2) 由于曲线族中含有两个任意常数, 曲线族方程两边对 x 求导两次得

$$y'=-2C_2\mathrm{e}^{-2x}+\frac{1}{4}\sin(2x)+\frac{1}{4},$$

$$y''=4C_2\mathrm{e}^{-2x}+\frac{1}{2}\cos(2x).$$

上述方程组消去 C_2 得

$$y''+2y'=\frac{1}{2}\sin(2x)+\cos^2 x,$$

为所求的微分方程 (注意与 (1) 解答的区别).

习　题　12-1

1. 指出下列微分方程的阶数.

(1) $\frac{\mathrm{d}y}{\mathrm{d}x}+3xy=\mathrm{e}^x-\sin x$;　　(2) $L\frac{\mathrm{d}^2Q}{\mathrm{d}t^2}+R\frac{\mathrm{d}Q}{\mathrm{d}t}+\frac{Q}{t}=0$;

(3) $(y'')^2+4y^{(5)}-5y+x=0$;　　(4) $f(x+1,4y'''+y')=0$　($f(u,v)$ 可微).

2. 验证函数 $y=C_1e^{\lambda_1 x}+C_2e^{\lambda_2 x}$ 是微分方程 $y''-(\lambda_1+\lambda_2)y'+\lambda_1\lambda_2 y=0(\lambda_1\neq\lambda_2)$ 的通解, 并求其满足初始条件 $y(0)=A, y'(0)=0$ 的特解.

3. 一曲线在点 $P(x, y)$ 处的切线的斜率等于该点横坐标的 2 倍, 试建立曲线所满足的微分方程.

4. 求下列曲线族所满足的微分方程.

(1) $y=\frac{1}{2}xy^2+Cx$, 其中 C 为任意常数;

(2) $y=C_1e^x+C_2e^{2x}-x\left(\frac{x}{2}+1\right)e^x$, 其中 C_1, C_2 为任意常数.

第二节 一阶微分方程的初等解法

本节我们介绍一阶微分方程的初等解法, 即把微分方程的求解问题化为积分问题, 因此也称**初等积分法**. 虽然能用初等积分法求解的方程属特殊类型, 但它们经常出现在实际应用中, 掌握这些方法与技巧, 也为今后研究新问题提供参考和借鉴. 下面先介绍变量可分离的微分方程及其解法.

一、 可分离变量的微分方程

设有一阶微分方程

$$\frac{dy}{dx}=F(x,y),$$

如果其右端函数 $F(x,y)$ 是变量可分离的, 即 $F(x,y)$ 能分解成 $f(x)g(y)$, 则原微分方程就可化为形如

$$\frac{dy}{dx}=f(x)g(y) \tag{12-2-1}$$

的微分方程, 这种微分方程称为**变量可分离的微分方程**, 其中 $f(x)$ 和 $g(y)$ 都是连续函数.

当 $g(y)\neq 0$ 时, 把微分方程 (12-2-1) 改写为

$$\frac{dy}{g(y)}=f(x)dx,$$

这个过程称为**分离变量**, 若 $y=y(x)$ 是方程 (12-2-1) 的任意一个解, 代入上述微分方程:

$$\frac{y'(x)}{g[y(x)]}dx=f(x)dx,$$

两边积分得

$$\int\frac{y'(x)}{g[y(x)]}dx=\int f(x)dx+C \quad (C\text{是积分时的任意常数}),$$

即 $y=y(x)$ 满足

$$\int\frac{dy}{g(y)}=\int f(x)dx+C, \tag{12-2-2}$$

设 $\frac{1}{g(y)}$ 和 $f(x)$ 的原函数分别为 $G(y)$ 和 $F(x)$, 则

$$G(y)=F(x)+C. \tag{12-2-3}$$

方程 (12-2-3) 所确定的隐函数就是微分方程 (12-2-1) 的通解, 故称**方程 (12-2-3) 为微分方程 (12-2-1) 的隐式通解**. 反之, 方程 (12-2-3) 的两边微分并化简即得式 (12-2-1). 这种通过分离变量来解微分方程的方法称为**分离变量法**.

例 1　求微分方程 $\frac{\mathrm{d}y}{\mathrm{d}x} - y\sin x = 0$ 的通解.

解　将微分方程分离变量, 得

$$\frac{\mathrm{d}y}{y} = \sin x\mathrm{d}x,$$

两边积分,

$$\int \frac{\mathrm{d}y}{y} = \int \sin x\mathrm{d}x,$$

$$\ln|y| = -\cos x + C_1,$$

即

$$y = \pm\mathrm{e}^{C_1}\mathrm{e}^{-\cos x}.$$

令 $C = \pm\mathrm{e}^{C_1}$, 则所给微分方程的通解为

$$y = C\mathrm{e}^{-\cos x} \quad (C\text{为任意常数}).$$

例 2　求微分方程 $(y+3)\mathrm{d}x + \tan x\mathrm{d}y = 0$ 的通解.

解　分离变量, 得

$$\frac{1}{y+3}\mathrm{d}y = -\frac{\cos x}{\sin x}\mathrm{d}x,$$

两边积分, 得

$$\ln|y+3| = -\ln|\sin x| + C_1,$$

即

$$(y+3)\sin x = \pm\mathrm{e}^{C_1},$$

令 $C = \pm\mathrm{e}^{C_1}$, 则所给微分方程的通解为

$$(y+3)\sin x = C \quad (C\text{为任意常数}).$$

有些微分方程本身虽然不是变量可分离微分方程, 但通过适当变换, 可以化为变量可分离微分方程.

例 3　求微分方程 $x\frac{\mathrm{d}y}{\mathrm{d}x} + x + \sin(x+y) = 0$ 的通解.

解　令 $u = x + y$, 则 $\frac{\mathrm{d}u}{\mathrm{d}x} = 1 + \frac{\mathrm{d}y}{\mathrm{d}x}$, 代入原方程, 得

$$x\frac{\mathrm{d}u}{\mathrm{d}x} + \sin u = 0.$$

分离变量, 得

$$-\frac{\mathrm{d}u}{\sin u} = \frac{\mathrm{d}x}{x},$$

两边积分, 得

$$\ln\left|\cot\frac{u}{2}\right| = \ln|x| + \ln|C|,$$

即

$$\cot\frac{u}{2} = Cx,$$

代入 $u = x + y$, 得原微分方程的通解为

$$\cot\frac{x+y}{2} = Cx \quad (C\text{为任意常数}).$$

二、 齐次方程

1. 齐次方程

我们把形如

$$\frac{\mathrm{d}y}{\mathrm{d}x} = f\left(\frac{y}{x}\right) \tag{12-2-4}$$

的一阶微分方程称为**齐次方程**, 其中 $f(u)$ 为 u 的连续函数.

在齐次方程 (12-2-4) 中, 作变量代换, 引入新的未知函数 u, 令

$$u = \frac{y}{x},$$

则

$$y = ux, \quad \frac{\mathrm{d}y}{\mathrm{d}x} = x\frac{\mathrm{d}u}{\mathrm{d}x} + u,$$

代入方程 (12-2-4), 得

$$x\frac{\mathrm{d}u}{\mathrm{d}x} + u = f(u), \tag{12-2-5}$$

方程 (12-2-5) 为变量可分离微分方程, 分离变量, 得

$$\frac{\mathrm{d}u}{f(u) - u} = \frac{\mathrm{d}x}{x},$$

两端积分,

$$\int\frac{\mathrm{d}u}{f(u) - u} = \int\frac{\mathrm{d}x}{x}.$$

求出积分后, 再用 $\frac{y}{x}$ 代替 u, 便得方程 (12-2-4) 的通解.

例 4 求微分方程 $y' = \frac{y}{x} + \tan\frac{y}{x}$ 的通解.

解 这是一个齐次方程. 令 $u = \frac{y}{x}$, 则原方程化为

$$u + xu' = u + \tan u,$$

分离变量, 得

$$\frac{\mathrm{d}u}{\tan u} = \frac{\mathrm{d}x}{x},$$

两边积分, 得

$$\ln|\sin u| = \ln|x| + \ln|C|,$$

从而有

$$\sin u = Cx,$$

将 $u=\dfrac{y}{x}$ 代入上式, 得原微分方程的通解为

$$\sin\frac{y}{x}=Cx \quad (C\text{为任意常数}).$$

例 5　求微分方程 $xy'=y(1+\ln y-\ln x)$ 满足初始条件 $y|_{x=1}=\mathrm{e}$ 的特解.

解　原微分方程可化为齐次方程

$$\frac{\mathrm{d}y}{\mathrm{d}x}=\frac{y}{x}\left(1+\ln\frac{y}{x}\right),$$

令 $u=\dfrac{y}{x}$, 则原微分方程化为

$$x\frac{\mathrm{d}u}{\mathrm{d}x}+u=u(1+\ln u),$$

分离变量, 得

$$\frac{\mathrm{d}u}{u\ln u}=\frac{\mathrm{d}x}{x},$$

两端积分, 得

$$\ln|\ln u|=\ln x+\ln|C|,$$

即

$$u=\mathrm{e}^{Cx},$$

故原微分方程的通解为

$$y=x\mathrm{e}^{Cx}.$$

将初始条件 $y|_{x=1}=\mathrm{e}$ 代入通解中, 得 $C=1$, 则所求特解为

$$y=x\mathrm{e}^{x}.$$

*2. 可化为齐次方程的方程

方程

$$\frac{\mathrm{d}y}{\mathrm{d}x}=f\left(\frac{a_1x+b_1y+c_1}{a_2x+b_2y+c_2}\right) \tag{12-2-6}$$

当 c_1,c_2 同时为 0 时是齐次的, 当 c_1,c_2 不同时为 0 时, 则不是齐次的. 对于 c_1,c_2 不同时为 0 的非齐次方程 (12-2-6), 可用下列变换把它化为齐次方程. 令

$$x=X+h,\quad y=Y+k,$$

其中, h,k 为待定常数. 于是

$$\mathrm{d}x=\mathrm{d}X,\quad \mathrm{d}y=\mathrm{d}Y,$$

从而方程 (12-2-6) 化为

$$\frac{\mathrm{d}Y}{\mathrm{d}X}=f\left(\frac{a_1X+b_1Y+a_1h+b_1k+c_1}{a_2X+b_2Y+a_2h+b_2k+c_2}\right). \tag{12-2-7}$$

选取适当的 h,k, 使得

$$\begin{cases} a_1h+b_1k+c_1=0, \\ a_2h+b_2k+c_2=0. \end{cases} \tag{12-2-8}$$

如果方程组 (12-2-8) 的系数行列式 $\begin{vmatrix} a_1 & b_1 \\ a_2 & b_2 \end{vmatrix} \neq 0$, 即 $\dfrac{a_1}{a_2} \neq \dfrac{b_1}{b_2}$, 则方程组 (12-2-8) 有唯一解. 此时方程 (12-2-6) 便化为齐次方程

$$\frac{\mathrm{d}Y}{\mathrm{d}X}=f\left(\frac{a_1X+b_1Y}{a_2X+b_2Y}\right). \tag{12-2-9}$$

求出方程 (12-2-9) 的通解后, 在通解中以 $x-h$ 代 X、以 $y-k$ 代 Y, 便得到方程 (12-2-6) 的通解.

如果 $\begin{vmatrix} a_1 & b_1 \\ a_2 & b_2 \end{vmatrix}=0$, 则方程组 (12-2-8) 无解, h,k 无法求得, 因此上述方法不能应用. 但这时可讨论如下:

当 $b_2=0$ 时, a_2 与 b_1 中至少有一个为 0. 假设 $b_1=0$, 则原方程为变量可分离方程; 假设 $b_1\neq 0$, 则 $a_2=0$, 这时, 可令 $z=a_1x+b_1y$, 则

$$\frac{\mathrm{d}y}{\mathrm{d}x}=\frac{1}{b_1}\left(\frac{\mathrm{d}z}{\mathrm{d}x}-a_1\right),$$

于是方程 (12-2-6) 可化为变量可分离微分方程.

当 $a_1=0$ 时可类似讨论.

当 $b_2\neq 0$ 且 $a_1\neq 0$ 时, 有关系

$$\frac{a_1}{a_2}=\frac{b_1}{b_2}=\lambda,$$

从而方程 (12-2-6) 可化为

$$\frac{\mathrm{d}y}{\mathrm{d}x}=f\left(\frac{\lambda(a_2x+b_2y)+c_1}{a_2x+b_2y+c_2}\right), \tag{12-2-10}$$

令 $z=a_2x+b_2y$, 则

$$\frac{\mathrm{d}y}{\mathrm{d}x}=\frac{1}{b_2}\left(\frac{\mathrm{d}z}{\mathrm{d}x}-a_2\right),$$

代入方程 (12-2-10), 即得关于 z 的新方程

$$\frac{1}{b_2}\left(\frac{\mathrm{d}z}{\mathrm{d}x}-a_2\right)=f\left(\frac{\lambda z+c_1}{z+c_2}\right).$$

这也是一个变量可分离微分方程, 从而可以求解.

例 6　求微分方程 $(x-y-1)\mathrm{d}x+(x+4y-1)\mathrm{d}y=0$ 的通解.

解　原微分方程化为

$$\frac{\mathrm{d}y}{\mathrm{d}x}=-\frac{x-y-1}{x+4y-1},$$

令

$$\begin{cases} h-k-1=0, \\ h+4k-1=0, \end{cases}$$

解得

$$\begin{cases} h=1, \\ k=0, \end{cases}$$

作代换 $x=X+1, y=Y$, 则原微分方程化为齐次方程

$$\frac{\mathrm{d}Y}{\mathrm{d}X}=-\frac{X-Y}{X+4Y}, \quad 即 \quad \frac{\mathrm{d}Y}{\mathrm{d}X}=-\frac{1-\dfrac{Y}{X}}{1+4\dfrac{Y}{X}}.$$

作代换 $\dfrac{Y}{X}=u$, 则

$$u+X\frac{\mathrm{d}u}{\mathrm{d}X}=-\frac{1-u}{1+4u},$$

即

$$X\frac{\mathrm{d}u}{\mathrm{d}X}=-\frac{1+4u^2}{1+4u},$$

这是一个变量可分离微分方程, 分离变量, 得

$$\frac{1+4u}{1+4u^2}\mathrm{d}u=-\frac{1}{X}\mathrm{d}X,$$

两边积分, 得

$$\frac{1}{2}\arctan(2u)+\frac{1}{2}\ln(1+4u^2)=-\ln|X|+\frac{1}{2}C,$$

即

$$\arctan(2u)+\ln(1+4u^2)+\ln X^2=C,$$

将 $\dfrac{Y}{X}=u$ 代入上式, 得

$$\arctan\frac{2Y}{X}+\ln(X^2+4Y^2)=C,$$

将 $x=X+1, y=Y$ 代入上式, 得原微分方程的通解

$$\arctan\frac{2y}{x-1}+\ln[(x-1)^2+4y^2]=C \quad (C为任意常数).$$

三、 全微分方程

在第九章, 我们介绍了多元函数的全微分概念. 反过来, 对于微分式 $P(x,y)\mathrm{d}x+Q(x,y)\mathrm{d}y$, 是否存在某函数 $u=u(x,y)$, 使得 $\mathrm{d}u=P(x,y)\mathrm{d}x+Q(x,y)\mathrm{d}y$? 一般来说不一定存在.

如果存在函数 $u=u(x,y)$, 使得

$$\mathrm{d}u=P(x,y)\mathrm{d}x+Q(x,y)\mathrm{d}y,$$

则称 $u=u(x,y)$ 为 $P(x,y)\mathrm{d}x+Q(x,y)\mathrm{d}y$ 的一个**原函数**, $P(x,y)\mathrm{d}x+Q(x,y)\mathrm{d}y$ 称为 $u=u(x,y)$ 的**全微分**, 显然有

$$\frac{\partial u}{\partial x}=P(x,y), \quad \frac{\partial u}{\partial y}=Q(x,y).$$

若 $P(x,y)$, $Q(x,y)$ 具有连续偏导, 则有 $\dfrac{\partial Q}{\partial x}=\dfrac{\partial P}{\partial y}$.

下面介绍全微分方程, 我们把形如

$$P(x,y)\mathrm{d}x+Q(x,y)\mathrm{d}y=0 \tag{12-2-11}$$

的方程称为**对称式微分方程**. 设 $P(x,y)$, $Q(x,y)$ 在某区域 G 内具有连续偏导数, 且存在二元函数 $u(x,y)$, 使得

$$\frac{\partial u}{\partial x}=P(x,y),\quad \frac{\partial u}{\partial y}=Q(x,y),$$

即

$$\mathrm{d}u=P(x,y)\mathrm{d}x+Q(x,y)\mathrm{d}y,$$

则称 (12-2-11) 为**全微分方程.**

由第九章第四节关于曲线积分与路径无关的条件可知, 方程 (12-2-11) 为全微分方程的充要条件是

$$\frac{\partial Q}{\partial x}=\frac{\partial P}{\partial y}.$$

下面介绍全微分方程的求解方法,

若方程 (12-2-11) 为全微分方程, 则存在函数 $u(x,y)$, 使得 $\dfrac{\partial u}{\partial x}=P(x,y)$, $\dfrac{\partial u}{\partial y}=Q(x,y)$.

关系式 $\dfrac{\partial u}{\partial x}=P(x,y)$ 的两边对 x 积分得

$$u(x,y)=\int P(x,y)\mathrm{d}x+D(y), \tag{12-2-12}$$

式 (12-2-12) 两边对 y 求偏导

$$\frac{\partial u}{\partial y}=\frac{\partial}{\partial y}\left[\int P(x,y)\mathrm{d}x\right]+D'(y),$$

即

$$D'(y)=\frac{\partial u}{\partial y}-\frac{\partial}{\partial y}\left[\int P(x,y)\mathrm{d}x\right]=Q(x,y)-\frac{\partial}{\partial y}\left[\int P(x,y)\mathrm{d}x\right].$$

上式两边再对 y 积分, 求出 $D(y)$, 代入 (12-2-12) 即得 $u(x,y)$. 于是 (12-2-11) 的通解为

$$u(x,y)=C\quad (C为任意常数).$$

下面介绍一种简单的计算方法, 推导过程参见第九章第四节中曲线积分的路径无关性的相关内容. 在 G 内任意取定点 $(x_0,y_0)\in G$, 对 $\forall(x,y)\in G$,

$$u(x,y)=\int_{x_0}^{x}P(t,y_0)\mathrm{d}t+\int_{y_0}^{y}Q(x,s)\mathrm{d}s,$$

或

$$u(x,y)=\int_{x_0}^{x}P(t,y)\mathrm{d}t+\int_{y_0}^{y}Q(x_0,s)\mathrm{d}s,$$

则

$$u(x,y)=C \quad (C\text{为任意常数})$$

为全微分方程 (12-2-11) 的通解.

例 7　验证下列方程为全微分方程, 并求其通解:

(1) $(xy^2+x^2)\mathrm{d}x+(\cos y+x^2y)\mathrm{d}y=0$;

(2) $[y\sin x+\ln(1+x)]\mathrm{d}x+(y^2-\cos x)\mathrm{d}y=0$.

解　(1) $P(x,y)=xy^2+x^2$, $Q(x,y)=\cos y+x^2y$, 因为

$$\frac{\partial P(x,y)}{\partial y}=2xy, \quad \frac{\partial Q}{\partial x}=2xy,$$

所以, 该方程是全微分方程. 于是存在函数 $u(x,y)$, 使得

$$\frac{\partial u}{\partial x}=P(x,y), \quad \frac{\partial u}{\partial y}=Q(x,y).$$

解法一　由 $\dfrac{\partial u}{\partial x}=P(x,y)=xy^2+x^2$ 得

$$\begin{aligned}u(x,y)&=\int(xy^2+x^2)\mathrm{d}x+D(y)\\&=\frac{x^2y^2}{2}+\frac{x^3}{3}+D(y),\end{aligned}$$

两边对 y 求导:

$$\frac{\partial u}{\partial y}=x^2y+D'(y),$$

把 $\dfrac{\partial u}{\partial y}=Q(x,y)=\cos y+x^2y$ 代入得 $D'(y)=\cos y$. 由此得 $D(y)=\sin y$. 故

$$u(x,y)=\frac{x^2y^2}{2}+\frac{x^3}{3}+\sin y.$$

所以, 微分方程的通解:

$$\frac{x^3}{3}+\sin y+\frac{x^2y^2}{2}=C.$$

解法二　取点 $(0,0)$, 则

$$u(x,y)=\int_0^x t^2\mathrm{d}t+\int_0^y(\cos s+x^2s)\mathrm{d}s=\frac{x^3}{3}+\sin y+\frac{x^2y^2}{2}.$$

微分方程的通解

$$\frac{x^3}{3}+\sin y+\frac{x^2y^2}{2}=C.$$

(2) $P(x,y)=y\sin x+\ln(1+x)$, $Q(x,y)=y^2-\cos x$, 因为

$$\frac{\partial P(x,y)}{\partial y}=\sin x, \quad \frac{\partial Q}{\partial x}=\sin x,$$

所以, 该微分方程是全微分方程. 于是存在函数 $u(x,y)$, 使得

$$\frac{\partial u}{\partial x}=P(x,y),\quad \frac{\partial u}{\partial y}=Q(x,y).$$

解法一 由 $\frac{\partial u}{\partial x}=P(x,y)=y\sin x+\ln(1+x)$ 得

$$\begin{aligned}u(x,y)=&\int[y\sin x+\ln(1+x)]\mathrm{d}x+D(y)\\=&x\ln(1+x)+x-\ln(1+x)-y\cos x+D(y),\end{aligned}$$

两边对 y 求导:

$$\frac{\partial u}{\partial y}=-\cos x+D'(y),$$

把 $\frac{\partial u}{\partial y}=Q(x,y)=y^2-\cos x$ 代入得

$$D'(y)=y^2,$$

由此得 $D(y)=\frac{y^3}{3}$. 故

$$u(x,y)=x\ln(1+x)+x-\ln(1+x)-y\cos x+\frac{y^3}{3},$$

所以, 微分方程的通解:

$$(x-1)\ln(1+x)+x+\frac{y^3}{3}-y\cos x=C.$$

解法二 取点 $(0,0)$, 则

$$\begin{aligned}u(x,y)=&\int_0^x\ln(1+t)\mathrm{d}t+\int_0^y(s^2-\cos x)\mathrm{d}s\\=&(x-1)\ln(1+x)+x+\frac{y^3}{3}-y\cos x.\end{aligned}$$

微分方程的通解

$$(x-1)\ln(1+x)+x+\frac{y^3}{3}-y\cos x=C.$$

习 题 12-2

1. 求下列微分方程的通解.

(1) $xy\mathrm{d}x+\sqrt{1-x^2}\mathrm{d}y=0$;

(2) $y'=\mathrm{e}^{x+y}$;

(3) $y'-\mathrm{e}^{x-y}+\mathrm{e}^x=0$;

(4) $xy'-y^2+1=0$;

(5) $(y+1)^2y'+x^3=0$;

(6) $(1+x)y'+1=2\mathrm{e}^{-y}$.

2. 求下列满足初始条件的微分方程的特解.

(1) $\frac{\mathrm{d}y}{\mathrm{d}x}=-\frac{x(1+y^2)}{y(1+x^2)}$, $y|_{x=1}=1$;

(2) $\cos y\mathrm{d}x+(1+\mathrm{e}^{-x})\sin y\mathrm{d}y=0,\ y\Big|_{x=0}=\dfrac{\pi}{4}$.

3. 用适当的变换将下列方程化成可分离变量的方程, 然后求出通解.

(1) $y'=(x+y)^2$;　(2)$y'=\sin(x-y)$.

4. 求下列微分方程的通解.

(1) $(x^2+y^2)\mathrm{d}x-xy\mathrm{d}y=0$;　(2) $x\dfrac{\mathrm{d}y}{\mathrm{d}x}=y\ln\dfrac{y}{x}$;

(3) $(y+\sqrt{x^2+y^2})\mathrm{d}x-x\mathrm{d}y=0$;　(4) $\dfrac{\mathrm{d}y}{\mathrm{d}x}=2\sqrt{\dfrac{y}{x}}+\dfrac{y}{x}$.

5. 求下列齐次方程满足所给初始条件的特解.

(1) $y'=\dfrac{x}{y}+\dfrac{y}{x},\ y|_{x=1}=2$;　(2) $y'=\mathrm{e}^{-\frac{y}{x}}+\dfrac{y}{x},\ y\,|_{x=1}=1$;

(3) $xy\dfrac{\mathrm{d}y}{\mathrm{d}x}=x^2+y^2,\ y|_{x=\mathrm{e}}=2\mathrm{e}$;　(4) $y'-\dfrac{y}{x}+\dfrac{y^3}{2x^3}=0,\ y\,|_{x=1}=1$.

6. 判别下列方程是否为全微分方程, 若是全微分方程, 求其通解.

(1) $(y^2+\sin x)\mathrm{d}x+(\mathrm{e}^y+2xy)\mathrm{d}y=0$;

(2) $\left(2xy+\dfrac{1}{1+x^2}\right)\mathrm{d}x+(x^2+\sec^2 y)\mathrm{d}y=0$.

7. 设函数 $y=(x+1)^2u(x)$ 是方程 $y'-\dfrac{2}{x+1}y=(x+1)^3$ 的通解, 求 $u(x)$.

第三节　一阶线性微分方程

一、 一阶线性微分方程

形如

$$\frac{\mathrm{d}y}{\mathrm{d}x}+P(x)y=Q(x) \tag{12-3-1}$$

的方程 (其中 $P(x),Q(x)$ 为已知函数) 称为**一阶线性微分方程**.

若 $Q(x)\equiv 0$, 则方程 (12-3-1) 化为

$$\frac{\mathrm{d}y}{\mathrm{d}x}+P(x)y=0, \tag{12-3-2}$$

方程 (12-3-2) 称为**一阶线性齐次微分方程**;

若 $Q(x)\neq 0$, 则方程 (12-3-1) 也称为**一阶线性非齐次微分方程**.

设方程 (12-3-1) 为一阶线性非齐次方程, 则称方程 (12-3-2) 为对应于 (12-3-1) 的一阶线性齐次方程.

显然微分方程 (12-3-2) 是可分离变量的微分方程, 利用变量可分离法可解得方程 (12-3-2) 的通解为

$$y=C\mathrm{e}^{-\int P(x)\mathrm{d}x}. \tag{12-3-3}$$

下面讨论一阶线性非齐次微分方程 (12-3-1) 的通解.

将式 (12-3-3) 中的常数 C 变为函数 $u(x)$, 由此引入求解一阶线性非齐次微分方程的**常数变易法**: 即在求出对应一阶线性齐次微分方程的通解式 (12-3-3) 后, 将该通解中的常数 C

变易为待定函数 $u(x)$, 将 $y=u(x)\mathrm{e}^{-\int P(x)\mathrm{d}x}$ 代入方程 (12-3-1) 求出待定函数 $u(x)$, 进而求出一阶线性非齐次微分方程的通解. 推导过程如下:

对 $y=u(x)\mathrm{e}^{-\int P(x)\mathrm{d}x}$ 两边求导, 得

$$\frac{\mathrm{d}y}{\mathrm{d}x}=u'(x)\mathrm{e}^{-\int P(x)\mathrm{d}x}+u(x)\mathrm{e}^{-\int P(x)\mathrm{d}x}[-P(x)],$$

将 $y,\ \dfrac{\mathrm{d}y}{\mathrm{d}x}$ 代入方程 (12-3-1), 得

$$u'(x)\mathrm{e}^{-\int P(x)\mathrm{d}x}=Q(x),$$

即

$$u'(x)=Q(x)\mathrm{e}^{\int P(x)\mathrm{d}x},$$

两边积分, 得

$$u(x)=\int Q(x)\mathrm{e}^{\int P(x)\mathrm{d}x}\mathrm{d}x+C,$$

从而一阶线性非齐次微分方程的通解为

$$y=\mathrm{e}^{-\int P(x)\mathrm{d}x}\left[\int Q(x)\mathrm{e}^{\int P(x)\mathrm{d}x}\mathrm{d}x+C\right],\tag{12-3-4}$$

或

$$y=C\mathrm{e}^{-\int P(x)\mathrm{d}x}+\mathrm{e}^{-\int P(x)\mathrm{d}x}\int Q(x)\mathrm{e}^{\int P(x)\mathrm{d}x}\mathrm{d}x.\tag{12-3-5}$$

说明: 为了表述方便, 上述各式中的每一个不定积分都只表示其被积函数的一个原函数, 其任意常数部分都汇总在一起用 C 表示.

由表达式 (12-3-5) 可知, 一阶线性非齐次方程的通解等于对应的一阶线性齐次微分方程的通解与非齐次微分方程的一个特解之和.

例 1 求微分方程 $2y'-y=\mathrm{e}^x$ 的通解.

解 将所给方程改写成下列形式:

$$y'-\frac{1}{2}y=\frac{1}{2}\mathrm{e}^x,$$

则 $P(x)=-\dfrac{1}{2}, Q(x)=\dfrac{1}{2}\mathrm{e}^x$, 代入通解公式 (12-3-4), 得方程的通解

$$\begin{aligned}y=&\mathrm{e}^{-\int P(x)\mathrm{d}x}\left[\int Q(x)\mathrm{e}^{\int P(x)\mathrm{d}x}\mathrm{d}x+C\right]\\=&\mathrm{e}^{-\int\left(-\frac{1}{2}\right)\mathrm{d}x}\left(\int\frac{1}{2}\mathrm{e}^x\mathrm{e}^{\int\left(-\frac{1}{2}\right)\mathrm{d}x}\mathrm{d}x+C\right)\\=&\mathrm{e}^{\frac{x}{2}}(\mathrm{e}^{\frac{x}{2}}+C)=C\mathrm{e}^{\frac{x}{2}}+\mathrm{e}^x.\end{aligned}$$

例 2 求微分方程

$$\frac{\mathrm{d}y}{\mathrm{d}x}-\frac{2}{x+1}y=(x+1)^3$$

满足初始条件 $y|_{x=0}=1$ 的特解.

解　这里 $P(x)=-\dfrac{2}{x+1}, Q(x)=(x+1)^3$, 代入通解公式 (12-3-4), 得微分方程的通解

$$\begin{aligned}y=&\mathrm{e}^{-\int P(x)\mathrm{d}x}\left(\int Q(x)\mathrm{e}^{\int P(x)\mathrm{d}x}\mathrm{d}x+C\right)\\=&\mathrm{e}^{-\int\left(-\frac{2}{x+1}\right)\mathrm{d}x}\left[\int(x+1)^3\mathrm{e}^{\int\left(-\frac{2}{x+1}\right)\mathrm{d}x}\mathrm{d}x+C\right]\\=&\left(\frac{1}{2}x^2+x+C\right)(x+1)^2.\end{aligned}$$

将所给初始条件 $y|_{x=0}=1$ 代入通解中, 得 $C=1$, 从而所求特解为

$$y=\left(\frac{1}{2}x^2+x+1\right)(x+1)^2.$$

在一阶微分方程中, x 和 y 的地位是不对等的, 通常视 y 为未知函数, x 为自变量; 但求解某些微分方程时, 为求解方便, 也可将 x 和 y 的地位反过来, 即视 x 为未知函数, 而 y 为自变量.

例 3　求微分方程 $y^2\mathrm{d}x+(xy+1)\mathrm{d}y=0$ 的通解.

解　显然此方程关于 y 不是线性的, 若将方程改写为

$$\frac{\mathrm{d}x}{\mathrm{d}y}+\frac{1}{y}x=-\frac{1}{y^2},$$

则它是关于未知函数 $x(y)$ 的一阶线性方程, $P(y)=\dfrac{1}{y}, Q(y)=-\dfrac{1}{y^2}$, 把通解公式 (12-3-4) 中的 x 与 y 互换, 得微分方程的通解

$$\begin{aligned}\mathrm{x}=&\mathrm{e}^{-\int P(y)\mathrm{d}y}\left(\int Q(y)\mathrm{e}^{\int P(y)\mathrm{d}y}\mathrm{d}y+C\right)\\=&\mathrm{e}^{-\int\frac{1}{y}\mathrm{d}y}\left(\int\left(-\frac{1}{y^2}\right)\mathrm{e}^{\int\frac{1}{y}\mathrm{d}y}\mathrm{d}y+C\right)\\=&\frac{-\ln y+C}{y},\end{aligned}$$

即微分方程的通解：$xy+\ln y=C$.

例 4　设对于半空间 $x>0$ 内的任意光滑有向封闭曲面 S, 都有

$$\oiint_S xf(x)\mathrm{d}y\mathrm{d}z-xyf(x)\mathrm{d}z\mathrm{d}x-\mathrm{e}^{2x}z\mathrm{d}x\mathrm{d}y=0,$$

其中 $f(x)$ 在 $(0,+\infty)$ 上具有一阶连续导数, 且 $\lim\limits_{x\to0^+}f(x)=1$, 求 $f(x)$.

解　由题意和高斯公式得

$$\begin{aligned}&\oiint_S xf(x)\mathrm{d}y\mathrm{d}z-xyf(x)\mathrm{d}z\mathrm{d}x-\mathrm{e}^{2x}z\mathrm{d}x\mathrm{d}y\\=&\pm\iiint_\Omega[xf'(x)+(1-x)f(x)-\mathrm{e}^{2x}]\mathrm{d}x\mathrm{d}y\mathrm{d}z=0,\end{aligned}$$

其中 Ω 是由 S 所围成的有界闭区域, 当有向曲面 S 为外侧时, 取 “+” 号; 当有向曲面 S 为内侧时, 取 “−” 号.

由 S 的任意性可知:

$$xf'(x)+(1-x)f(x)-\mathrm{e}^{2x}=0 \quad (x>0),$$

即

$$f'(x)+\left(\frac{1}{x}-1\right)f(x)-\frac{1}{x}\mathrm{e}^{2x}=0 \quad (x>0),$$

这是一阶线性微分方程, 由一阶线性微分方程通解公式得

$$\begin{aligned}f(x)&=\mathrm{e}^{\int\left(1-\frac{1}{x}\right)\mathrm{d}x}\left(C+\int\frac{1}{x}\mathrm{e}^{2x}\mathrm{e}^{\int\left(\frac{1}{x}-1\right)\mathrm{d}x}\mathrm{d}x\right)\\&=\frac{\mathrm{e}^x}{x}\left(C+\int\frac{1}{x}\mathrm{e}^{2x}\cdot x\mathrm{e}^{-x}\mathrm{d}x\right)=\frac{\mathrm{e}^x}{x}(\mathrm{e}^x+C).\end{aligned}$$

由已知条件 $\lim\limits_{x\to0^+}\dfrac{\mathrm{e}^x}{x}(\mathrm{e}^x+C)=1$ 可知:

$$\lim_{x\to0^+}(\mathrm{e}^x+C)=0.$$

由此可得 $C+1=0$, 即 $C=-1$, 于是所求函数为

$$f(x)=\frac{\mathrm{e}^x(\mathrm{e}^x-1)}{x} \quad (x>0).$$

二、 伯努利方程

我们把形如

$$\frac{\mathrm{d}y}{\mathrm{d}x}+P(x)y=Q(x)y^{\alpha} \quad (\alpha\neq0,1) \tag{12-3-6}$$

的微分方程称为**伯努利 (Bernoulli) 方程**.

微分方程 (12-3-6) 两边同乘 $(1-\alpha)y^{-\alpha}$, 得

$$(1-\alpha)y^{-\alpha}\frac{\mathrm{d}y}{\mathrm{d}x}+(1-\alpha)P(x)y^{1-\alpha}=(1-\alpha)Q(x), \tag{12-3-7}$$

令 $z=y^{1-\alpha}$, 则有

$$\frac{\mathrm{d}z}{\mathrm{d}x}=(1-\alpha)y^{-\alpha}\frac{\mathrm{d}y}{\mathrm{d}x},$$

将上式代入 (12-3-7) 中, 得

$$\frac{\mathrm{d}z}{\mathrm{d}x}+(1-\alpha)P(x)z=(1-\alpha)Q(x), \tag{12-3-8}$$

微分方程 (12-3-8) 是一个关于未知函数 z 的一阶线性微分方程, 故

$$z=\mathrm{e}^{-\int(1-\alpha)P(x)\mathrm{d}x}\left[\int(1-\alpha)Q(x)\mathrm{e}^{\int(1-\alpha)P(x)\mathrm{d}x}\mathrm{d}x+C\right].$$

再用 $z=y^{1-\alpha}$ 回代, 即可求得伯努利方程的通解.

例 5　求 $xy'+y-y^2\ln x=0$ 的通解.

解　这是伯努利微分方程, 令 $z=y^{-1}$, 方程化为

$$\frac{\mathrm{d}z}{\mathrm{d}x}-\frac{1}{x}z=-\frac{\ln x}{x},$$

解这个一阶线性非齐次微分方程, 得

$$z=\mathrm{e}^{\int\frac{1}{x}\mathrm{d}x}\left[\int\left(-\frac{\ln x}{x}\right)\mathrm{e}^{\int\left(-\frac{1}{x}\right)\mathrm{d}x}\mathrm{d}x+C\right]=\ln x+Cx+1,$$

将 $z=y^{-1}$ 回代, 得原方程的通解

$$y=\frac{1}{\ln x+Cx+1}.$$

习　题　12-3

1. 求下列微分方程的通解.

(1) $\dfrac{\mathrm{d}y}{\mathrm{d}x}-y\sin x=0$;　(2) $(x+1)y'-ny=(x+1)^{n+1}\mathrm{e}^x$;

(3) $y'+y\tan x=\sin(2x)$;　(4) $(1+x^2)y'-2xy=(1+x^2)^2$;

(5) $y'-y\tan x=\sec x$;　(6) $xy'+y=x^2+3x+2$;

(7) $xy'\ln x+y=x(\ln x+1)$;　(8) $\dfrac{\mathrm{d}y}{\mathrm{d}x}+\dfrac{y}{x}=\dfrac{\sin x}{x}$;

(9) $y'=\dfrac{y+x\ln x}{x}$;　(10) $x\mathrm{d}y+(2x^2y-\mathrm{e}^{-x2})\mathrm{d}x=0$.

2. 求下列微分方程满足初始条件的特解.

(1) $y'+\dfrac{y}{x}=\dfrac{\sin x}{x}$, $y|_{x=\pi}=1$;　(2) $y'+y\cot x=5\mathrm{e}^{\cos x}$, $y|_{x=\frac{\pi}{2}}=-4$;

(3) $y'+y=\mathrm{e}^{-x}\cos x$, $y|_{x=0}=0$;　(4) $xy'+y=0$, $y|_{x=1}=1$.

3. 求下列方程的通解.

(1) $y'+xy=x^3y^3$;　(2) $\dfrac{\mathrm{d}y}{\mathrm{d}x}+\dfrac{y}{x}=2y^2\ln x$;

(3) $\dfrac{\mathrm{d}y}{\mathrm{d}x}-y=xy^5$;　(4) $\dfrac{\mathrm{d}y}{\mathrm{d}x}-\dfrac{1}{x}y=x^3y^{-2}$.

4. 设函数 $f(x)$ 连续, 且满足 $\displaystyle\int_0^{3x}f\left(\frac{t}{3}\right)\mathrm{d}t+\mathrm{e}^{2x}=f(x)$, 求 $f(x)$.

5. 求微分方程 $y'+f'(x)y=f(x)f'(x)$ 的通解, 其中 $f(x)$, $f'(x)$ 是给定的连续函数.

6. 设 $y=\mathrm{e}^x$ 是微分方程 $xy'+p(x)y=x$ 的一个解, 求此微分方程满足初始条件 $y(\ln 2)=0$ 的特解.

第四节　可降阶的高阶微分方程

有许多问题要归结到高于一阶的微分方程, 我们把二阶及二阶以上的微分方程称为**高阶微分方程**. 一般而言, 方程的阶数越高, 求解越为困难. 但有一些特殊的高阶方程, 可以利用降阶法来求解, 本节介绍三类常见的可用降阶法求解的高阶微分方程.

一、$y^{(n)} = f(x)$ 型的微分方程

形如

$$y^{(n)} = f(x) \tag{12-4-1}$$

的微分方程的右端仅含变量 x, 因此只要通过连续 n 次积分就可以得到其通解. 特别地, $n = 1$ 时, 即

$$y' = f(x),$$

则通解:

$$y = \int f(x)\mathrm{d}x + C.$$

例 1　求微分方程 $y''' = x\mathrm{e}^x$ 的通解.

解　逐次积分三次, 得

$$y'' = (x-1)\mathrm{e}^x + \frac{C_1}{2},$$
$$y' = (x-2)\mathrm{e}^x + \frac{C_1}{2}x + C_2,$$
$$y = (x-3)\mathrm{e}^x + C_1x^2 + C_2x + C_3,$$

这就是所求的通解.

例 2　求微分方程 $y'' = x\sin x$ 的通解.

解　逐次积分两次, 得

$$y' = -x\cos x + \sin x + C_1,$$
$$y = -x\sin x - 2\cos x + C_1x + C_2,$$

这就是所求的通解.

二、$y'' = f(x, y')$ 型的微分方程

形如

$$y'' = f(x, y') \tag{12-4-2}$$

的微分方程中不显含未知函数 y. 故可设法将 y' 作为新的未知函数来处理. 令 $y' = z(x)$, 则 $y'' = z'$, 于是方程 (12-4-2) 转化为一阶微分方程 $z' = f(x, z)$.

例 3　求 $y'' + y' = x^2$ 的通解.

解　令 $z(x) = y'$, 则 $z' = y''$, 原方程化为

$$z' + z = x^2,$$

它是一阶线性微分方程. 利用通解公式易得

$$z = x^2 - 2x + 2 + C_1\mathrm{e}^{-x},$$

将 $z = y'$ 代入, 得

$$y' = x^2 - 2x + 2 + C_1\mathrm{e}^{-x},$$

两边积分, 得原方程的通解为

$$y=\frac{1}{3}x^3-x^2+2x-C_1\mathrm{e}^{-x}+C_2.$$

例 4　求 $x^2y''-(y')^2=0$ 的过点 $(1,0)$ 且在该点与直线 $y=x-1$ 相切的积分曲线.

解　令 $y'=z(x)$, 则 $y''=z'$, 代入方程, 得

$$x^2z'-z^2=0,$$

这是一个伯努利方程, 解得

$$z^{-1}=x^{-1}+C_1,$$

因为它和直线 $y=x-1$ 在点 $(1,0)$ 相切, 所以在该点处的导数等于切线 $y=x-1$ 的斜率, 即由 $y'|_{x=1}=z|_{x=1}=1$ 的初始条件, 可得出 $C_1=0$, 于是

$$y'=x,$$

两边积分, 得

$$y=\frac{1}{2}x^2+C_2,$$

又因为该曲线经过点 $(1,0)$, 于是可得 $C_2=-\frac{1}{2}$, 从而所求的曲线为

$$y=\frac{1}{2}x^2-\frac{1}{2}.$$

例 5　设函数 $f(u)$ 在 $(0,+\infty)$ 内具有二阶导数, 且 $z=f(\sqrt{x^2+y^2})$ 满足 $\frac{\partial^2 z}{\partial x^2}+\frac{\partial^2 z}{\partial y^2}=0$, 则

(1) $f''(u)+\frac{f'(u)}{u}=0$;

(2) 若 $f(1)=0$, $f'(1)=1$, 求函数 $f(u)$.

解　(1) 因为

$$\frac{\partial z}{\partial x}=\frac{x}{\sqrt{x^2+y^2}}f'(\sqrt{x^2+y^2}),$$

$$\frac{\partial z}{\partial y}=\frac{y}{\sqrt{x^2+y^2}}f'(\sqrt{x^2+y^2}),$$

$$\begin{aligned}\frac{\partial^2 z}{\partial x^2}=&\frac{x^2}{x^2+y^2}f''(\sqrt{x^2+y^2})+\frac{\sqrt{x^2+y^2}-\dfrac{x^2}{\sqrt{x^2+y^2}}}{x^2+y^2}f'(\sqrt{x^2+y^2})\\=&\frac{x^2}{x^2+y^2}f''(\sqrt{x^2+y^2})+\frac{y^2}{(x^2+y^2)^{\frac{3}{2}}}f'(\sqrt{x^2+y^2}),\end{aligned}$$

同理,

$$\frac{\partial^2 z}{\partial y^2}=\frac{y^2}{x^2+y^2}f''(\sqrt{x^2+y^2})+\frac{x^2}{(x^2+y^2)^{\frac{3}{2}}}f'(\sqrt{x^2+y^2}).$$

代入 $\dfrac{\partial^2 z}{\partial x^2}+\dfrac{\partial^2 z}{\partial y^2}=0$ 得

$$f''(\sqrt{x^2+y^2})+\frac{f'(\sqrt{x^2+y^2})}{\sqrt{x^2+y^2}}=0,$$

即 $f''(u)+\dfrac{f'(u)}{u}=0$ 成立.

(2) 令 $f'(u)=p$, 则 $f''(u)=\dfrac{\mathrm{d}p}{\mathrm{d}u}$, 于是有

$$\frac{\mathrm{d}p}{\mathrm{d}u}+\frac{p}{u}=0,$$

解得

$$\ln|p|=-\ln u+C_1.$$

由 $f'(1)=1$, 即 $p(1)=1$, 得 $C_1=0$. 所以

$$\ln|p|=-\ln u,\quad 即\quad p=\frac{1}{u}.$$

故 $f'(u)=\dfrac{1}{u}$, 解得

$$f(u)=\ln u+C_2.$$

由 $f(1)=0$ 得 $C_2=0$, 所以

$$f(u)=\ln u.$$

三、$y''=f(y,y')$ 型的微分方程

形如

$$y''=f(y,y') \tag{12-4-3}$$

的微分方程不显含自变量 x. 针对这一特点, 将 y 作为新的自变量、y' 作为新的因变量来处理. 令 $y'=p(y)$, 并将 y 看作自变量, 则

$$y''=\frac{\mathrm{d}y'}{\mathrm{d}x}=\frac{\mathrm{d}p}{\mathrm{d}x}=\frac{\mathrm{d}p}{\mathrm{d}y}\cdot\frac{\mathrm{d}y}{\mathrm{d}x}=p\frac{\mathrm{d}p}{\mathrm{d}y},$$

代入原微分方程后, 得到 p 关于 y 的一阶微分方程

$$p\frac{\mathrm{d}p}{\mathrm{d}y}=f(y,p), \tag{12-4-4}$$

用一阶微分方程的解法便可以求得 (12-4-4) 的通解, 并设它为

$$p=\varphi(y,C_1),\quad 即\quad \frac{\mathrm{d}y}{\mathrm{d}x}=\varphi(y,C_1),$$

分离变量, 得

$$\frac{\mathrm{d}y}{\varphi(y,C_1)}=\mathrm{d}x,$$

两边积分, 得微分方程 (12-4-3) 的通解为

$$\int \frac{\mathrm{d}y}{\varphi(y, C_1)} = x + C_2.$$

例 6　求微分方程 $y'' = 2y^3$ 满足初始条件 $y(0) = y'(0) = 1$ 的特解.

解　方程不含自变量 x, 为此令 $p(y) = y'$, 则 $y'' = p\dfrac{\mathrm{d}p}{\mathrm{d}y}$, 代入微分方程得

$$p\frac{\mathrm{d}p}{\mathrm{d}y} = 2y^3,$$

分离变量, 得

$$p\mathrm{d}p = 2y^3\mathrm{d}y,$$

两边积分, 得

$$\frac{1}{2}p^2 = \frac{1}{2}y^4 + C_1.$$

由 $y(0) = y'(0) = 1$, 得 $C_1 = 0$, 于是

$$p = \pm y^2,$$

由 $y'(0) = 1 > 0$ 知

$$p = y^2,$$

即

$$\frac{\mathrm{d}y}{\mathrm{d}x} = y^2,$$

这是一个变量可分离方程, 解得

$$-\frac{1}{y} = x + C_2.$$

由 $y(0) = 1$, 得 $C_2 = -1$, 从而所求特解为

$$y = \frac{1}{1 - x}.$$

例 7　求微分方程 $y'' + (y')^2 = 2\mathrm{e}^{-y}$ 满足初始条件 $y(0) = 0, y'(0) = 1$ 的特解.

解　微分方程不含自变量 x, 为此令 $y' = p$, 则 $y'' = p\dfrac{\mathrm{d}p}{\mathrm{d}y}$, 原微分方程化为

$$p\frac{\mathrm{d}p}{\mathrm{d}y} + p^2 = 2\mathrm{e}^{-y}, \quad 即 \quad \frac{\mathrm{d}p}{\mathrm{d}y} + p = 2p^{-1}\mathrm{e}^{-y}.$$

这是贝努利方程, 令 $u = p^2$, 则微分方程又转化为

$$\frac{\mathrm{d}u}{\mathrm{d}y} + 2u = 4\mathrm{e}^{-y}.$$

应用一阶线性微分方程的通解公式得

$$u = \mathrm{e}^{-2\int \mathrm{d}y}\left(C_1 + \int 4\mathrm{e}^{-y}\mathrm{e}^{\int 2\mathrm{d}y}\mathrm{d}y\right) = C_1\mathrm{e}^{-2y} + 4\mathrm{e}^{-y}.$$

由于 $y=0$ 时 $u=1$, 代入上式可解得 $C_1=-3$, 于是

$$\frac{\mathrm{d}y}{\mathrm{d}x}=p=\sqrt{u}=\mathrm{e}^{-y}\sqrt{4\mathrm{e}^y-3},$$

这是变量可分离微分方程, 积分得

$$\sqrt{4\mathrm{e}^y-3}=2x+C_2.$$

由 $x=0$ 时 $y=0$, 代入上式可解得 $C_2=1$, 于是所求特解为

$$4\mathrm{e}^y=(2x+1)^2+3, \quad 即 \quad \mathrm{e}^y=x^2+x+1,$$

所以

$$y=\ln(x^2+x+1).$$

习　题　12-4

1. 求下列各微分方程的通解.

(1) $y'''=\mathrm{e}^{2x}+\cos x$;

(2) $y'''=\sin x-120x$;

(3) $x^2y''+xy'=1$;

(4) $y''-y'=\mathrm{e}^x+1$;

(5) $x^3y''+x^2y'=1$;

(6) $yy''+y'^2=0$.

2. 求下列各微分方程满足所给初始条件的特解.

(1) $y'''=\mathrm{e}^x+x^2, y(0)=1, y'(0)=0, y''(0)=3$;

(2) $y''=\dfrac{x}{y'}$, $y(1)=-1, y'(1)=1$;

(3) $(1+x^2)y''=2xy'$, $y(0)=1, y'(0)=3$;

(4) $2y''=\sin(2y)$, $y|_{x=0}=\dfrac{\pi}{2}$, $y'|_{x=0}=1$.

3. 试求 $y''=x$ 的经过点 $M(0,1)$ 且在此点与直线 $y=\dfrac{x}{2}+1$ 相切的积分曲线.

4. 求微分方程 $y^{(5)}-\dfrac{1}{x}y^{(4)}=0$ 的通解.

5. 设函数 $y=f(x)$ 由参数方程

$$\begin{cases} x=2t+t^2, \\ y=\psi(t) \end{cases} \quad (t>-1)$$

所确定, 其中 $\psi(t)$ 具有 2 阶导数且 $\psi(1)=\dfrac{5}{2}, \psi'(1)=6$, 已知 $\dfrac{\mathrm{d}^2y}{\mathrm{d}x^2}=\dfrac{3}{4(1+t)}$, 求函数 $\psi(t)$.

6. 一子弹以 $v_0=200$ m/s 的速度打入厚度为 10cm 的木板, 然后穿过它并以 $v_0=80$m/s 的速度离开木板. 设木板对子弹的阻力与运动速度的平方成正比, 求子弹穿过木板所需的时间.

第五节　高阶线性微分方程解的结构

在上节, 我们介绍了三类可降阶的高阶微分方程的解法. 实际上, 有许多高阶方程的解是不能用初等积分法来求解的, 只有高阶线性方程才有较完整的研究. 所谓线性微分方程就

是对于未知函数及其各阶导数均为一次的微分方程. 第三节我们介绍了一阶线性微分方程及其通解的计算公式, 本节主要讨论二阶线性微分方程解的结构, 其结果可以推广到二阶及以上的情况.

n 阶线性微分方程的一般形式为

$$y^{(n)}+a_1(x)y^{(n-1)}+\cdots+a_{n-1}(x)y'+a_n(x)y=f(x). \tag{12-5-1}$$

一、 线性齐次微分方程解的结构

先考虑二阶线性齐次微分方程解的结构. 二阶线性齐次微分方程的一般形式为

$$y''+P(x)y'+Q(x)y=0. \tag{12-5-2}$$

定理 1　若 $y_1(x),y_2(x)$ 是二阶线性齐次微分方程 (12-5-2) 的两个解, 则

$$y=C_1y_1(x)+C_2y_2(x)\quad (C_1,C_2\text{是任意常数})$$

也是方程 (12-5-2) 的解.

证　因为

$$(C_1y_1+C_2y_2)'=C_1y_1'+C_2y_2',$$

$$(C_1y_1+C_2y_2)''=C_1y_1''+C_2y_2'',$$

又因为 y_1 与 y_2 是微分方程 $y''+P(x)y'+Q(x)y=0$ 的解, 所以有

$$y_1''+P(x)y_1'+Q(x)y_1=0,$$

及

$$y_2''+P(x)y_2'+Q(x)y_2=0,$$

从而

$$\begin{aligned}y''+P(x)y'+Q(x)y=&(C_1y_1+C_2y_2)''+P(x)\left(C_1y_1+C_2y_2\right)'+Q(x)\left(C_1y_1+C_2y_2\right)\\=&C_1\left[y_1''+P(x)y_1'+Q(x)y_1\right]+C_2\left[y_2''+P(x)y_2'+Q(x)y_2\right]=0,\end{aligned}$$

这就证明了 $y=C_1y_1(x)+C_2y_2(x)$ 也是微分方程 $y''+P(x)y'+Q(x)y=0$ 的解.

定理 1 称为**二阶线性齐次微分方程解的叠加原理**.

定理 1 表明二阶线性齐次微分方程解的线性组合仍是该方程的解. 但不一定是微分方程 (12-5-2) 的通解. 例如, 设 $y_1(x)$ 是微分方程 (12-5-2) 的一个解, 则 $y_2(x)=2y_1(x)$ 也是微分方程 (12-5-2) 的解, 这时它们的线性组合为

$$y=C_1y_1(x)+2C_2y_1(x),\quad \text{即}\quad y=Cy_1(x)\quad (C=C_1+2C_2).$$

显然, 这不是微分方程 (12-5-2) 的通解. 为了介绍微分方程 (12-5-2) 通解的结构, 我们引进函数的线性相关与线性无关的概念.

定义 设 $y_1(x), y_2(x), \cdots, y_n(x)$ 为定义在区间 I 上的 n 个函数, 如果存在不全为零的常数 $k_1, k_2, \cdots, k_n$, 使得

$$k_1 y_1(x) + k_2 y_2(x) + \cdots + k_n y_n(x) \equiv 0 \quad (x \in I)$$

成立, 则称$y_1(x), y_2(x), \cdots, y_n(x)$ 在该区间 I 上线性相关, 否则称为线性无关, 即 n 个函数 $y_1(x)$, $y_2(x)$, $\cdots$, $y_n(x)$ 在区间 I 上线性无关等价于

$$k_1 y_1(x) + k_2 y_2(x) + \cdots + k_n y_n(x) \equiv 0,$$

当且仅当 $k_1 = k_2 = \cdots = k_n = 0$.

例如, 函数 e^x 、e^{-x}、e^{2x} 在 $(-\infty, +\infty)$ 上线性无关; 而函数 1、$\cos^2 x$、$\sin^2 x$ 、e^{2x} 在 $(-\infty, +\infty)$ 上线性相关; 取值为 0 的常值函数与任意函数都是线性相关的.

由定义, 两个函数 $y_1(x), y_2(x)$ 在区间 I 上线性相关, 则存在两个不全为 0 的常数 k_1, k_2, 使得在 I 上有

$$k_1 y_1(x) + k_2 y_2(x) = 0.$$

不妨设 $k_2 \neq 0$, 则有

$$y_2(x) = -\frac{k_1}{k_2} y_1(x),$$

特别地, 当 $y_1(x) \neq 0$, 或 $y_2(x) \neq 0 (x \in I)$ 时, 则有

$$\frac{y_2(x)}{y_1(x)} = -\frac{k_1}{k_2} \equiv \text{常数}, \quad \text{或} \quad \frac{y_1(x)}{y_2(x)} = -\frac{k_2}{k_1} \equiv \text{常数}.$$

这样, 我们就有结论: 两个函数 $y_1(x), y_2(x)$ 在区间 I 上线性无关的充要条件是在区间 I 上有

$$\frac{y_2(x)}{y_1(x)} \neq \text{常数}, \quad \text{或} \quad \frac{y_1(x)}{y_2(x)} \neq \text{常数}.$$

有了函数线性无关的概念, 就可以给出下面的定理.

定理 2 如果 $y_1(x)$ 与 $y_2(x)$ 是二阶线性齐次微分方程 (12-5-2) 的两个线性无关的特解, 那么

$$y = C_1 y_1(x) + C_2 y_2(x) \quad (C_1, C_2 \text{是任意常数})$$

就是 (12-5-2) 的通解.

例 1 验证 $y_1 = x$, $y_2 = \mathrm{e}^x$ 是二阶线性齐次微分方程 $y'' - \dfrac{x}{x-1} y' + \dfrac{1}{x-1} y = 0$ 的线性无关解, 并写出其通解.

解 因为 $\dfrac{x}{\mathrm{e}^x} \neq$ 常数, 所以 $y_1 = x$, $y_2 = \mathrm{e}^x$ 在 $(-\infty, +\infty)$ 内是线性无关的. 又

$$y_1'' - \frac{x}{x-1} y_1' + \frac{1}{x-1} y_1 = -\frac{x}{x-1} + \frac{x}{x-1} = 0,$$

$$y_2'' - \frac{x}{x-1} y_2' + \frac{1}{x-1} y_2 = \mathrm{e}^x - \frac{x}{x-1} \mathrm{e}^x + \frac{1}{x-1} \mathrm{e}^x = 0,$$

因此 $y_1 = x$, $y_2 = \mathrm{e}^x$ 是二阶线性齐次微分方程 $y'' - \dfrac{x}{x-1}y' + \dfrac{1}{x-1}y = 0$ 的两个线性无关解. 从而微分方程的通解为

$$y = C_1 x + C_2 \mathrm{e}^x.$$

定理 2 的结果可以推广到 n 阶线性齐次微分方程的情形.

定理 3　如果 $y_1(x), y_2(x), \cdots, y_n(x)$ 是 n 阶线性齐次微分方程

$$y^{(n)} + a_1(x)y^{(n-1)} + \cdots + a_{n-1}(x)y' + a_n(x)y = 0 \tag{12-5-3}$$

的 n 个线性无关的特解, 那么

$$y = C_1 y_1(x) + C_2 y_2(x) + \cdots + C_n y_n(x) \quad (C_1, C_2, \cdots, C_n\text{是任意常数})$$

就是(12-5-3)的通解.

二、 二阶线性非齐次微分方程解的结构

二阶线性非齐次微分方程的一般形式为

$$y'' + P(x)y' + Q(x)y = f(x), \tag{12-5-4}$$

其中, $f(x)$ 不恒等于 0, 并称函数 $f(x)$ 为**微分方程 (12-5-4) 的自由项**. 相应地, 称微分方程 (12-5-2) 为**与微分方程 (12-5-4) 对应的齐次微分方程**.

由前面第三节的讨论可知, 一阶线性非齐次微分方程的通解为对应的齐次微分方程的通解和该非齐次微分方程的一个特解之和, 对于二阶线性非齐次微分方程也有类似的结论.

定理 4　设 y^* 是二阶线性非齐次微分方程 (12-5-4) 的一个特解, $\bar{y}$ 是它对应的二阶线性齐次微分方程 (12-5-2) 的通解, 那么 $y = \bar{y} + y^*$ 是二阶线性非齐次微分方程 (12-5-4) 的通解.

证　因为 y^* 与 $\bar{y}$ 分别是微分方程 (12-5-4) 与 (12-5-2) 的解, 所以有

$$(y^*)'' + P(x)(y^*)' + Q(x)y^* = f(x),$$

$$\bar{y}'' + P(x)\bar{y}' + Q(x)\bar{y} = 0,$$

又因为

$$y' = \bar{y}' + (y^*)', \quad y'' = \bar{y}'' + (y^*)'',$$

所以有

$$\begin{aligned}
&y'' + P(x)y' + Q(x)y \\
=&[\bar{y}'' + (y^*)''] + P(x)[\bar{y}' + (y^*)'] + Q(x)(\bar{y} + y^*) \\
=&[\bar{y}'' + P(x)\bar{y}' + Q(x)\bar{y}] + \left[(y^*)'' + P(x)(y^*)' + Q(x)y^*\right] = f(x).
\end{aligned}$$

这说明 $y = \bar{y} + y^*$ 是微分方程 (12-5-4) 的解, 又因为 $\bar{y}$ 是微分方程 (12-5-2) 的通解, 且 $\bar{y}$ 中含有两个独立的任意常数, 因此 $y = \bar{y} + y^*$ 中也含有两个独立的任意常数, 因而它是微分方程 (12-5-4) 的通解.

定理 4 给出了二阶线性非齐次微分方程的通解结构. 因此, 找二阶线性非齐次微分方程的一个特解成了求通解的关键.

定理 5 设 $y_1(x), y_2(x)$ 均为线性非齐次微分方程 (12-5-4) 的解, 则

$$y = y_1(x) - y_2(x)$$

是与之相对应的二阶线性齐次微分方程 (12-5-2) 的解.

证 因为 $y_1(x), y_2(x)$ 均为线性非齐次微分方程 (12-5-4) 的解, 所以有

$$y_1'' + P(x)y_1' + Q(x)y_1 = f(x), \quad y_2'' + P(x)y_2' + Q(x)y_2 = f(x),$$

于是

$$\begin{aligned}&(y_1 - y_2)'' + P(x)(y_1 - y_2)' + Q(x)(y_1 - y_2)\\=&[y_1'' + P(x)y_1' + Q(x)y_1] - [y_2'' + P(x)y_2' + Q(x)y_2] = f(x) - f(x) = 0,\end{aligned}$$

从而 $y = y_1(x) - y_2(x)$ 是微分方程 (12-5-2) 的解.

当二阶线性非齐次微分方程的自由项 $f(x)$ 为几个函数之和时, 下面定理 6 给出了求微分方程特解的叠加方法.

定理 6 设二阶线性非齐次微分方程 (12-5-4) 的自由项 $f(x)$ 是几个函数之和, 如

$$y'' + P(x)y' + Q(x)y = f_1(x) + f_2(x), \tag{12-5-5}$$

而 y_1^* 与 y_2^* 分别是方程

$$y'' + P(x)y' + Q(x)y = f_1(x)$$

与

$$y'' + P(x)y' + Q(x)y = f_2(x)$$

的特解, 那么 $y_1^* + y_2^*$ 就是微分方程 (12-5-5) 的特解.

证 将 $y_1^* + y_2^*$ 代入微分方程 (12-5-5) 的左端, 得

$$\begin{aligned}&(y_1^* + y_2^*)'' + P(x)(y_1^* + y_2^*)' + Q(x)(y_1^* + y_2^*)\\=&[(y_1^*)'' + P(x)(y_1^*)' + Q(x)(y_1^*)] + [(y_2^*)'' + P(x)(y_2^*)' + Q(x)(y_2^*)]\\=&f_1(x) + f_2(x),\end{aligned}$$

所以 $y_1^* + y_2^*$ 是微分方程 (12-5-5) 的一个特解.

例 2 已知 $y_1 = x + \mathrm{e}^x + 1$, $y_2 = \mathrm{e}^x + 1$, $y_3 = 1 - x$ 是某二阶线性非齐次微分方程的三个解, 求该微分方程的通解.

解 由于 y_1, y_2, y_3 均为某二阶线性非齐次微分方程的解, 由定理 4 知,

$$y_1 - y_2 = x, \quad y_2 - y_3 = x + \mathrm{e}^x$$

都是与该方程相对应的二阶线性齐次微分方程的解, 且这两个解线性无关, 从而

$$\bar{y} = C_1 x + C_2(x + \mathrm{e}^x)$$

是对应的二阶线性齐次微分方程的通解, 故原微分方程的通解为

$$y = C_1x + C_2(x + \mathrm{e}^x) + \mathrm{e}^x + 1.$$

例 3　已知 $y_1 = y_1(x)$, $y_2 = y_2(x)$ 是 $y'' + P(x)y' + Q(x)y = 0$ 的线性无关解, 且 $y_1'y_2 - y_1y_2' \neq 0$, $y^* = y^*(x)$ 是 $y'' + P(x)y' + Q(x)y = f(x)$ 的一个特解, 求 $P(x)$, $Q(x)$, $f(x)$.

解　由题意可知

$$y_1'' + P(x)y_1' + Q(x)y_1 = 0, \quad y_2'' + P(x)y_2' + Q(x)y_2 = 0,$$

解上述方程组得

$$P(x) = \frac{y_1y_2'' - y_1''y_2}{y_1'y_2 - y_1y_2'}, \quad Q(x) = \frac{y_1''y_2' - y_1'y_2''}{y_1'y_2 - y_1y_2'}.$$

此时

$$f(x) = y^{*\prime\prime} + P(x)y^{*\prime} + Q(x)y^* = y^{*\prime\prime} + \frac{y_1y_2'' - y_1''y_2}{y_1'y_2 - y_1y_2'}y^{*\prime} + \frac{y_1''y_2' - y_1'y_2''}{y_1'y_2 - y_1y_2'}y^*.$$

关于二阶线性齐次、非齐次微分方程的通解结构的结论都可以推广到 n 阶线性齐次、非齐次微分方程的情形, 这里不再赘述.

定理 7　*设 y^* 是 n 阶线性非齐次微分方程 (12-5-1) 的一个特解, $\bar{y}$ 是它对应的 n 阶线性齐次微分方程 (12-5-3) 的通解, 那么 $y = \bar{y} + y^*$ 是 n 阶线性非齐次微分方程 (12-5-1) 的通解.*

* 三、常数变易法

在求一阶线性非齐次微分方程的通解时我们介绍了**常数变易法**, 它也适用于高阶线性微分方程, 下面仅通过例题以二阶线性微分方程为例来讨论高阶线性微分方程的常数变易法.

例 4　已知 $y_1(x) = \mathrm{e}^x$是二阶线性齐次微分方程 $y'' - 2y' + y = 0$ 的解, 求二阶线性非齐次微分方程 $y'' - 2y' + y = \dfrac{1}{x}\mathrm{e}^x$的通解.

解　令 $y = u(x)\mathrm{e}^x$ 是二阶线性非齐次微分方程的解, 这里 $u(x)$ 是待定函数, 则

$$y' = [u(x) + u'(x)]\mathrm{e}^x,$$

$$y'' = [u(x) + 2u'(x) + u''(x)]\mathrm{e}^x,$$

将 y, y', y'' 代入二阶线性非齐次微分方程中, 得

$$[u(x) + 2u'(x) + u''(x)]\mathrm{e}^x - 2[u(x) + u'(x)]\mathrm{e}^x + u(x)\mathrm{e}^x = \frac{1}{x}\mathrm{e}^x,$$

化简, 得 $u''(x) = \dfrac{1}{x}$, 两边积分, 得

$$u'(x) = \ln|x| + C_1,$$

再次积分, 得 $u(x) = x\ln|x| - x + C_1x + C_2$, 即

$$u(x) = x\ln|x| + Cx + C_2 \quad (C = C_1 - 1),$$

故所求的二阶线性非齐次微分方程的通解为

$$y = (x\ln|x| + Cx + C_2)\mathrm{e}^x \quad (C, C_2\text{为任意常数}).$$

常数变易法也可用于求线性齐次微分方程的通解.

例 5 已知二阶线性齐次微分方程 $(1+x^2)y'' - 2xy' + 2y = 0$ 的一个特解为 $y_1 = x$, 求其通解.

解 所给方程是一个二阶线性齐次微分方程, 设它的另一个特解 y_2 为

$$y_2 = u(x)y_1 = xu(x) \quad (u(x)\text{是待定函数}),$$

将 $y_2 = xu(x)$, $y_2' = u(x) + xu'(x)$, $y_2'' = 2u'(x) + xu''(x)$ 代入原微分方程中, 得

$$(1+x^2)[2u'(x) + xu''(x)] - 2x[u(x) + xu'(x)] + 2xu(x) = 0,$$

整理, 得

$$x(1+x^2)u''(x) + 2u'(x) = 0,$$

令 $u'(x) = z(x)$, 得 $x(1+x^2)z'(x) + 2z(x) = 0$, 解得

$$\begin{aligned} z(x) &= C\mathrm{e}^{-\int\frac{2\mathrm{d}x}{x(1+x^2)}} = C\mathrm{e}^{\int\left(\frac{-2}{x}+\frac{2x}{1+x^2}\right)\mathrm{d}x} = C\mathrm{e}^{-2\ln|x|+\ln(1+x^2)} \\ &= C\mathrm{e}^{\ln\frac{1+x^2}{x^2}} = C\frac{1+x^2}{x^2}, \end{aligned}$$

两边积分, 得

$$u(x) = \int z(x)\mathrm{d}x = \int C\frac{1+x^2}{x^2}\mathrm{d}x = -\frac{C}{x} + Cx + C',$$

令 $C = 1$, $C' = 0$, 得 $u(x) = x - \dfrac{1}{x}$, 于是得到原微分方程的另一个特解

$$y_2 = xu(x) = x^2 - 1,$$

从而原微分方程的通解为

$$y = C_1x + C_2(x^2 - 1) \quad (C, C_2\text{为任意常数}).$$

习 题 12-5

1. 下列函数组哪些是线性相关的, 哪些是线性无关的?

(1) $\mathrm{e}^{2x}, \mathrm{e}^{-2x}$;　　(2) $2, \sin^2 t, 3\cos^2 t, \mathrm{e}^t$;

(3) $\ln t, \ln t^2 (t > 0)$;　　(4) $4 - t, 2t - 3, 6t + 8$.

2. 试问下列函数是不是微分方程 $y'' + y = 0$ 的解? 是不是通解? 为什么?

(1) $y = C(\sin x + \cos x)$(C 为任意常数);

(2) $y = \cos k\sin x + \sin k\cos x$($k$ 为任意常数).

3. 设 $y_1 = x\mathrm{e}^x + \mathrm{e}^{2x}, y_2 = x\mathrm{e}^x + \mathrm{e}^{-x}, y_3 = x\mathrm{e}^x + \mathrm{e}^{2x} - \mathrm{e}^{-x}$ 是某二阶线性非齐次微分方程的解, 求该微分方程的通解.

4. 已知线性非齐次微分方程 $y'' + p(x)y' + q(x)y = f(x)$ 的三个解为 y_1, y_2, y_3, 且 $y_2 - y_1$ 与 $y_3 - y_1$ 线性无关, 证明 $(1 - C_1 - C_2)y_1 + C_1y_2 + C_2y_3$ 是微分方程的通解.

*5. 已知微分方程 $(t-1)x'' - (t+1)x' + 2x = 0$ 的一个特解为 e^t, 求它的通解.

第六节　常系数线性微分方程

第五节我们介绍了高阶线性微分方程解的结构问题, 但没有给出求解的过程和方法, 因为高阶线性微分方程对应的高阶线性齐次微分方程求线性无关解并不容易, 甚至写不出线性无关解的表达式. 另外, 求高阶线性微分方程的特解也不容易. 本节我们给出特殊情况的高阶线性微分方程的求解过程和方法, 即高阶常系数线性微分方程的求解问题. 当高阶线性微分方程中的系数函数都是常数时, 该高阶线性微分方程称为常系数线性微分方程. 利用高阶线性微分方程解的结构, 分别求常系数线性齐次微分方程的通解, 及某些常系数线性非齐次微分方程的特解, 然后写出常系数线性微分方程的通解, 而且所用的方法是用代数的方法, 而不用积分方法. 本节主要分为两部分, 第一部分是先讨论二阶常系数线性齐次微分方程的解法, 然后将二阶常系数线性齐次微分方程解的结构推广到一般情况; 第二部分是讨论求自由项为某些特殊情形的二阶常系数线性微分方程特解的过程和方法. 最后还介绍了一类可以转化为常系数线性微分方程的方程: 欧拉方程.

一、 常系数线性齐次方程

先考虑二阶常系数线性齐次微分方程. 设有二阶常系数线性齐次微分方程

$$y''+py'+qy=0, \tag{12-6-1}$$

其中, p,q 为常数.

根据线性齐次微分方程解的结构知道, 只要找出方程 (12-6-1) 的两个线性无关的特解 y_1 与 y_2, 即可得微分方程 (12-6-1) 的通解 $y=C_1y_1+C_2y_2$. 下面给出求微分方程 (12-6-1) 的两个线性无关解的方法.

根据微分方程的特点, 我们试着用 $y=\mathrm{e}^{rx}$ 看作是微分方程 (12-6-1) 的解 (r 是待定常数), 将 $y=\mathrm{e}^{rx}$, $y'=r\mathrm{e}^{rx}$, $y''=r^2\mathrm{e}^{rx}$ 代入方程 (12-6-1), 得

$$\mathrm{e}^{rx}(r^2+pr+q)=0,$$

于是有

$$r^2+pr+q=0. \tag{12-6-2}$$

也就是说, 只要 r 是代数方程 (12-6-2) 的根, 那么 $y=\mathrm{e}^{rx}$ 就是微分方程 (12-6-1) 的解. 于是微分方程 (12-6-1) 的求解问题, 就转化为代数方程 (12-6-2) 的求根问题了. 方程 (12-6-2) 称为微分方程 (12-6-1) 的**特征方程**.

根据特征方程 (12-6-2) 根的三种不同情形, 来讨论微分方程 (12-6-1) 解的不同情况.

(1) 若 $p^2-4q>0$, 特征方程 (12-6-2) 有两个不相等的实根 r_1 及 r_2, 此时微分方程 (12-6-1) 对应有两个特解: $y_1=\mathrm{e}^{r_1x}$ 与 $y_2=\mathrm{e}^{r_2x}$, 因为

$$\frac{y_1}{y_2}=\frac{\mathrm{e}^{r_1x}}{\mathrm{e}^{r_2x}}=\mathrm{e}^{(r_1-r_2)x}\neq 常数,$$

即 y_1,y_2 线性无关, 根据解的结构定理, 微分方程 (12-6-1) 的通解为

$$y=C_1\mathrm{e}^{r_1x}+C_2\mathrm{e}^{r_2x}\quad (C_1,C_2为任意常数).$$

(2) 若 $p^2-4q=0$, 特征方程 (12-6-2) 有两个相等的实根$r_1=r_2=-\dfrac{p}{2}=r$, 这时只得到微分方程 (12-6-1) 的一个特解 $y_1=\mathrm{e}^{rx}$, 还需要找与 y_1 线性无关的另一个解 y_2. 由常数变易法, 设 $y_2=u(x)y_1$ 是微分方程 (12-6-1) 的解, 其中 $u(x)$ 为待定函数, 因为

$$y_2'=\mathrm{e}^{rx}(u'+ru),$$

$$y_2''=\mathrm{e}^{rx}(u''+2ru'+r^2u),$$

将 y_2,y_2',y_2'' 代入微分方程 (12-6-1) 得

$$\mathrm{e}^{rx}[(u''+2ru'+r^2u)+p(u'+ru)+qu]=0,$$

由于 $\mathrm{e}^{rx}\neq 0$, 因此

$$[u''+(2r+p)u'+(r^2+pr+q)u]=0,$$

因为 r 是特征方程的二重根, 故

$$r^2+pr+q=0,\quad 2r+p=0,$$

于是, 得

$$u''=0,$$

取满足该微分方程的简单函数 $u=x$.

从而 $y_2=x\mathrm{e}^{rx}$ 是微分方程 (12-6-1) 的一个特解, 且与 $y_1=\mathrm{e}^{rx}$ 线性无关的解. 所以微分方程 (12-6-1) 的通解为

$$y=(C_1+C_2x)\mathrm{e}^{rx}\quad (C_1,C_2\text{为任意常数}).$$

(3) 若 $p^2-4q<0$, 特征方程 (12-6-2) 有一对共轭复根 $r_1=\alpha+\mathrm{i}\beta$, $r_2=\alpha-\mathrm{i}\beta$, 其中 $\alpha=-\dfrac{p}{2}$, $\beta=\dfrac{\sqrt{4q-p^2}}{2}$, 这时微分方程 (12-6-1) 有两个复数形式的解

$$y_1=\mathrm{e}^{(\alpha+\mathrm{i}\beta)x},\quad y_2=\mathrm{e}^{(\alpha-\mathrm{i}\beta)x}.$$

在实际问题中, 常用的是实数形式的解, 因此根据欧拉公式

$$\mathrm{e}^{\mathrm{i}x}=\cos x+\mathrm{i}\sin x,$$

可得

$$y_1=\mathrm{e}^{\alpha x}[\cos(\beta x)+\mathrm{i}\sin(\beta x)],$$

$$y_2=\mathrm{e}^{\alpha x}[\cos(\beta x)-\mathrm{i}\sin(\beta x)],$$

于是, 有

$$\frac{1}{2}(y_1+y_2)=\mathrm{e}^{\alpha x}\cos(\beta x),\quad \frac{1}{2\mathrm{i}}(y_1-y_2)=\mathrm{e}^{\alpha x}\sin(\beta x),$$

而函数 $\mathrm{e}^{\alpha x}\cos(\beta x)$ 与 $\mathrm{e}^{\alpha x}\sin(\beta x)$ 均为微分方程 (12-6-1) 的解, 且它们线性无关, 因此方程 (12-6-1) 的通解为

$$y=\mathrm{e}^{\alpha x}[C_1\cos(\beta x)+C_2\sin(\beta x)]\quad (C_1, C_2\text{为任意常数}).$$

综上所述, 求二阶常系数线性齐次微分方程

$$y''+py'+qy=0$$

的通解步骤如下:

(1) 写出微分方程 (12-6-1) 的特征方程 $r^2+pr+q=0$, 并求出其两个根 r_1, r_2;

(2) 根据两个根的不同情况, 分别写出微分方程 (12-6-1) 的通解, 见表 12-6-1.

表 12-6-1

特征方程 $r^2+pr+q=0$ 的两个根 r_1, r_2	微分方程 $y''+py'+qy=0$ 的通解
两个不相等的实根 $r_1\neq r_2$	$y=C_1\mathrm{e}^{r_1x}+C_2\mathrm{e}^{r_2x}$
两个相等的实根 $r=r_1=r_2$	$y=(C_1+C_2x)\mathrm{e}^{rx}$
一对共轭复根 $r_{1,2}=\alpha\pm\mathrm{i}\beta$	$y=\mathrm{e}^{\alpha x}[C_1\cos(\beta x)+C_2\sin(\beta x)]$

例 1　求微分方程 $y''+4y'-5y=0$ 的通解.

解　所给方程的特征方程为

$$r^2+4r-5=0,$$

解得

$$r_1=1,\quad r_2=-5,$$

故所给微分方程的通解为

$$y=C_1\mathrm{e}^{x}+C_2\mathrm{e}^{-5x}\quad (C_1, C_2\text{为任意常数}).$$

例 2　求微分方程 $\dfrac{\mathrm{d}^2s}{\mathrm{d}t^2}+2\dfrac{\mathrm{d}s}{\mathrm{d}t}+s=0$ 满足初始条件 $s|_{t=0}=4$, $s'|_{t=0}=-2$ 的特解.

解　所给微分方程的特征方程为

$$r^2+2r+1=0,$$

解得

$$r_1=r_2=-1,$$

于是微分方程的通解为

$$s=(C_1+C_2t)\mathrm{e}^{-t},$$

代入初始条件, $s|_{t=0}=4$, $s'|_{t=0}=-2$, 得

$$C_1=4,\quad C_2=2,$$

所以原微分方程满足初始条件的特解为

$$s=(4+2t)\mathrm{e}^{-t}.$$

例 3　求微分方程 $\frac{\mathrm{d}^2y}{\mathrm{d}x^2}-2\frac{\mathrm{d}y}{\mathrm{d}x}+5y=0$ 的通解.

解　所给微分方程的特征方程为

$$r^2-2r+5=0,$$

解得

$$r_{1,2}=1\pm 2\mathrm{i},$$

这是一对共轭复根, 因此所求微分方程的通解为

$$y=\mathrm{e}^x[C_1\cos(2x)+C_2\sin(2x)].$$

例 4　数列 $\{a_n\}$ 满足: $a_0=3$, $a_1=1$, $a_{n-2}=n(n-1)a_n$ $(n\geqslant 2)$, $S(x)$ 为幂级数 $\sum\limits_{n=0}^{\infty}a_nx^n$ 的和函数.

(1) 证明 $S''(x)-S(x)=0$;

(2) 求 $S(x)$.

证　(1) 和函数 $S(x)=\sum\limits_{n=0}^{\infty}a_nx^n$ 对 x 求导, 得

$$S'(x)=\sum_{n=1}^{\infty}na_nx^{n-1},$$

$$S''(x)=\sum_{n=2}^{\infty}n(n-1)a_nx^{n-2},$$

于是

$$\begin{aligned}S''(x)-S(x)&=\sum_{n=2}^{\infty}n(n-1)a_nx^{n-2}-\sum_{n=0}^{\infty}a_nx^n\\&=\sum_{n=0}^{\infty}(n+2)(n+1)a_{n+2}x^n-\sum_{n=0}^{\infty}a_nx^n\\&=\sum_{n=0}^{\infty}[(n+2)(n+1)a_{n+2}-a_n]x^n.\end{aligned}$$

由 $a_{n-2}=n(n-1)a_n$, 得 $(n+2)(n+1)a_{n+2}-a_n=0$, 所以

$$S''(x)-S(x)=0.$$

(2) 因为

$$S(0)=a_0=3,\quad S'(0)=a_1=1,$$

微分方程 $S''(x)-S(x)=0$ 的特征方程: $r^2-1=0$, 得 $r_1=1$, $r_2=-1$, 通解

$$S(x)=C_1\mathrm{e}^x+C_2\mathrm{e}^{-x}.$$

又

$$S'(x) = C_1\mathrm{e}^x - C_2\mathrm{e}^{-x},$$

由 $S(0)=3$, $S'(0)=1$ 得

$$C_1 + C_2 = 3, \quad C_1 - C_2 = 1.$$

解得 $C_1=2$, $C_2=1$. 故幂级数的和函数

$$S(x) = 2\mathrm{e}^x - \mathrm{e}^{-x}.$$

例 5　已知函数 $f(x)$ 满足微分方程 $f''(x)+f'(x)-2f(x)=0$ 及 $f'(x)+f(x)=2\mathrm{e}^x$.

(1) 求函数 $f(x)$;

(2) 求曲线 $y=f(x^2)\int_0^x f(-t^2)\mathrm{d}t$ 的拐点.

解　(1) 微分方程 $f''(x)+f'(x)-2f(x)=0$ 的特征方程

$$r^2+r-2=0,$$

解得特征根 $r_1=1$, $r_2=-2$. 微分方程 $f''(x)+f'(x)-2f(x)=0$ 的通解:

$$f(x) = C_1\mathrm{e}^x + C_2\mathrm{e}^{-2x}.$$

再由 $f'(x)+f(x)=2\mathrm{e}^x$ 得

$$2C_1\mathrm{e}^x - C_2\mathrm{e}^{-2x} = 2\mathrm{e}^x.$$

可知: $C_1=1$, $C_2=0$, 所以

$$f(x)=\mathrm{e}^x.$$

(2) 因为曲线

$$y = f(x^2)\int_0^x f(-t^2)\mathrm{d}t = \mathrm{e}^{x^2}\int_0^x \mathrm{e}^{-t^2}\mathrm{d}t,$$

对 x 求导

$$y' = 2x\mathrm{e}^{x^2}\int_0^x \mathrm{e}^{-t^2}\mathrm{d}t + 1,$$

$$y'' = 2x + 2(1+2x^2)\mathrm{e}^{x^2}\int_0^x \mathrm{e}^{-t^2}\mathrm{d}t.$$

令 $y''=0$ 得 $x=0$. 此时 $y(0)=0$. 当 $x>0$ 时, 显然有

$$y'' = 2x + 2(1+2x^2)\mathrm{e}^{x^2}\int_0^x \mathrm{e}^{-t^2}\mathrm{d}t > 0,$$

当 $x<0$ 时, $\int_0^x \mathrm{e}^{-t^2}\mathrm{d}t < 0$, 显然有

$$y'' = 2x + 2(1+2x^2)\mathrm{e}^{x^2}\int_0^x \mathrm{e}^{-t^2}\mathrm{d}t < 0,$$

所以, 该曲线的拐点为 $(0,0)$.

上面讨论的二阶常系数线性齐次微分方程的通解形式, 可以推广到 n 阶常系数线性齐次微分方程

$$y^{(n)} + p_1y^{(n-1)} + \cdots + p_{n-1}y' + p_ny = 0$$

的情形上. 具体如下:

n 阶常系数线性齐次微分方程的特征方程为

$$r^n + p_1 r^{n-1} + \cdots + p_{n-1} r + p_n = 0,$$

根据特征方程根的各种不同情形所对应的微分方程的通解情况如表 12-6-2 所示.

表 12-6-2

特征方程的根	微分方程通解中的对应项
单实根 r	$c\mathrm{e}^{rx}$
k 重实根 r	$(C_0 + C_1 x + \cdots + C_{k-1} x^{k-1})\mathrm{e}^{rx}$
一对共轭复根 $\alpha \pm \beta\mathrm{i}$	$[C_1 \cos(\beta x) + C_2 \sin(\beta x)]\mathrm{e}^{\alpha x}$
一对 l 重共轭复根 $\alpha \pm \beta\mathrm{i}$	$[(C_0 + C_1 x + \cdots + C_{l-1} x^{l-1})\cos(\beta x) + (D_0 + D_1 x + \cdots + D_{l-1} x^{l-1})\sin(\beta x)]\mathrm{e}^{\alpha x}$

例 6 求微分方程 $y^{(5)} + y^{(4)} + 2y''' + 2y'' + y' + y = 0$ 的通解.

解 所给微分方程的特征方程为

$$r^5 + r^4 + 2r^3 + 2r^2 + r + 1 = 0, \quad 即 \quad (r+1)(r^2+1)^2 = 0,$$

解得

$$r_1 = -1, \quad r_2 = r_3 = \mathrm{i}, \quad r_4 = r_5 = -\mathrm{i},$$

故所求通解为

$$y = C_1 \mathrm{e}^{-x} + (C_2 + C_3 x)\cos x + (C_4 + C_5 x)\sin x.$$

二、 二阶常系数线性非齐次微分方程

下面讨论二阶常系数线性非齐次微分方程

$$y'' + py' + qy = f(x), \tag{12-6-3}$$

其中, p, q 为常数.

根据二阶线性非齐次微分方程解的结构可知, 只要求出它对应的二阶常系数线性齐次微分方程的通解 $\bar{y}$ 和二阶常系数线性非齐次微分方程 (12-6-3) 的一个特解 y^* 即可. 求二阶常系数线性齐次微分方程通解的问题已解决, 因此, 下面只需讨论求二阶常系数线性非齐次微分方程 (12-6-3) 的特解 y^* 的问题.

此特解显然与微分方程 (12-6-3) 右端的函数 $f(x)$ 有关, 需要针对具体的 $f(x)$ 作具体的分析, 下面着重介绍两种常用的自由项对应的二阶常系数线性非齐次微分方程求特解的方法.

1. $f(x) = P_m(x)\mathrm{e}^{\lambda x}$

设微分方程 (12-6-3) 的右端函数为

$$f(x) = P_m(x)\mathrm{e}^{\lambda x},$$

其中, $P_m(x)$ 是 x 的 m 次多项式, λ 是已知的实常数或复常数.

考虑到 $f(x)$ 的形式, 以及非齐次微分方程 (12-6-3) 左端的系数均为常数的特点, 可以设想微分方程 (12-6-3) 应该有形如 $y^* = Q(x)\mathrm{e}^{\lambda x}$ 的解, 其中 $Q(x)$ 是待定的多项式. 这种假定是否合适, 要看能否确定 $Q(x)$ 的次数及其系数, 为此, 把 y^* 代入微分方程 (12-6-3).

对 y^* 求导, 有

$$(y^*)' = \mathrm{e}^{\lambda x}[Q'(x) + \lambda Q(x)],$$

$$(y^*)'' = \mathrm{e}^{\lambda x}[Q''(x) + 2\lambda Q'(x) + \lambda^2 Q(x)],$$

把 $y^*, (y^*)', (y^*)''$ 代入微分方程 (12-6-3), 并约去 $\mathrm{e}^{\lambda x}$(因 $\mathrm{e}^{\lambda x} \neq 0$), 得

$$Q''(x) + (2\lambda + p)Q'(x) + (\lambda^2 + p\lambda + q)Q(x) = P_m(x). \tag{12-6-4}$$

为了使式 (12-6-4) 成立, 必须使式 (12-6-4) 两端的多项式有相同的次数与相同的系数, 故用待定系数法来确定 $Q(x)$ 的系数. 以下我们分三种情况加以讨论.

(1) 若 λ 不是特征方程 $r^2 + pr + q = 0$ 的根, 即 $\lambda^2 + p\lambda + q \neq 0$, 这时式 (12-6-4) 左端 x 的最高次数由 $Q(x)$ 的次数确定, 由于式 (12-6-4) 的右端是 m 次多项式, 因此 $Q(x)$ 也应该是 m 次多项式, 所以可设特解为

$$y^* = Q_m(x)\mathrm{e}^{\lambda x} = (b_0x^m + b_1x^{m-1} + \cdots + b_{m-1}x + b_m)\mathrm{e}^{\lambda x},$$

其中 $b_i(i = 0, 1, 2 \cdots, m)$ 是 $m+1$ 个待定系数. 然后将该特解 y^* 代入方程 (12-6-4), 通过比较两端 x 的同次幂系数来确定 $b_i(i = 0, 1, 2 \cdots, m)$.

(2) 若 λ 是特征方程 $r^2 + pr + q = 0$ 的单根, 即 $\lambda^2 + p\lambda + q = 0$, 而 $2\lambda + p \neq 0$, 这时式 (12-6-4) 左端 x 的最高次数由 $Q'(x)$ 确定, 因此, $Q'(x)$ 必须是 m 次多项式, 从而 $Q(x)$ 是 $m+1$ 次多项式, 且可取常数项为 0, 所以可设特解为

$$y^* = xQ_m(x)\mathrm{e}^{\lambda x}.$$

并用与 (1) 同样的方法确定 $Q_m(x)$ 的系数 $b_i(i = 0, 1, 2, \cdots, m)$.

(3) 若 λ 是特征方程 $r^2 + pr + q = 0$ 的二重根, 即 $\lambda^2 + p\lambda + q = 0$ 且 $2\lambda + p = 0$, 由式 (12-6-4) 可知, $Q''(x)$ 必须是 m 次多项式, 从而 $Q(x)$ 是 $m+2$ 次多项式, 且可取 $Q(x)$ 的一次项系数和常数都为 0. 所以可设特解为

$$y^* = x^2Q_m(x)\mathrm{e}^{\lambda x},$$

并用与 (1) 同样的方法确定 $Q_m(x)$ 的系数 $b_i(i = 0, 1, 2, \cdots, m)$.

综上所述, 如果 $f(x) = P_m(x)\mathrm{e}^{\lambda x}$, 则可假设微分方程 (12-6-3) 有如下形式的特解:

$$y = x^kQ_m(x)\mathrm{e}^{\lambda x},$$

其中, $Q_m(x)$ 是与 $P_m(x)$ 同次 (即都是 m 次) 的待定多项式, 分别依据 λ 不是特征方程的根、是特征方程的单根、是特征方程的二重根, k 分别取 0, 1, 2.

例 7　求微分方程 $y'' + 6y' + 9y = 5x\mathrm{e}^{-3x}$ 的通解.

解　对应齐次微分方程的特征方程为 $r^2+6r+9=0$, $r=-3$ 是二重根. 因为微分方程右端 $f(x)=5x\mathrm{e}^{-3x}$, 故设特解为

$$y^*=x^2(b_0x+b_1)\mathrm{e}^{-3x},$$

则

$$(y^*)'=\mathrm{e}^{-3x}[-3b_0x^3+(3b_0-3b_1)x^2+2b_1x],$$

$$(y^*)''=\mathrm{e}^{-3x}[9b_0x^3+(-18b_0+9b_1)x^2+(6b_0-12b_1)x+2b_1],$$

将 $y^*,(y^*)',(y^*)''$ 代入原微分方程并整理, 得

$$6b_0x+2b_1\equiv 5x,$$

比较两端 x 同次幂的系数, 得

$$\begin{cases}6b_0=5,\\ 2b_1=0,\end{cases}$$

解得 $b_0=\dfrac{5}{6}$, $b_1=0$, 特解为

$$y^*=\frac{5}{6}x^3\mathrm{e}^{-3x}.$$

故所求通解为

$$y=(C_1+C_2x)\mathrm{e}^{-3x}+\frac{5}{6}x^3\mathrm{e}^{-3x}.$$

例 8　求微分方程 $y''+2y'-3y=2x-1$ 的通解.

解　因对应齐次微分方程的特征方程为 $r^2+2r-3=0$, 解得 $r_1=1,r_2=-3$. 因为 $\lambda=0$ 不是特征方程的根, 故设所给微分方程的特解为 $y^*=b_0x+b_1$, 代入原方程, 得

$$-3b_0x+2b_0-3b_1=2x-1,$$

比较两端 x 同次幂的系数, 得

$$\begin{cases}-3b_0=2,\\ 2b_0-3b_1=-1,\end{cases}$$

解得 $b_0=-\dfrac{2}{3}$, $b_1=-\dfrac{1}{9}$, 特解为 $y^*=-\dfrac{2}{3}x-\dfrac{1}{9}$. 故所求通解为

$$y=C_1\mathrm{e}^{x}+C_2\mathrm{e}^{-3x}-\frac{2}{3}x+\frac{1}{9}.$$

例 9　设函数 $f(x)$ 具有二阶连续导数, $f(0)=0$, $f'(0)=2$, 且使得曲线积分

$$\int_L yf(x)\mathrm{d}x+(f'(x)-x^3)\mathrm{d}y$$

与路径无关, 求函数 $f(x)$.

解　令 $P(x,y)=yf(x)$, $Q(x,y)=f'(x)-x^3$, 由于该曲线积分与路径无关, 则由 $\dfrac{\partial P}{\partial y}=\dfrac{\partial Q}{\partial x}$, 得

$$f(x)=f''(x)-3x^2,\quad 即\quad f''(x)-f(x)=3x^2.$$

特征方程

$$r^2-1=0,$$

特征根 $r=\pm1$. 由于 $\lambda=0$ 不是特征根, 故设微分方程 $f''(x)-f(x)=3x^2$ 的特解为

$$y^*=ax^2+bx+c,$$

则

$$y^{*\prime}=2ax+b,\quad y^{*\prime\prime}=2a,$$

代入微分方程 $f''(x)-f(x)=3x^2$ 得

$$2a-(ax^2+bx+c)=3x^2,$$

比较两边同次幂系数得

$$-a=3,\quad -b=0,\quad 2a-c=0,\quad \text{即}\quad a=-3,\quad b=0,\quad c=-6.$$

特解为 $y^*=-3x^2-6$, 通解为

$$f(x)=C_1\mathrm{e}^x+C_2\mathrm{e}^{-x}-3x^2-6.$$

又

$$f'(x)=C_1\mathrm{e}^x-C_2\mathrm{e}^{-x}-6x,$$

由 $f(0)=0$, $f'(0)=2$, 得 $C_1+C_2-6=0$, $C_1-C_2=2$, 解得 $C_1=4$, $C_2=2$. 于是所求函数为

$$f(x)=4\mathrm{e}^x+2\mathrm{e}^{-x}-3x^2-6.$$

2. $f(x)=\mathrm{e}^{\alpha x}[P_l(x)\cos(\beta x)+P_n(x)\sin(\beta x)]$

设 $f(x)=\mathrm{e}^{\alpha x}[P_l(x)\cos(\beta x)+P_n(x)\sin(\beta x)]$, 其中 $P_l(x)$, $P_n(x)$ 分别是 x 的 l,n 次多项式, α,β 都是实常数. 由欧拉公式知

$$\cos(\beta x)=\frac{1}{2}(\mathrm{e}^{\mathrm{i}\beta x}+\mathrm{e}^{-\mathrm{i}\beta x}),\quad \sin(\beta x)=\frac{1}{2\mathrm{i}}(\mathrm{e}^{\mathrm{i}\beta x}-\mathrm{e}^{-\mathrm{i}\beta x}),$$

因此

$$\begin{aligned}f(x)=&\mathrm{e}^{\alpha x}[P_l(x)\cos(\beta x)+P_n(x)\sin(\beta x)]\\=&\mathrm{e}^{\alpha x}\left[P_l(x)\cdot\frac{1}{2}(\mathrm{e}^{\mathrm{i}\beta x}+\mathrm{e}^{-\mathrm{i}\beta x})+P_n(x)\cdot\frac{1}{2\mathrm{i}}(\mathrm{e}^{\mathrm{i}\beta x}-\mathrm{e}^{-\mathrm{i}\beta x})\right]\\=&\frac{1}{2}[P_l(x)-\mathrm{i}P_n(x)]\mathrm{e}^{(\alpha+\mathrm{i}\beta)x}+\frac{1}{2}[P_l(x)+\mathrm{i}P_n(x)]\mathrm{e}^{(\alpha-\mathrm{i}\beta)x}\\=&P_m(x)\mathrm{e}^{(\alpha+\mathrm{i}\beta)x}+\overline{P}_m(x)\mathrm{e}^{(\alpha-\mathrm{i}\beta)x},\end{aligned}$$

其中

$$P_m(x)=\frac{1}{2}[P_l(x)-\mathrm{i}P_n(x)]\quad \text{与}\quad \overline{P}_m(x)=\frac{1}{2}[P_l(x)+\mathrm{i}P_n(x)]$$

是互为共轭的 m 次多项式, 这里 $m=\max(l,n)$.

对于 $f(x)$ 中的第一项 $P_m(x)\mathrm{e}^{(\alpha+\mathrm{i}\beta)x}$, 属于前面已讨论过的 $f(x)=P(x)\mathrm{e}^{\lambda x}$ 的情形, 可求得一个 m 次多项式 $Q_m(x)$, 使得 $y_1^*=x^kQ_m(x)\mathrm{e}^{(\alpha+\mathrm{i}\beta)x}$ 为方程

$$y''+py'+qy=P_m(x)\mathrm{e}^{(\alpha+\mathrm{i}\beta)x}$$

的一个特解, 其中当 $\alpha+\mathrm{i}\beta$ 不是特征方程的根时, $k=0$, 当 $\alpha+\mathrm{i}\beta$ 是特征方程的根时, $k=1$.

由于 $f(x)$ 中的第二项 $\overline{P}_m(x)\mathrm{e}^{(\alpha-\mathrm{i}\beta)x}$ 是第一项的共轭多项式, 故 $y_1^*=x^kQ_m(x)\mathrm{e}^{(\alpha+\mathrm{i}\beta)x}$ 的共轭函数 $y_2^*=x^k\overline{Q}_m(x)\mathrm{e}^{(\alpha-\mathrm{i}\beta)x}$ 就是方程

$$y''+py'+qy=\overline{P}_m(x)\mathrm{e}^{(\alpha-\mathrm{i}\beta)x}$$

的一个特解, 这里 $\overline{Q}_m(x)$ 是 $Q_m(x)$ 的共轭多项式.

再由解的叠加原理可知, 微分方程

$$y''+py'+qy=\mathrm{e}^{\alpha x}[P_l(x)\cos(\beta x)+P_n(x)\sin(\beta x)]$$

的一个特解为

$$\begin{aligned}y^*=&y_1^*+y_2^*=x^kQ_m(x)\mathrm{e}^{(\alpha+\mathrm{i}\beta)x}+x^k\overline{Q}_m(x)\mathrm{e}^{(\alpha-\mathrm{i}\beta)x}\\=&x^k\mathrm{e}^{\alpha x}\left[Q_m(x)\mathrm{e}^{\mathrm{i}\beta x}+\overline{Q}_m(x)\mathrm{e}^{-\mathrm{i}\beta x}\right]\\=&x^k\mathrm{e}^{\alpha x}\left\{Q_m(x)[\cos(\beta x)+\mathrm{i}\sin(\beta x)]+\overline{Q}_m(x)[\cos(\beta x)-\mathrm{i}\sin(\beta x)]\right\}\\=&x^k\mathrm{e}^{\alpha x}\left[A_m(x)\cos(\beta x)+B_m(x)\sin(\beta x)\right].\end{aligned}$$

由于 $Q_m(x)[\cos(\beta x)+\mathrm{i}\sin(\beta x)]$ 和 $\overline{Q}_m(x)[\cos(\beta x)-\mathrm{i}\sin(\beta x)]$ 互为共轭函数, 相加后无虚部, 因此上式中的 $A_m(x)$ 与 $B_m(x)$ 均为实函数.

综上可知, 当 $f(x)=\mathrm{e}^{\alpha x}[P_l(x)\cos(\beta x)+P_n(x)\sin(\beta x)]$ 时, 可设微分方程 (12-6-3) 的特解为

$$y^*=x^k\mathrm{e}^{\alpha x}\left[A_m(x)\cos(\beta x)+B_m(x)\sin(\beta x)\right],$$

其中, 当 $\lambda=\alpha+\mathrm{i}\beta$ 不是特征方程的根时, $k=0$; 当 $\lambda=\alpha+\mathrm{i}\beta$ 是特征方程的根时, $k=1$.

例 10　求微分方程 $y''-y=\mathrm{e}^{-x}\cos x$ 的通解.

解　对应齐次微分方程的特征方程为 $r^2-1=0$, 解得 $r_{1,2}=\pm1$. 于是对应齐次微分方程的通解为

$$\bar{y}=C_1\mathrm{e}^{x}+C_2\mathrm{e}^{-x}.$$

由于 $f(x)=\mathrm{e}^{-x}(\cos x+0\sin x)$, 又 $\lambda=-1\pm\mathrm{i}$ 不是特征方程的根, 所以可设所给微分方程的特解为

$$y^*=\mathrm{e}^{-x}(a\cos x+b\sin x),$$

则

$$(y^*)'=\mathrm{e}^{-x}(-a\sin x+b\cos x)-\mathrm{e}^{-x}(a\cos x+b\sin x),$$

$$(y^*)''=e^{-x}(-a\cos x-b\sin x)-e^{-x}(-a\sin x+b\cos x)$$
$$-e^{-x}(-a\sin x+b\cos x)+e^{-x}(a\cos x+b\sin x),$$

将 $y^*, y^{*\prime}, y^{*\prime\prime}$ 代入所给微分方程, 得

$$(2a-b)\sin x-(a+2b)\cos x=\cos x,$$

比较方程两端, 得

$$\begin{cases} 2a-b=0, \\ a+2b=-1, \end{cases}$$

解得 $a=-\dfrac{1}{5}, b=-\dfrac{2}{5}$, 于是所给微分方程的一个特解为

$$y^*=-\frac{1}{5}e^{-x}\cos x-\frac{2}{5}e^{-x}\sin x.$$

从而所给微分方程的通解为

$$y=\bar{y}+y^*=C_1e^x+C_2e^{-x}-\frac{1}{5}e^{-x}\cos x-\frac{2}{5}e^{-x}\sin x\quad (C_1,\ C_2\text{为任意常数}).$$

例 11　求 $y''+y=x^2+\cos x$ 满足初始条件 $y|_{x=0}=0, y'|_{x=0}=1$ 的特解.

解　对应齐次微分方程的特征方程为 $r^2+1=0$, 解得 $r_{1,2}=\pm i$, 于是对应的齐次微分方程的通解为

$$\bar{y}=C_1\cos x+C_2\sin x.$$

根据解的叠加原理, 可以把原微分方程分解为两个方程

$$y''+y=x^2, \tag{1}$$

$$y''+y=\cos x, \tag{2}$$

分别求它们的特解 y_1^*, y_2^*. 设

$$y_1^*=b_0x^2+b_1x+b_2,\quad y_2^*=x(c\cos x+d\sin x)$$

分别是微分方程 (1)、(2) 的一个特解, 代入微分方程 (1)、(2), 用比较系数法, 可以求得

$$b_0=1,\quad b_1=0,\quad b_2=-2,\quad c=0,\quad d=\frac{1}{2},$$

于是微分方程 (1)、(2) 的特解分别为

$$y_1^*=x^2-2,\quad y_2^*=\frac{1}{2}x\sin x,$$

从而原微分方程的通解为

$$y=\bar{y}+y_1^*+y_2^*=C_1\cos x+C_2\sin x+x^2-2+\frac{1}{2}x\sin x.$$

将初始条件代入通解中求得 $C_1=2, C_2=1$, 所以所求的特解为

$$y=2\cos x+\sin x+x^2+\frac{1}{2}x\sin x-2.$$

根据上面两类二阶常系数线性非齐次微分方程特解情况的讨论与举例, 我们可以归纳二阶常系数线性非齐次微分方程特解的形式列表 12-6-3 如下.

表 12-6-3

自由项 $f(x)$	特解的形式	k 的取值
$P_m(x)\mathrm{e}^{\lambda x}$	$y^*=x^kQ_m(x)\mathrm{e}^{\lambda x}$, 其中 $Q_m(x)$ 是与 $P_m(x)$ 同次的多项式	λ 不是特征方程的根时 $k=0$, λ 是特征方程的单根时 $k=1$, λ 是特征方程的二重根时 $k=2$
$\mathrm{e}^{\alpha x}[P_l(x)\cos\beta x$ $+P_n(x)\sin\beta x]$, 其中 α,β 均为实常数	$y^*=x^k\mathrm{e}^{\alpha x}[A_m(x)\cos\beta x$ $+B_m(x)\sin\beta x]$, 其中 $m=\max(l,n)$	$\alpha+\mathrm{i}\beta$ 不是特征方程的根时 $k=0$, $\alpha+\mathrm{i}\beta$ 是特征方程的根时 $k=1$

* 三、欧拉方程

前面我们讨论了常系数线性微分方程的解法, 对于变系数的线性微分方程, 一般来说是不容易求解的. 但是, 对于某些特殊类型的微分方程, 往往可以通过适当的变换将它化为常系数线性微分方程, 使所求问题得到解决, 其中欧拉方程就是典型的代表. 下面讨论欧拉方程的解法.

形如

$$x^ny^{(n)}+p_1x^{n-1}y^{(n-1)}+\cdots+p_{n-1}xy'+p_ny=f(x) \tag{12-6-5}$$

的微分方程称为**欧拉 (Euler) 方程**, 其中 $p_1,p_2,\cdots,p_n$ 为常数.

当 $x>0$ 时, 令 $x=\mathrm{e}^t$ 或 $t=\ln x$, 则

$$\frac{\mathrm{d}y}{\mathrm{d}x}=\frac{\mathrm{d}y}{\mathrm{d}t}\cdot\frac{\mathrm{d}t}{\mathrm{d}x}=\frac{1}{x}\cdot\frac{\mathrm{d}y}{\mathrm{d}t},$$

$$\begin{aligned}\frac{\mathrm{d}^2y}{\mathrm{d}x^2}=&\frac{\mathrm{d}}{\mathrm{d}x}\left(\frac{1}{x}\cdot\frac{\mathrm{d}y}{\mathrm{d}t}\right)=\frac{1}{x}\cdot\frac{\mathrm{d}}{\mathrm{d}x}\left(\frac{\mathrm{d}y}{\mathrm{d}t}\right)+\frac{\mathrm{d}y}{\mathrm{d}t}\cdot\frac{\mathrm{d}}{\mathrm{d}x}\left(\frac{1}{x}\right)\\=&\frac{1}{x}\frac{\mathrm{d}^2y}{\mathrm{d}t^2}\cdot\frac{\mathrm{d}t}{\mathrm{d}x}-\frac{1}{x^2}\cdot\frac{\mathrm{d}y}{\mathrm{d}t}\\=&\frac{1}{x^2}\left(\frac{\mathrm{d}^2y}{\mathrm{d}t^2}-\frac{\mathrm{d}y}{\mathrm{d}t}\right),\end{aligned}$$

进而有

$$\frac{\mathrm{d}^3y}{\mathrm{d}x^3}=\frac{1}{x^3}\left(\frac{\mathrm{d}^3y}{\mathrm{d}t^3}-3\frac{\mathrm{d}^2y}{\mathrm{d}t^2}+2\frac{\mathrm{d}y}{\mathrm{d}t}\right),$$

$$\vdots$$

引入求导算子 $D=\frac{\mathrm{d}}{\mathrm{d}t}$, $D^k=\frac{\mathrm{d}^k}{\mathrm{d}t^k}$, 则上述结果可以写为

$$xy'=Dy,$$

$$x^2y''=D(D-1)y,$$

$$x^3y'''=(D^3-3D^2+2D)y=D(D-1)(D-2)y,$$

一般地, 有

$$x^ky^{(k)}=D(D-1)\cdots(D-k+1)y. \tag{12-6-6}$$

将上述变换代入欧拉方程 (12-6-5), 这样就将方程 (12-6-5) 化为以 t 为自变量的常系数线性微分方程, 求出该微分方程的解后, 把 t 换为 $\ln x$, 即得到原微分方程的解. 这种解法称为**欧拉方程的算子解法**.

当 $x<0$ 时, 可作变换 $x=-\mathrm{e}^t$, 利用上面同样的讨论方法, 可得到一样的结果.

例 12　求欧拉方程 $x^2y''+3xy'+y=0$ 的通解.

解　令 $x=\mathrm{e}^t$, 则

$$x\frac{\mathrm{d}y}{\mathrm{d}x}=Dy=\frac{\mathrm{d}y}{\mathrm{d}t},$$

$$x^2\frac{\mathrm{d}^2y}{\mathrm{d}x^2}=D(D-1)y=D^2y-Dy=\frac{\mathrm{d}^2y}{\mathrm{d}t^2}-\frac{\mathrm{d}y}{\mathrm{d}t},$$

代入原方程, 得

$$\frac{\mathrm{d}^2y}{\mathrm{d}t^2}+2\frac{\mathrm{d}y}{\mathrm{d}t}+y=0,$$

这是一个二阶常系数线性齐次微分方程, 其特征方程为

$$r^2+2r+1=0,$$

解得 $r_1=r_2=-1$, 于是其通解为

$$y=(C_1+C_2t)\mathrm{e}^{-t},$$

将 $t=\ln|x|$ 代回, 得原方程的通解为

$$y=(C_1+C_2\ln|x|)\frac{1}{x}.$$

习　题　12-6

1. 求下列微分方程的通解.

(1) $y''+y'-2y=0$;　(2) $y''-4y'=0$;

(3) $y''+2y'-3=0$;　(4) $y''+3y'-4y=0$;

(5) $4\dfrac{\mathrm{d}^2x}{\mathrm{d}t^2}-20\dfrac{\mathrm{d}x}{\mathrm{d}t}+25x=0$;　(6) $y''+2y'+y=0$;

(7) $y''-6y'+9y=0$;　(8) $y''+y=0$;

(9) $y''-4y'+5y=0$;　(10) $y''+7y'+13y=0$;

(11) $y^{(4)}-2y'''+y''=0$;　(12) $y'''-2y''-y'+2y=0$.

2. 求下列微分方程满足所给初始条件的特解.

(1) $y''-3y'-4y=0,\ y|_{x=0}=0,\ y'|_{x=0}=-5$;

(2) $\frac{\mathrm{d}^2s}{\mathrm{d}t^2}+2\frac{\mathrm{d}s}{\mathrm{d}t}+s=0,\ s|_{t=0}=4,\ s'|_{t=0}=-2$;

(3) $y''+25y=0,\ y|_{x=0}=2,\ y'|_{x=0}=5$.

3. 已知 $y_1=\mathrm{e}^{2x}$ 和 $y_2=\mathrm{e}^{-x}$ 是二阶常系数线性齐次微分方程的两个特解, 写出该微分方程的通解, 并求满足初始条件 $y|_{x=0}=1,\ y'|_{x=0}=\frac{1}{2}$ 的特解.

4. 求下列各微分方程的通解.

(1) $y''-2y'-3y=9x-6$;

(2) $2y''+5y'=5x^2-2x-1$;

(3) $y''-2y'-3y=8\mathrm{e}^{3x}$;

(4) $y''-6y'+9y=6\mathrm{e}^{3x}$;

(5) $y''-6y'+9y=(x+1)\mathrm{e}^{2x}$;

(6) $y''+6y'+9y=5x\mathrm{e}^{-3x}$;

(7) $y''-2y'+5y=\mathrm{e}^x\sin 2x$;

(8) $y''-2y'+2y=\mathrm{e}^{-x}\sin x$;

(9) $y''+y=4\sin x$;

(10) $y''-y=\mathrm{e}^x+x\cos x$.

5. 求下列微分方程满足初始条件的特解.

(1) $y''-3y'+2y=5,\ y|_{x=0}=1,\ y'|_{x=0}=2$;

(2) $y''-y=4x\mathrm{e}^x,\ y|_{x=0}=0,\ y'|_{x=0}=1$.

6. 求以 $y=C_1\mathrm{e}^x+C_2\cos(2x)+C_3\sin(2x)(C_1,C_2,C_3$ 为任意常数) 为通解的常系数微分方程.

7. 若二阶常系数线性齐次微分方程 $y''+ay'+by=0$ 的通解为 $y=(C_1+C_2x)\mathrm{e}^x$, 求非齐次微分方程 $y''+ay'+by=x$ 满足条件 $y(0)=2,\ y'(0)=1$ 的特解.

8. 设函数 $f(x)$ 可导, 且满足

$$f(x)=1+2x+\int_0^x tf(t)\mathrm{d}t-x\int_0^x f(t)\mathrm{d}t,$$

试求函数 $f(x)$.

9. 已知曲线 $y=y(x)$ 上原点处的切线垂直于直线 $x+2y-1=0$ 且函数 $y(x)$ 满足微分方程 $y''-2y'+5y=\mathrm{e}^x\cos(2x)$, 求此曲线的方程.

10. 设 $f(x)=\sin x-\int_0^x(x-t)f(t)\mathrm{d}t$, 其中 $f(x)$ 为可导函数, 求 $f(x)$.

*第七节　线性微分方程的幂级数解法与常系数线性微分方程组

一、微分方程的幂级数解法

本章第六节我们讨论了二阶常系数线性微分方程、欧拉方程的求解问题. 如果线性微分方程的系数是自变量的函数, 又不是欧拉方程, 我们就不能用像本章第六节那样的方法求解. 但是, 从微分学的理论和方法可以知道, 系数函数在满足某些条件时, 可以用幂级数来表示一个函数. 因此, 自然想到能否用幂级数来表示微分方程的解, 这就是我们要介绍的**幂级数解法**.

假设微分方程的解可以用幂级数

$$y=a_0+a_1x+\cdots+a_nx^n+\cdots=\sum_{n=0}^{\infty}a_nx^n$$

表示, 其中 $a_0, a_1, \cdots, a_n, \cdots$ 为待定系数, 把假设的上述幂级数表达式代入微分方程, 使其成为恒等式. 再比较两端 x 的同次幂的系数, 就可以解出待定系数 $a_0, a_1, \cdots, a_n, \cdots$, 于是就得到一个确定的幂级数, 它在收敛域内的和函数就是所求微分方程的解.

关于二阶线性微分方程利用幂级数的求解问题, 有如下结论 (证明略).k 阶线性微分方程利用幂级数的求解问题与二阶情形相同.

定理　设有二阶线性微分方程

$$y'' + p_1(x)y' + p_2(x)y = f(x), \tag{12-7-1}$$

若 $p_1(x), p_2(x), f(x)$ 均可在区间 $(-R, R)$ 内展开成 x 的幂级数, 则对任意给定的初始条件:

$$y(0) = y_0, \quad y'(0) = y_1,$$

微分方程 (12-7-1) 存在满足该初始条件的唯一解, 且此解可在区间 $(-R, R)$ 内展开成 x 的幂级数.

特别地, 如果微分方程 (12-7-1) 中, $xp_1(x), x^2p_2(x)$ 均可在区间 $(-R, R)$ 内展开成 x 的幂级数, 则在 $(-R, R)$ 内微分方程 (12-7-1) 对应的二阶线性齐次微分方程

$$y'' + p_1(x)y' + p_2(x)y = 0$$

必有形如

$$y = x^k(a_0 + a_1x + \cdots + a_nx^n + \cdots) = x^k\sum_{n=0}^{\infty} a_nx^n$$

的解, 其中 $k, a_0, a_1, \cdots, a_n, \cdots$ 为待定系数.

例 1　用幂级数解法求解初值问题

$$\begin{cases} y'' - xy = 0, \\ y(0) = 0, y'(0) = 1. \end{cases}$$

解　显然

$$p_1(x) = 0, \quad p_2(x) = -x$$

满足定理 1 的条件, 由定理 1 的结论, 其解可以展开成 x 的幂级数

$$y = a_0 + a_1x + \cdots + a_nx^n + \cdots = \sum_{n=0}^{\infty} a_nx^n,$$

将上式对 x 逐项微分二次, 得

$$y' = a_1 + 2a_2x + \cdots + na_nx^{n-1} + \cdots = \sum_{n=1}^{\infty} na_nx^{n-1},$$

$$y'' = 2a_2 + 3\cdot 2a_3x + \cdots + n(n-1)a_nx^{n-2} + \cdots = \sum_{n=2}^{\infty} n(n-1)a_nx^{n-2},$$

将 y 及 y'' 的表达式代入微分方程, 得

$$[2a_2 + 3\cdot 2a_3x + \cdots + n(n-1)a_nx^{n-2} + \cdots] - x(a_0 + a_1x + \cdots + a_nx^n + \cdots) = 0,$$

比较上式两端 x 的同次幂的系数, 有

$$\begin{aligned} &2a_2 = 0,\\ &3\cdot 2a_3 - a_0 = 0,\\ &4\cdot 3a_4 - a_1 = 0,\\ &5\cdot 4a_5 - a_2 = 0,\\ &\quad\vdots\\ &(n+2)(n+1)a_{n+2} - a_{n-1} = 0,\\ &\quad\vdots \end{aligned}$$

于是解得

$$\begin{aligned} &a_2 = 0,\\ &a_3 = \frac{a_0}{3\times 2},\\ &a_4 = \frac{a_1}{4\times 3},\\ &a_5 = \frac{a_2}{5\times 4} = 0,\\ &\quad\vdots\\ &a_{n+2} = \frac{a_{n-1}}{(n+2)(n+1)},\\ &\quad\vdots \end{aligned}$$

一般地, 可推得

$$\begin{aligned} &a_{3k} = \frac{a_0}{2\cdot 3\cdot 5\cdot 6\cdots(3k-1)\cdot 3k},\\ &a_{3k+1} = \frac{a_1}{3\cdot 4\cdot 6\cdot 7\cdots 3k\cdot(3k+1)},\\ &a_{3k+2} = 0. \end{aligned}$$

其中, a_0, a_1 是任意的, 因此原方程的一般解可表示为

$$\begin{aligned} y =& a_0\left[1 + \frac{x^3}{2\cdot 3} + \frac{x^6}{2\cdot 3\cdot 5\cdot 6} + \cdots + \frac{x^{3n}}{2\cdot 3\cdot 5\cdot 6\cdots(3n-1)\cdot 3n} + \cdots\right]\\ &+ a_1\left[1 + \frac{x^4}{3\cdot 4} + \frac{x^7}{3\cdot 4\cdot 6\cdot 7} + \cdots + \frac{x^{3n+1}}{3\cdot 4\cdot 6\cdot 7\cdots 3n(3n-1)} + \cdots\right]. \end{aligned}$$

再代入初始条件 $y(0) = 0, y'(0) = 1$ 可得 $a_0 = 0$, $a_1 = 1$. 所求特解

$$y = 1 + \frac{x^4}{3\cdot 4} + \frac{x^7}{3\cdot 4\cdot 6\cdot 7} + \cdots + \frac{x^{3n+1}}{3\cdot 4\cdot 6\cdot 7\cdots 3n(3n-1)} + \cdots.$$

一般来说, 当线性微分方程的解不能用初等方法求解时, 就可以用幂级数解法, 而且在实际应用中常常只需要前面有限项作为解的近似表达式, 并不一定要求出系数的一般规律.

例 2 求微分方程

$$(1-x^2)y''-2xy'+k(k+1)y=0$$

的幂级数解, 其中 k 为常数.

解 由于

$$p_1(x)=-\frac{2x}{1-x^2},\quad p_2(x)=\frac{k(k+1)}{1-x^2},$$

在 $(-1,1)$ 内展开成 x 的幂级数, 由定理 1, 该方程对任意初始条件均存在唯一的解, 且此解在 $(-1,1)$ 内可展开成 x 的幂级数

$$y=\sum_{n=0}^{\infty}a_nx^n.$$

下面求待定系数 $a_n(n=0,1,2,\cdots)$. 将上述幂级数对 x 逐项求导, 得

$$y'=\sum_{n=1}^{\infty}na_nx^{n-1},$$

$$y''=\sum_{n=2}^{\infty}n(n-1)a_nx^{n-2},$$

代入原微分方程得

$$(1-x^2)\sum_{n=2}^{\infty}n(n-1)a_nx^{n-2}-2x\sum_{n=1}^{\infty}na_nx^{n-1}+k(k+1)\sum_{n=0}^{\infty}a_nx^n=0,$$

即

$$\sum_{n=2}^{\infty}n(n-1)a_nx^{n-2}-\sum_{n=2}^{\infty}n(n-1)a_nx^n-\sum_{n=1}^{\infty}2na_nx^n+\sum_{n=0}^{\infty}k(k+1)a_nx^n=0 \qquad (*)$$

又

$$\sum_{n=2}^{\infty}n(n-1)a_nx^{n-2}=\sum_{n=0}^{\infty}(n+2)(n+1)a_{n+2}x^n,$$

于是, $(*)$ 就可合并为

$$\sum_{n=0}^{\infty}[(n+2)(n+1)a_{n+2}-n(n-1)a_n-2na_n+k(k+1)a_n]x^n=0,$$

化简后得

$$\sum_{n=0}^{\infty}[(n+2)(n+1)a_{n+2}-(n-k)(n+k+1)a_n]x^n=0,$$

由此可知上式中每一项的系数均应为 0, 即

$$(n+2)(n+1)a_{n+2}-(n-k)(n+k+1)a_n=0\quad(n=0,1,2,\cdots)$$

或

$$a_{n+2}=\frac{(n-k)(n+k+1)}{(n+2)(n+1)}a_n \quad (n=0,1,2,\cdots).$$

依次令 $n=0,1,2,\cdots$, 便得

$$\begin{aligned}
a_2&=\frac{-k(k+1)}{2!}a_0,\\
a_3&=\frac{(1-k)(k+2)}{3!}a_1,\\
a_4&=\frac{(2-k)(k+3)}{4\cdot 3}a_2=\frac{-k(2-k)(k+1)(k+3)}{4!}a_0,\\
a_5&=\frac{(3-k)(k+4)}{5\cdot 4}a_3=\frac{(1-k)(3-k)(k+2)(k+4)}{5!}a_1,\\
&\ \ \vdots
\end{aligned}$$

原微分方程的幂级数解

$$\begin{aligned}
y=&a_0\left[1-\frac{k(k+1)}{2!}x^2+\frac{(k-2)(k+1)(k+3)}{4!}x^4-\cdots\right]\\
&+a_1\left[x-\frac{(k-1)(k+2)}{3!}x^3+\frac{(k-3)(k-1)(k+2)(k+4)}{5!}x^5-\cdots\right] \quad (x\in(-1,1)),
\end{aligned}$$

其中, a_0,a_1 是任意的. 若取 $a_0=0,a_1=1$ 和 $a_0=1,a_1=0$, 可得原方程两个线性无关的幂级数解:

$$y_1=x-\frac{(k-1)(k+2)}{3!}x^3+\frac{(k-3)(k-1)(k+2)(k+4)}{5!}x^5-\cdots \quad (x\in(-1,1)),$$

$$y_2=1-\frac{k(k+1)}{2!}x^2+\frac{(k-2)(k+1)(k+3)}{4!}x^4-\cdots \quad (x\in(-1,1)).$$

二、 常系数线性微分方程组

前面讨论的微分方程所含的未知函数及方程的个数都只有一个, 但在实际问题中, 常常会遇到由几个微分方程联合起来共同确定几个具有同一自变量的函数的情形. 这些联立的微分方程称为**微分方程组**.

如果微分方程组中的每个方程都是常系数线性微分方程, 则此微分方程组称为**常系数线性微分方程组**.

本节讨论利用消元法来求常系数线性微分方程组的解, 具体做法为: 消去一些未知函数及其各阶导数, 得到只含有一个未知函数的高阶微分方程, 解此方程, 得到满足该方程的未知函数; 再将求得的函数代入原方程组, 求得其余的未知函数.

下面我们通过实例来说明求解过程.

例 3 解微分方程组

$$\begin{cases}
\dfrac{\mathrm{d}x}{\mathrm{d}t}+y=\mathrm{e}^t,\\
\dfrac{\mathrm{d}y}{\mathrm{d}t}-x=-t.
\end{cases}$$

解　为了消去 y 及 $\frac{\mathrm{d}y}{\mathrm{d}t}$, $\frac{\mathrm{d}x}{\mathrm{d}t}+y=\mathrm{e}^t$ 两边对 t 求导得

$$\frac{\mathrm{d}^2x}{\mathrm{d}t^2}+\frac{\mathrm{d}y}{\mathrm{d}t}=\mathrm{e}^t,$$

由 $\frac{\mathrm{d}y}{\mathrm{d}t}-x=-t$ 得 $\frac{\mathrm{d}y}{\mathrm{d}t}=x-t$, 代入上式并化简, 得

$$\frac{\mathrm{d}^2x}{\mathrm{d}t^2}+x=t+\mathrm{e}^t,$$

这是一个二阶常系数线性非齐次微分方程. 解得其通解为

$$x=C_1\cos t+C_2\sin t+\frac{1}{2}\mathrm{e}^t+t,$$

将上式代入 $\frac{\mathrm{d}x}{\mathrm{d}t}+y=\mathrm{e}^t$, 得

$$y=C_1\sin t-C_2\cos t+\frac{1}{2}\mathrm{e}^t-1,$$

故原方程组的通解为

$$\begin{cases} x=C_1\cos t+C_2\sin t+\frac{1}{2}\mathrm{e}^t+t, \\ y=C_1\sin t-C_2\cos t+\frac{1}{2}\mathrm{e}^t-1. \end{cases}$$

注　求出其中一个未知函数, 再求其他未知函数时, 宜用代数法, 不要用积分法, 避免处理两次积分后出现的任意常数间的关系.

习　题　12-7

1. 用幂级数法解下列微分方程.

(1) $(1-x)y'=x^2-y$;　　(2) $y''+x^2y'=0$.

2. 用幂级数法解初值问题

$$y''+(x+1)y=0,\quad y(0)=1,\quad y'(0)=0$$

的特解.

3. 求下列微分方程组的通解.

(1) $\begin{cases} \frac{\mathrm{d}x}{\mathrm{d}t}=x+y, \\ \frac{\mathrm{d}y}{\mathrm{d}t}=x-y; \end{cases}$

(2) $\begin{cases} \frac{\mathrm{d}y}{\mathrm{d}x}=3y-z, \\ \frac{\mathrm{d}z}{\mathrm{d}x}=y+z; \end{cases}$

(3) $\begin{cases} \frac{\mathrm{d}x}{\mathrm{d}t}+4x+4\frac{\mathrm{d}y}{\mathrm{d}t}+10y=6, \\ x+\frac{\mathrm{d}y}{\mathrm{d}t}+3y=0. \end{cases}$

4. 求下列微分方程组满足所给初始条件的特解.

(1) $\begin{cases} \dfrac{\mathrm{d}x}{\mathrm{d}t} = 3x - 2y, & x\,|_{t=0} = 1, \\ \dfrac{\mathrm{d}y}{\mathrm{d}t} = 2x - y, & y\,|_{t=0} = 0; \end{cases}$

(2) $\begin{cases} \dfrac{\mathrm{d}z}{\mathrm{d}x} = y + x^3, & z\,|_{x=0} = 0, \\ \dfrac{\mathrm{d}y}{\mathrm{d}x} = -z + \cos x, & y\,|_{x=0} = \dfrac{1}{2}. \end{cases}$

总复习题十二

1. 填空题.

(1) 微分方程 $y' = y \ln x$ 的通解为____________.

(2) 微分方程 $y' = \dfrac{xy}{1+x^2}$ 满足 $y(0) = 2$ 的特解为____________.

(3) 若 $f(x)$ 满足 $f(x) = \mathrm{e}^x + \int_0^x f(t)\mathrm{d}t$, 则 $f(x) =$____________.

(4) 满足 $f'(x) + xf'(-x) = x$ 的函数 $f(x)$ 是____________.

(5) 设一阶线性非齐次微分方程 $y' + P(x)y = Q(x)$ 有两个线性无关的解 y_1, y_2, 若 $\alpha y_1 + \beta y_2$ 也是该方程的解, 则应有 $\alpha + \beta =$____________.

(6) 微分方程 $y'' + 2y' + 5y = 0$ 的通解为____________.

(7) 微分方程 $y' + y \tan x = \cos x$ 的通解为____________.

(8) 若 $y^* = \varphi(x)$ 为方程 $y'' + 2y = f(x)$ 的特解, 则该方程的通解____________.

(9) 若 $y = C_1\mathrm{e}^x + C_2\mathrm{e}^{-x} + 1$ 是方程 $y'' - y = f(x)$ 的通解, 则 $f(x) =$____________.

2. 选择题.

(1) 微分方程 $y' = \mathrm{e}^{2x-y}$ 满足 $y(0) = 0$ 的特解是 ( ).

A. $y^2 = \dfrac{1}{2}x^2 + 2$ B. $\mathrm{e}^y = \dfrac{1}{2}(\mathrm{e}^{2x} + 1)$ C. $y^2 = \dfrac{1}{2} + 2x^2$ D. $x\mathrm{e}^{2x-y} = 1$

(2) 设 $y = f(x)$ 是微分方程 $y'' - 2y' + 4y = 0$ 的一个解, 若 $f(x_0) > 0$, 且 $f'(x_0) = 0$, 则函数 $f(x)$ 在点 x_0( ).

A. 取得极大值 B. 取得极小值

C. 某个邻域内单调增加 D. 某个邻域内单调减少

(3) 微分方程 $y' = \dfrac{y}{x} + \tan \dfrac{y}{x}$ 的通解是 ( ).

A. $\dfrac{1}{\sin \dfrac{y}{x}} = Cx$ B. $\sin \dfrac{y}{x} = x + C$

C. $\sin \dfrac{y}{x} = Cx$ D. $\dfrac{\sin x}{\sin y} = C\dfrac{y}{x}$

(4) 已知 $y = f(x)$ 满足方程 $xy' = y \ln \dfrac{y}{x}$, 且 $y(1) = \mathrm{e}^2$, 则 $y(-1) =$( ).

A. -1 B. 1 C. 2 D. -2

(5) 设 $f(x)$ 连续, 且满足 $f(x) = \int_0^{2x} f\left(\dfrac{t}{2}\right)\mathrm{d}t + \ln 2$, 则 $f(x) =$( ).

A. $\mathrm{e}^{2x} \ln 2$ B. $\mathrm{e}^{2x} + 2$ C. $\mathrm{e}^x + \ln 2$ D. $\mathrm{e}^{2x} + \ln 2$

(6) 已知函数 $y=y(x)$ 在任意点 x 处的增量 $\Delta y=\dfrac{y\Delta x}{1+x^2}+o(\Delta x)$, 且 $y(0)=\pi$, 则 $y(1)=$(　　).

A. 2π　　B. π　　C. $e^{\frac{\pi}{4}}$　　D. $\pi e^{\frac{\pi}{4}}$

(7) 微分方程 $y''-y=e^x+1$ 的特解应具有形式 (式中 a,b 为实数)(　　).

A. ae^x+b　　B. ae^x+bx　　C. axe^x+b　　D. axe^x+bx

(8) 微分方程 $y'+\dfrac{y}{x}=\dfrac{\sin x}{x}$ 的通解是 (　　).

A. $y=\dfrac{\sin x}{x}+2x+C$　　B. $y=\cos x+\sin x+C$

C. $y=\dfrac{\cos x}{x}+x^2+C$　　D. $y=\dfrac{C-\cos x}{x}$

(9) 微分方程 $y^{(4)}-y''=0$ 的通解是 (　　).

A. $y=e^x+C_1e^{-x}+C_2x+C_3$　　B. $y=C_1e^x+C_2e^{-x}+C_3x+10$

C. $y=C_1e^x+C_2e^{-x}+C_3x+C_4$　　D. $y=C_1e^x+C_2e^{-x}+2x+5$

3. 求以下列各式所表示的函数为通解的微分方程.

(1) $(x+C)^2+y^2=1$ (其中 C 为任意常数);

(2) $y=C_1e^x+C_2e^{2x}$ (其中 C_1,C_2 为任意常数).

4. 求下列微分方程的通解.

(1) $y'=\dfrac{y}{x+y}$;　　(2) $y'-2xy=e^{x^2}\cos x$;

(3) $y'-\sin(x+y)=\sin(x-y)$;　　(4) $y''=1+y'$;

(5) $x^{(7)}(t)-8x^{(5)}(t)+16x'''(t)=0$;　　(6) $y''-3y'+2y=2xe^x$;

(7) $y''-2y'+5y=e^x\sin 2x$;　　(8) $y''-2y'=3$.

5. 求下列微分方程满足所给初始条件的特解.

(1) $x\dfrac{dy}{dx}+y=2\sqrt{xy}$, $y(1)=0$;

(2) $x^2y'+xy+1=0$, $y(2)=1$;

6. 试验证 $y=e^{-x}\sin x$ 是微分方程 $y''+2y'+2y=0$ 的一条在原点处与直线 $y=x$ 相切的积分曲线.

7. 设 $y=e^x$ 是微分方程 $xy'+p(x)y=x$ 的一个解, 求此微分方程满足初始条件 $y(\ln 2)=0$ 的特解.

8. 一曲线经过点 $(1,4)$, 且在两坐标轴之间的切线段被切点平分, 求此曲线的方程.

9. 已知 $y_1=xe^x+e^{2x}$, $y_2=xe^x+e^{-x}$, $y_3=xe^x+e^{2x}-e^{-x}$ 是二阶线性非齐次方程的三个解, 求此微分方程.

10. 设 $f(x)$ 满足$f(x)+2\displaystyle\int_0^x f(t)dt=x^2$, 求函数 $f(x)$.

11. 设有连结点 $O(0,0)$ 和 $A(1,1)$ 的一段向上凸的曲线弧 OA, 对于 OA 上的任意一点 $P(x,y)$, 弧 OP 与 OP 直线段所围图形面积为 x^2, 求曲线弧 OA 的方程.

12. 设函数 $\varphi(x)$ 连续, 且满足 $\varphi(x)=e^x+\displaystyle\int_0^x t\varphi(t)dt-x\int_0^x\varphi(t)dt$, 求 $\varphi(x)$.

13. 求微分方程 $y''-2y'+2y=0$ 的一条积分曲线, 使其在点 $(0,1)$ 处有水平切线.

14. 设函数 $f(x)$ 是二阶连续可微的偶函数, 且满足方程 $f'(x)+\displaystyle\int_0^{-x}f(t)dt=x$, 求函数 $f(x)$.

第十二章参考答案

习题 12-1

1. (1) 1 阶; (2) 2 阶; (3) 5 阶; (4) 3 阶.

2. 验证略, $y=\dfrac{A}{\lambda_2-\lambda_1}(\lambda_2\mathrm{e}^{\lambda_1 x}-\lambda_1\mathrm{e}^{\lambda_2 x})$.

3. $y'=2x$.

4. (1) $y+x(xy-1)y'=0$; (2) $y''-3y'+2y=x\mathrm{e}^x$.

习题 12-2

1. (1) $y=C\mathrm{e}^{\sqrt{1-x^2}}$; (2) $\mathrm{e}^x+\mathrm{e}^{-y}=C$; (3) $\ln|1-\mathrm{e}^y|=C-\mathrm{e}^x$; (4) $y=\dfrac{Cx^2+1}{1-Cx^2}$;

(5) $3x^4+4(y+1)^3=C$; (6) $(x+1)(2-\mathrm{e}^y)=C$

2. (1) $(1+x^2)(1+y^2)=4$; (2) $\cos y=\dfrac{\sqrt{2}}{2}(\mathrm{e}^x+1)$.

3. (1) $x+y=\tan(x+C)$; (2) $x=\dfrac{2}{1-\tan\dfrac{x-y}{2}}+C$.

4. (1)$y^2=2x^2(\ln|x|+C)$; (2) $y=x\mathrm{e}^{Cx+1}$; (3) $y+\sqrt{x^2+y^2}=C$; (4) $\sqrt{\dfrac{y}{x}}=\ln|x|+C$.

5. (1) $y^2=2x^2(\ln x+2)$; (2) $\mathrm{e}^{\frac{y}{x}}=\ln|x|+\mathrm{e}$; (3) $\left(\dfrac{y}{x}\right)^2=2(\ln x+1)$; (4) $y=\dfrac{x}{\sqrt{1+\ln x}}$.

6. (1) 是全微分方程, $\mathrm{e}^y+xy^2-\cos x=C$; (2) 是全微分方程, $\arctan x+x^2y+\tan y=C$.

7. $u(x)=\dfrac{x(x+2)}{2}+C$.

习题 12-3

1. (1) $y=C\mathrm{e}^{-\cos x}$; (2) $y=(x+1)^n(\mathrm{e}^x+C)$; (3) $y=C\cos x-2\cos^2 x$; (4) $y=(1+x^2)(x+C)$;

(5) $y=(x+C)\sec x$; (6) $y=\dfrac{x^2}{3}+\dfrac{3x}{2}+\dfrac{C}{x}+2$; (7) $y=\dfrac{x\ln x+C}{\ln x}$; (8) $y=\dfrac{C-\cos x}{x}$;

(9) $y=\dfrac{1}{2}x\ln^2 x+Cx$; (10) $y=\mathrm{e}^{-x^2}(C+\ln x)$.

2. (1) $y=\dfrac{1}{x}(\pi-1-\cos x)$; (2) $y=\dfrac{1-5\mathrm{e}^{\cos x}}{\sin x}$; (3) $y=\mathrm{e}^{-x}\sin x$; (4) $y=\dfrac{1}{x}$.

3. (1) $y^{-2}=x^2+C\mathrm{e}^{x^2}+1$; (2) $xy(C-\ln^2 x)=1$; (3) $y^{-4}=C\mathrm{e}^{-4x}-x+\dfrac{1}{4}$;

(4) $y=x\sqrt[3]{3x+C}$.

4. $f(x)=3\mathrm{e}^{3x}-2\mathrm{e}^{2x}$.

5. $y=f(x)+C\mathrm{e}^{-f(x)}-1$.

6. $y=C\mathrm{e}^{x+\mathrm{e}^{-x}}+\mathrm{e}^x$.

习题 12-4

1. (1) $y=\dfrac{\mathrm{e}^{2x}}{8}-\sin x+C_1x^2+C_2x+C_3$; (2) $y=\cos x-5x^4+C_1x^2+C_2x+C_3$;

(3) $y=\frac{\ln^2 x}{2}+C_1\ln x+C_2$;　(4) $y=C_1\mathrm{e}^x+C_2+x(\mathrm{e}^x-1)$;

(5) $y=\frac{1}{x}+C_1\ln|x|+C_2$;　(6) $y^2=C_1x+C_2$.

2. (1) $y=\mathrm{e}^x+\frac{x^5}{60}+x^2-x$;　(2) $y=\frac{1}{2}(x^2-3)$;　(3) $y=x^3+3x+1$;　(4) $\tan\frac{y}{2}=\mathrm{e}^x$.

3. $y=\frac{x^3}{6}+\frac{x}{2}+1$.

4. $y=C_1x^5+C_2x^3+C_3x^2+C_4x+C_5$.

5. $\psi(t)=t^3+\frac{3x^2}{2}\ (t>-1)$.

6. 提示: 设 $x=x(t)$ 为运动规律, 则 $x(0)=0$, $v_0=x'(0)=200$. 设子弹穿过木板的时间为 t_1, 则 $x(t_1)=0.1$, $x'(t_1)=80$, 根据牛顿第二定律得 $mx''=-k(x')^2$(m 为子弹的质量, k 为常数). 解该微分方程, 最后得 $t_1=\frac{3}{4000\ln 2.5}\approx 0.00082(\mathrm{s})$.

习题 12-5

1.(1) 线性无关;　(2) 线性相关;　(3) 线性相关;　(4) 线性相关.

2. (1) 是解, 不是通解;　(2) 是解, 不是通解.

3. $y=C_1\mathrm{e}^{2x}+C_2\mathrm{e}^{-x}+x\mathrm{e}^x$.

4. 略.

*5. $x=C_1\mathrm{e}^t+C_2(t^2+1)$.

习题 12-6

1. (1) $y=C_1\mathrm{e}^x+C_2\mathrm{e}^{-2x}$;　(2) $y=C_1+C_2\mathrm{e}^{4x}$;　(3) $y=C_1\mathrm{e}^x+C_2\mathrm{e}^{-3x}$;　(4) $y=C_1\mathrm{e}^x+C_2\mathrm{e}^{-4x}$;

(5) $y=(C_1+C_2t)\mathrm{e}^{\frac{5}{2}t}$;　(6) $y=(C_1+C_2x)\mathrm{e}^{-x}$;　(7) $y=(C_1+C_2x)\mathrm{e}^{3x}$;

(8) $y=C_1\cos x+C_2\sin x$;　(9) $y=(C_1\cos x+C_2\sin x)\mathrm{e}^{2x}$;

(10) $y=\left[C_1\cos\frac{\sqrt{3}}{2}x+C_2\sin\left(\frac{\sqrt{3}}{2}x\right)\right]\mathrm{e}^{-\frac{7}{2}x}$;　(11) $y=(C_1+C_2x)\mathrm{e}^x+C_3+C_4x$;

(12) $y=C_1\mathrm{e}^x+C_2\mathrm{e}^{-x}+C_3\mathrm{e}^{2x}$.

2. (1) $y=\mathrm{e}^{-x}-\mathrm{e}^{4x}$;　(2) $s=(4+2t)\mathrm{e}^{-t}$;　(3) $y=2\cos(5x)+\sin(5x)$.

3. $y=\frac{1}{2}(\mathrm{e}^{2x}+\mathrm{e}^{-x})$.

4. (1) $y=C_1\mathrm{e}^{-x}+C_2\mathrm{e}^3 2x-3x+4$;　(2) $y=C_1\mathrm{e}^{-\frac{5}{2}x}+C_2+x\left(\frac{1}{3}x^2-\frac{3}{5}x+\frac{7}{25}\right)$;

(3) $y=C_1\mathrm{e}^{-x}+C_2\mathrm{e}^{3x}+2x\mathrm{e}^{3x}$;　(4) $y=(C_1+C_2x)\mathrm{e}^{3x}+3x^2\mathrm{e}^{3x}$;

(5) $y=(C_1+C_2x)\mathrm{e}^{3x}+(3+x)\mathrm{e}^{2x}$;　(6) $y=\left(C_1+C_2x+\frac{5}{6}x^2\right)\mathrm{e}^{-3x}$;

(7) $y=[C_1\cos(2x)+C_2\sin(2x)]\mathrm{e}^x-\frac{1}{4}x\mathrm{e}^x\cos(2x)$;　(8) $y=(C_1\cos x+C_2\sin x)\mathrm{e}^x+\frac{1}{8}\mathrm{e}^{-x}(\cos x+\sin x)$;

(9) $y=C_1\cos x+C_2\sin x-2x\cos x$;　(10) $y=C_1\mathrm{e}^x+C_2\mathrm{e}^{-x}-\frac{x}{2}\mathrm{e}^x-x\cos x+2\sin x$.

5. (1) $y=-5\mathrm{e}^x+\frac{7}{2}\mathrm{e}^{2x}+\frac{5}{2}$;　(2) $y=\mathrm{e}^x-\mathrm{e}^{-x}+\mathrm{e}^x x(x-1)$.

6. $y'''-y''+4y'-4y=0$.

7. $y=(2-x)\mathrm{e}^x$.

8. $f(x)=\cos x+2\sin x$.

9. $y=\left(1+\dfrac{x}{4}\right)\mathrm{e}^x\sin 2x$.

10. $f(x)=\dfrac{1}{2}(\sin x+x\cos x)$.

习题 12-7

1. (1) $y=C(1-x)+x^3\left(\dfrac{1}{3}+\dfrac{x}{6}+\cdots+\dfrac{2x^n}{(n+2)(n+3)}\right)$;

(2) $y=a_0\left(1+\sum\limits_{n=1}^{\infty}\dfrac{(-1)^n x^{4n}}{3\cdot4\cdot7\cdot8\cdots(4n-1)4n}\right)+a_1\left(x+\sum\limits_{n=1}^{\infty}\dfrac{(-1)^n x^{4n}}{4\cdot5\cdot8\cdot9\cdots4n(4n+1)}\right)$.

2. $y=1-\dfrac{1}{2}x^2+\dfrac{1}{8}x^4+\cdots+\dfrac{(-1)^n}{(2n)!}x^{2n}+\cdots$.

3. (1) $\begin{cases}x=C_1\mathrm{e}^{\sqrt{2}t}+C_2\mathrm{e}^{-\sqrt{2}t},\\ y=C_1(\sqrt{2}-1)\mathrm{e}^{\sqrt{2}t}-C_2(\sqrt{2}+1)\mathrm{e}^{-\sqrt{2}t};\end{cases}$

(2) $\begin{cases}y=(C_1+C_2x)\mathrm{e}^{2x},\\ z=[C_1+C_2(x-1)]\mathrm{e}^{2x};\end{cases}$

(3) $\begin{cases}x=-2C_1\mathrm{e}^{-t}-C_2\mathrm{e}^{-2t}+9,\\ y=C_1\mathrm{e}^{-t}+C_2\mathrm{e}^{-2t}-3.\end{cases}$

4. (1) $\begin{cases}x=(2t+1)\mathrm{e}^t,\\ y=2t\mathrm{e}^t;\end{cases}$

(2) $\begin{cases}z=6\cos x+\dfrac{1}{2}(1+x)\sin x+3(x^2-2),\\ y=-\dfrac{11}{6}\sin x+\dfrac{1}{2}(1+x)\cos x+x(6-x^2).\end{cases}$

总复习题十二

1. (1) $y=Cx^x\mathrm{e}^{-x}$;　(2) $y=2\sqrt{1+x^2}$;　(3) $y=\mathrm{e}^x(x+1)$;

(4) $f(x)=\dfrac{\ln(1+x^2)}{2}+x-\arctan x+C$;　(5) $\alpha+\beta=1$;　(6) $y=\mathrm{e}^{-x}[C_1\cos(2x)+C_2\sin(2x)]$;

(7) $y=(C+x)\cos x$;　(8) $y=C_1\cos(\sqrt{2}x)+C_2\sin(\sqrt{2}x)+\varphi(x)$;　(9) $f(x)=-1$.

2. (1) B;　(2) A;　(3) C;　(4) A;　(5) A;　(6) D;　(7) C;　(8) D;　(9)C.

3. (1) $y^2(1+y'^2)=1$;　(2) $y''-3y'+2y=0$.

4. (1) $y=C\mathrm{e}^{\frac{x}{y}}$;　(2) $y=\mathrm{e}^{x^2}(C+\sin x)$;　(3) $\ln|\sec y-\tan y|=-2\cos x+C$;

(4) $y=C_1\mathrm{e}^x+C_2-x$;　(5) $x=C_1+C_2t+C_3t^2+(C_4+C_5t)\mathrm{e}^{2t}+(C_6+C_7t)\mathrm{e}^{-2t}$;

(6) $y=C_1\mathrm{e}^x+C_2\mathrm{e}^{2x}-x(x+2)\mathrm{e}^x$;　(7) $y=\mathrm{e}^x\left[C_1\cos(2x)+C_2\sin(2x)-\dfrac{x}{4}\cos(2x)\right]$;

(8) $y=C_1\mathrm{e}^{2x}+C_2-\dfrac{3}{2}x$.

5. (1) $x\left(1-\sqrt{\dfrac{y}{x}}\right)=1$;　(2) $y=C\mathrm{e}^{-\frac{3}{2}x}+\dfrac{5}{3}$;

6. 略.

7. $y = \mathrm{e}^x - \mathrm{e}^{\mathrm{e}^{-x}+x-\frac{1}{2}}$.

8. $xy = 4$.

9. $y'' - y' - 2y = (1-2x)\mathrm{e}^x$.

10. $f(x) = \dfrac{1}{2}(\mathrm{e}^{-2x} - 1) + x$.

11. $y = x(1 - 4\ln x)$.

12. $\varphi(x) = \dfrac{1}{2}(\cos x + \sin x + \mathrm{e}^x)$.

13. $y = \mathrm{e}^x(\cos x - \sin x)$.

14. $f(x) = C(\mathrm{e}^x + \mathrm{e}^{-x}) - 1$.